高等职业教育通识类课程教材

计算机应用基础教程
（Windows 10+Office 2019）

主　编　石利平

副主编　田辉平　蒋桂梅　金晓龙

主　审　何文华

中国水利水电出版社
www.waterpub.com.cn
·北京·

内 容 提 要

随着计算机技术的迅猛发展以及计算机在各行各业的深入应用，各用人单位对学生的计算机应用能力要求不断提高。编者依据全国计算机等级考试一级考试大纲，结合当前计算机信息技术发展趋势，以培养学生计算机实际应用能力为切入点，精心编写了此教材。

本书共有 7 章：计算机基础知识、Windows 10 基础操作、Internet 基础、文字处理软件 Word 2019、电子表格软件 Excel 2019、演示文稿软件 PowerPoint 2019 和计算机热点技术简介。本书每个案例和主要知识技能要点都配有微课视频，读者扫描二维码即可观看相应教学视频，方便教学与自学。

本书可作为高职高专“计算机应用基础”课程教材，还可作为计算机从业人员的自学教材。

图书在版编目（CIP）数据

计算机应用基础教程 : Windows 10+Office 2019 / 石利平主编. -- 北京 : 中国水利水电出版社, 2020.2（2020.8 重印）
高等职业教育通识类课程教材
ISBN 978-7-5170-8434-1

Ⅰ. ①计… Ⅱ. ①石… Ⅲ. ①Windows操作系统－高等职业教育－教材②办公自动化－应用软件－高等职业教育－教材 Ⅳ. ①TP316.7②TP317.1

中国版本图书馆CIP数据核字(2020)第030479号

策划编辑：陈红华　责任编辑：陈红华　加工编辑：孙　丹　封面设计：李　佳

书　名	高等职业教育通识类课程教材 计算机应用基础教程（Windows 10+Office 2019） JISUANJI YINGYONG JICHU JIAOCHENG（Windows 10+Office 2019）
作　者	主　编　石利平 副主编　田辉平　蒋桂梅　金晓龙 主　审　何文华
出版发行	中国水利水电出版社 （北京市海淀区玉渊潭南路 1 号 D 座　100038） 网址：www.waterpub.com.cn E-mail：mchannel@263.net（万水） sales@waterpub.com.cn 电话：（010）68367658（营销中心）、82562819（万水）
经　售	全国各地新华书店和相关出版物销售网点
排　版	北京万水电子信息有限公司
印　刷	三河市鑫金马印装有限公司
规　格	184mm×260mm　16 开本　19.5 印张　473 千字
版　次	2020 年 2 月第 1 版　2020 年 8 月第 2 次印刷
印　数	3001—7000 册
定　价	49.00 元

前　言

随着计算机技术的迅猛发展以及计算机在各行各业的深入应用，各用人单位对学生的计算机应用能力要求不断提高。编者依据全国计算机等级考试一级考试大纲，结合当前计算机信息技术发展趋势，以培养学生计算机实际应用能力为切入点，精心编写了此教材。

本书以“任务驱动，案例教学”为出发点，以计算机应用能力培养与提高为主线，依据学习计算机、应用计算机的基本过程和规律，以实际案例的制作为驱动，结合知识要点循序渐进地进行编写。编者主要按照“主要学习内容→案例操作要求→操作过程→知识技能要点”的顺序编写，力求语言精炼、案例实用、内容由浅入深、操作步骤详细、图文并茂，实用性强。特别是每个案例和主要知识技能要点都配有微课视频，读者扫描二维码即可观看相应教学视频，方便教学与自学。本书案例均来源于工作实践，与学生的日常学习、生活紧密结合，使学生通过案例的制作掌握相关理论和操作技能。本书定位准确，基础知识内容难度适中，应用源于实践，操作性强，通俗易懂，可作为高职高专“计算机应用基础”课程教材，也可作为计算机从业人员的自学教材。

本书共有 7 章：计算机基础知识、Windows 10 基础操作、Internet 基础、文字处理软件 Word 2019、电子表格软件 Excel 2019、演示文稿软件 PowerPoint 2019 和计算机热点技术简介。各章主要以实际工作案例的制作为驱动，从操作要求、操作过程和方法出发，引出知识要点和操作技能、技巧，将枯燥的知识融入案例制作的过程中，使读者轻松地理解、掌握知识要点和操作技能。

参加本书编写的教师都有多年的“计算机应用基础”课程教学经验。具体编写分工如下：第 1、2、4、7 章由石利平编写，第 3 章由蒋桂梅编写，第 5 章由金晓龙编写，第 6 章由田辉平编写，全书由石利平统稿。何文华、宋阳秋、黎小瑾、卢志高、黄华林、谢嫚、余以胜、唐斌、孙春燕、梁竞敏等也参与了本书的编写工作。

因作者水平有限，书中难免存在不足和疏漏之处，敬请各位专家和读者批评指正。

编　者

2020 年 1 月

目　　录

第1章 计算机基础知识

1.1 计算机概述

主要学习内容：

- 计算机的发展
- 计算机技术的发展方向
- 计算机的特点与分类
- 计算机的应用及多媒体技术

计算机概述

1.1.1 计算机的发展

计算机即电子数字计算机，俗称“电脑”。1946 年 2 月，美国宾夕法尼亚大学物理学家莫克利（Mauchly）和工程师埃克特（Eckert）等人，共同研制出世界上第一台电子数字积分计算机（Electronic Numerical Integrator And Computer，ENIAC），它主要用于弹道计算，不具备现代计算机“存储程序”的功能。

1946 年 6 月，冯·诺依曼提出了采用二进制和存储程序控制的机制，并设计出第一台“存储程序”的离散变量自动电子计算机（Electronic Discrete Variable Automatic Computer，EDVAC）。1952 年 EDVAC 正式投入运行，其运算速度是 ENIAC 的 240 倍。

依据计算机的主要元器件和性能，人们将计算机的发展划分成以下 4 个阶段。

（1）第一代电子管数字机（1946－1957）。其逻辑元件采用真空电子管，主存储器采用汞延迟线，外存储器采用磁带，软件采用机器语言、汇编语言，主要用于数值运算领域，如军事和科学计算。其体积大、功率消耗高、可靠性差、速度慢（一般为每秒数千次至数万次）、价格昂贵。

（2）第二代晶体管数字机（1958－1964）。其逻辑元件采用晶体管，主存储器采用磁芯存储器，外存储器采用磁盘、磁带，软件有操作系统、高级语言及其编译程序。其主要应用于科学计算、事务处理和工业控制领域。其体积缩小，能量消耗降低，可靠性提高，运算速度提高（一般为每秒数十万次，可高达 300 万次）。

（3）第三代集成电路数字机（1965－1970）。其逻辑元件采用中、小规模集成电路（MSI、SSI），主存储器开始采用半导体存储器。软件方面出现了分时操作系统以及结构化、规模化程序设计方法，开始应用于文字处理和图形图像处理领域。其速度更快（一般为每秒数百万次至数千万次），可靠性显著提高，价格下降，走向了通用化、系列化和标准化等。

（4）第四代大规模集成电路机（1971 年至今）。其逻辑元件采用大规模集成电路和超大规模集成电路（LSI、VLSI），计算机体积、成本和质量大大降低。软件方面出现了数据库管理系统、网络管理系统、面向对象语言等。由于集成技术的发展，半导体芯片的集成度更高，运算器和控制器都集中在一个芯片上，微处理器诞生。1971 年世界上第一台微处理器在美国硅谷诞生，开创了微型计算机的新时代。微型计算机体积小，价格便宜，使用方便，功能和运算速度已经达到甚至超过了过去的大型计算机。外存储器有软盘、硬盘、光盘、U 盘等，应用领域已逐步扩展至社会的各个方面：科学计算、事务管理、过程控制、家庭等。

1.1.2 计算机的发展方向

随着计算机技术的不断发展，当今计算机正朝着巨型化、微型化、网络化和智能化方向发展。

巨型化是指计算机运算速度极高、存储容量大、功能更强大和完善，主要用于生物工程、航空航天、气象、军事、人工智能等学科领域。

微型化是指计算机体积更小、功能更强、价格更低。从第一块微处理器芯片问世以来，计算机芯片集成度越来越高，功能越来越强，计算机微型化的进程加快，普及率越来越高。

网络化是指计算机网络将不同地理位置上具有独立功能的不同计算机通过通信设备和传输介质互连起来，在通信软件的支持下，实现网络中计算机之间的共享资源、交换信息、协同工作。计算机网络在社会经济发展中发挥着极其重要的作用，其发展水平已成为衡量国家现代化程度的重要指标。随着 Internet 的飞速发展，计算机网络已广泛应用于政府、企业、科研、学校、家庭等领域，为人们提供及时、灵活、快捷的信息服务。

智能化是指计算机能够模拟人类的智力活动，如感知、学习、推理等。

1.1.3 计算机的特点

计算机的主要特点表现在以下几个方面：

（1）运算速度快。运算速度是计算机的一个重要性能指标。通常用每秒执行定点加法的次数或平均每秒执行指令的条数来衡量计算机的运算速度。计算机的运算速度已由早期的每秒几千次发展到现在的最高可达每秒几千亿次乃至几万亿次。

（2）计算精度高。一般计算机对数据进行处理后的结果的精度可达到十几位、几十位有效数字，通过一定的技术甚至可根据需要达到任意精度。

（3）存储容量大。计算机的存储器可以存储大量数据。目前计算机的存储容量越来越大，已高达千兆数量级。

（4）具有逻辑判断功能。计算机还有比较、判断等逻辑运算的功能，可实现各种复杂的推理。

（5）自动化程度高，通用性强。计算机可根据人们编写的程序，完成工作指令，代替人类完成很多工作，如机器手、机器人等。计算机的通用性特点能解决自然科学和社会科学中的许多问题，可广泛地应用于各个领域。

1.1.4 计算机的分类

随着计算机及相关技术的迅猛发展，计算机类型也不断分化，越发多种多样。

按数据处理方式，计算机可分为模拟计算机、数字计算机和混合式计算机。

按用途，计算机可分为专用计算机和通用计算机。

按综合性能指标，计算机可分为巨型机、大型机、中型机、小型机、微型机。我国在巨型机的研制方面获得了可喜的成就，如天河、神威系列。2016 年 6 月 20 日，在第三十四届国际超级计算大会上，国际组织“TOP500”发布的榜单显示，我国“神威·太湖之光”超级计算机登顶榜单之首。

按综合性能指标及应用领域，计算机可分为高性能计算机、微型计算机、工作站、服务器和嵌入式计算机。

1.1.5　计算机的应用

计算机应用已普及社会各个领域，概括来讲，主要分为以下几个方面：

（1）数值计算。最早研制的计算机就是用于科学计算。科学计算是计算机应用的一个重要领域，如地震预测、气象预报、航天技术等。

（2）信息处理。信息处理也称数据处理，是计算机应用最广泛的一个领域。即利用计算机对数据进行收集、加工、检索、输出等操作，可应用于企业管理、物资管理、报表统计、学生管理、信息情报检索等方面。

（3）自动控制。在工业生产过程中，计算机自动对某些信号进行检测、控制，可降低工人的劳动强度，减少能源损耗，提高生产效率。

（4）计算机辅助系统。如计算机辅助设计（Computer Aided Design，CAD）、计算机辅助制造（Computer Aided Manufacturing，CAM）、计算机辅助测试（Computer Aided Teset，CAT）、计算机辅助教学（Computer Aided Instruction，CAI）、计算机辅助教育（Computer Based Education，CBE）、计算机集成制造系统（Computer/Contemporary Integrated Manufacturing Systems，CIMS）。

（5）人工智能（Artificial Intelligence，AI）。人们开发一些具有人类某些智能的应用系统，用计算机来模拟人的思维判断、推理等智能活动，如机器人、模式识别、专家系统等。

（6）网络与通信。计算机网络是通信技术与计算机技术高度发展与结合的产物。网上聊天、网上冲浪、电子邮件、电子商务、远程教育等为人们的学习、生活等提供了极大的便利。

除了上面介绍的几个方面外，计算机应用还包括虚拟现实（Virtual Reality，VR）技术，增强现实（Augmented Reality，AR）技术、大数据（big data）等。

1.1.6　多媒体技术

多媒体技术（multimedia technology）又称计算机多媒体技术，是指通过计算机对文本（text）、图形（graphic）、图像（image）、动画（animation）等形式的信息进行综合处理和控制，用户可通过多种感官与计算机进行实时信息交互的技术。常见的多媒体素材有文本、图形、图像、音频、视频、动画六大类。

在计算机行业里，媒体（medium）有两种含义：其一是指传播信息的载体，如语言、文字、图像、视频、音频等；其二是指存储信息的载体，如磁带、光盘等，主要载体有 CD-ROM、VCD、DVD 等。

多媒体技术已渗透人们生活的各个领域，如教育、档案、图书、娱乐、艺术、金融交易、建筑设计、家庭、通信等。

1.2　计算机入门知识

计算机入门知识

主要学习内容：

- 计算机系统的组成
- 硬件系统和软件系统
- 计算机中常用的存储单位
- 计算机的性能指标

从 1946 年第一台电子数字积分计算机——ENIAC 问世以来，计算机从多方面改变着我们的生活和工作方式，渗透到我们社会的各个领域。计算机功能强大，借助计算机我们可以听音乐、看电影、上网、绘画、处理文字、处理事务、管理生产、进行科学计算、玩游戏等。

1.2.1　计算机系统的组成

计算机系统由硬件系统和软件系统两大部分组成，两者相互依存，缺一不可。硬件指机器本身，是一些看得见、摸得着的实体。软件指一些大大小小的程序，存储在计算机的存储器中。未安装任何软件系统的计算机称为裸机。

1. 计算机硬件系统

从工作原理的角度看，计算机硬件系统由运算器、控制器、存储器、输入设备和输出设备 5 部分组成。

（1）运算器（Arithmetic Unit，AU）。运算器是计算机处理和加工数据的部件，它的主要功能是对二进制编码进行算术运算和逻辑运算。

（2）控制器（Control Unit，CU）。控制器的作用是控制计算机各部件按照指令进行协调一致的工作。

通常将运算器、控制器和一些保存临时数据的寄存器集成在一个半导体电路中，称为中央处理器（Central Processing Unit，CPU）。CPU 是计算机的核心部件，是计算机的“心脏”。

（3）存储器（memory）。存储器是计算机的记忆部件，它的主要功能是存储程序和数据。向存储器中存储数据称为写入数据，从存储器中取出数据称为读取数据。计算机的存储器分为内部存储器和外部存储器。

内部存储器简称内存，又称主存储器。内存主要用于存储计算机运行期间的程序和临时数据，内存与 CPU 一起构成计算机的主机。计算机中所有程序的运行都是在内存中进行的，因此内存的性能对计算机的影响非常大。内存的容量有 4GB、8GB、16GB 等。内存一般采用半导体存储单元，包括随机存储器（RAM）、只读存储器（ROM）、高速缓冲存储器（Cache）。随机存储器（random access memory）既可读取数据，也可写入数据。当计算机电源关闭时，存于内存中的数据就会丢失。我们通常购买或升级的内存条就被用作计算机的内存，也是 RAM，其外观如图 1-2-1 所示。在制造 ROM 时，信息（数据或程序）就被存入并永久保存。这些信息一般只能读出，不能写入，即使机器停电，这些数据也不会丢失。ROM 用于存放计算机的基本程序和数据，如对输入/输出设备进行管理的基本系统就存放在 ROM 中。Cache 的原始意义是存取速度比一般随机存取记忆体（RAM）更快的一种 RAM，是介于中央处理器与主存储器之间的高速小容量存储器。它和主存储器一起构成一级的存储器。高速缓冲存储器与主存储器之间信息的调度和传送是由硬件自动进行的。

当CPU向内存中写入或读出数据时，这个数据也被存储到高速缓冲存储器中。当CPU再次需要这些数据时，CPU就从高速缓冲存储器读取数据，而不是访问较慢的RAM。

DRAM即动态RAM，SRAM即静态RAM。它们的最大区别就是：DRAM是用电容有无电荷来表示信息的，需要周期性地刷新；而SRAM是利用触发器来表示信息的，不需要刷新。SRAM的存取速度比DRAM的高，常用作高速缓冲存储器。

外部存储器简称外存，又称辅助存储器，主要用于长期保存用户数据和程序，存储容量比内存大很多。CPU能直接访问存储在内存中的数据。外存中的数据只有先读入内存，才能被CPU访问。把信息写入存储器，称为“写”；把信息从存储器中读出，称为“读”。从存储器中读数据或向存储器写入数据，均称为对存储器的访问。目前，常用的外存储器有硬盘（图1-2-2）、光盘、U盘（图1-2-3）、移动硬盘（图1-2-4）等。

图1-2-1　内存条的外观

图1-2-2　硬盘

图1-2-3　U盘

图1-2-4　移动硬盘

硬盘主要分为固态硬盘（SSD）和机械硬盘（HDD）。固态硬盘速度快、价格贵。

光盘是光学存储介质，用聚焦的氢离子激光束处理记录介质的方法存储和再生信息。光盘主要分为两类：一类是只读型光盘，如CD-ROM、DVD-Video、DVD-ROM等；另一类是可记录型光盘，如CD-R、CD-RW、DVD-R、DVD＋R、DVD＋RW等。

U盘，全称USB闪存驱动器（USB flash disk）。USB即通用串行总线（universal serial bus），是一个外部总线标准，用于规范计算机与外部设备的连接和通信。USB接口有即插即用和热插拔功能。

（4）输入设备（input device）。输入设备是用来向计算机输入程序、命令、文字、图像等信息的设备，它的主要功能是将信息转换成计算机能识别的二进制编码以输入计算机。常见的输入设备包括键盘、鼠标、触摸屏、扫描仪等。

（5）输出设备（output device）。输出设备的主要功能是将计算机中的信息以人们能识别的形式表现出来。常见的输出设备有显示器、打印机、绘图仪、音箱等。

图1-2-5是一款台式计算机的外观。从外观看，计算机的主要部件有主机、显示器、键盘

和鼠标，这些都属于计算机的硬件。计算机的主机箱上还有一个光盘驱动器（简称“光驱”）。计算机机箱内还有主板、内存、硬盘、电源、显卡、声卡、网卡等部件和板卡。

外存储器、输入设备和输出设备统称为计算机的外部设备，简称外设。

图 1-2-5　一款台式计算机的外观

2. 计算机软件系统

计算机软件系统是支持计算机运行和进行事务处理的软件程序系统。计算机软件系统主要分为系统软件和应用软件两大部分。

系统软件是计算机必不可少的部分，用来管理、控制和维护计算机的各种资源。系统软件主要包括操作系统（Operating System，OS）、解释程序、监控程序、编译程序等。其中，操作系统是计算机最重要的一种系统软件，是管理和控制计算机硬件与软件资源的计算机程序，是计算机上最基本的系统软件，任何其他软件都必须在操作系统的支持下才能运行。操作系统是用户和计算机的接口，也是计算机硬件和其他软件的接口。计算机操作系统通常具有处理器管理、存储管理、文件管理、输入/输出管理和作业管理五大功能。

常见的操作系统有 Windows 7、Windows 8、Windows 10、Linux、Windows Server 2008、UNIX 等。

应用软件是为专门解决某个领域的问题所编写的程序，如 Word 和 WPS 用于文字处理，Excel 用于电子表格处理，Dreamweaver 用于网页设计，ERP 系统用于企业管理，财务软件用于企业财务管理，ACDSee 用于浏览图片，等等。

1.2.2　计算机的性能指标

计算机性能是从硬件组成、软件配置、系统结构、指令系统等多方面来衡量的。目前，常用以下几个指标来评价计算机的性能。

（1）主频。主频即时钟频率，是指 CPU 在单位时间内发出的脉冲数目，其单位是兆赫兹（MHz）。主频越高，计算机的运行速度就越快。如处理器 Intel Core i3 2120 3.3GHz 中的 3.3GHz 就是指计算机主频。

（2）运算速度。运算速度是指计算机的平均运算速度，是指每秒所能执行的指令条数，用百万条指令/秒（Million Instruction Per Second，MIPS）来描述。一般说来，主频越高，运算速度就越快。运算速度是衡量计算机性能的一项重要指标。

（3）字长。字是一个独立的信息处理单位，也称计算机字，是 CPU 通过数据总线一次存取、加工和传送的一组二进制数据。这组二进制数的位数即计算机的字长。在其他指标相同时，字长越大，计算机处理数据的速度就越快。字长标志着计算机的计算精度和表示数据的范围。一般计算机的字长在 8～64 位之间，即一个字由 1～8 个字节组成。微型计算机的字长有 8 位、准 16 位、16 位、32 位、64 位等。

计算机中最直接、最基本的操作是对二进制数的操作。二进制数的一个位称为一个字位（bit）。bit 是计算机中最小的数据单位。

一个八位二进制数组成一个字节（Byte）。字节是信息存储中最基本的单位。计算机存储器的容量通常以字节数来表示。常用的存储单位如下：

B（字节）　1B=8bit　KB（千字节）　1KB=1024B

MB（兆字节）　1MB=1024KB　GB（千兆字节）　1GB=1024MB

TB（兆兆字节）　1TB=1024GB

（4）内存储器的容量。内存储器简称内存、主存，是 CPU 可以直接访问的存储器，需要执行的程序与需要处理的数据就是存放在主存中的。内存储器的容量反映了计算机即时存储信息的能力。内存容量越大，计算机能处理的数据量就越庞大。目前，32 位的 Windows10 至少需要 1GB 内存，最大支持内存为 4GB；64 位的 Windows 10 至少需要 2GB 内存。

（5）外存储器的容量。外存储器的容量通常是指硬盘容量（包括内置硬盘和移动硬盘）。硬盘是存储数据的重要部件，其容量越大，可存储的信息就越多，计算机可安装的应用软件就越丰富。

（6）存取周期。计算机进行一次“读”或“写”操作所需的时间称为存储器的访问时间（或读写时间）。存取周期是指计算机连续启动两次独立的“读”或“写”操作所需的最短时间。硬盘的存储周期比内存的存储周期要长。微型机的内存储器的存取周期约为几十到一百纳秒（ns）。

以上介绍的只是微型计算机的一些主要性能指标。除此之外，还有其他指标，如系统软件的可靠性、外部设备的扩展能力、网络功能等，性能价格比也是平时人们购买计算机的一个重要指标。

1.3　信息的表示与存储

信息的表示与存储

主要学习内容：

- 二进制、八进制、十六进制
  - 进制间的转换
  - 计算机使用二进制的原因
  - 计算机中数据的编码

1.3.1　信息与数据

计算机最主要的功能是信息处理。信息就是对客观事物的反映，从本质上看信息是对社会、自然界的事物特征、现象、本质及规律的描述。信息可通过某种载体（如符号、声音、文字、图形、图像等）来表征和传播。对计算机来讲，输入和处理的对象是数据，各种形式的输出是信息。在计算机科学中，数据是指所有能输入到计算机并被计算机程序处理的符号的介质的总称，是具有一定意义的数字、字母、符号和模拟量等的通称。

1.3.2 进位计数制

计数制也称数制，是用一组固定的符号和统一的规则来表示数值的方法。人们通常采用的数制有十进制、二进制、八进制、十二进制和十六进制。十进制是我们日常生活中常用的计数制，进位规律为“逢十进一”，其由 0～9 十个数码组成。数码即表示基本数值大小的不同数字符号。一种计数制中允许使用的基本数码的数目称为该数制的基数。常见数制介绍见表 1-3-1。

表 1-3-1 常见数制介绍

数制	基数	数码	进位规律	标志符	举例
十进制	10	0、1、2、3、4、5、6、7、8、9	逢十进一	D	348D
二进制	2	0、1	逢二进一	B	1011B
八进制	8	0、1、2、3、4、5、6、7	逢八进一	O	207O
十六进制	16	0、1、2、3、4、5、6、7、8、9 A、B、C、D、E、F	逢十六进一	H	1010H 1E2FH

一个数码在不同位置上，所代表的值是不同的，如在十进制中，3 在个位上表示 3，在十位上表示 30，在千位上表示 3000。数码所表示的数值等于该数码本身乘以一个与其所在数位有关的常数，这个常数称为“位权”。数制中每个固定位置对应的单位值称为位权。对于多位数，处在某个位上的“1”所表示的数值称为该位的位权。例如十进制整数第 1 位的位权为 1，第 2 位的位权为 10，第 3 位的位权为 100；而二进制第 1 位的位权是 1，第 2 位的位权为 2，第 3 位的位权为 4。对于 N 进制数，整数部分第 i 位的位权为 $N^{(i-1)}$，而小数部分第 j 位的位权为 $N^{(-j)}$。

1.3.3 计算机使用二进制的原因

在计算机内部用来传送、存储、加工处理的数据或指令都是以二进制码进行的。二进制数码只有 0 和 1，进位规律为“逢二进一”。

计算机采用二进制的原因有以下几点：

（1）易于实现。计算机中的信息都是用电子元件的状态来表示的，电子元件主要具有两种稳定状态，如电压的高与低、开关的断开与闭合、脉冲的有和无等，都可对应表示 1 和 0 两个符号。

（2）二进制运算规则简单。加法、减法与乘法规则如下：

0+0=0　1+0=1　1+1=10　0−0=0　1−0=0　1−1=0　10−1=1

0×0=0　0×1=0　1×1=1

（3）通用性强。二进制也适用于各种非数值信息的数字化编码，如逻辑判断中的“真”和“假”正好与“1”和“0”对应。

（4）机器可靠性高。因为电压的高低、电流的有无都是一种质的变化，两种状态分明，所以应用二进制码鉴别信息的可靠性高、容易得到且抗干扰能力强。

1.3.4 数制间的转换

1. 其他进制转换为十进制

其他进制转换为十进制

将其 R 进制按位权展开，然后各项相加，就得到相应的十进制数。可表示为，对于任意 R 进制数 $A_{n-1}A_{n-2}\cdots A_1A_0A_{-1}\cdots A_{-m}$（其中 n 为整数位数，m 为小数位数），其对应的十进制数可以用以下公式计算（其中 R 为基数）：

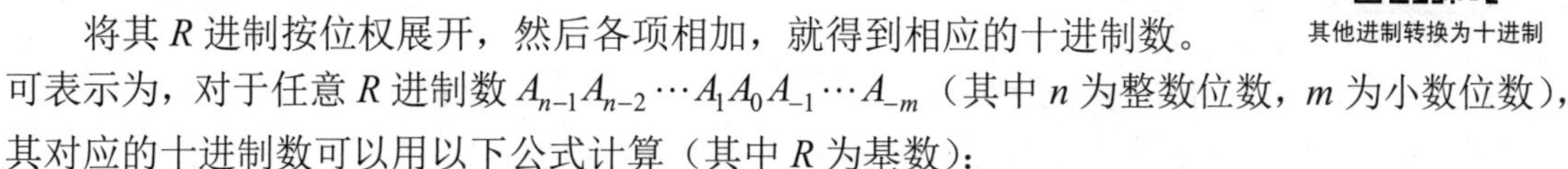

$$A_{n-1}\times R^{n-1}+A_{n-2}\times R^{n-2}+\cdots+A_1\times R^1+A_0\times R^0+A_{-1}\times R^{-1}+\cdots+A_{-m}\times R^{-m}$$

例 1：将二进数 10110.101 转换为十进制数。

$10110.101B=1\times2^4+0\times2^3+1\times2^2+1\times2^1+0\times2^0+1\times2^{-1}+0\times2^{-2}+1\times2^{-3}=16+4+2+0.5+0.125=22.625D$

例 2：将 1A7EH 转换为十进制数。

$1A7EH=1\times16^3+10\times16^2+7\times16^1+14\times16^0=6782D$

2. 将十进制数转换成其他进制数

十进制数转换为其他进制数

将十进制数转换为其他进制数分两部分进行，即整数部分和小数部分。

整数部分（基数除法）：用要转换的数除以新的进制的基数，把余数作为新进制的最低位；把上一次得到的商除以新的进制基数，把余数作为新进制的次低位；重复上一步，直到最后的商为零为止，此时的余数就是新进制的最高位.

小数部分（基数乘法）：用把要转换数的小数部分乘以新进制的基数，把得到的整数部分作为新进制小数部分的最高位；把上一步得到的小数部分乘以新进制的基数，把整数部分作为新进制小数部分的次高位；重复上一步，直到小数部分变成零为止，或者达到预定的要求为止。

例 3：将（28.125）$_{10}$ 转换成二进制数。

整数部分：除 2 取余，至到商为 0，自下而上。

除数	被除数/商		余数 ↑
2	28		
2	14	……	0
2	7	……	0
2	3	……	1
2	1	……	1
	0	……	1

运算	整数 ↓
0.125	
× 2	
0.25	0
× 2	
0.5	0
× 2	
1.0	1

所以 28.125D=11100.001B

3. 将二进制数转换成八进制数、十六进制数

将二进制数转换为八进制数、十六进制数时，将二进制数以小数点为中心，分别向左、右两边分组，转换成八（或十六）进制数，每 3（或 4）位为一组，整数部分向左边分组，不足位数向左边补 0；小数部分向右分组，不足位数向右边补 0，然后将每组二制数转换成八（或十六）进制数。每组二进制数将其对应数码是 1 的权值相加即得对应的八（或十六）进制数，如二进数 101，最低位 1 的权值是 1，最高位 1 的权值是 2^2（即 4），101B=5O。

二进制与十六进制数互换

例 4：将二进制数 11101001.001111 转换成八进制数和十六进制数。

$(\underset{3}{\underline{011}}\ \underset{5}{\underline{101}}\ \underset{1}{\underline{001}}\ .\ \underset{.1}{\underline{001}}\ \underset{7}{\underline{111}})_2=(351.17)_8$

$(\underset{E}{\underline{1110}}\ \underset{9}{\underline{1001}}\ .\ \underset{3}{\underline{0011}}\ \underset{C}{\underline{1100}})_2=(E9.3C)_{16}$

4. 将八进制数、十六进制数转换成二进制数

将八进制数、十六进制数转换成二进制数的方法与上面的转换过程相反，转换时将每位八（或十六）进制数转换为对应的三位二进制（或四位二进制）数串，然后把这些数串依次连接起来，即得到对应的二进制数。

例 5：将八进制数 501.37 转换为二进制数。

$(\ 5\ \ 0\ \ 1\ \ .\ \ 3\ \ 7\ )_8=(101000001.011111)_2$

$(\underline{101}\ \underline{000}\ \underline{001}\ .\ \underline{011}\ \underline{111})_2$

例 6：将十六进制数 D07.A 转换为二进制数。

$(\ D\ \ 0\ \ 7\ \ .\ \ A)_{16}=(110100000111.101)_2$

$(\underline{1101}\ \underline{0000}\ \underline{0111}\ .\ \underline{1010})_2$

1.3.5　字符编码

字符编码

编码是指根据一定的规则用少量的基本符号组合起来表示复杂多样的信息。

1. ASCII 码

ASCII 码即美国信息交换标准代码。ASCII 是基于拉丁字母的一套计算机编码系统，是由美国国家标准学会（American National Standard Institute，ANSI）制定的标准的单字节字符编码方案，用于基于文本的数据。

使用指定的 7 位或 8 位二进制数组合来表示 128 或 256 种可能的字符。标准 ASCII 码也称基础 ASCII 码，使用 7 位二进制数（1 个字节储存）来表示所有的大写字母和小写字母、数字 0 到 9、标点符号以及在美式英语中使用的特殊控制字符，共 128 个编码。

ASCII 码的大小规则如下：①数字 0～9 比字母小，如“9”<“A”；②数字 0 比数字 9 小，并按 0 到 9 顺序递增，如“3”<“9”；③字母 A 比字母 Z 小，并按 A 到 Z 顺序递增，如“A”<“X”；④同字母的大写字母比小写字母小，如“A”<“a”。ASCII 码表见附录。

2. 汉字编码

1980 年，为了使每个汉字有一个全国统一的代码，我国国家标准化管理委员会颁布了汉字编码的国家标准——《信息交换用汉字编码字符集 基本集》(GB 2312－1980)，其中包括 6763 个常用汉字和 682 个非汉字图形符号的二进制编码，每个字符的二进制编码为 2 个字节。每个汉字有一个二进制编码，称为汉字国标码。

GB 2312－1980 将代码表分为 94 个区，对应第一字节；每个区 94 个位，对应第二字节，两个字节的值分别为区号值和位号值加 32（20H），因此也称区位码。区位码 0101～0994 对应符号，1001～8794 对应汉字。GB 2312－1980 将收录的汉字分成两级：第一级是常用汉字，计 3755 个，置于 16～55 区，按汉语拼音字母顺序排列；第二级汉字是次常用汉字，计 3008 个，置于 56～87 区，按部首/笔画顺序排列，故 GB 2312－1980 最多能表示 6763 个汉字。

汉字的机内码是用于计算机内处理和存储的编码，采用变形国标码。其变换方法如下：将国标码的每个字节都加上 128，即将两个字节的最高位由 0 改为 1，也就是汉字机内码前后

两个字节的最高位二进制值都为 1，其余 7 位不变，即汉字机内码=汉字国标码+8080H。

例 1：已知一个汉字的国标码是 5E48H，则其机内码=5E48H+8080H=DEC8H。

用于将汉字输入计算机内的编码称为输入码。输入码有形码（如五笔字型）、音码（如拼音输入码）、音形码（如自然码输入法）、区位码等。

汉字字形码是汉字字库中存储的汉字的数字化信息，用于输出显示和打印的字模点阵码，称为字形码。汉字字形点阵有 16×16 点阵、128×128 点阵、256×256 点阵等，点阵值越大，描绘的汉字就越细微，占用的存储空间也越大。汉字点阵中每个点的信息要用一位二进制码来表示。16×16 点阵的字形码存储一个汉字需要 32（16×16÷8=32）个字节。

1.4 键盘和鼠标的操作

键盘与鼠标

主要学习内容：

- 键盘的构成
- 键盘的使用方法
- 鼠标的使用方法

键盘和鼠标是计算机的主要输入设备，是人们与计算机对话的工具。要想熟练操作计算机，首先必须掌握键盘和鼠标的基本使用方法和使用技巧。

1.4.1 计算机键盘的构成

键盘是计算机最基本的输入设备。现在常用键盘有 104 键盘和 107 键盘，104 和 107 指的是键盘上键的数目。

键盘一般可分为 5 个部分：主键盘区、功能键区、编辑键区、小键盘区和状态指示区。键盘平面图如图 1-4-1 所示。

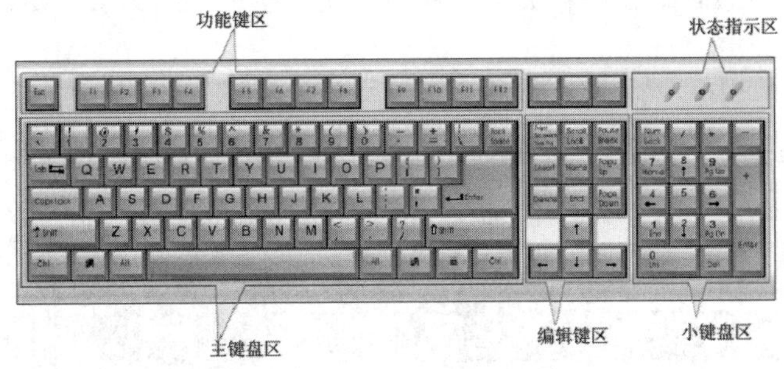

图 1-4-1 键盘平面图

下面介绍键盘常用键的使用方法。

字母键：在键盘中央标有 A，B，C 等 26 个英文字母。计算机默认状态下，按字母键，输入的是小写字母，输入大写字母时需要同时按 Shift 键。

空格键：空格键是位于键盘下部的一个长条键，作用是输入空白字符。

字母锁定键（Caps Lock）：该键实际上是一个开关键，只对英文字母起作用，用来转换键盘上字母大小写状态。每按一次该键，键盘都会在字母大写和小写间转换。关上它时，Caps Lock

指示灯不亮，此时键盘上字母处于小写输入状态；打开它时，Caps Lock 指示灯亮，此时键盘上字母键处于大写输入状态。

功能键：功能键是位于键盘最上面一行，标有“F1,F2,F3,…,F11,F12”的 12 个键，在不同软件中可以设置它们的不同功能。

退格键（Backspace）：退格键的键面上标有向左的箭头，这个键的作用是删除光标前面输入的字符。

上档键（Shift）：主键盘区的左右各有一个上档键。输入双字符键的上面字符时，需同时按 Shift 键。该键和字母键结合，也可进行字母大小写转换。

控制键（Ctrl、Alt）：主键盘区的左右各有一个控制键，它们一般不单独使用，需要与其他键配合使用才能完成相应功能。

数字锁定键（Num Lock）：数字锁定键在小键盘区，按 Num Lock 键，Num Lock 灯亮，则小键盘区的数字键起作用；按 Num Lock 键，Num Lock 灯不亮，则小键盘的编辑键起作用。

光标移动键（←、↑、↓、→）：按下光标移动键，光标按相应箭头方向移动。光标是计算机软件系统中编辑区域不断闪烁的标记，用于指示现在的输入或操作的位置。

1.4.2 键盘的使用

指法是指用户使用键盘的方法。为保证用户输入信息的速度，掌握正确的键盘指法是很必要的。所以，用户从初学计算机起，就应严格按照正确的指法进行操作。

1. 基本键

主键盘区左边的 A、S、D、F 键和右边的 J、K、L、“;”键，称为基本键。准备输入信息时，左手的食指、中指、无名指和小指分别放在 F、D、S 和 A 键上，右手的食指、中指、无名指和小指分别搭（浮）在 J、K、L 和“;”键上，两个拇指轻轻搭（浮）在空格键上。在 F、J 两键上都有一个凸起的横杠，以便盲打时两个食指通过触摸定位。

盲打是指在输入信息时眼睛不看键盘，视线只注视显示器或文稿。要想实现盲打，应熟记键盘上各键的位置。

2. 指法分工

每个手指除负责基本键外，还要分别负责其他键。指法分工图如图 1-4-2 所示。

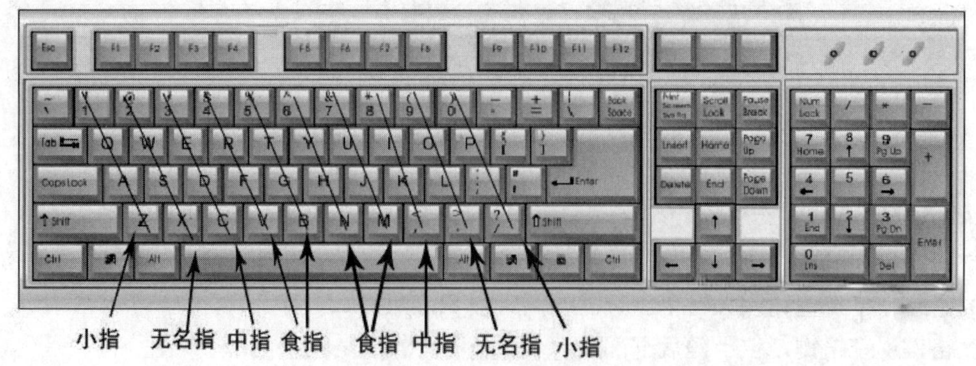

图 1-4-2　指法分工图

要保证高速度的输入，用户输入信息时，10 个手指应按指法分工击键。

3. 正确的姿势

正确的打字姿势不仅有助于输入速度的提高，也不容易使身体疲劳。

（1）身体保持端正，腰部挺直，手指轻触键盘（浮于键上），两脚自然平放在地板上。

（2）座椅高度要合适，以前臂可自然平放在键盘边为准。

（3）打字时，两臂自然下垂，手指自然弯成弧形，手与前臂成直线。在主键盘区击键时，主要通过手指移动找键位。敲击较远的键时才需移动胳膊。

（4）敲击键盘时手指用力要均匀、有弹性，击键后手指要迅速返回到基本键上，不敲击键的手指保持在基本键上。

操作练习：请以本学期英语课本中的一篇英文文章为内容，使用 Windows 10 附件中的“写字板”进行英文录入的操作练习，要求反复训练，达到盲打和快速录入的目标。

1.4.3　鼠标的使用

鼠标（mouse）是计算机输入设备“鼠标器”的简称。鼠标上一般有左右两个键，中间有一个滚轴，如图 1-4-3 所示。单击左右键可以向计算机输入操作命令，一般用右手拿鼠标，拇指放在鼠标的左侧，无名指和小指放在鼠标的右侧，食指和中指分别放在左键和右键上，如图 1-4-4 所示。系统默认的设置为左键是命令键，右键是快捷键，利用滚轮可以方便地在窗口中上下翻页。

图 1-4-3　鼠标

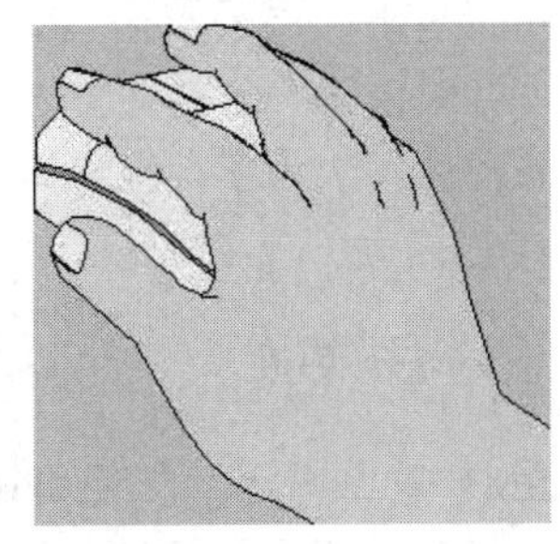

图 1-4-4　握鼠标示意

一般情况下，鼠标指针为一个空心箭头。当我们移动鼠标时，鼠标指针会随着移动。

鼠标的基本操作一般有指向、单击、双击、拖动、右击、滚动等。

（1）指向：移动鼠标，鼠标指针对准某个位置或某个对象，即鼠标的指向，主要用于光标定位。利用计算机输入文字时，通常有一个小竖线规律地闪动，提示当前输入字符的位置，这个小竖线称为光标。

（2）单击：将鼠标指向某个目标，按一下鼠标左键便立即松开，常用于选定对象。

（3）双击：将鼠标指向某个目标，快速连击两下鼠标左键，常用于打开对象。

（4）拖放：将鼠标指向某个目标，按住左键不放，移动鼠标至指定位置，松开鼠标。

（5）右击：将鼠标指针定位到某个对象，然后单击鼠标右键然后立即松开，即右击，也可称为右击鼠标。右击后，系统通常会弹出一个快捷菜单，对象不同，菜单也不同，它常用于执行与当前对象相关的操作。

（6）滚动：如果鼠标有滚轮，则可以用它来滚动文档和网页。若要向下滚动，则向后（朝向自己）滚动滚轮；若要向上滚动，则向前（远离自己）滚动滚轮。

注意：正确握住并移动鼠标可避免手腕、手、胳膊酸痛或受到伤害，特别是长时间使用计算机时。

有助于避免以上问题的技巧如下：

- 将鼠标放在与肘部水平的位置。上臂应自然下垂在身体两侧。
- 轻轻地握住鼠标，不要紧捏或紧抓。
- 鼠标移动是通过绕肘转动胳臂，避免向上、向下或向侧面弯曲手腕。
- 单击鼠标时要轻。
- 手指保持放松。手指轻搭在鼠标上，不要悬停在按钮上方。
- 不需要使用鼠标时，不用握住。
- 每使用计算机 15 ~ 20min 要短暂休息。

1.5　汉字输入法简介

主要学习内容：

- 输入法的切换
- 微软拼音输入法

输入中文时，首先要选择一种中文输入法。按输入方法分类，中文输入法分为拼音输入法和笔画输入法（如五笔字型输入法）。Windows 10 操作系统自带微软拼音输入法、微软五笔输入法，用户可根据需要选择。另外，还可以安装其他输入法，如五笔字型输入法、搜狗拼音输入法等。拼音输入法易学，但重码字多。五笔字型输入法重码字少，利于盲打，便于提高输入速度。

1.5.1　输入法的切换

在 Windows 10 系统下，按组合键 Windows 徽标键 ⊞+空格键或 Ctrl+Shift 在各种输入法间切换。系统任务栏的通知区域显示当前选择的输入法图标，如微软拼音输入法图标为 拼。每种输入法均有中文和英文两种输入模式，如通知区域上显示中图标，表示当前是中文模式；如显示英图标，表示当前是英语输入状态；单击输入模式图标或按 Shift 键可以在中文和英文输入状态间切换。

1.5.2　微软拼音输入法

微软拼音输入法提供了全拼输入、简拼输入等输入方法，还提供表情及符号面板、专业词典等，其输入法面板如图 1-5-1 所示。

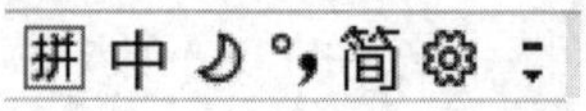

拼 中 ☽ °, 简 ⚙ ⁚

图 1-5-1　微软拼音输入法面板

图 1-5-1 中各按钮含义如下。

拼：输入法切换按钮。　　°,：中英文标点符号切换按钮。

中：中英文输入状态切换按钮。　　简：中文简体与繁体切换按钮。

🌙：全半角切换按钮。　　　　　⚙：输入法设置按钮。

▬：输入法面板最小化按钮。　　　▼：输入法选项按钮。

1. 全拼输入

全拼输入的使用方法为按规范的汉语拼音输入，输入过程与书写汉语拼音的过程完全一致。

输入拼音自动转换为中文，如图 1-5-2 所示，按空格键或标点符号键（如逗号、句号等）完成转换，如果按 Enter 键确认，则录入的是拼音。

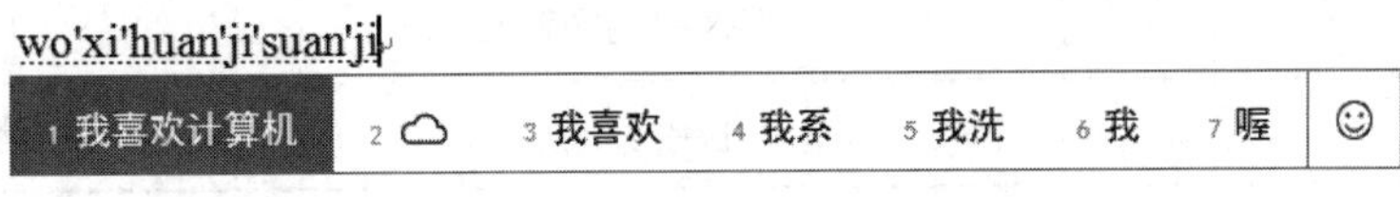

图 1-5-2　输入拼音自动转换为中文

微软拼音支持鼠标和三种键（“+ -”、“[ ]”和“PageUP　PageDown”）翻页。

微软拼音可以自动用撇号分隔文字的拼音，按空格键可将拼音转换为中文。

在输入过程中，如系统自动分隔拼音不正确，用户可以自己添加隔音符号——撇号（'）。

2. 修改拼音输入错误

输入过程中，如果拼音输入有错误，用户可以使用方向键将光标移至错误的拼音处进行修改。

3. 选择候选词

使用微软拼音输入法时，常会有同音字，系统默认选择排在第一个的字或词，其他同音字或词称为候选词。使用微软拼音输入法时，用户可以使用鼠标和数字键两种方式来选择候选词。

4. 简拼和混拼输入

如果对汉语拼音把握不甚准确，可以使用简拼输入法，即取各个音节的第一个字母组成；对于包含 zh、ch、sh 的音节，也可以取前两个字母组成。输入两音节以上的词语时，有的音节全拼，有的音节简拼。输入举例见表 1-5-1。

表 1-5-1　输入举例

词	全拼	简拼	混拼
计算机	jisuanji	jsj	jisji　jsuanji　jsuanj
长城	changcheng	chch	chcheng

5. 英文输入

可以按照以下 3 种方式输入英文。

（1）切换至英文输入状态：按 Shift 键或单击输入法面板上的“中/英”按钮，切换至英文输入状态，然后输入英文。

（2）输入拼音后直接按 Enter 键，输入的是英文。

6. 网址输入

微软拼音具有自动识别网址的功能，如为网址则停止拼音转换。能识别的网址前缀有 http:、https:、ftp:、mailto:。

7. 特殊符号及切换状态

在中文输入状态下，特殊符号及状态切换见表 1-5-2。

表 1-5-2　特殊符号及状态切换

功能	键	特殊符号	键
输入顿号（、）	\	输入人民币符号（￥）	Shift+$ 4
输入省略号（……）	Shift+^ 6	切换中英文符号	Ctrl+> .
切换全角/半角	Shift+空格键	切换中英文输入状态	Ctrl+空格键，Shift

8. 切换至繁体中文输入模式

要切换至繁体输入模式，直接单击输入面板上的“简/繁”按钮即可，或按 Ctrl+Shift+F 组合键。

1.6　计算机病毒简介

主要学习内容：

- 计算机病毒的定义及特点
- 计算机病毒的主要症状及传播途径
- 计算机病毒的预防

计算机病毒是人为设计的程序，是编制者在计算机程序中插入的破坏计算机功能或者破坏数据，影响计算机使用并且能够自我复制的一组计算机指令或者程序代码。

1.6.1　计算机病毒的特点

（1）传染性。计算机病毒可以自我复制，即具有传染性，这是判断某段程序为计算机病毒的首要条件。

（2）破坏性。计算机病毒种类不同，其破坏性差别也很大。计算机中毒后，可能会导致正常的软件无法运行，也可能删除计算机内的数据或程序，使之无法恢复。

（3）潜伏性。有些计算机病毒进入系统后不会立即发作，只是悄悄地传播、繁殖、扩散。一旦时机成熟，病毒就会发作，破坏计算机系统，如格式化磁盘、删除磁盘文件、对数据文件进行加密、封锁键盘、使系统死锁等。

（4）隐蔽性。计算机病毒具有很强的隐蔽性，有的会时隐时现、变化无常，有的可以通过病毒软件检查出来，有的根本查不出来。

1.6.2　计算机感染病毒的主要症状

在计算机病毒潜伏、发作或传播时，计算机常常会出现以下症状。

（1）计算机屏幕上出现某些异常字符或画面。

（2）文件长度异常增减或莫名其妙地产生新文件。

（3）一些文件打开异常或突然丢失。

（4）系统无故进行大量磁盘读写。

（5）系统出现异常的重启现象，经常死机，或者蓝屏而无法进入系统。

（6）可用的内存空间或硬盘空间变小。

（7）打印机等外部设备工作异常。

（8）程序或数据神秘消失、文件名不能辨认等。

（9）文件不能正常删除。

1.6.3　计算机病毒的传播途径

计算机病毒是通过媒体进行传染的。常见的计算机病毒的传染媒体有计算机网络、磁盘、光盘等。现在计算机病毒传染最快的途径就是计算机网络，如利用电子邮件、网上下载文件等。移动硬盘、U 盘、光盘等也是计算机病毒传染的重要途径。

1.6.4　计算机病毒的预防

1. 计算机病毒的预防方法

（1）对系统文件、重要可执行文件和数据进行写保护。

（2）备份系统和参数，建立系统的应急计划等。

（3）不使用来历不明的程序或数据，不打开来历不明的电子邮件。

（4）使用新的计算机系统或软件时，在杀毒后再使用。

（5）专机专用。

（6）安装杀毒软件，并定期进行杀毒。

（7）对外来的磁盘，在进行病毒检测处理后再使用。

2. 常用的杀毒软件

杀毒软件，也称反病毒软件或防毒软件，是用于清除计算机病毒、恶意软件等计算机威胁的一类软件。杀毒软件通常集成监控识别、病毒扫描和清除及自动升级等功能，是计算机防御系统的重要组成部分。

常见的杀毒软件有 360 杀毒软件、金山毒霸、瑞星杀毒软件等。

360 杀毒软件是永久免费的、性能超强的杀毒软件。360 杀毒软件采用领先的五引擎：国际领先的常规反病毒引擎、国际性价比排名第一的 BitDefender 引擎、修复引擎、360 云引擎、360 QVM 人工智能引擎。

金山毒霸是金山公司推出的计算机安全产品，监控、杀毒全面可靠，占用系统资源较少，集杀毒、监控、防木马、防漏洞为一体，是一款具有市场竞争力的杀毒软件。

瑞星杀毒软件（Rising AntiVirus，RAV）采用获得欧洲联盟（以下简称欧盟）及中国专利的六项核心技术，形成全新软件内核代码，具有八大绝技和多种应用特性，是具有实用价值和安全保障的杀毒软件。

练习题

1. 从外观上观察计算机主要由哪些部分组成。
2. 利用输入法练习软件，练习英文打字、智能输入法打字和五笔输入法打字。

3．选择题。

（1）ROM 中的信息是______。

A．由计算机制造厂预先写入的　　B．在系统安装时写入的

C．根据用户的需求，由用户随时写入的　　D．由程序临时存入的

（2）在计算机硬件技术指标中，度量存储器空间大小的基本单位是______。

A．字节（Byte）　B．二进位（bit）　C．字（Word）　D．半字

（3）二进制数 1011001 转换为十进制数，为______。

A．80　B．89　C．76　D．85

（4）十进制数 121 转换为二进制数，为______。

A．100111　B．111001　C．1001111　D．1111001

（5）根据 GB 2312－1980 的规定，总计有各类符号和一、二级汉字编码______。

A．7145 个　B．7445 个　C．3008 个　D．3755 个

（6）假设某台式计算机的内存储器容量为 128MB，硬盘容量为 10GB。硬盘的容量是内存容量的______。

A．40 倍　B．60 倍　C．80 倍　D．100 倍

（7）汉字机内码的前后两个字节的最高位二进制值分别是______。

A．1 和 1　B．1 和 0　C．0 和 1　D．0 和 0

（8）五笔字型汉字输入法的编码属于______。

A．音码　B．形声码　C．区位码　D．形码

（9）冯·诺依曼型体系结构的计算机包含的五大部件是______。

A．输入设备、运算器、控制器、存储器、输出设备

B．输入/输出设备、运算器、控制器、内/外存储器、电源设备

C．输入设备、中央处理器、只读存储器、随机存储器、输出设备

D．键盘、主机、显示器、磁盘机、打印机

（10）在微机的配置中常看到“P4 2.4G”字样，其中数字“2.4G”表示______。

A．处理器的时钟频率是 2.4GHz　　B．处理器的运算速度是 2.4

C．处理器是 Pentium4 的第 2.4 版　　D．处理器与内存间的数据交换速率是 2.4

答案

3.（1）A　（2）A　（3）B　（4）D　（5）B　（6）C　（7）A　（8）D
（9）A　（10）A

2 Windows 10 基础操作

2.1 中文 Windows 10 的开机与关机

主要学习内容：

- Windows 10 的启动、切换用户和注销用户、注销和关机
- Windows 10 的桌面

操作系统是用户与计算机之间沟通的桥梁。计算机没有操作系统，用户就不能正常使用计算机。所有应用软件都必须在操作系统的支持下才能使用，操作系统是应用软件的支撑平台。Windows 10 是 Microsoft 公司于 2014 年正式发布的操作系统，将云服务、智能移动设备、自然人机交互等新技术融合，除了继承旧版 Windows 操作系统的安全功能之外，还引入了 Windows Hello、Microsoft Passport、Device Guard 等安全功能。Windows 10 有家庭版、专业版、企业版、教育版、移动版、移动企业版和物联网核心版 7 个版本。本章主要介绍应用广泛的中文 Windows 10 专业版的使用方法。

一、操作要求

（1）打开计算机。Windows 10 启动成功后，观察 Windows 10 桌面的组成。

（2）切换用户。

（3）注销用户。注销当前登录用户，再次登录计算机。

（4）锁定计算机。

（5）让计算机进入睡眠（或休眠）状态。

（6）唤醒处于睡眠（或休眠）状态的计算机。

（7）关闭计算机。

二、操作过程

1. 计算机启动

按下计算机的电源开关即可启动 Windows 10。计算机机箱上电源开关上方通常有开关标志⏻。启动计算机后，按照 Windows 要求，用户输入“用户名”和“密码”，按 Enter 键，进入 Windows 10 系统。此时 Windows 10 系统首先显示的用户界面如图 2-1-1 所示。桌面上的一张张小图片称为图标，代表一个程序、文件夹、文件或其他对象。

2. 切换用户

按 Ctrl+Alt+Delete 组合键，然后单击“切换用户”按钮，即进入切换用户界面。

在 Windows 切换用户界面左下角显示系统用户，单击要登录的用户名，然后输入“密码”，按 Enter 键，进入 Windows 10 系统。

说明：（1）如果计算机上有多名用户，另一名用户要登录该计算机，且不关闭当前用户

打开的程序和文件，可使用“切换用户”方式。

图 2-1-1　Windows 桌面

（2）由于 Windows 不会自动保存打开的文件，因此要确保保存所有打开的文件后再切换用户。否则切换到其他用户并且该用户关闭了计算机，则对之前账户上打开的文件所做的所有未保存更改都将丢失。

3. 注销当前登录用户

单击“开始”按钮，然后单击“当前用户”图标，打开一个菜单，如图 2-1-2 所示，单击“注销”按钮；或按 Ctrl+Alt+Delete 组合键，在显示的屏幕上单击“注销”按钮，可注销当前登录用户。

图 2-1-2　菜单

说明：注销操作会将正在使用的所有程序关闭，但计算机不会关闭。如果其他用户只是短暂地使用计算机，适合选择“切换用户”；如果第一个用户不使用计算机了，由其他用户使用，则使用“注销”。

4. 锁定计算机

单击“开始”按钮，然后选择菜单中的“当前用户”命令，打开一个菜单，选择“锁定”命令。

说明：锁定计算机就是锁定当前用户的操作界面，保护用户的计算机。当用户解除锁定并重新登录计算机后，打开的文件和正在运行的程序可以立即使用。

5. 计算机进入睡眠状态

单击“开始”按钮，然后单击“电源”按钮，在打开的菜单中选择“睡眠”命令，系统进入睡眠状态。

说明：“睡眠”是一种节能状态，是关闭计算机硬盘，关闭显示输出，计算机内存仍然保留睡眠前的数据，移动鼠标或按任意键，则立即取消计算机睡眠状态而进入正常工作状态。如果睡眠时断电，睡眠状态自动取消，进入关机状态；如果用户再次开始工作，通常可在几秒之内使计算机快速恢复到之前的工作状态。

休眠也是计算机的一种节能状态，是把内存中的数据全部保存到本地磁盘中，然后自动关机，需要重新开机才能进入正常工作模式，而且重新开机时系统直接从硬盘休眠文件读取内存数据，开机速度非常快。如果在休眠过程中断电，不影响休眠模式。

如用户将有很长一段时间不使用计算机，且这段时间不能给电池充电，则应使用休眠模式。

6. 唤醒睡眠（或休眠）状态的计算机

在大多数计算机上，可以按计算机电源按钮恢复工作状态，有的计算机是通过按键盘上的任意键、单击鼠标按钮恢复工作状态的。

提示：有些计算机的键盘有 Sleep（休眠）键和 Wake up（唤醒）键。如果是手提电脑，一般情况下用户打开便携式盖子即可唤醒计算机。

7. 关闭计算机

单击“开始”按钮，再单击“电源”按钮，然后选择“关机”命令；也可以右击“开始”按钮，在打开的快捷菜单中选择“关机或注销”命令，再选择“关机”命令，关闭计算机。

提示：关机时，计算机关闭所有打开的程序及 Windows 本身。关机时计算机不会保存用户的文件，所以在确定关机前，必须首先保存文件。

三、知识技能要点

1. Windows 10 的启动

按下计算机的电源开关即可启动 Windows 10。计算机启动后，首先显示的用户界面如图 2-1-1 所示，该界面是用户操作所有应用程序的场所，俗称 Windows 的桌面。

2. Windows 10 的关闭

退出 Windows 10 有几种方案供用户选择，包括关机、切换用户、注销用户、锁定、重启、睡眠等。用户可以在“开始”菜单中选择相应的命令，也可以右击“开始”按钮，然后在打开的菜单中选择“关机或注销”命令，如图 2-1-3 所示。通常在计算机中安装了一些新的软件、硬件或者修改了某些系统设置后，为了使这些程序、设置或硬件生效，需要重新启动计算机。

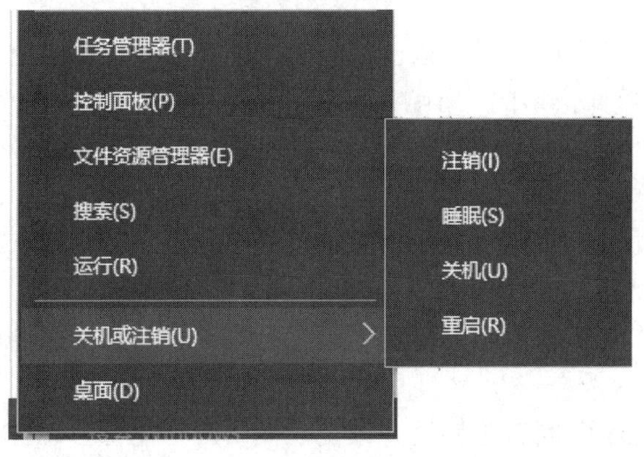

图 2-1-3 “关机或注销”命令

3. Windows 10 的桌面

启动 Windows 10 后，显示器出现的就是 Windows 10 的桌面。用户可以自己添加、删除桌面上的图标，有些图标是安装应用软件时自动添加的。双击桌面上的图标可以打开相应的软件。

下面简单介绍桌面上常见的图标。

- 此电脑：用于管理计算机内置的各种资源对象，比如硬盘资源、光盘资源、移动存储设备和控制面板、网上邻居等。
- 网络：提供对网络上计算机和设备的便捷访问。可以在“网络”文件夹中查看网络计算机的内容，并查找共享文件和文件夹；还可以查看并安装网络设备，例如打印机。
- 回收站：用于存放和管理被删除的文件或文件夹。从计算机硬盘上删除文件时，文件实际上只是移动到并暂时存储在回收站中，直至回收站被清空。回收站中的文件或文件夹还可以被还原。

用户：是存储可为用户提供需要快速访问的文档、图片、视频或其他文件的文件夹。

桌面上除了图标外，还有“任务栏”。“任务栏”通常位于桌面的最下方，如图 2-1-4 所示。

图 2-1-4　任务栏

“开始”按钮：单击该按钮，打开“开始”菜单。“开始”菜单中包括已安装在计算机中的所有应用程序及 Windows 10 自带的控制、管理、设置程序和其他应用程序。

2.2　中文 Windows 10 的基本操作

主要学习内容：

- 桌面图标、开始菜单、开始屏幕和任务栏的使用方法
- 窗口、菜单及对话框的使用方法

一、操作要求

（1）设置桌面上的图标自动排列，再按“修改日期”对桌面图标重新排序，观察图标顺序的变化。

（2）打开“此电脑”窗口，观察该窗口的组成。然后对该窗口进行最大化、最小化和还原操作，并通过边框调整此窗口的大小。

（3）打开“网络”和“回收站”窗口；在打开的各窗口间切换；将各窗口以“层叠窗口”形式显示。

（4）新建一个桌面 2，并在这个新桌面中打开“回收站”窗口；在两个桌面间切换；关闭新建的桌面 2。

（5）调整“开始”菜单的宽度，调整“开始”菜单中任意一个磁贴的大小和位置，设置“开始”菜单全屏幕显示。

（6）将任务栏移至桌面的右边界处并锁定，使用户不能再移动任务栏位置；设置“在桌面模式下自动隐藏任务栏”，在任务栏的通知区域不显示“音量”图标；设置在任务栏中不显示时钟。

（7）设置将“截图工具”固定在开始屏幕和任务栏上。

（8）查看当前计算机的系统信息，获知当前计算机的操作系统类型、CPU 类型、内存容量等信息。

二、操作过程

1. 排列桌面上的图标

在桌面空白处右击，打开快捷菜单，将鼠标移至“查看”选项，显示下一级菜单，如图 2-2-1 所示。选择“自动排列图标”命令，则桌面上的图标自动排列。再在桌面右击，打开快捷菜单，选择“排序方式”→“修改日期”命令，则系统按修改日期对桌面图标进行重新排序，观察图标顺序的变化。

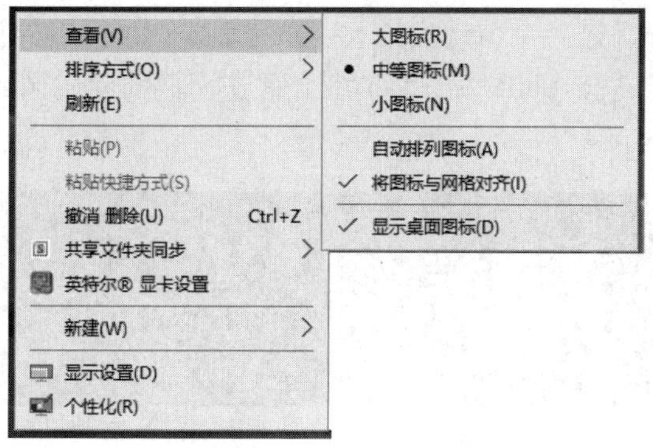

图 2-2-1 快捷菜单

2. 打开和改变“此电脑”窗口大小

双击桌面上的“此电脑”图标，打开“此电脑”窗口，如图 2-2-2 所示。观察该窗口的组成。

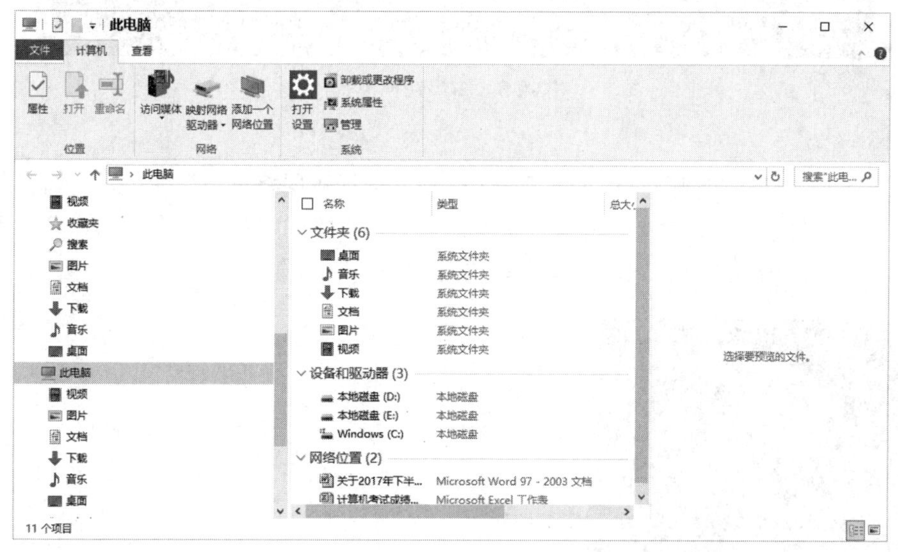

图 2-2-2 “此电脑”窗口

单击窗口标题栏上的“最大化”按钮□，将窗口最大化。窗口“最大化”按钮变为“还原”按钮 ⧉ 。单击还原按钮，窗口恢复到最大化之前的大小。单击“最小化”按钮 – ，窗口缩为一个图标 此电脑 显示在任务栏上。单击任务栏上相应的图标，则重新显示该窗口。

要调整窗口的高度，则将鼠标指向窗口的上边框或下边框。当鼠标指针变为垂直的双箭头↕时，单击边框，然后将边框向上或向下拖动；要调整窗口的宽度，则将鼠标指向窗口的左边框或右边框，当指针变为水平的双箭头⟷时，单击边框，然后将边框向左或向右拖动；要同时调整窗口的高度和宽度，则将鼠标指向窗口的任何一个角，当指针变为斜向的双向箭头⤡时，单击边框，然后向任意方向拖动边框。

3. 打开、切换窗口

双击桌面上的“网络”图标，打开“网络”窗口；双击桌面上的“回收站”图标，打开“回收站”窗口。

按住 Alt +Tab 组合键，进入窗口切换模式，如图 2-2-3 所示。按住 Alt 键，然后按 Tab 键，可在窗口间向前循环切换；按 Shift+Alt+Tab 组合键在窗口间向后循环切换。在某个窗口中单击即切换至该窗口。

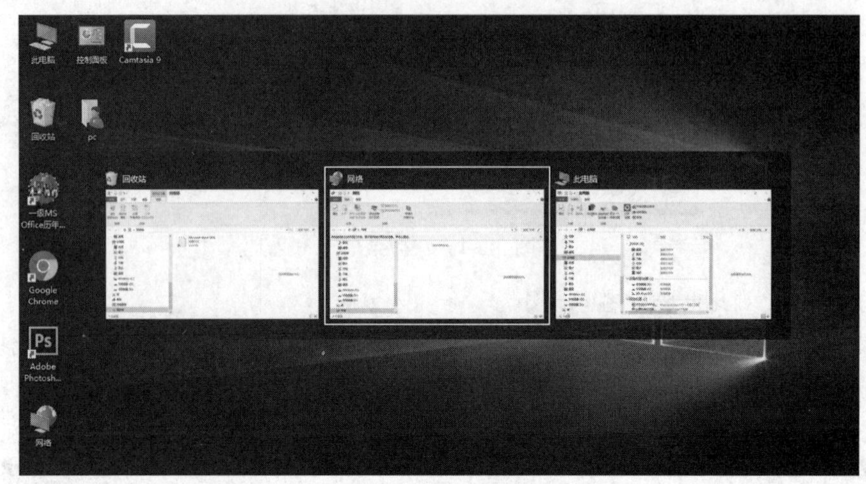

图 2-2-3　窗口切换模式

4. 排列窗口

右击任务栏，打开的快捷菜单如图 2-2-4 所示，选择“层叠窗口”命令，当前打开的各窗口即以层叠方式显示，如图 2-2-5 所示。使用计算机时，需同时观看多个窗口内容，可采用层叠方式显示窗口，也可“堆叠显示窗口”或“并排显示窗口”。

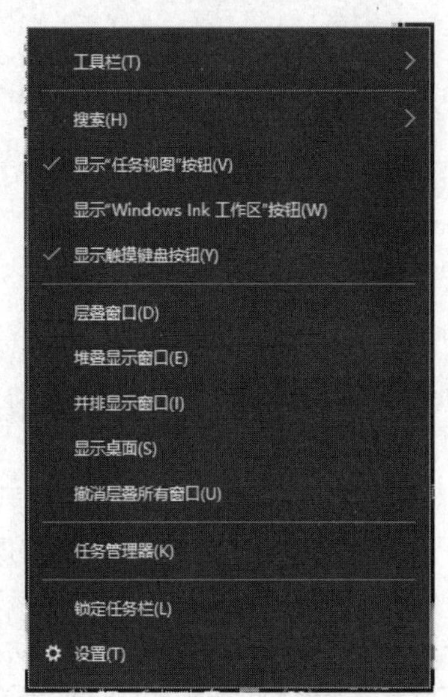

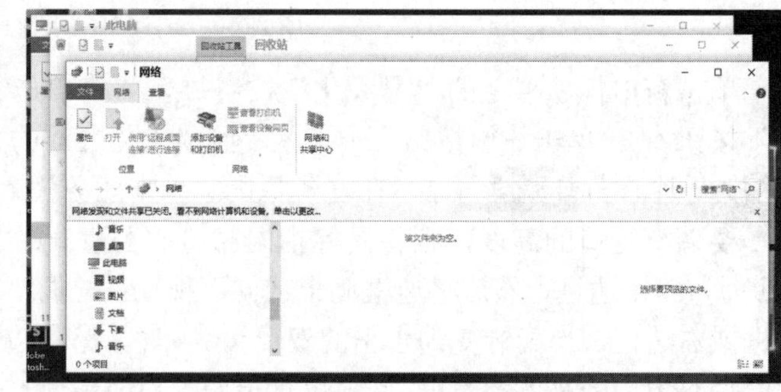

图 2-2-4　快捷菜单　　　　图 2-2-5　层叠显示窗口

5. 新建桌面、切换和关闭桌面

按+Tab 组合键，或单击任务栏上的“任务视图”按钮，进入任务视图，如图 2-2-6 所示。在桌面的右下角有一个“新建桌面”按钮，单击该按钮即可新建一个新桌面（桌面 2）；

或直接按⊞+Ctrl+D 组合键，也可以新建一个虚拟桌面。在任务视图下，单击相应的桌面 2 图标，即进入桌面 2，双击桌面上的“回收站”图标，即启动回收站。按⊞+Ctrl+左/右方向键组合键，即可向左或向右切换虚拟桌面；按⊞+Ctrl+F4 组合键，即可关闭当前虚拟桌面，也可在任务视图窗口切换或关闭虚拟桌面。

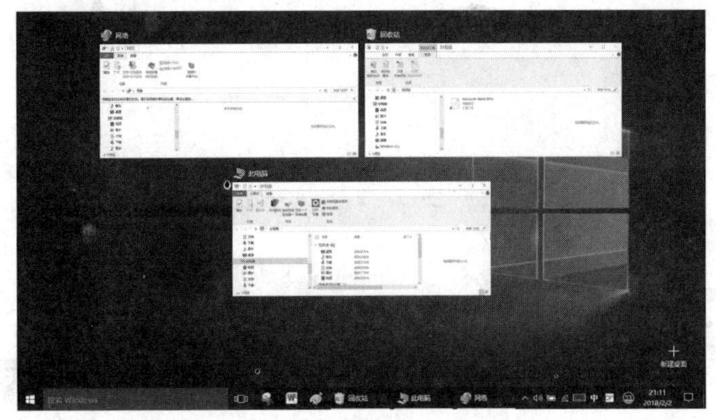

图 2-2-6　任务视图

6. 调整和设置开始菜单

单击“开始”按钮⊞，显示开始菜单，将鼠标指向开始菜单的右边框（或上边框），当鼠标指针形状变为 ↔ （或 ↕ ）时，按住鼠标左键并向左右（或上下）拖动，可调整“开始”菜单的宽度（或高度）。

在“开始”菜单中右击任意一个磁贴，打开快捷菜单，选择“调整大小”命令，在其下一级菜单中选择任意一项，如图 2-2-7 所示，调整磁贴的大小。将鼠标指向任一磁贴并拖动，可以调整其位置。

图 2-2-7　调整磁贴

单击“开始”菜单左列表中的“设置”按钮⚙，打开“Windows 设置”窗口，如图 2-2-8 所示，单击“个性化”按钮，在打开的设置窗口中选择左侧列表中的“开始”命令，窗口中显示“开始”菜单相关设置项，单击“使用全屏幕‘开始‘屏幕”下的切换开关，使开关变为“开”，如图 2-2-9 所示，关闭当前窗口。再次单击“开始”按钮，“开始”菜单即以全屏幕方式显示。

注意：磁贴就是“开始”菜单右侧的每一个程序占用的一个方格，英文是 Tile，就是像有磁性的东西贴在那里一样。

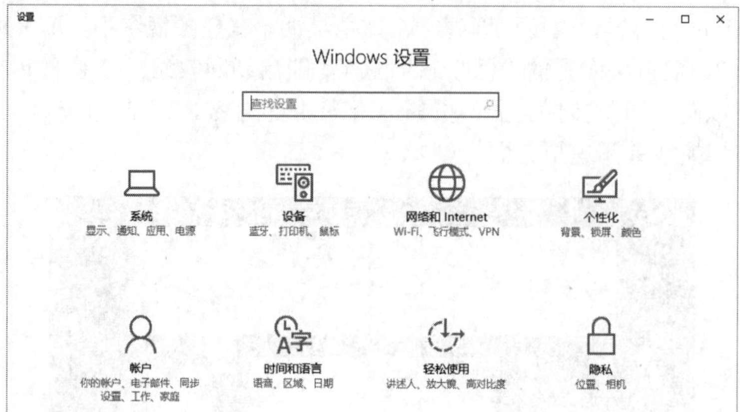

图 2-2-8　“Windows 设置”窗口

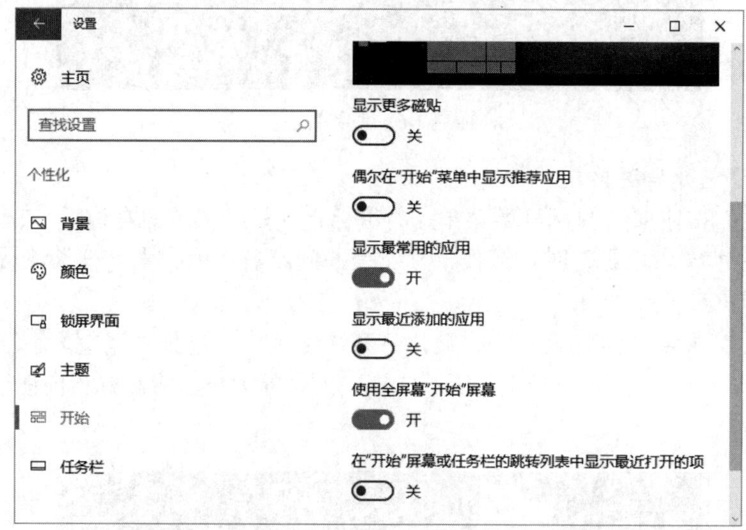

图 2-2-9　“设置”窗口

7. 设置任务栏

将鼠标指针指向任务栏，然后按住鼠标左键将任务栏拖动到桌面的右边界处。在任务栏的空白处右击，在打开的快捷菜单中选择“锁定任务栏”命令。

在任务栏上右击，打开快捷菜单，选择“设置”命令，显示“设置任务栏”窗口。单击或拖动“在桌面模式下自动隐藏任务栏”切换开关，使切换开关由原来的关变为开，即设置完毕，如图 2-2-10 所示。再向下滚动窗口，找到“通知区域”设置区，如图 2-2-11 所示，单击“选择哪些图标显示在任务栏上”按钮，打开一个窗口，将其中“音量”项后的切换开关调整为关，即关闭音量在通知区域的显示。

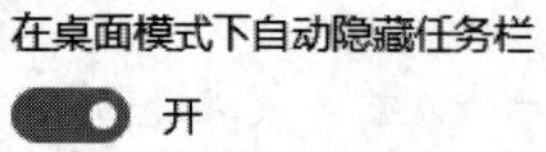

在桌面模式下自动隐藏任务栏

开

图 2-2-10　设置自动隐藏任务栏

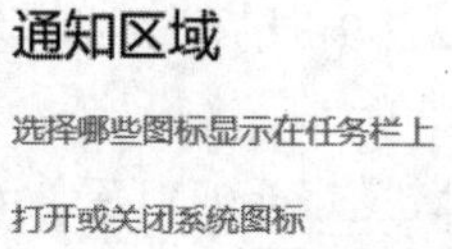

通知区域

选择哪些图标显示在任务栏上

打开或关闭系统图标

图 2-2-11　“通知区域”设置区

在任务栏上右击，在打开的快捷菜单中选择“任务栏设置”命令，在打开的窗口中找到“通知区域”设置项，选择“打开或关闭系统图标”命令。打开“打开或关闭系统图标”窗口，如图 2-2-12 所示，将“时钟”项后的切换开关变为关，即在任务栏上不显示时钟。

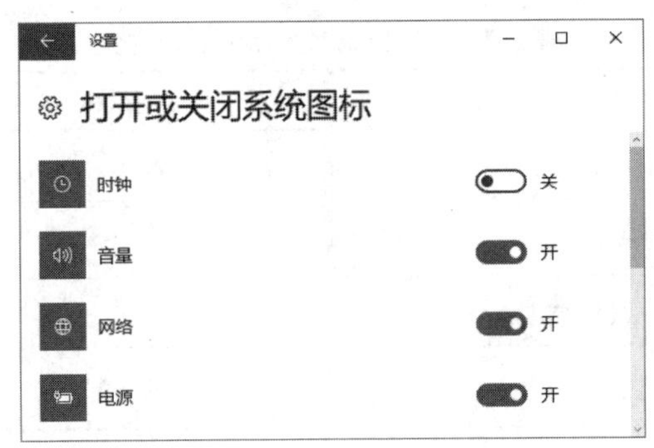

图 2-2-12 “打开或关闭系统图标”窗口

8. 将“截图工具”固定在开始屏幕和任务栏上

单击“开始”按钮，显示“开始”菜单，在中间的应用列表中找到以字母 W 开始的列表，单击“Windows 附件”组，在展开的应用列表中右击“截图工具”，选择“固定到开始屏幕”命令。再次右击“开始”菜单中的“截图工具”，选择“更多”→“固定到任务栏”命令，这样在开始屏幕上和任务栏上都有“截图工具”，单击相应图标即可快速启动截图工具。

9. 查看当前计算机的系统信息

右击“开始”按钮，选择“系统”命令；或在桌面上右击“此电脑”图标，在快捷菜单中选择“属性”命令，即打开“系统”窗口，如图 2-2-13 所示。在该窗口中可以查看有关计算机的基本信息，也可以进行设备管理和远程设置、设置系统保护等操作。

图 2-2-13 “系统”窗口

三、知识技能要点

1. 鼠标的指针形状

Windows 10 中，用户的大部分操作都可通过鼠标来完成。鼠标的基本操作有指向、单击、双击、拖放和右击5种，其操作方法在第1章中已介绍。

使用鼠标时，操作不同，对应鼠标指针的形状也不同。在 Windows 标准方案下，鼠标指针形状和相应含义见表2-2-1。

表 2-2-1　鼠标指针形状和相应含义

指针形状	含义	指针形状	含义
↖	正常选择	⊘	不可用
↖?	帮助选择	↕	垂直调整
↖⌛	后台运行	↔	水平调整
⌛	忙	↘ 或 ↗	沿对角线调整
+	精确定位	✥	移动
I	选定文本	↑	候选
✎	手写	👆	链接选择

2. 开始菜单

“开始”菜单是计算机程序、文件夹和设置的主门户，如图2-2-14所示。要打开或关闭“开始”菜单，可单击屏幕左下角的“开始”按钮⊞，或者按键盘上的 Windows 徽标键。

使用“开始”菜单可执行以下常见的操作：启动程序；搜索文件、文件夹和程序；调整计算机设置；获取有关 Windows 操作系统的帮助信息；关闭计算机或让计算机进入睡眠状态；注销 Windows 或锁定 Windows。

“开始”菜单分为3个基本部分，如图2-2-14所示。

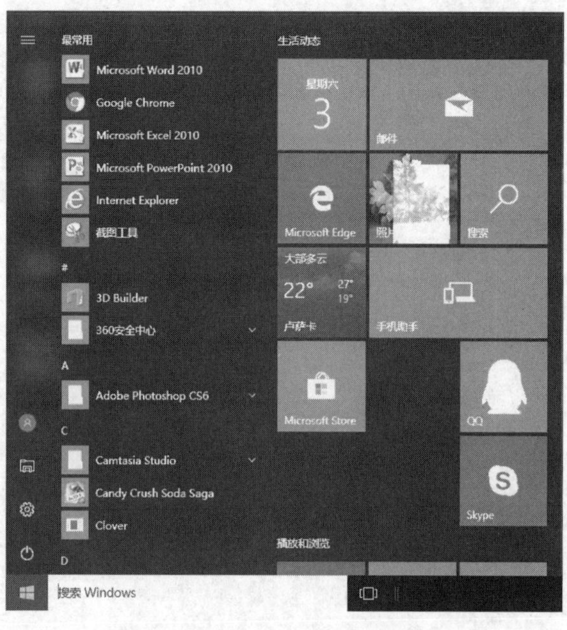

图 2-2-14　“开始”菜单

（1）左边的窄列表：包括电源、设置、文件资源管理器、用户和展开按钮。

（2）中间是应用程序列表：列表中包括一些应用程序和应用程序组。

（3）右边窗格是开始屏幕（即磁贴区域）：提供对常用程序、设置和功能的访问。

从“开始”菜单打开程序：“开始”菜单最常见的一个用途是打开计算机中安装的程序。在“开始”菜单的应用列表中单击程序名，就打开了该程序，并且“开始”菜单随之关闭；也可以在“开始”菜单右侧“开始”屏幕中单击相应程序的磁贴启动程序。

用户可以根据需要将“开始”菜单应用列表中的应用程序添加到“开始”屏幕上。右击应用列表中的程序，选择快捷菜单中的“固定到开始屏幕”命令即可实现。如已固定在开始屏幕，则显示为“从开始屏幕取消固定”，单击即取消固定。

右击“开始”按钮，打开快捷菜单，如图 2-2-15 所示，可以启动控制面板、文件资源管理器、任务管理器、程序和功能、关机或注销等。

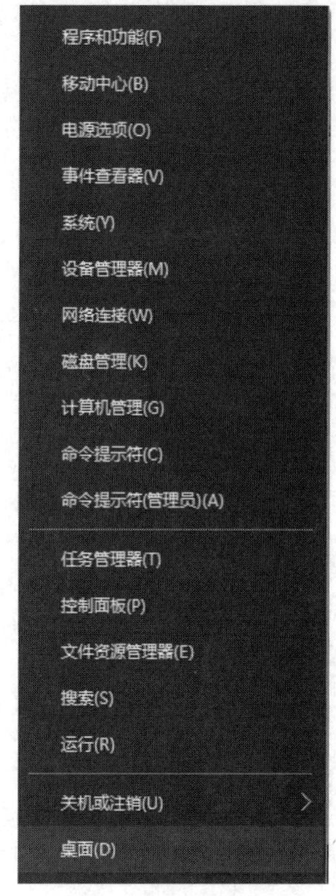

图 2-2-15　快捷菜单

3．桌面图标

在 Windows 操作系统中，可以在桌面上添加或删除程序、文件、图片、位置和其他项目的桌面图标。

添加到桌面的大多数图标将是快捷方式，也可以将文件或文件夹保存到桌面上。如果删除快捷方式图标，则将快捷方式从桌面上删除，但不会删除快捷方式链接到的文件、程序或位置。可以通过图标左下角的箭头来识别快捷方式，如图 2-2-16 所示。

图 2-2-16　快捷图标

（1）在桌面上添加图标：找到要为其创建快捷方式的项目。右击该项目，在弹出的快捷菜单中选择“发送到”→“桌面快捷方式”命令，该快捷方式图标便出现在桌面上。

（2）删除图标：右击桌面上的某个图标，选择“删除”命令；或直接将图标拖动到桌面的“回收站”图标上，出现“移动到回收站”文字提示，松开鼠标即完成删除操作。

（3）添加或删除特殊的 Windows 桌面图标，包括“计算机”文件夹、用户个人文件夹、“网络”文件夹、“回收站”和“控制面板”的快捷方式。操作步骤如下。

1）在桌面空白处右击，打开快捷菜单，选择“个性化”命令，显示“设置”窗口，如图 2-2-17 所示。

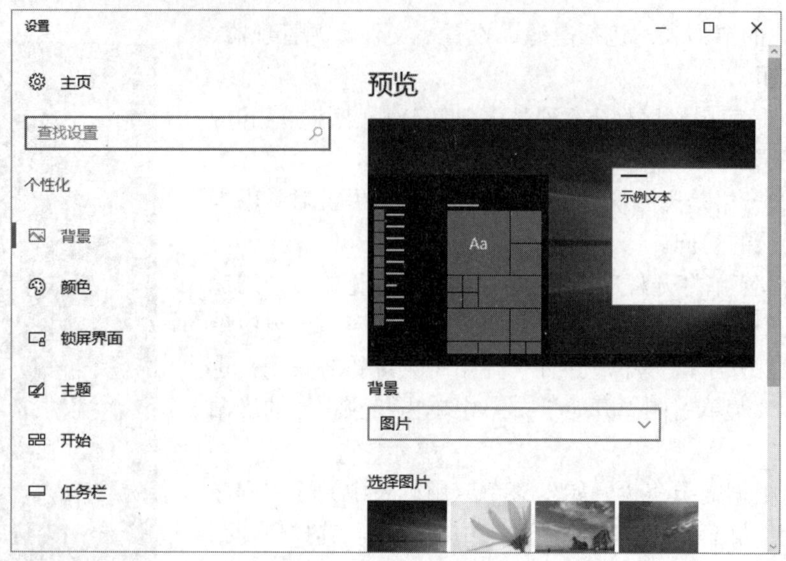

图 2-2-17 “设置”窗口

2）在左窗格中单击“主题”按钮，显示“主题”设置项，如图 2-2-18 示。

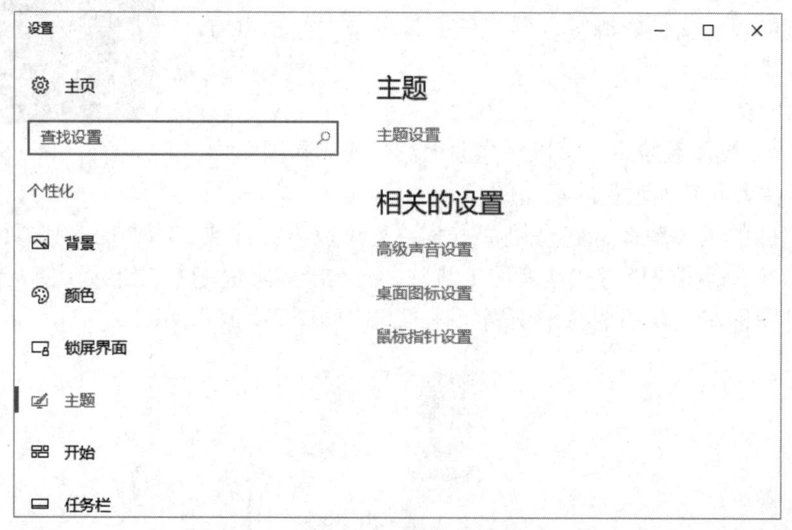

图 2-2-18 “主题”设置项

3）单击“桌面图标设置”按钮，打开“桌面图标设置”对话框，如图 2-2-19 所示。在每个图标的复选框中单击选择或取消选择，选择则图标显示在桌面上，取消选择则从桌面上删除相应的图标，然后单击“确定”按钮。

（4）隐藏桌面图标：右击桌面空白部分，在打开的快捷菜单中选择“查看”→“显示桌面图标”命令，取消选择该项，桌面上的图标即消失。可以通过再次单击“显示桌面图标”按钮来显示图标。

4. 窗口的使用

窗口是 Windows 操作系统最基本的操作界面，也是 Windows 操作系统的特点。每当打开程序、文件或文件夹时，都以窗口形式显示在屏幕上。在 Windows 中，应用程序、资源管理器等都是以窗口界面呈现在用户面前的。

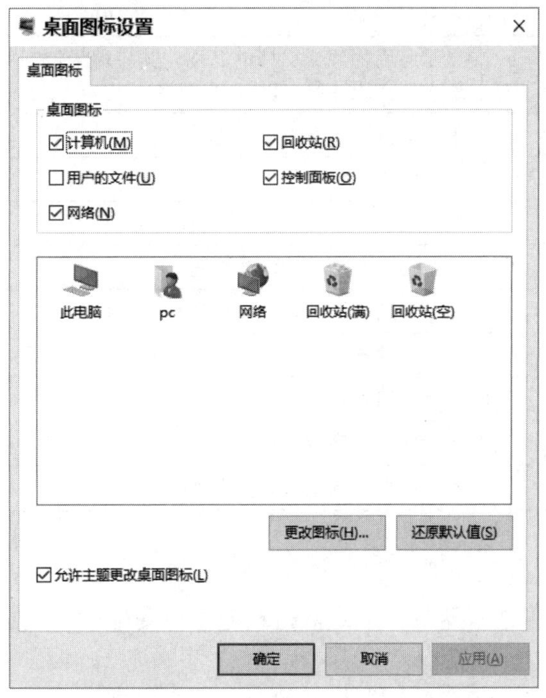

图 2-2-19　“桌面图标设置”对话框

（1）窗口的组成。Windows 10 的窗口有许多种，虽然每个窗口的内容各不相同，但所有窗口都有一些共同点。窗口始终显示在桌面（屏幕的主要工作区域）上。大多数窗口都具有相同的基本部分，通常由标题栏、菜单栏、工具栏、工作区、滚动条等组成。图 2-2-20 所示是一个 Windows 窗口。窗口主要组成部分及其功能见表 2-2-2。

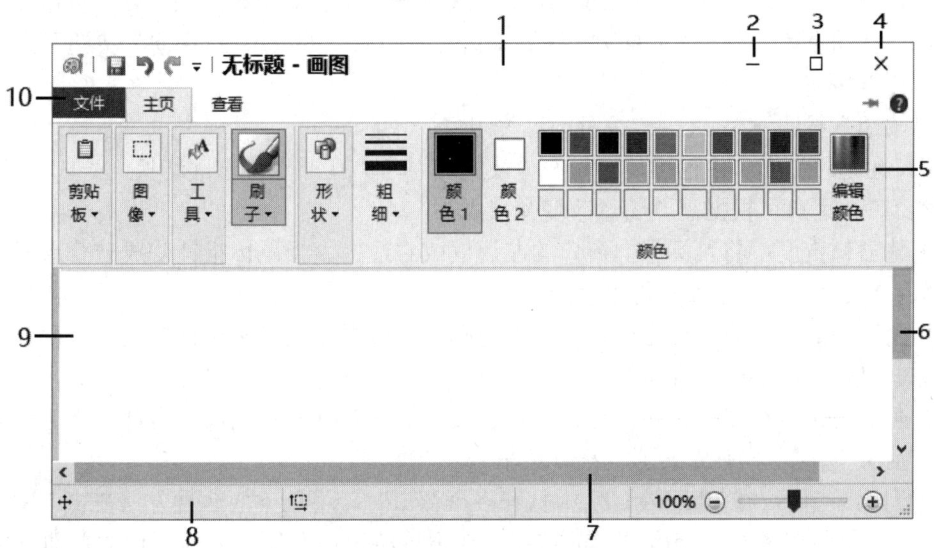

图 2-2-20　Windows 窗口

表 2-2-2 窗口主要组成部分及其功能

序号	名称	功能
1	标题栏	显示应用程序或文档的名称，其左端为控制菜单按钮，右端为最小化、最大化（或还原）以及关闭按钮
2	“最小化”按钮	单击该按钮，窗口最小化
3	“最大化”按钮	窗口的最大化显示
4	“关闭”按钮	关闭窗口
5	选项卡栏	显示当前选项卡的命令按钮
6	垂直滚动条	拖动滚动条可查看程序或文档的内容在垂直方向上的显示
7	水平滚动条	拖动滚动条可查看程序或文档的内容在水平方向上的显示
8	状态栏	显示窗口当前的状态
9	工作区	显示应用程序或文档的内容
10	选项卡	单击选项卡标签，切换选项卡

（2）窗口的基本操作。

打开窗口：常用的方法有两种：一是双击相应窗口图标；二是右击相应窗口图标，在打开的快捷菜单中选择“打开”命令。

移动窗口：将鼠标指向窗口的标题栏，然后拖动窗口到目标位置后释放鼠标左键，即可完成移动操作。

关闭窗口：单击“关闭”按钮。

最大化、最小化和关闭窗口：单击标题栏上的窗口控制按钮，即可完成相应操作。

- “最小化”按钮 – ：单击该按钮，窗口缩成一个任务按钮置于 Windows 10 任务栏上。当再次使用该窗口时，单击任务栏上的相应按钮，窗口即恢复原来的位置和大小。
- “最大化”按钮 □ ：单击该按钮，窗口铺满整个桌面，此时“最大化”按钮变成“还原”按钮 ；单击“还原”按钮，窗口会变回原来的大小，“还原”按钮又变为“最大化”按钮。
- “关闭”按钮 × ：单击该按钮，可关闭窗口。

在窗口标题栏上双击，也可使窗口在“最大化”与“还原”状态间切换。

调整窗口：用户可根据需要随意改变窗口大小。

- 调整窗口宽度：将鼠标指向窗口的左边框或右边框，当鼠标指针变成一个水平的双箭头↔时，拖动鼠标到合适位置。
- 调整窗口高度：将鼠标指向窗口的上边框或下边框，当鼠标指针变成一个垂直的双箭头↕时，拖动鼠标到合适位置。
- 同时调整高度和宽度：将鼠标指针指向窗口的任意一角，当鼠标指针变成一个斜向的双箭头⤡时，向任意一方向拖动边框。

切换窗口：当用户在 Windows 10 中打开多个窗口时，可用下面 3 种方法在窗口间切换。

方法一：单击任务栏上相应窗口的按钮。该窗口将出现在所有其他窗口的前面，成为活动窗口。

方法二：按 Alt+Tab 组合键，屏幕上会出现一个任务切换窗口，该窗口显示当前正在运行的所有程序图标。按住 Alt 键并重复按 Tab 键，循环切换所有打开的窗口和桌面。释放 Alt 键，即显示当前所选的窗口。

方法三：单击要切换为当前窗口中的任意位置，前提为该窗口在桌面上可见。

排列窗口：利用 Windows 10 提供的排列窗口功能，可使多个窗口排列整齐、有条理，且都在桌面上可见。Windows 10 提供了 3 种排列窗口的方式：层叠窗口、堆叠显示窗口和并排显示窗口。

设置排列窗口的操作方法如下：在任务栏的空白处右击，弹出快捷菜单，选择任意一种排列窗口的方式，系统即按所选择方式排列当前打开的所有窗口。

5. 对话框的使用

对话框是 Windows 10 或某个应用程序提供给用户设置选项的特殊窗口，是用户与计算机进行信息交流的窗口。多数对话框无法最大化、最小化或调整大小，但可以被移动。对话框通常包括标题栏、标签、选项卡、下拉列表框、文本输入框、单选按钮、复选框、数字调节按钮、命令按钮等。图 2-2-21 所示为“页面设置”对话框。对话框的组成部分及其说明见表 2-2-3。

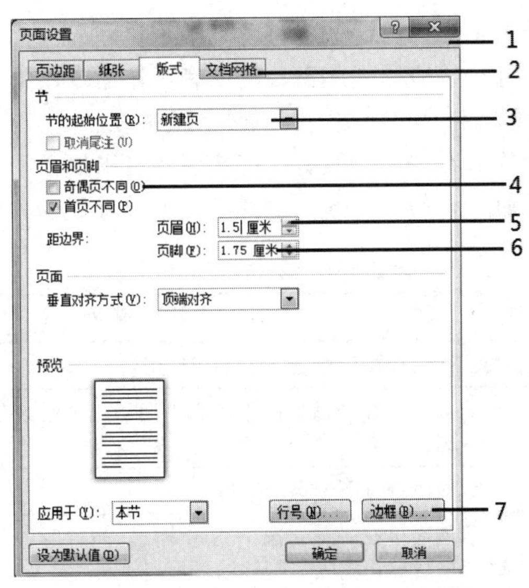

图 2-2-21 “页面设置”对话框

表 2-2-3 对话框的组成部分及其说明

序号	名称	说明
1	标题栏	显示对话框名。其右端显示“帮助”按钮及“关闭”按钮
2	标签	标签：即对话框中选项卡的名字，每个标签对应一个选项卡。单击标签可以切换到相应的选项卡
3	下拉列表框	给用户提供了一些选择项，单击此框显示出下拉列表项，用户可通过单击选择相应项
4	复选框	复选框为方形按钮，在一组选择项中可选择多个。单击复选框，可在选择和未选择间切换。选择复选框时，方形按钮中显示一个对勾√；对勾消失，则说明未选择复选框

续表

序号	名称	说明
5	数字调节按钮	单击“调节”按钮，可以改变相应项的设置值，设置值显示在输入框中。单击“向上”箭头，则增大数值；单击“向下”箭头，则减小数值
6	文本输入框	供用户输入设置项的值，也可对输入内容进行修改和删除等操作
7	命令按钮	单击命令按钮，可执行相应命令。常见有“确定”和“取消”按钮

除图 2-2-21 中各项外，对话框中还常出现单选按钮。单选按钮为圆圈形的按钮，选择时圆圈内显示一个圆点◉，未选择时圆圈内无圆点○。在一组单选按钮中只能选择其中一项，单击单选按钮，即选择相应项。

6. 菜单的使用

Windows 菜单是一些命令的集合，常见的 Windows 菜单有开始菜单、控制菜单、窗口菜单、快捷菜单等。

（1）开始菜单：用于启动 Windows 10 中安装的程序，以及对计算机的资源进行设置、管理等操作。

（2）控制菜单：用于控制窗口的还原、移动、最小化、最大化、关闭等操作。

（3）窗口菜单：包括打开的应用程序窗口的所有操作命令，由多个主菜单项组成，各主菜单项又有相应的下拉菜单，常见的有文件、编辑等菜单项。

（4）快捷菜单：在对象上右击，一般有相应快捷菜单出现。

使用 Windows 10 菜单时，一般都有统一的约定。菜单标记的约定见表 2-2-4。

表 2-2-4 菜单标记的约定

菜单命令标记	含义
灰色字体的命令	表示该命令在当前情况下不能使用
命令选项前带√	表示该命令在当前情况下已起作用，也说明该项为复选项。再次单击该命令时标记消失，命令不起作用
命令选项后带▶	表示该命令有下一级子菜单
命令选项前带●	表示该命令在当前情况下已起作用，也说明该项为单选项。单击其他选项时该项目标记消失，则该项目不起作用
命令选项后的组合键	表示组合键为该项的快捷键
命令选项后带…	表示执行该命令将会打开一个对话框
命令项间的分隔线	表示命令分组，命令是按功能相近分组的
菜单命令带下划线字母	表示命令的热键，在相应菜单打开的情况下，按带下划线的字母相当于执行相应菜单命令

7. 任务栏

任务栏是位于屏幕底部的水平长条。任务栏主要由“开始”菜单按钮、搜索、快速启动工具栏、打开的程序窗口按钮、通知区域等组成。

任务栏可用于查看应用及了解当前时间。用户还可以自定义任务栏的呈现方式、管理日历、向其固定喜爱的应用程序、移动它的位置。

快速启动栏工具栏上有一些使用频率较高的程序图标，用户直接单击这些图标即可启动相应的程序。无论何时打开程序、文件夹或文件，Windows 都会在任务栏上创建相应的按钮。通过单击这些按钮，可以在它们之间进行快速切换。

利用任务栏上的程序按钮，可查看所打开窗口的预览。将鼠标指针移向任务栏按钮时，会出现一张小图片，显示缩小版的相应窗口，如图 2-2-22 所示，此预览图（也称“缩略图”）非常有用。如果其中一个窗口正在播放视频或动画，则可在预览中看到。

通知区域，包括时钟及一些告知特定程序和计算机设置状态的图标，如图 2-2-23 所示。双击通知区域中的图标通常可打开与其相关的程序或设置。

图 2-2-22　任务栏上预览

图 2-2-23　通知区域

有时通知区域中的图标会显示一个小的弹出窗口（称为通知），向用户通知某些信息。例如，向计算机添加新的硬件设备之后（如插入 U 盘），用户可能会看到相应通知。

任务栏通常位于桌面底部，用户也可将其拖动到桌面的两侧或顶部。也可右击任务栏上的任何空白区域，在打开的快捷菜单中选择“任务栏设置”命令，显示“设置－任务栏”窗口，如图 2-2-24 所示。在“任务栏在屏幕上的位置”下拉列表框中选择“左侧”“顶部”“右侧”或“底部”命令。

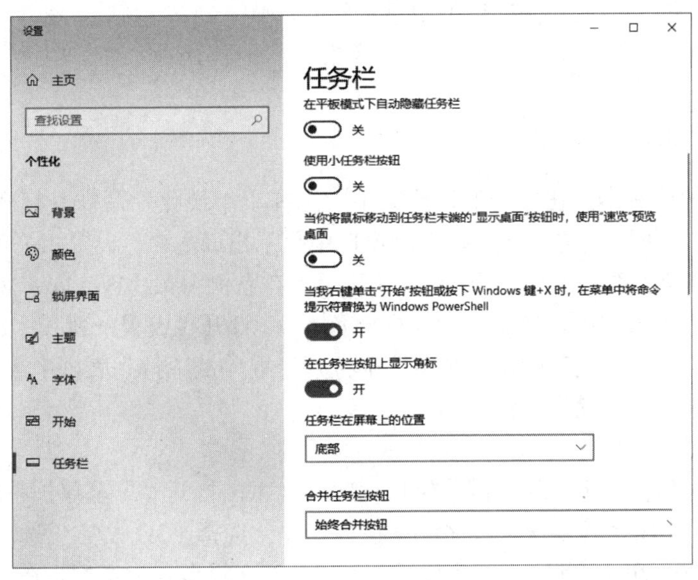

图 2-2-24　“设置－任务栏”窗口

注意：移动任务栏之前，需要解除任务栏锁定。

锁定任务栏：右击任务栏上的空白部分，在打开的快捷菜单中选择“锁定任务栏”命令。如果“锁定任务栏”旁边有复选标记✓，则任务栏已锁定。可通过选择“锁定任务栏”命令解除锁定或锁定任务栏。

8. 设置时间和日期

设置正确的系统时间有利于管理系统。右击任务栏最右边的时钟，选择“调整日期/时间”命令，可以设置系统时间和日期，也可在“控制面板”中的“时钟、语言和区域”项中设置。

2.3 设置个性化的 Windows

Windows 个性化设置

主要学习内容：

- 主题、桌面背景及屏幕保护程序
- 声音及电源
- 显示器分辨率及字体大小
- 鼠标设置

一、操作要求

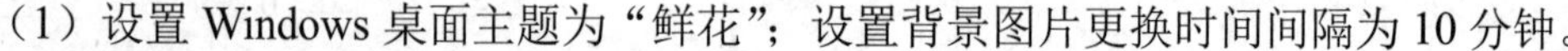
（1）设置 Windows 桌面主题为“鲜花”；设置背景图片更换时间间隔为 10 分钟。

（2）设置屏幕保护程序为“3D 文字”，设置等待时间为 20 分钟，文本为“计算机应用基础”，楷体，加粗，高分辨率，摇摆式快速旋转。

（3）设置 Windows 系统打开程序时的声音为“Ring04.wav”。

（4）将桌面的“此电脑”图标改为 。

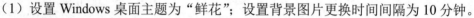

（5）设置鼠标指针方案为“Windows 标准(大) (系统方案)”；设置正常选择时的鼠标指针为“aero_arrow_xl.cur”。

（6）设置系统在待机 30 分钟后关闭显示器。

（7）设置显示分辨率为 1024 像素×768 像素。

二、操作过程

1. 主题设置

在桌面空白部分右击，在打开的快捷菜单中选择“个性化”命令。打开“设置”窗口，单击窗口左侧列表中的“主题”选项，右侧窗口中显示出“主题”设置相关项。单击“主题设置”选项，打开“个性化”窗口，如图 2-3-1 所示。在右侧窗口“Windows 默认主题”中单击“鲜花”主题，再单击右侧窗口下方的“桌面背景”，打开“设置—背景”窗口，如图 2-3-2 所示。在窗口下方单击“更改图片的频率”下拉列表框，从下拉列表框中选择“10 分钟”选项，关闭窗口，返回“个性化”窗口。

2. 设置屏幕保护程序

单击“个性化”窗口下方的“屏幕保护程序”文本，打开“屏幕保护程序设置”对话框，如图 2-3-3 所示，单击“屏幕保护程序”下拉列表框，选择“3D 文字”选项，在“等待”后的文本框中输入 20。单击“设置”按钮，打开“3D 文字设置”对话框，在“自定义文字”文本框中输入“计算机应用基础”；单击“选择字体”按钮，打开“字体”对话框，在“字体”列表中选择“楷体”选项，在“字形”列表中选择“加粗”选项，单击“确定”按钮，返回“3D 文字设置”对话框。将“分辨率”滑块拖动到“高”；在“旋转类型”下拉列表框中选择“摇摆式”选项，将“旋转速度”滑块拖动到“快”，如图 2-3-4 所示。单击“确定”按钮两次，返回“个性化”窗口。

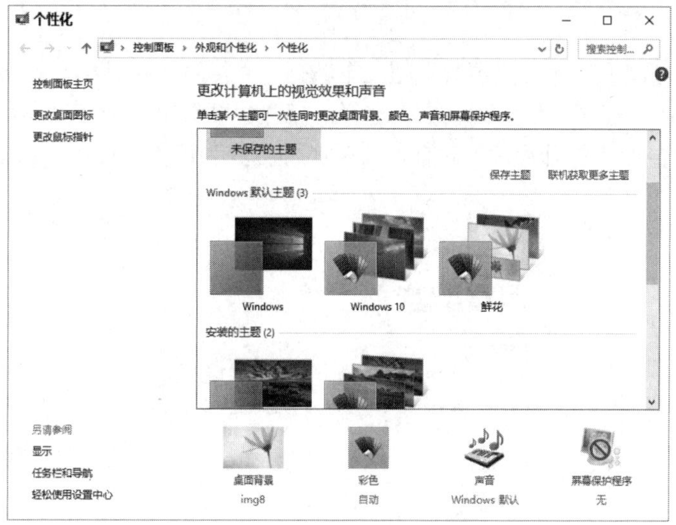

图 2-3-1　“个性化”窗口

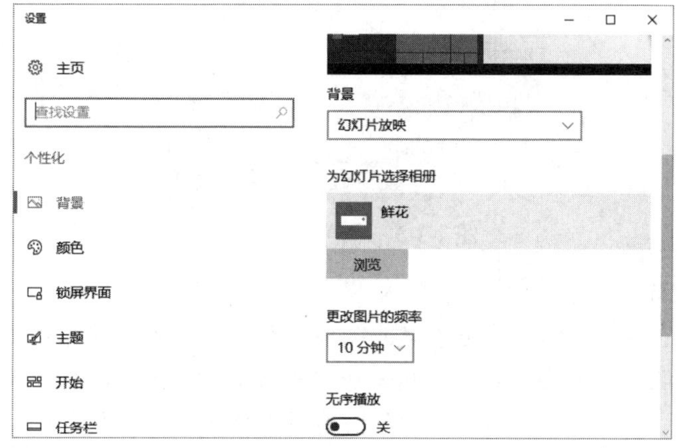

图 2-3-2　“设置—背景”窗口

图 2-3-3　“屏幕保护程序设置”对话框

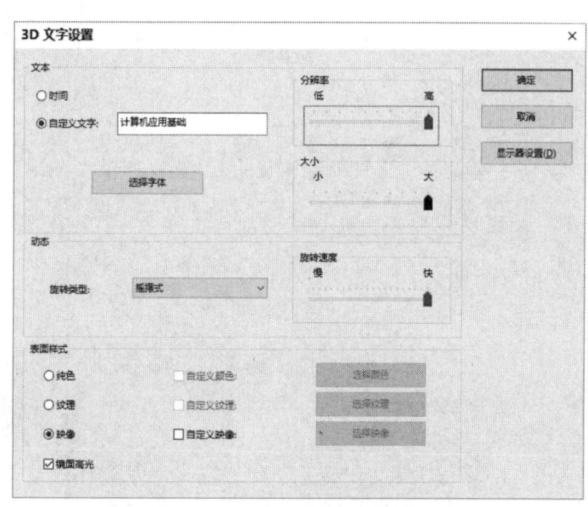

图 2-3-4　“3D 文字设置”对话框

3. 设置声音

在“个化性”窗口下方单击“声音”超文本。打开“声音”对话框，如图 2-3-5 所示，选择“声音”选项卡。在“程序事件”列表框中选择“打开程序”事件。在“声音”下拉列表框中选择“Ring04.wav”选项，“打开程序”项前的小喇叭图标变为黄色。最后，单击“确定”按钮。

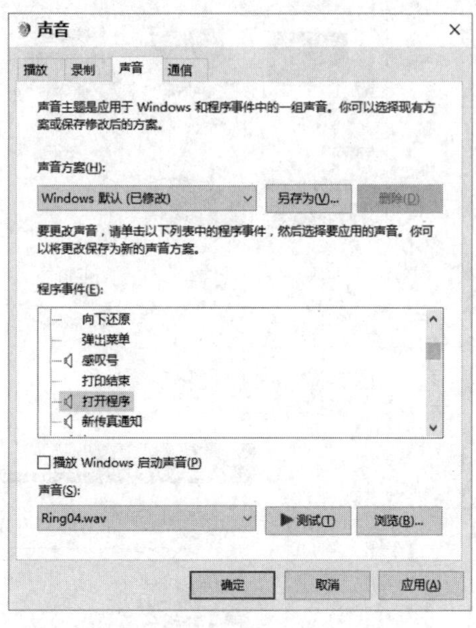

图 2-3-5 “声音”对话框

4. 更改桌面图标

在“个化性”窗口左侧单击“更改桌面图标”超文本。打开“桌面图标设置”对话框，如图 2-3-6 所示，单击“此电脑”图标，再单击“更改图标”按钮，打开“更改图标”对话框，如图 2-3-7 所示。在图标列表中选择 图标。单击“确定”按钮两次。

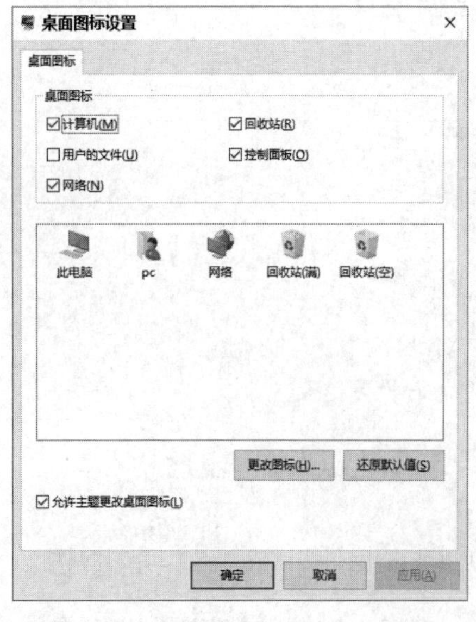

图 2-3-6 “桌面图标设置”对话框

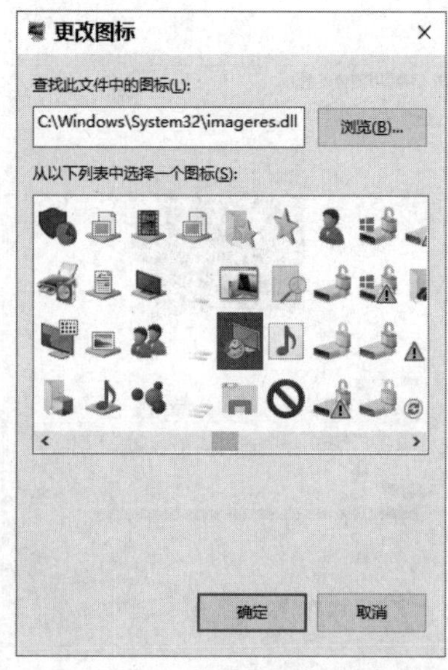

图 2-3-7 “更改图标”对话框

5. 设置鼠标指针方案

在“个化性”窗口左侧单击“更改鼠标指针”超文本，打开“鼠标 属性”对话框，如图 2-3-8 所示。在“方案”下拉列表框中选择“Windows 标准(大) (系统方案)”选项，即设置了鼠标指针方案；在“自定义”列表框中选择“正常选择”选项，然后单击下方的“浏览”按钮，打开“浏览”对话框。在文件列表框中勾选“aero_arrow_xl.cur”复选框，如图 2-3-9 所示。单击“打开”按钮，设置好“正常选择”指针。单击“确定”按钮，关闭“鼠标 属性”对话框，返回“个性化”窗口。

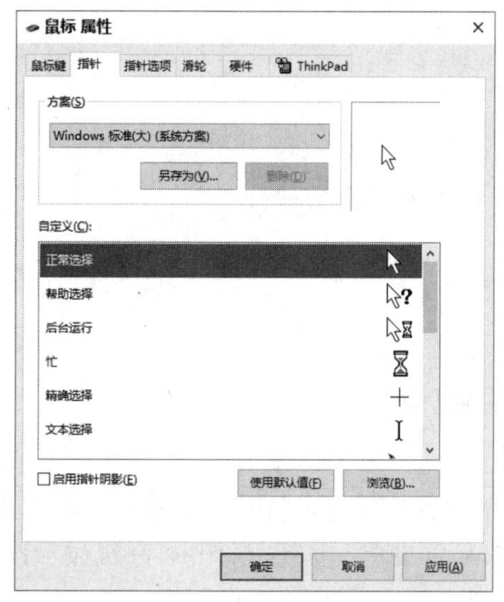

图 2-3-8　“鼠标 属性”对话框

图 2-3-9　“浏览”对话框

6. 设置系统在待机 30 分钟后关闭显示器

右击“开始”按钮，在打开的快捷菜单中选择“电源选项”命令，打开“电源选项”窗口，如图 2-3-10 所示。在窗口左侧单击“选择关闭显示器的时间”超文本，打开“编辑计划设置”窗口，如图 2-3-11 所示。在“关闭显示器”右侧的下拉列表框中选择“30 分钟”选项，单击“保存修改”按钮，关闭此窗口。即设置系统在待机 30 分钟后关闭显示器，返回“电源选项”窗口，关闭窗口。

图 2-3-10　“电源选项”窗口

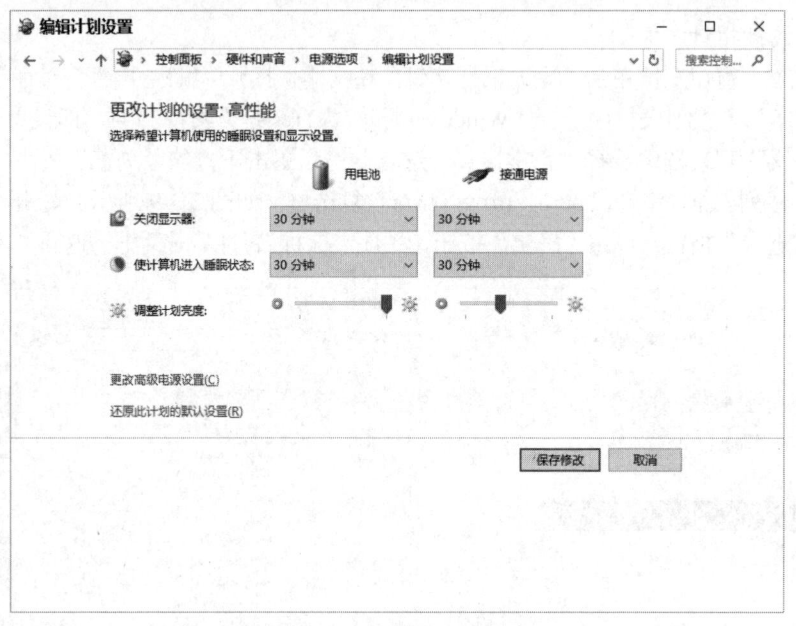

图 2-3-11　“编辑计划设置”窗口

7. 设置显示分辨率

在桌面空白处右击，打开快捷菜单，选择“显示设置”命令，打开“设置－自定义显示器”窗口，如图 2-3-12 所示。单击窗口下方的“高级显示设置”按钮，打开“高级显示设置”窗口，在“分辨率”下拉列表框中将分辨率调至为 1024×768，如图 2-3-13 所示，单击“应用”按钮，系统会显示一个“保留这些显示设置”提示窗口，单击“保留更改”按钮，即应用了新的分辨率。

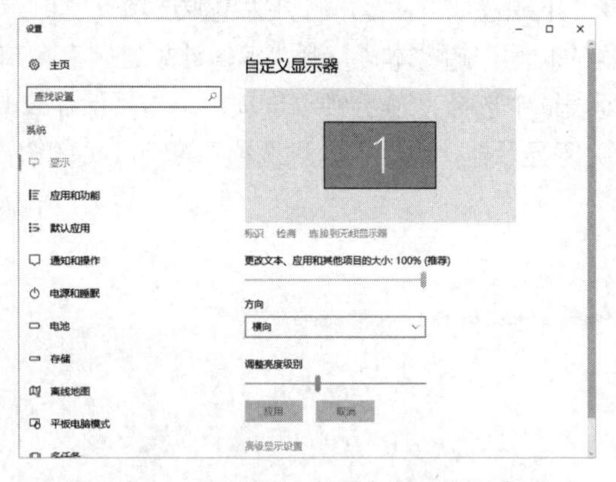

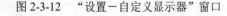

图 2-3-12　“设置－自定义显示器”窗口

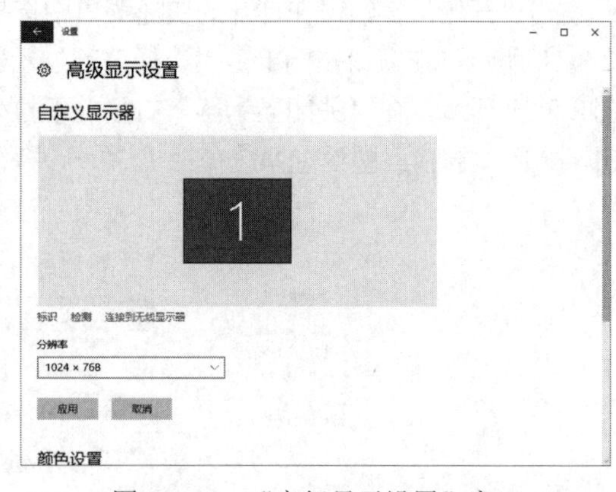

图 2-3-13　“高级显示设置”窗口

三、知识技能要点

1. 主题

主题是计算机上图片、颜色和声音的组合，包括桌面背景、屏幕保护程序、窗口边框颜色和声音方案。某些主题也包括桌面图标和鼠标指针。

设置主题的常用方法如下：单击“开始”菜单，选择“控制面板”命令，打开“控制面板”窗口。选择“外观和个性化”→“更改主题”选项，打开“个性化”窗口，单击选择合适的主题。

主题各项位于“个化性”窗口的最下方，单击其中一项，即进入相关设置。

2. 桌面背景设置

桌面背景（也称“壁纸”）是显示在桌面上的图片、颜色或图案。

在桌面空白处右击，在打开的快捷菜单中选择“个性化”命令，打开“设置－背景”窗口，如图 2-3-2 所示。在“背景”下拉列表框中，可以选择图片、纯色、幻灯片三种形式作为桌面背景。

3. 声音设置

可以设置计算机在发生某些事件时播放声音。事件可以是用户执行的操作，如登录到计算机或计算机执行某种操作等。Windows 附带多种针对常见事件的声音方案，某些桌面主题有它们自己的声音方案。

设置声音的操作步骤参看本节案例中的“3．设置声音”。

4. 设置显示器分辨率

屏幕分辨率是指屏幕上显示的文本和图像的清晰度。分辨率越高（如 1600 像素×1200 像素），项目越清楚，屏幕上的项目越小，屏幕可以容纳越多的项目。分辨率越低（例如 800 像素×600 像素），在屏幕上显示的项目越少，但尺寸越大。LCD 监视器（也称平面监视器）和手提电脑屏幕通常支持更高的分辨率。用户是否能够增加屏幕分辨率取决于监视器的尺寸和功能及视频卡的类型。

在一些计算机上，过高的分辨率需要大量的系统资源才能正确显示。如果计算机在高分辨率下出现问题，可尝试降低分辨率来解决问题。

调整分辨率操作步骤参看本节案例中的“7．设置显示分辨率”。

5. 更改鼠标设置

可以通过多种方式自定义鼠标，例如交换鼠标按钮的功能、更改鼠标指针形状、更改鼠标滚轮的滚动速度等。

更改鼠标按钮工作方式的操作步骤如下。

（1）右击“开始”按钮，打开快捷菜单，选择“控制面板”命令，在“控制面板”窗口（以大图标或小图标类别显示）中，选择“鼠标”选项，打开“鼠标 属性”对话框。

（2）选择“鼠标键”选项卡，如图 2-3-14 所示。然后执行以下操作之一。

- 若要交换鼠标左右按钮的功能，在“鼠标键配置”下勾选“切换主要和次要的按钮”复选框。
- 若要更改双击鼠标的速度，在“双击速度”下，将“速度”滑块向“慢”或“快”方向移动。
- 若要启用使用户可以不用一直按着鼠标按钮就可以突出显示或拖拽项目，则在“单击锁定”下勾择“启用单击锁定”复选框。

（3）单击“确定”按钮。若要改变鼠标指针形状，可选择“鼠标 属性”对话框的“指针”选项卡，具体操作方法见本节操作实例。若要改变鼠标指针工作方式，则在“指针选项”选项卡中设置；若要改变鼠标滚轮工作方式，则在“滑轮”选项卡中设置。

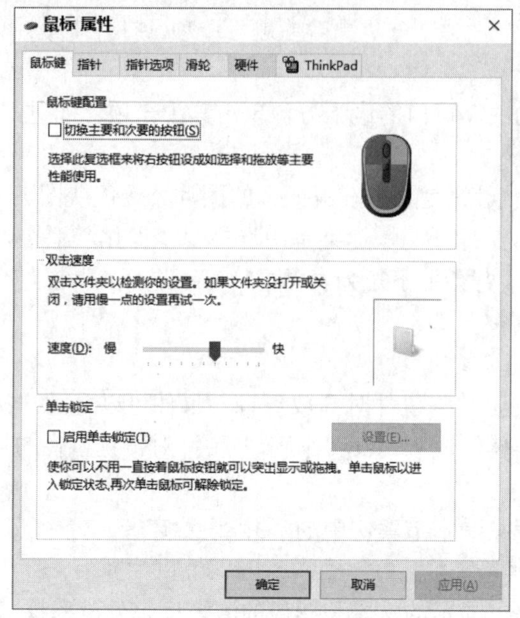

图 2-3-14　“鼠标键”选项卡

2.4　使用文件资源管理器

主要学习内容：

- Windows 10 文件资源管理器的启动
- 文件、文件夹与库的使用
- 查看和设置文件及文件夹的属性
- 文件或文件夹的选择、复制、移动和删除
- 搜索文件

文件资源管理器是 Windows 系统提供的资源管理工具，用于管理文件、文件夹、存储器等计算机资源。用户可以用它查看计算机的所有资源，它提供的树形文件系统结构能使用户清楚、直观地认识计算机的文件和文件夹，利用它可以对存储器中的文件、文件夹和库进行选择、复制、移动、删除等操作。

一、操作要求

文件资源管理器的使用 1

（1）启动文件资源管理器，观察其窗口的组成；浏览“C:\Windows\Cursors”文件夹，分别以“超大图标”“大图标”“中图标”“小图标”“列表”“详细信息”“平铺”“内容”等视图方式来查看其内容。

（2）在“详细信息”视图方式下，将“C:\Windows\Cursors”中的内容分别以名称、大小、类型、修改时间等进行排序。

（3）设置文件资源管理器中显示项目复选框、显示隐藏文件和显示已知类型文件的扩展名。

（4）在“文件资源管理器”窗口中显示 C:盘的总空间、可用空间和已用空间。

（5）在“文件资源管理器”窗口中显示或隐藏“预览窗格”“详细信息窗格”“导航窗体”。

（6）在 D:盘的根文件夹下创建“我的练习”和“我的图片”文件夹，在“我的练习”文件夹下再分别创建“Word 文档”和“Excel 文件”文件夹。

（7）在“我的练习”文件夹下创建名为“练习 1.txt”的空文本文件。查看“练习 1.txt”的属性，并设置该文件为只读文件及隐藏。

文件资源管理器的使用 2

（8）从 D:盘中将两个 Word 文档（.docx）复制到“Word 文档”目录中；从“图片”库中复制三张图片到“我的图片”文件夹。

（9）将“我的图片”文件夹移至“我的练习”文件夹下，并改名为“My Picture”。删除“My Picture”文件夹，并将其还原。

（10）彻底删除“Excel 文件”文件夹。

（11）建立“Word 文档”库，并将“Word 文档”文件夹添加到该库中。

（12）设置删除文件时，不将文件移到回收站中，而是立即删除；不显示“删除确认”对话框。

二、操作过程

1. *启动文件资源管理器，浏览文件夹*

右击 Windows 10 的“开始”按钮，打开快捷菜单，选择“文件资源管理器”命令，打开“文件资源管理器”窗口，如图 2-4-1 所示，其组成及其功能见表 2-4-1。在导航窗格中单击“此电脑”，然后在“文件列表窗格”中双击磁盘 C:，即在文件列表窗格中显示该磁盘中的文件夹和文件，如图 2-4-2 所示。选择“查看”选项卡，在该选项卡栏中的“布局”组可以单击“超大图标”“大图标”等按钮，以相应的布局方式显示当前文件夹下的内容；也可以在“文件列表窗格”中的空白处右击，在打开的快捷菜单中选择“查看”命令，从其下一级列表中选择相应的布局方式，如图 2-4-3 所示。

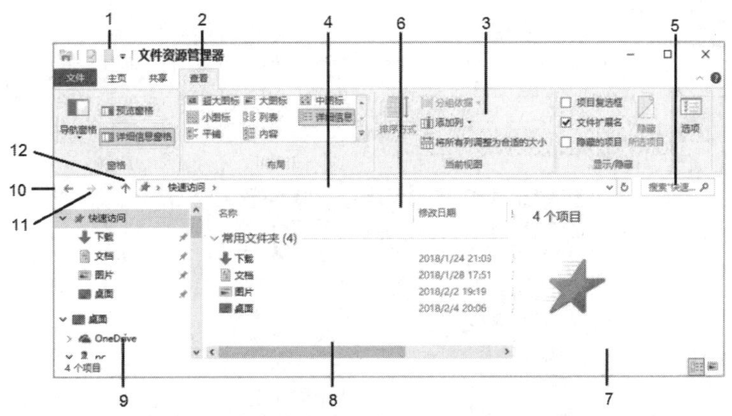

图 2-4-1 “文件资源管理器”窗口

表 2-4-1 “文件资源管理器”窗口的组成及其功能

序号	名称	功能
1	快速访问工具栏	使用快速访问工具栏可以执行一些常见任务
2	选项卡	功能选项卡，会随“文件资源管理器”窗口的内容发生改变
3	选项卡栏	显示当前选项卡的功能按钮

续表

序号	名称	功能
4	地址栏	使用地址栏可以导航至不同的文件夹或库，或返回上一个文件夹或库
5	搜索框	在搜索框中输入词或短语可查找当前文件夹或库中的项。一开始输入内容，搜索就开始了。
6	列标题	使用列标题可以更改文件列表中文件的整理方式
7	详细信息窗格	使用详细信息窗格可以查看与选定文件或驱动器等关联的最常见属性
8	文件列表窗格	显示当前文件夹、库或磁盘等的内容
9	导航窗格	使用导航窗格可以访问库和文件夹等
10	←	“返回”按钮，使用“返回”按钮可返回到上一个文件夹或库等
11	→	“前进”按钮，使用“前进”按钮可返回后退之前操作所在位置
12	↑	“上移”按钮，使用“上移”按钮可回到当前位置的上一级目录

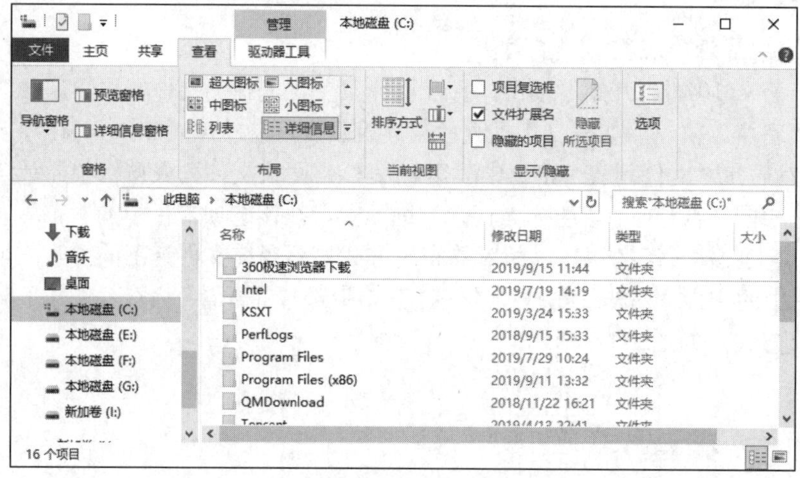

图 2-4-2　本地磁盘（C:）资源窗口

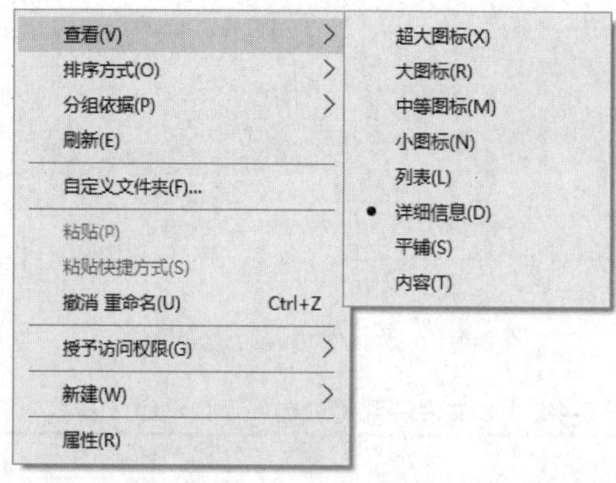

图 2-4-3　快捷菜单

2. 排序文件夹的内容

单击 Windows“文件资源管理器”窗口右下角的“详细信息”按钮 ☷，则当前文件夹内容以详细信息视图方式显示。分别单击文件列表窗格的列标题“名称”“修改日期”“大小”“类型”，系统按单击的项对文件进行排序（升序或降序）。再次在相同项上单击，则改变排序方式，升序变降序，或降序变升序；也可以在“查看”选项卡中单击“当前视图”组中的“排序方式”按钮，从打开的列表中选择排序的依据及方式。

3. 设置文件资源管理器中显示项目复选框、文件扩展名和隐藏的项目

在“文件资源管理器”窗口的“查看”选项卡中，在“显示/隐藏”组勾选“项目复选框”“文件扩展名”和“隐藏的项目”三个复选框，如图 2-4-4 所示。设置这些项后，单击选择文件时文件名的左上角会显示一个方形复选框，显示文件扩展名，隐藏的文件或文件夹等项目也会显示出来。

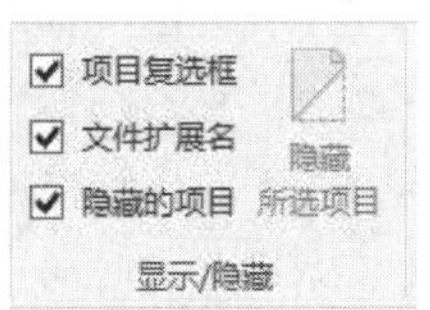

图 2-4-4 “显示/隐藏”组

4. 在文件资源管理器窗口显示 C:盘的总空间、可用空间和已用空间

在“文件资源管理器”窗口中，在“查看”选项卡的“窗格”组中单击“详细信息窗格”按钮，在“文件资源管理器”窗口右侧显示“详细信息窗格”。然后在导航窗格中单击“此电脑”按钮，在中间窗格中单击 C:盘，右侧“详细信息窗格”中即显示 C:盘的已用空间、可用空间等，如图 2-4-5 所示。

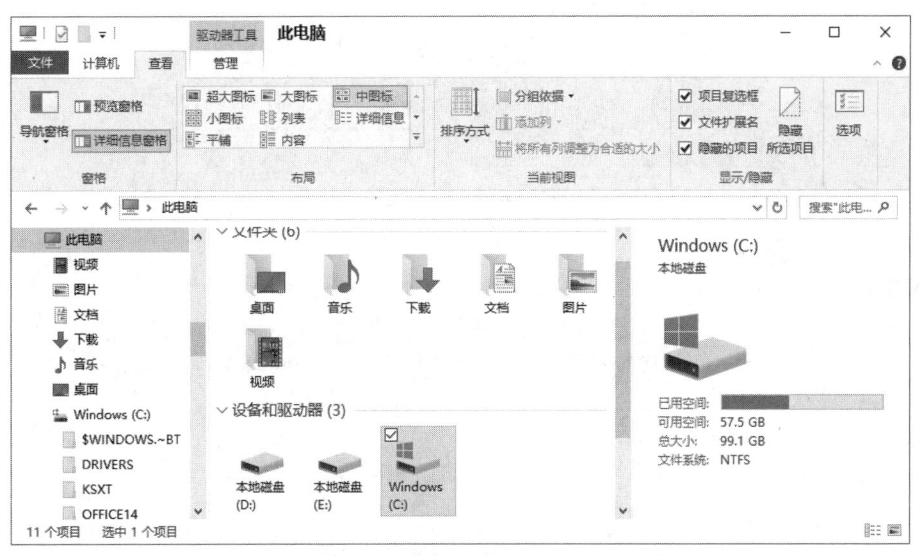

图 2-4-5 显示 C:盘的已用空间、可用空间等

5. 设置“导航窗格”“预览窗格”“详细信息窗格”的显示与隐藏

在“文件资源管理器”窗口中，在“查看”选项卡的“窗格”组中单击“导航窗格”“预览窗格”或“详细信息窗格”按钮，显示或隐藏相应的窗格。

6. 建立文件夹

在“文件资源管理器”窗口的导航窗格中单击 D:盘，进入 D:盘根文件夹。

单击“快速启动工具栏”上的“新建文件夹”按钮，创建一个名为“新建文件夹”的文件夹，将光标定位在文件名称框中，直接输入“我的练习”，然后按 Enter 键，即建立文件夹。用相同的方法建立“我的图片”文件夹。在“文件列表窗格”中双击“我的练习”文件夹，进入该文件夹。单击“主页”选项卡中“新建”组的“新建文件夹”按钮，建立新文件夹，输入名称“Word 文档”，然后按 Enter 键。用相同的方法在“我的练习”文件夹中建立“Excel 文件”文件夹。

7. 建立“练习 1.txt”的空文本文件

在“我的练习”文件夹列表空白处右击，打开快捷菜单，将鼠标移至“新建”选项，显示下一级菜单，如图 2-4-6 所示。选择“文本文档”命令，即创建一个新建文本文档文件，直接输入文件主名“练习 1”（如果系统显示扩展名则保留扩展名；如没显示扩展名，扩展名不必输入，因为系统隐藏了文件扩展名），此时“我的练习”窗口如图 2-4-7 所示。右击“练习 1.txt”文件，选择“属性”命令，打开“我的练习 属性”对话框。勾选“只读”复选框，如图 2-4-8 所示，单击“确定”按钮。

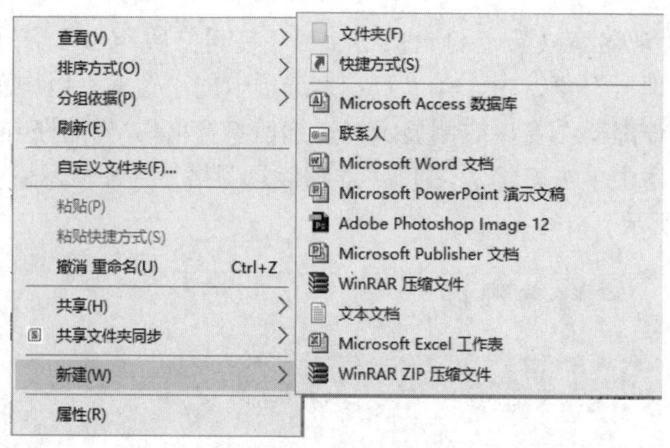

图 2-4-6 快捷菜单

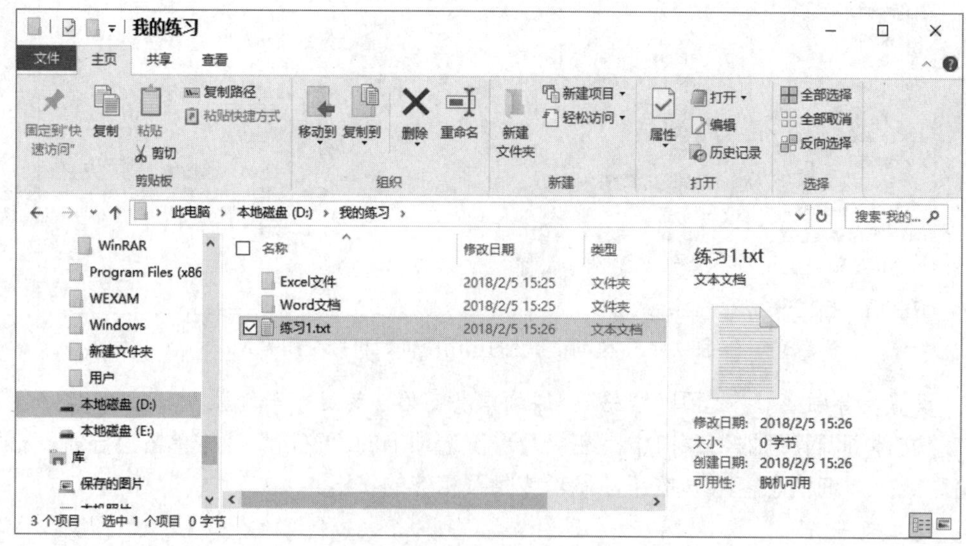

图 2-4-7 “我的练习”窗口

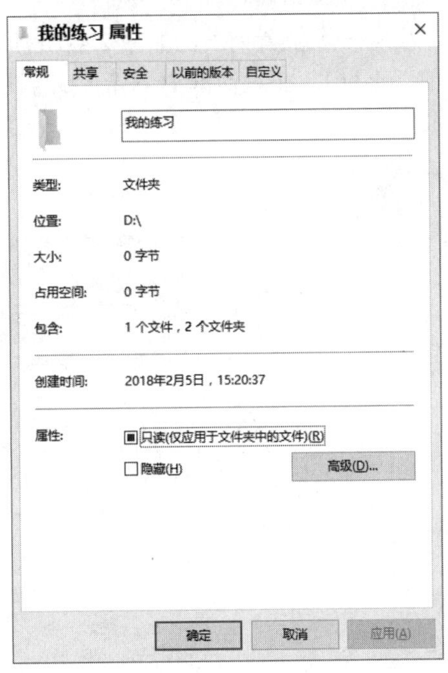

图 2-4-8 “练习 1.txt 属性”对话框

注意：文件的扩展名说明文件类型，不能随意改变文件扩展名，否则文件不能正常打开。

8. 复制文件

查找文件的方法如下：在“文件资源管理器”窗口的导航窗格中单击“此电脑”下的 C:盘，然后在搜索框中单击，此时“文件资源管理器”窗口中会显示一个“搜索工具－搜索”选项卡，如图 2-4-9 所示，用户可以在这里设置搜索选项。在搜索框中输入“*.docx”，然后按 Enter 键，系统在 C:盘搜索所有的 docx 文档。

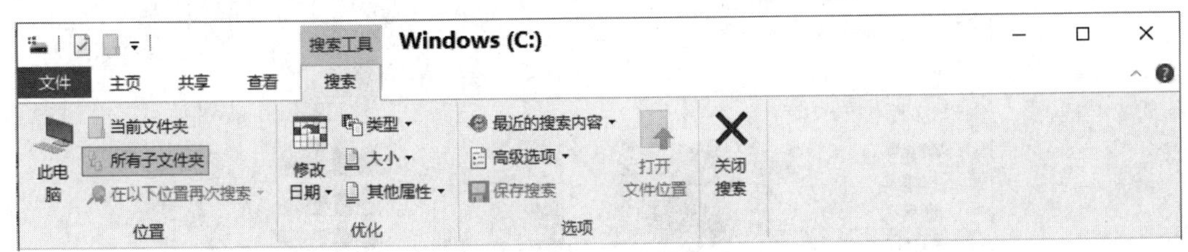

图 2-4-9 “搜索工具－搜索”选项卡

复制文件包括以下步骤。

（1）选择文件。单击“搜索结果”窗口中的一个 Word 文件，再按住 Ctrl 键并单击另一个文件，即选择两个文件。

（2）执行复制命令。在被选择文件上右击，在打开的快捷菜单中选择“复制”命令。

（3）将光标定位到目标位置。在导航窗格中单击计算机，单击 D:盘。在右窗格中双击“我的练习”文件夹，打开“我的练习”文件夹。

（4）执行粘贴命令。右击“Word 文档”文件夹，打开快捷菜单，选择“粘贴”命令即复制成功。

使用“复制到”按钮复制文件的方法如下：选择两个文件，然后单击“主页”选项卡“组织”组的“复制到”按钮，显示一个位置列表，如图 2-4-10 所示。选择“选择位置”命令，打开“复制项目”对话框（图 2-4-11），在对话框中选择“D:\我的练习\Word 文档”文件夹，然后单击“复制”按钮，完成复制。

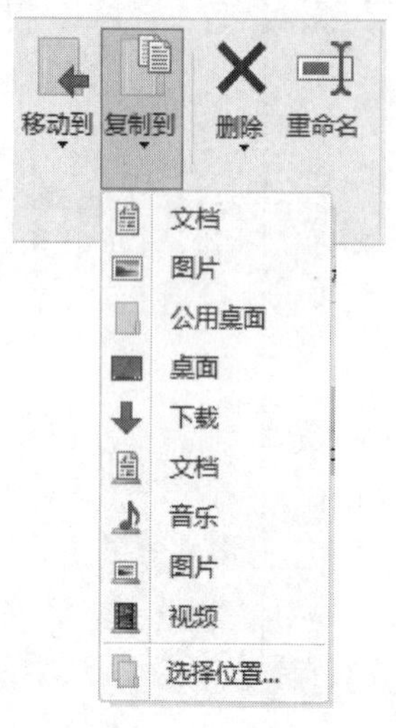

图 2-4-10　位置列表

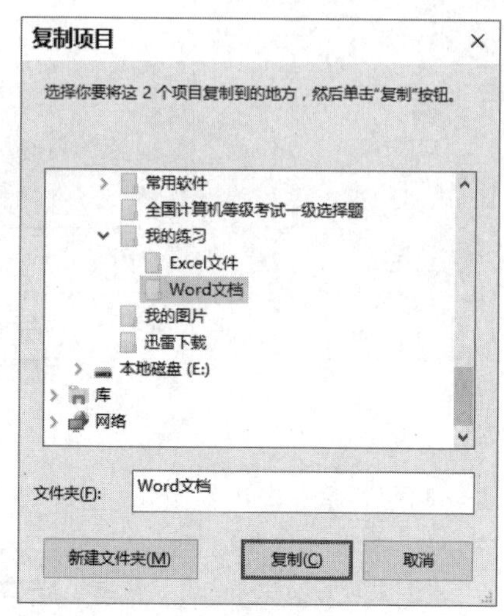

图 2-4-11　“复制项目”对话框

在导航窗格中单击库下的图片，可以利用文件名左上角的项目复选框选择三个图片文件，如图 2-4-12 所示，然后按 Ctrl+C 组合键进行复制；最后找到 D:盘中的“我的图片”文件夹，按 Ctrl+V 组合键进行粘贴，完成复制。

图 2-4-12　选择三个图片文件

注意：计算机 C:盘一般存放操作系统及计算机上安装的应用程序相关的文件，用户不要随意删除或移动 C:盘的文件，否则可能会使计算机操作系统或应用软件不能正常启动或使用。

通配符是一种特殊字符，主要有星号（*）和问号（?），用来模糊搜索文件。星号可代替零个、单个或多个字符。问号可代替一个字符。

9. 移动、删除或恢复文件夹

按住鼠标左键，拖动“我的图片”文件夹至文件夹图标上，当提示“移动到我的练习”时，松开鼠标左键，即移动成功。双击“我的图片”文件夹，在“我的练习”文件夹上单击两次，出现文件名框，输入新名“My Picture”，按 Enter 键，完成重命名。右击“My Picture”文件夹，打开快捷菜单，选择“删除”命令。双击桌面上的“回收站”图标，打开“回收站”窗口。右击“My Picture”文件夹，打开快捷菜单，选择“还原”命令，即还原文件夹“My Picture”。关闭“回收站”窗口。

10. 彻底删除文件夹

在“文件资源管理器”窗口找到“Excel 文件”文件夹，单击“Excel 文件”文件夹，按 Delete 键，系统弹出删除提示对话框，单击“是”按钮。在桌面上，双击桌面上的“回收站”图标，打开“回收站”窗口，右击“Excel 文件”文件夹，选择“删除”命令，彻底删除文件夹。

11. 建立库

在“文件资源管理器”窗口，在导航窗格中右击“库”，打开快捷菜单，选择“新建”→“库”命令。在“新建库”的名称框中输入“Word 文档”，即建立新库。在导航窗格中单击“Word 文档”库，此时文件资源管理器的文件列表窗格中有一个“包含一个文件夹”按钮，如图 2-4-13 所示。单击该按钮，打开“将文件夹加入到‘Word 文档’中”对话框，将对话框地址栏定位到 D:盘“我的练习”文件夹，单击“Word 文档”文件夹，如图 2-4-14 所示，单击“加入文件夹”按钮，即将文件夹“Word 文档”添加到“Word 文档”库中。

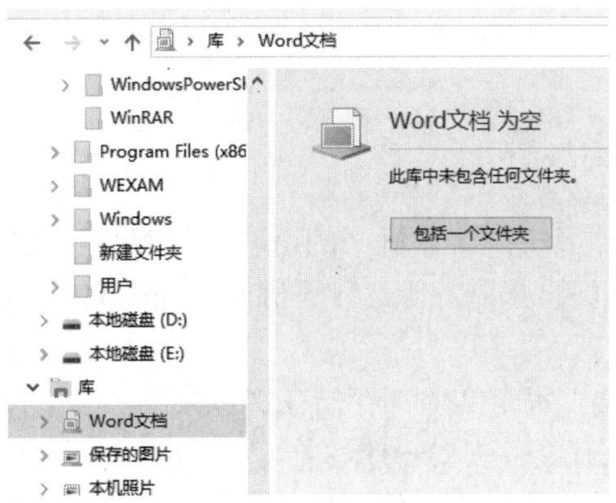

图 2-4-13 Word 文档库

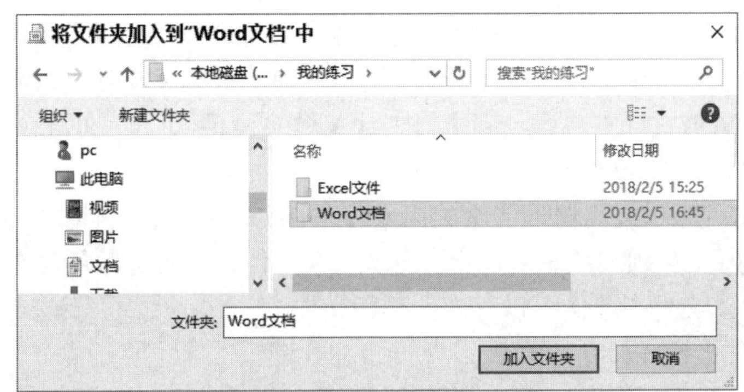

图 2-4-14 “将文件夹加入到‘Word 文档’中”对话框

12. 设置回收站

在桌面上右击“回收站”图标，打开快捷菜单，选择“属性”命令。打开“回收站 属性”对话框，选择“不将文件移到回收站中。移除文件后立即将其删除”单选按钮，不勾选“显示删除确认对话框”复选框，如图 2-4-15 所示，单击“确定”按钮。

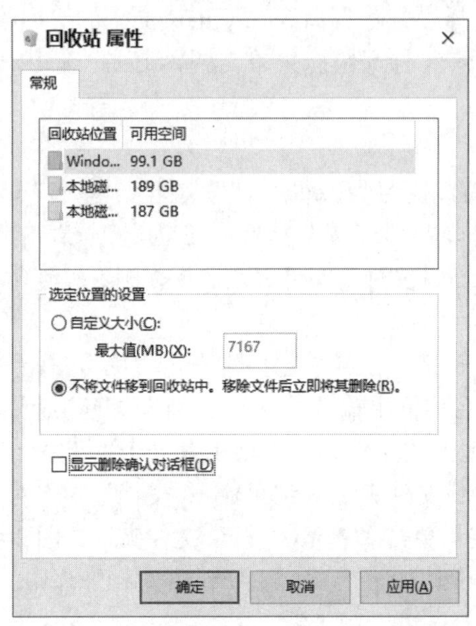

图 2-4-15 “回收站 属性”对话框

三、知识技能要点

1. Windows 10 的文件、文件夹和库的概念

文件是数据组织的一种形式。计算机中的所有信息都是以文件的形式存储的，如用户的一份简历、一幅画、一首歌、一张照片等。计算机中的每个文件都必须有文件名，便于操作系统管理和使用。

文件夹是一个文件容器。每个文件都存储在文件夹或“子文件夹”（文件夹中的文件夹）中。可以通过单击任何已打开文件夹的导航窗格（左窗格）中的“计算机”来访问所有文件夹。

库用于管理文档、音乐、图片和其他文件的位置。用户可以使用与在文件夹中浏览文件相同的方式。但与文件夹不同的是，库可以收集存储在多个位置中的文件，这是一个细微但重要的差异。库不存储项目，库允许用户以不同的方式访问和排列这些项目。例如，如果在硬盘和外部驱动器上的文件夹中有视频音乐文件，则可以使用视频库同时访问所有视频文件。可以将来自很多不同位置的文件夹包含到库中，如计算机的 C:驱动器、外部硬盘驱动器或网络。一个库最多可以包含 50 个文件夹。

Windows 10 文件系统采用树形层次结构来管理及定位文件和文件夹（也称目录）。在树形文件系统层次结构中，最顶层的是磁盘根文件夹，根文件夹下面可以包含文件和文件夹，可以表示为 C:\或 D:\等，文件夹下面可以有文件夹和文件。

2. 文件、文件夹和库的命名规则

文件名一般由 3 部分组成：主文件名、分隔符（即圆点“.”）和扩展名。扩展名用来表示文件的类型，例如“Example.docx”和“简历.doc”两个文件均表示是 Word 文档。常见的文件类型及其扩展名见表 2-4-2。

表 2-4-2 常见的文件类型及其扩展名

文件类型	扩展名	说明
可执行文件	exe	应用程序
批处理文件	bat	批处理文件
文本文件	txt	ASCII 文本文件
配置文件	sys	系统配置文件，可使用记事本创建
位图图像	bmp	位图格式的图形、图像文件，可由“画图”软件创建
声音文件	wav	压缩或非压缩的声音文件
视频文件	avi	将语音和影像同步组合在一起的文件格式
静态光标文件	cur	用来设置鼠标指针

Windows 10 中文件的命名规则如下：

（1）文件名可以由字母、数字、汉字、空格和一些字符组成，最多可以包含 255 个字符。

（2）文件名不可以有：\、/、:、*、?、<、>、|等字符。

（3）Windows 系统中的文件名不区分大小写。

（4）文件名中可以多个圆点“.”分隔，最后一个圆点后的字符作为文件扩展名。

（5）文件名的命名最好见名知意。

库、文件夹的命名规则与文件的命名规则基本相同，只是文件夹不需要扩展名。

3. 路径

文件的路径即文件的地址，是指连接目录和子目录的一串目录名称，各文件夹间用“\”（反斜杠）分隔。路径分为绝对路径和相对路径两种。

绝对路径：指从文件所在磁盘根目录开始到该文件所在目录为止所经过的所有目录。绝对路径必须以根目录开始，例如 C:\Program Files\Microsoft Office\OFFICE\ADDINS\CENVADDR.DOCX。

相对路径：指文件相对于目标的位置。如系统当前的文件夹为 Microsoft Office，文件 CENVADDR.DOC 的相对路径为 OFFICE\ADDINS\CENVADDR. DOCX。文件的相对路径会因采用的参考点不同而不同。

使用路径时的常用特殊符号及其所代表的意义如下：

“.”代表目前所在的目录；

“..”代表上一层目录；

“\”代表根目录。

文件资源管理器的使用 1

4. 打开 Windows 10 文件资源管理器的方法

打开文件资源管理器的常用方法如下。

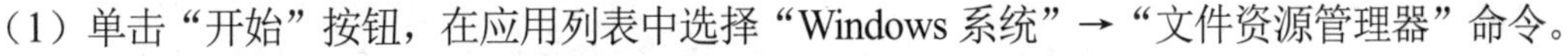

（1）单击“开始”按钮，在应用列表中选择“Windows 系统”→“文件资源管理器”命令。

（2）右击“开始”按钮，在快捷菜单中选择“文件资源管理器”命令。

（3）快捷键：Windows 徽标健+E。

（4）在任务栏的搜索框中输入“文件资源管理器”。在结果中选择“文件资源管理器”。

当文件资源管理器打开时，其主窗口中显示快速访问，列有用户经常使用的文件夹和最近使用的文件，方便用户使用。用户也可以将收藏的文件夹固定到快速访问，以便随时使用它们。

5. Windows 10 的“文件资源管理器”窗口的组成

文件资源管理器的使用 2

“文件资源管理器”窗口如图 2-4-1 所示。根据当前选择的对象不同，“文件资源管理器”窗口的组成也会有所变化，文件资源管理器常有文件、主页、共享和查看 4 个选项卡。要打开命令提示符或打开新窗口，可在“文件”选项卡中完成，如图 2-4-16 所示。

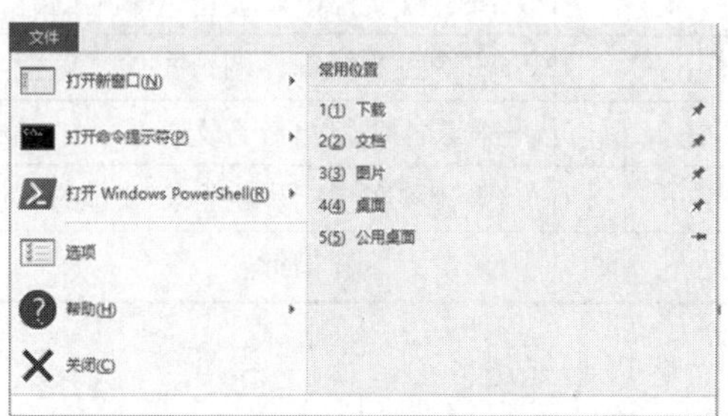

图 2-4-16 “文件”选项卡

可在“主页”选项卡下完成复制、删除、重命名文件等操作，如图 2-4-17 所示。

图 2-4-17 “主页”选项卡

“共享”选项卡如图 2-4-18 所示，压缩文件、刻录光盘可使用该选项卡。

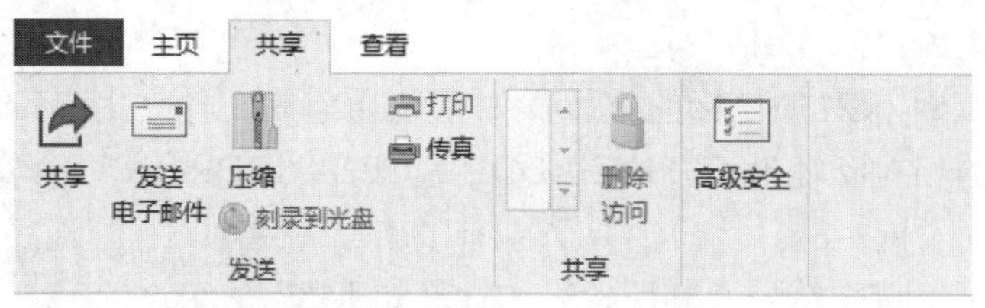

图 2-4-18 “共享”选项卡

“文件资源管理器”窗口视图的改变或设置，可以在“查看”选项卡中完成。

6. 使用地址栏导航

地址栏显示在每个文件夹窗口的顶部，系统将当前的位置显示为以箭头分隔的一系列链接，如图 2-4-19 所示。

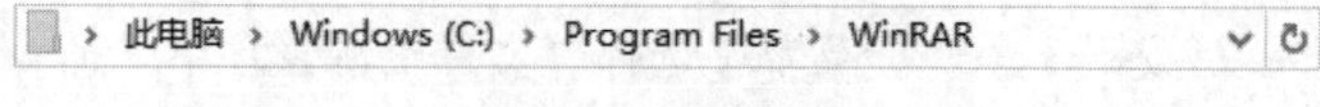

图 2-4-19 地址栏

单击某个链接或输入位置路径可导航到其他位置，也可以单击地址栏中的链接直接转至该位置。如单击上面地址中的“Program Files”，即转到 Program Files 文件夹；也可以单击地址栏中指向链接右侧的箭头。然后，单击列表菜单中的某项以转至该位置，如图 2-4-20 所示。

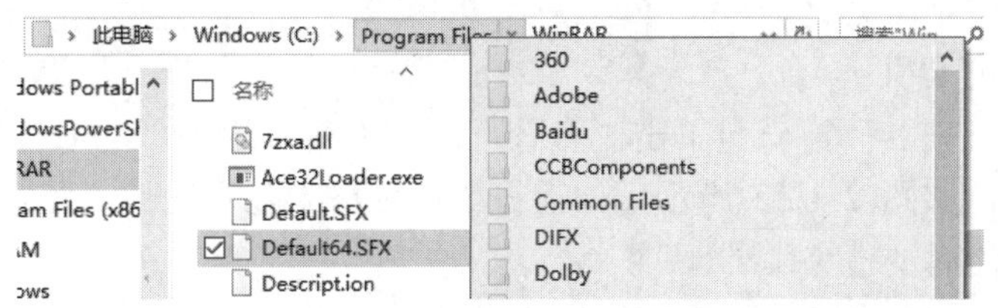

图 2-4-20 单击链接右侧的箭头

在地址栏中可输入常见位置的名称切换到该位置，如控制面板、计算机、桌面等。

提示：如需在地址栏中显示当前位置的完整路径，在地址栏单击即可。效果如图 2-4-21 示。

图 2-4-21 地址栏显示路径

7. 更改文件夹的视图方式

在“文件资源管理器”窗口中，可更改文件夹窗口的视图方式。在“查看”选项卡“布局”组，单击“大图标”等视图按钮，可在 8 个不同的视图（超大图标、大图标、中等图标、小图标、列表、详细信息、平铺及内容）间循环切换。

8. 使用导航窗格

在导航窗格（左窗格）中可以查找文件和文件夹，是用户访问库最方便的地方。还可以在导航窗格中将项目直接移动或复制到目标位置。如果窗口的左侧显示导航窗格，可单击“查看”→“窗格”→“导航窗格”按钮，即显示出导航窗格。

在导航窗格中，对库的一些其常见操作如下：

- 创建新库：右击“库”，在打开的快捷菜单中，选择“新建”→“库”命令。
- 将文件移动或复制到库中：将这些文件拖动到导航窗格中的库。如果文件与库的默认保存位置位于同一硬盘，则移动这些文件；如果位于不同的硬盘，则复制这些文件。
- 重命名库：右击“库”，在打开的快捷菜单中选择“重命名”命令，在名称框中输入新名称，按 Enter 键。
- 查看库：双击库名称将其展开，此时在库下列出其中的文件夹。
- 删除库中的文件夹：右击文件夹，打开快捷菜单，选择“从库中删除位置”命令。这样只是将文件夹从库中删除，不会从该文件夹的原始位置删除该文件夹。

9. 查看和设置文件的属性

在 Windows 10 中，通过查看文件的属性可了解到文件的类型、打开方式、大小、创建时间、最后一次修改的时间、最后一次访问的时间、属性等信息。也可在详细信息窗格中显示文件最常见的属性。

在属性对话框中查看和设置文件属性的方法如下。

（1）在文件资源管理器中单击文件，单击快速启动工具栏上的“属性”按钮，系统打开“文件属性”对话框。

（2）在“常规”选项卡，可看到文件名、文件类型等。属性有“只读”和“隐藏”两项。如选择“只读”项，则表示文档内容只可查看，不能被编辑；如选择“隐藏”项，则表示文档在文件夹常规显示中不可见。

10. 设置文件夹选项

在“文件资源管理器”窗口，单击“查看”选项卡最右边的“选项”按钮，打开“文件夹选项”对话框，如图 2-4-22 所示。如需在导航窗格中显示文件夹路径，则选择“查看”选项卡下的“显示所有文件夹”。

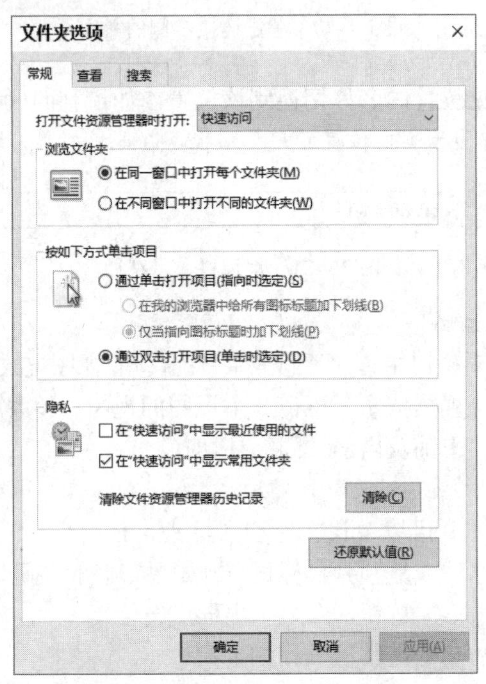

图 2-4-22 “文件夹选项”对话框

在“查看”选项卡中，可设置有关文件夹或文件的显示。例如设置“隐藏已知文件类型的扩展名”，则浏览文件目录时，系统已知的一些文件类型的文件将只显示主名，不显示扩展名，如 docx、sys、exe 等扩展名将不显示。具体设置方法参见本节操作实例。

11. “此电脑”文件夹

在“文件资源管理器”窗口，单击导航窗格中的“此电脑”或双击桌面上的“此电脑”图标，显示“此电脑”文件夹，可以方便地查看硬盘和可移动媒体上的可用空间。

在“此电脑”窗口中可以访问各个位置，如硬盘、CD 或 DVD 驱动器以及可移动媒体；还可以访问可能连接到计算机的其他设备，如 USB 闪存驱动器，如图 2-4-23 所示。

卷标是磁盘的名称，最多可以为 11 个字符，但只能包含字母和数字。

12. 文件夹的创建

文件夹是一个位置，可以在该位置存储文件和创建文件夹，文件夹的图标是。

新文件夹的创建方法如下。

（1）启动文件资源管理器，转到要新建文件夹的位置。

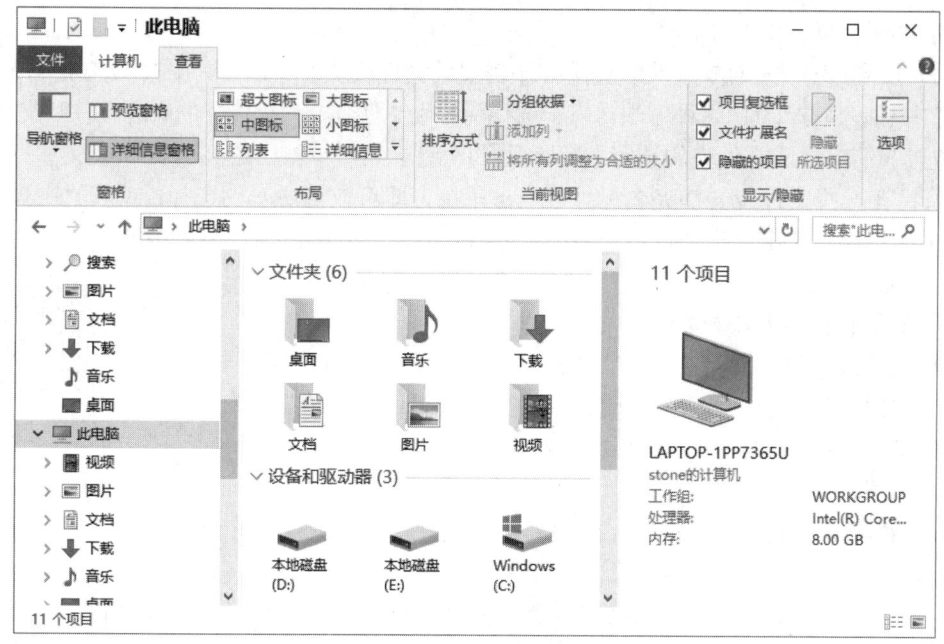

图 2-4-23　“此电脑”窗口

（2）在文件夹窗口中右击空白区域，打开快捷菜单，选择“新建”→“文件夹”命令。

（3）输入新文件夹的名称，然后按 Enter 键，即创建好文件夹。

也可以在桌面上建立文件夹，在桌面上右击空白区域，选择“新建”→“文件夹”命令。输入新文件夹名，然后按 Enter 键，即创建好文件夹了。

13. 选择文件或文件夹

选择文件或文件夹

Windows 系统的操作特点是先选择后操作。移动、复制和删除文件或文件夹时，一定要先选择相应的文件或文件夹，即先确定要操作的对象，然后操作。

（1）选择单个文件或文件夹。在“文件资源管理器”窗口中，转到要选择的文件或文件夹所在位置，然后在“文件资源管理器”窗口中单击文件或文件夹，即选择该文件或文件夹。

（2）选择连续的多个文件或文件夹。单击第一个文件或文件夹，然后按住 Shift 键，同时单击最后一个要选择的文件或文件夹。

（3）选择不连续的多个文件或文件夹。按住 Ctrl 键，再依次单击要选择的文件或文件夹即可。

（4）选择全部文件或文件夹。选择当前文件夹中所有文件和文件夹，常用方法有以下 4 种：

方法一：按 Ctrl+A 组合键。

方法二：在“主页”选项卡单击“全部选择”按钮 全部选择。

方法三：从当前文件夹窗口区域的某个顶角处，向其对角拖动鼠标，框选所有内容。

方法四：在“详细信息”布局下，选中标题栏上的“项目复选框”，出现✓，即全部选择。

（5）使用“项目复选框”选择项目。在文件资源管理器的“查看”选项卡的“显示/隐藏”组，勾选“项目复选框”复选框，则在文件资源管理器的主窗口中，当鼠标指向某个项目时，其最左边会出现一个方框，即“项目复选框”，单击“项目复选框”，出现✓，则选择了该项目；

再次单击“项目复选框”，即取消选择。

（6）反向选择文件或文件夹。先选择不需要的文件或文件夹，在“主页”选项卡单击“反向选择”按钮反向选择。这种方法常用于选择除个别文件或文件夹以外的所有文件和文件夹。

（7）取消文件或文件夹的选择。可按住 Ctrl 键，然后单击已选择的文件或文件夹，即可取消选择。在选择文件或文件夹图标外，单击鼠标，即可取消所有的选择；或在“主页”选项卡的“选择”组，单击“全部取消”按钮全部取消；或单击项目最左边的“项目复选框”，✓消失，即取消选择。

14. 复制和移动文件或文件夹

复制或移动文件或文件夹

复制文件或文件夹即将选择的文件或文件夹在目标位置也存放一份，源文件或文件夹还存在。移动文件或文件夹是将选择的文件或文件夹移到目标文件夹下，原来位置源文件或文件夹不存在了。

复制和移动文件的常用方法如下：

（1）利用鼠标拖动。利用鼠标拖动来复制或移动文件或文件夹时，最好源位置和目标位置在窗口均可见。

1）复制：如果在同一个驱动器的两个文件夹间进行复制，则在拖动对象到目标位置的同时按住 Ctrl 键；如在不同的驱动器的两个文件夹间进行复制，直接拖动对象到目标位置即可实现复制。在拖动过程中鼠标指针右边会有一个“＋”。

2）移动：如果在同一个驱动器的两个文件夹间进行移动，则直接拖动到目标位置，即实现移动；如在不同的驱动器的两个文件夹间进行移动，在拖动对象到目标位置的同时按住 Shift 键即可实现移动。

（2）利用命令或快捷菜单的操作步骤如下：

1）选择要复制（或移动）的文件或文件夹。

2）单击“主页”选项卡中的“复制”按钮（或“剪切”按钮），或按 Ctrl+C 组合键（或按 Ctrl+X 组合键），或右击，在快捷菜单中选择“复制”命令（或“移动”命令）。

3）转到目标文件夹。

4）单击“主页”选项卡中的“粘贴”按钮，或按 Ctrl+V 组合键，即完成文件的复制（或移动）。

（3）单击主页选项卡的“复制到”和“移动到”按钮，操作方法见本节案例。

15. 删除和还原文件或文件夹

选择要删除的文件或文件夹，然后执行以下任一操作即可删除。

（1）按 Delete 键。

（2）单击“主页”选项卡中的“删除”按钮✕。

（3）单击“主页”选项卡中的“删除”按钮下方的箭头按钮，打开一个列表，有“回收”“永久删除”“显示回收确认”3 项，单击其中需要执行的选项。

（4）直接将选择对象拖动到回收站中。

如果用户删除的对象是计算机硬盘上的，则系统默认将其移到回收站；如果误删除，还可以从回收站中将文件或文件夹还原。如果要将硬盘上的文件或文件夹彻底删除，不放入回收站，则在执行删除操作的同时按住 Shift 键即可。

还原文件的方法如下：双击桌面上的“回收站”图标，打开“回收站”窗口。在窗口中选择要还原的文件，在工具栏上单击“还原此项目”按钮，即可将选择文件还原到删除之前所在位置。

彻底删除文件的方法如下：在“回收站”窗口中选择要彻底删除的文件，然后按 Delete 键，在系统弹出的“确认删除文件”对话框中单击“是”按钮。

16. 打开文件

若要打开某个文件，可双击它。该文件通常将在曾用于创建或更改它的程序中打开。例如，文本文件会在字处理程序中打开。扩展名为 docx 的文件一般在 Word 中打开。但不是所有文件始终如此。例如：双击某个图片文件通常打开图片查看器，双击某个视频文件会打开媒体播放器。若要编辑图片，则需要使用其他图片编辑软件。右击该文件，选择“打开方式”命令，然后单击要使用的软件名称。

17. 搜索

搜索文件或文件夹

可以搜索文件和文件夹、打印机、电子邮件、用户、其他网络计算机等。“文件资源管理器”窗口中有搜索框。Windows 的搜索框会根据用户输入的文本筛选当前位置中的内容。搜索可以查找文件名、文件内容中的文本、标记等文件属性中的文本。如果在库中，搜索包括库中包含的所有文件夹及这些文件夹中的子文件夹。

使用搜索框搜索文件或文件夹的操作方法如下：在搜索框中输入字词或字词的一部分。输入时，系统将根据输入的内容筛选文件夹或库的内容，以反映输入的每个连续字符。如搜索到需要的文件后，即可停止输入。

当光标定位在搜索框中时，文件资源管理器会显示出“搜索工具－搜索”选项卡，如图 2-4-24 所示。

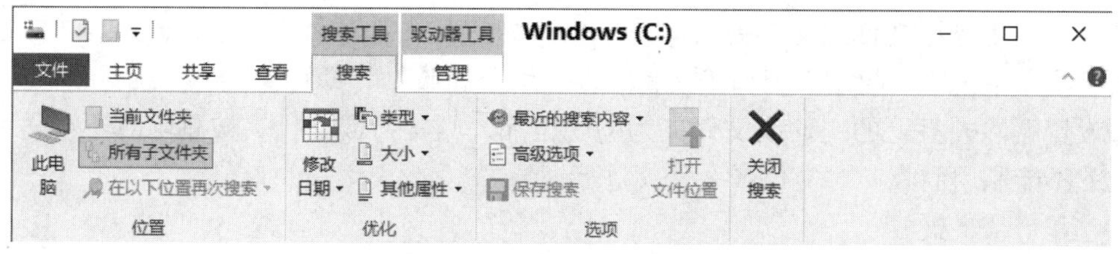

图 2-4-24 “搜索工具－搜索”选项卡

操作实例：查找本地驱动器 D:中 2019 年 10 月 16 日修改的所有 docx 类型的文档。

操作步骤如下：

（1）启动文件资源管理器。右击“开始”菜单，选择“文件资源管理器”命令。

（2）设置搜索位置。在导航窗格中，在“此电脑”下单击“D:”驱动器。

（3）设置搜索条件。在搜索框中输入“*.docx”或“类型：=.docx”，在文件列表中显示出 D:盘的所有 docx 文档。

（4）设置查找修改日期。单击“搜索”选项卡的“优化”组中的“修改日期”按钮，打开日期列表，选择“今年”命令，即在搜索框中显示“修改日期：今年”，如图 2-4-25 所示。在搜索框“今年”处单击，打开日期筛选器，如图 2-4-26 所示。在“选择日期和日期范围：”条件下，选择日历中 2019 年的“10 月 16 日”，即可在列表框中显示符合条件的文件。

"本地磁盘 (D:)"中的搜索结果　*.docx 修改日期：今年

图 2-4-25　搜索框

图 2-4-26　日期筛选器

可以重复执行这些步骤，以建立基于多个属性的复杂搜索。每次单击搜索筛选器值时，都会将相关字词自动添加到搜索框中。

18. 回收站

回收站是硬盘上的一块区域。用户从硬盘上删除对象时，系统会将其放入回收站中。

从回收站中还原文件或文件夹的操作步骤请参考本节案例中的操作。如果要删除回收站中的所有项，单击“回收站”窗口工具栏上的“清空回收站”即可。

如设置删除硬盘上的文件或文件夹为彻底删除，则文件或文件夹被删除时不会再移入回收站，就不能利用回收站对文件或文件夹进行还原了。

19. 常用快捷键

除鼠标外，键盘也是一个重要的输入设备，主要用来输入文字符号和操作控制计算机。在 Windows 10 中，所有操作都可用键盘来完成，且大部分常用菜单命令都有快捷键，利用这些快捷键可以让用户完成许多操作。常用快捷键及其功能见表 2-4-3。

表 2-4-3　常用快捷键及其功能

快捷键	功能	快捷键	功能
Ctrl+C	复制	Alt+Tab	以打开窗口的顺序切换窗口
Ctrl+X	剪切	Alt＋Enter	查看所选对象的属性
Ctrl+V	粘贴	Alt+空格键	显示当前窗口的控制菜单
Ctrl+A	选择全部内容	F1	显示帮助内容
Ctrl+Z	撤销上一个操作	Shift+F10	打开所选对象的快捷菜单
Ctrl+Esc	显示“开始”菜单	Alt+F4	关闭当前窗口或退出当前程序

2.5　磁盘管理

磁盘管理

主要学习内容：

- 格式化磁盘
- 清理磁盘
- 优化驱动器

一、操作要求

（1）清理 C:盘中的回收站文件和 Internet 临时文件。

（2）对本地驱动器 C:进行优化。

（3）格式化 U 盘，并将卷标命名为自己的姓名。

（4）查看磁盘 C:的属性。

二、操作过程

1. 磁盘清理

（1）启动磁盘清理。依次选择“开始”→“Windows 管理工具”→“磁盘清理”命令，弹出“磁盘清理：驱动器选择”对话框，如图 2-5-1 所示。

（2）选择要清理的磁盘。在“驱动器”下拉列表框中选择要清理的驱动器 C:，单击“确定”按钮。系统对 C:盘进行扫描，并弹出“磁盘清理”提示对话框，如图 2-5-2 所示。

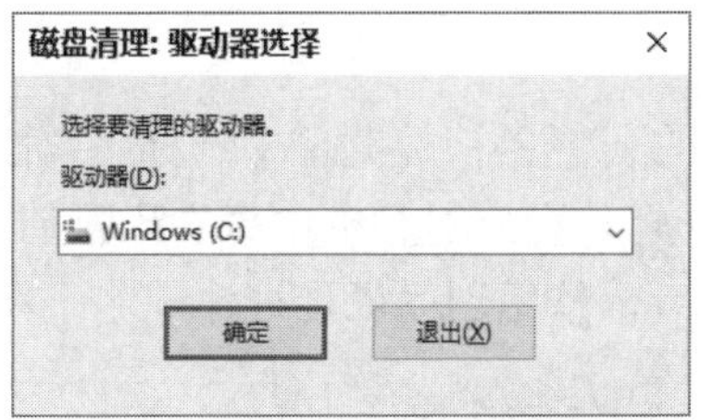

图 2-5-1　“磁盘清理：驱动器选择”对话框

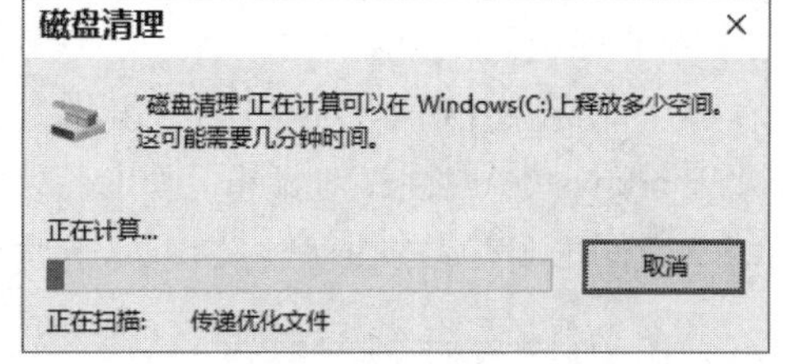

图 2-5-2　“磁盘清理”提示对话框

（3）选择要清理的文件。完成扫描后，系统弹出“Windows(C:)的磁盘清理”对话框，在“要删除的文件:”列表框中，勾选“Internet 临时文件”“回收站”复选框，如图 2-5-3 所示。然后单击“确定”按钮。系统会弹出一个对话框要求用户确认，单击“是”按钮，选择的文件会被删除。

2. 对本地驱动器 C:进行优化。

右击“开始”按钮，在快捷菜单中选择“文件资源管理器”命令，在导航窗格中单击“此电脑”，在右侧窗口单击 C:盘。然后在“驱动器工具”选项卡“管理”组中单击“优化”按钮，打开“优化驱动器”窗口，如图 2-5-4 所示，然后单击“优化”按钮，即对本地驱动器 C:进行优化，单击“关闭”按钮，关闭该窗口。

3. 格式化 U 盘，并将卷标命名为自己的姓名

在“文件资源管理器”窗口中单击要格式化的 U 盘，在“驱动器工具”选项卡的“管理”

组中选择“格式化”命令；或右击 U 盘，在快捷菜单中选择“格式化”命令，打开图 2-5-5 所示的对话框，在“卷标”文本框中输入所需的卷标，单击“开始”按钮，即按默认的设置对 U 盘进行格式化。

注意： 格式化是对磁盘进行初始化的一种操作，会导致磁盘中的所有文件被清除。

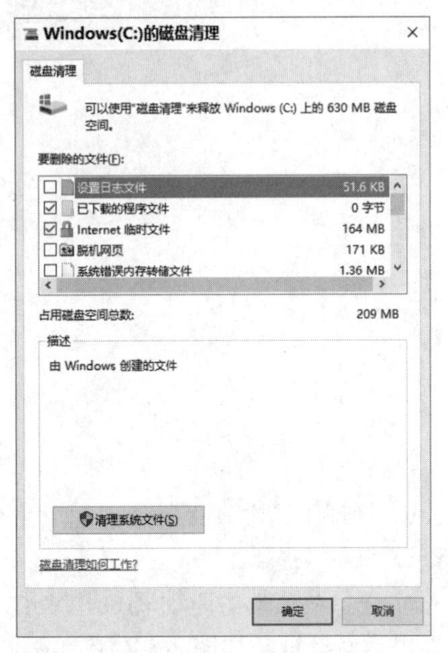

图 2-5-3 “Windows(C:)的磁盘清理”对话框

图 2-5-4 “优化驱动器”窗口

4. 查看磁盘 C:的属性

在“文件资源管理器”窗口中右击磁盘 C:图标，在打开的快捷菜单中选择“属性”命令，打开“Windows(C:)属性”对话框，如图 2-5-6 所示。可以在此对话框中查看磁盘的类型、文件系统、空间大小等常规信息，也可以执行磁盘查错、碎片整理等处理程序。

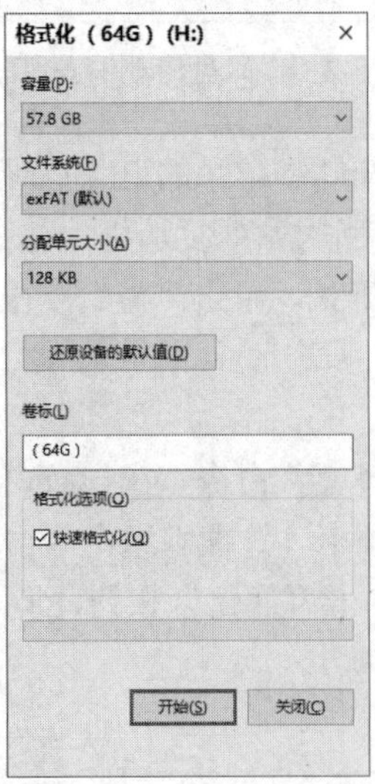

图 2-5-5 “格式化（64G）(H:)”对话框

图 2-5-6 “Windows(C:)属性”对话框

三、知识技能要点

1. 磁盘清理

Windows 10 提供的磁盘清理程序可以删除临时 Internet 文件，删除不再使用的已安装组件和程序，清空回收站，这样可以释放硬盘空间，保持系统简洁，大大提高系统性能。

2. 优化驱动器

优化驱动器程序可以分析磁盘并合并碎片文件和文件夹，以便每个文件或文件夹都可以占用磁盘上单独而连续的磁盘空间，提高系统访问文件和文件夹的速度。

优化驱动器的操作步骤请参照本节案例。

3. 格式化磁盘

格式化是指对磁盘或磁盘中的分区进行初始化的一种操作，会导致现有的磁盘或分区中的所有文件被清除。如果磁盘出错，对其进行格式化可能会修复磁盘错误。

2.6　程序管理

程序管理

主要学习内容：

- 安装与卸载程序
- 添加或删除输入法
- 程序的启动和退出
- 创建快捷方式
- 驱动程序及任务管理器
- 使用“设置”窗口

一、操作要求

（1）为当前计算机安装“微信”应用程序。

（2）删除桌面上的“微信”快捷方式。

（3）在 Windows 桌面上创建“微信”应用程序的快捷方式。

（4）从当前操作系统中卸载“微信”应用程序。

（5）为系统添加“微软五笔”输入法。

（6）启动“计算器”应用程序，在任务管理器中将“计算器”应用程序关闭。

（7）在桌面新建一个名为“练习.txt”的文本文档，并设置其关联程序为 Word 应用程序。

二、操作过程

1. 安装微信应用程序

（1）下载文件。打开浏览器，在地址栏输入腾讯公司网址 www.qq.com，然后按 Enter 键，进入腾讯公司主页，右击页面右侧的“微信”按钮，进入下载界面。找到“微信 Windows 版”，然后单击“下载”按钮，完成微信安装文件的下载。

（2）开始安装微信。双击“WeChatSetup.exe”文件，稍等片刻，出现安装界面，如图 2-6-1 所示。

（3）单击“更多选项”，显示安装文件的文件夹，如图 2-6-2 所示。可采用默认文件夹，如想修改，可通过单击“浏览”按钮选择合适的文件夹。设置好后，单击“安装微信”按钮。

（4）等待系统弹出图 2-6-3 所示的对话框，即完成安装。单击“开始使用”按钮，则可以启动微信。

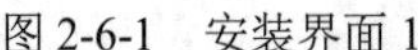
图 2-6-1　安装界面 1

图 2-6-2　安装界面 2

图 2-6-3　“安装完成”对话框

2. 删除桌面“微信”快捷方式

将桌面上“微信”的快捷方式拖入回收站，即删除该快捷方式。

3. 在桌面建立“微信”快捷方式

方法一：打开“开始”菜单，将“开始”菜单中的“微信”直接拖动到桌面上，即在桌面建立了相应的快捷方式。

方法二：打开文件资源管理器，找到微信的安装文件夹，本例为“C:\Program Files (x86)\Tencent\WeChat”文件夹。右击“WeChat.exe”文件，在快捷菜单中选择“发送到”→“桌面快捷方式”命令，即在桌面建立了相应的快捷方式。

4. 卸载微信程序

方法一：在“开始”菜单中单击“微信”组，在微信组中选择“卸载微信”命令，如图 2-6-4 所示，弹出“确定卸载微信”对话框，如图 2-6-5 所示。单击“卸载”按钮，即卸载微信。

方法二：右击“开始”按钮，在快捷菜单中选择“应用和功能”命令，打开“设置－应用和功能”窗口，，如图 2-6-6 所示，在程序列表中找到“微信”，单击该项。然后单击“卸载”按钮，弹出“确认卸载微信”对话框，单击“卸载”按钮，即可卸载微信。

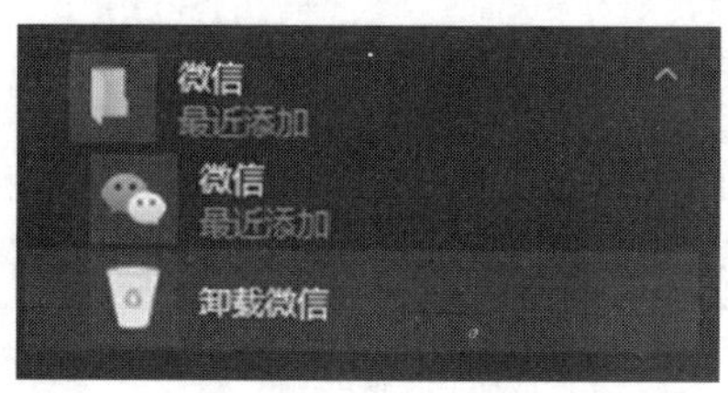

图 2-6-4　“开始”菜单上的“微信”组

图 2-6-5　“确定卸载微信”对话框

图 2-6-6　“设置－应用和功能”窗口

5. 添加“微软五笔”输入法

（1）单击任务栏上的输入法图标，显示“输入法”菜单，如图 2-6-7 所示。单击“语言首选项”命令，打开“设置－区域和语言”窗口，如图 2-6-8 所示。

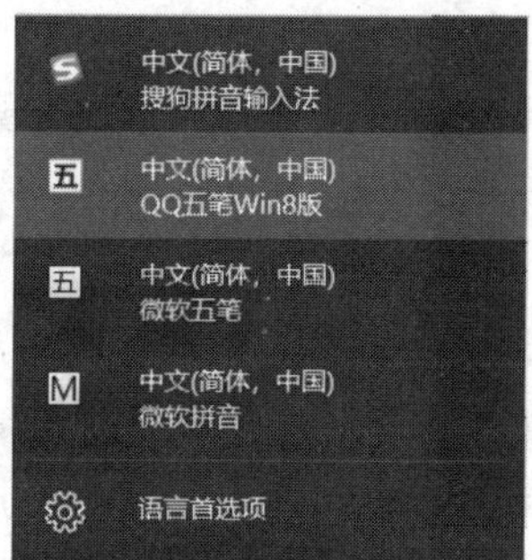

图 2-6-7　“输入法”菜单

图 2-6-8　“设置－区域和语言”窗口

（2）单击“中文(中华人民共和国)”文本，显示“选项”按钮，单击“选项”按钮，打开图 2-6-9 所示的窗口。单击“添加键盘”文本，弹出输入法列表，如图 2-6-10 所示。在列表中选择“微软五笔”选项，完成添加，关闭窗口。

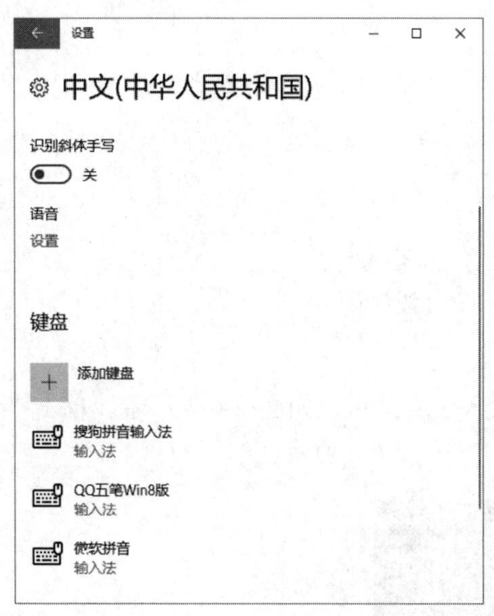

图 2-6-9　“设置－中文(中华人民共和国)”窗口

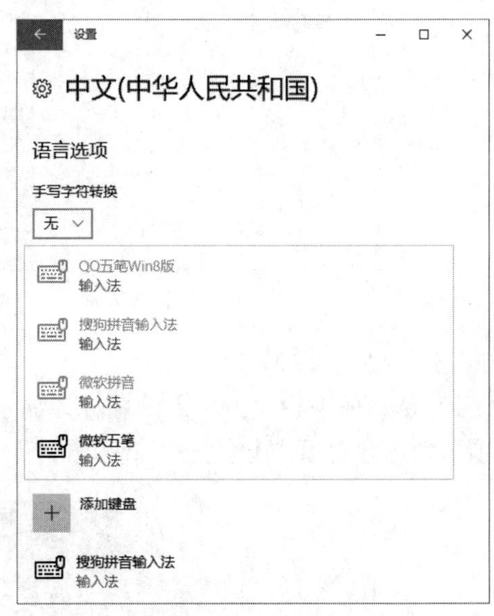

图 2-6-10　输入法列表

6. 启动“计算器”应用程序，使用“任务管理器”关闭应用程序

单击“开始”按钮，在程序列表中选择“计算器”命令，即可启动计算器应用程序。右击“开始”按钮，选择“任务管理器”命令，即打开“任务管理器”窗口，如图 2-6-11 所示。在“进程”选项卡的“应用”列表下选择“计算器”选项，再单击该窗口右下角的“结束任务”按钮，即可关闭“计算器”应用程序。

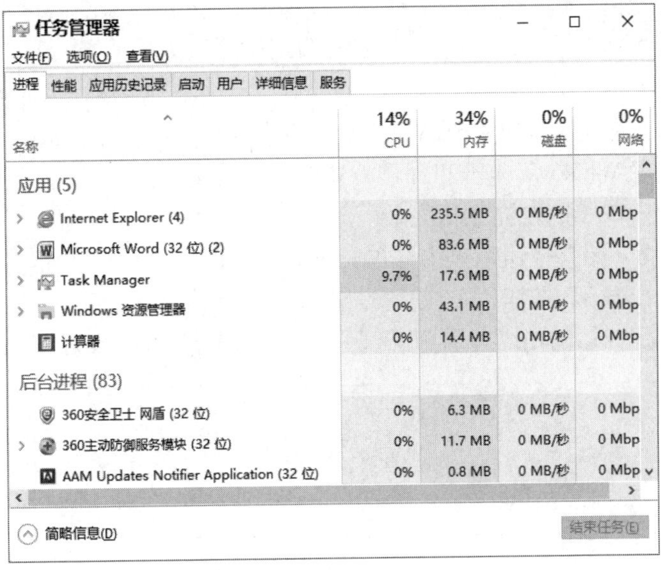

图 2-6-11　“任务管理器”窗口

提醒：当有程序出错不能正常关闭时，可尝试使用“任务管理器”将其关闭。

7. 创建文本文档，并设置关联程序

在桌面上右击，在弹出的快捷菜单中选择“新建”→“文本文档”命令，然后将新建文件名更改为“练习.txt”。右击“练习.txt”，打开快捷菜单，选择“属性”命令，打开“练习.txt 属性”对话框，如图 2-6-12 所示。

在“常规”选项卡中，单击“更改”按钮，打开图 2-6-13 所示的对话框，在列表中选择 Word 选项，单击“确定”按钮，再单击“练习.txt 属性”对话框中的“确定”按钮，即设置了文本文档的关联程序为 Word。

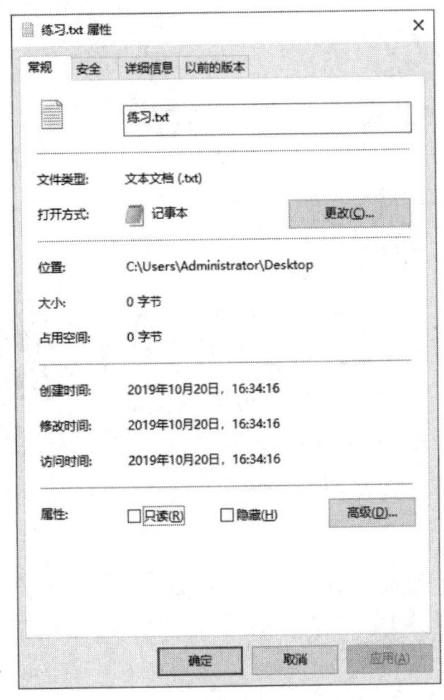

图 2-6-12　“练习.txt 属性”对话框

图 2-6-13　选择打开方式

三、知识技能要点

1. “设置”窗口

用户可以使用“设置”窗口更改 Windows 的设置并自定义计算机的一些功能。“设置”窗口几乎控制了有关 Windows 外观和工作方式的所有设置。

打开“设置”窗口的常见方法如下：

方法一：单击“开始”按钮，单击菜单左侧列表中的“设置”按钮⚙。

方法二：右击“开始”按钮，在快捷菜单中选择“设置”命令。

要设置或查看某一项，单击“设置”窗口中的相应项目即可。“设置”窗口如图 2-6-14 所示。

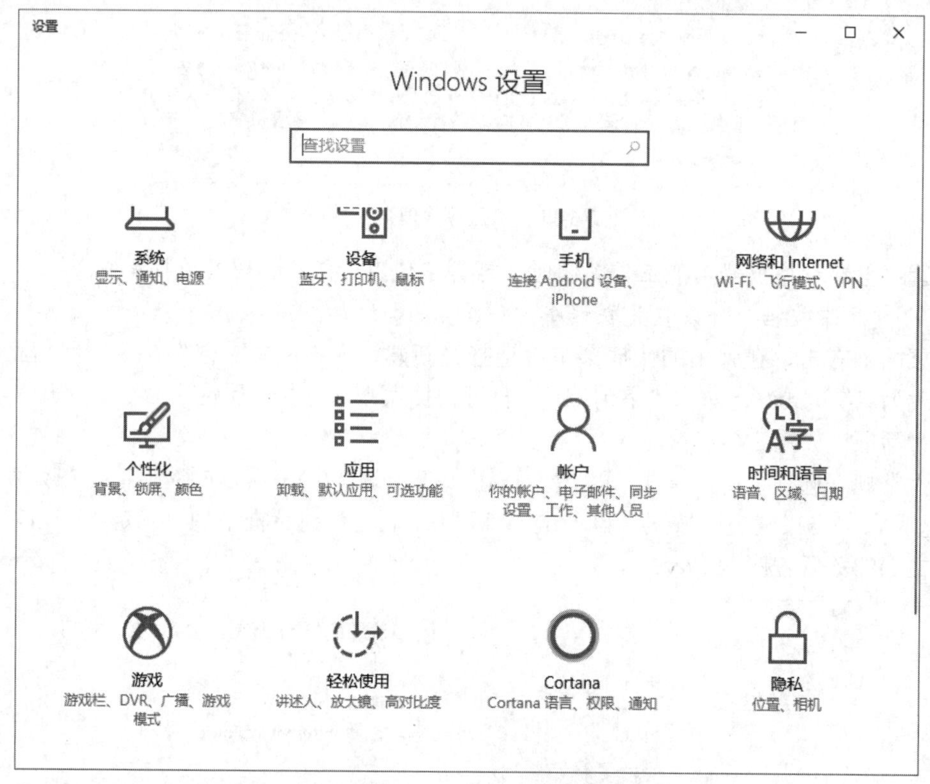

图 2-6-14 “设置”窗口

2. 快捷方式

快捷方式是 Windows 提供的指向一个对象（如文件、文件夹、程序等）的链接，包含了启动一个程序、编辑一个文档或打开一个文件夹所需的全部信息。快捷方式是 Windows 提供的一种快速启动程序、打开文件或文件夹的方法。当双击一个快捷方式图标时，Windows 首先检查该快捷方式文件的内容，找到它所指向的对象，然后打开相应的对象。

用户可根据需要为程序、文件或文件夹创建快捷方式。常用创建快捷方式的方法如下：

方法一：右击对象，打开快捷菜单，选择“创建快捷方式”命令，即在当前位置创建快捷方式。

方法二：按住右键并拖动对象，到目的地后松开右键，打开快捷菜单，选择“在当前位置创建快捷方式”命令即可。

方法三：右击对象，弹出快捷菜单，选择“发送到”→“桌面快捷方式”命令，即可在桌面上为对象创建一个快捷方式。

方法四：选择对象，执行“复制”命令，然后将光标定位到目标位置并右击，在快捷菜单中选择“粘贴快捷方式”命令，或在“主页”选项卡“剪贴板”组中单击“粘贴快捷方式”按钮。

创建快捷方式后，也可对其进行重命名、移动位置、复制或删除操作，操作方法与文件的相应操作方法相同。

3. 程序的启动和关闭

Windows 操作系统中启动程序常用的方法如下：

方法一：单击“开始”按钮，单击应用列表中的相应程序。

方法二：双击桌面上应用程序的快捷图标。

关闭程序常用的方法如下：

方法一：单击程序标题栏上的“关闭”按钮。

方法二：按 Alt+F4 组合键。

方法三：双击程序的控制菜单图标。

4. 安装与删除程序

在使用计算机时，用户可根据自己的需要安装或删除程序。

（1）添加新程序。通常安装程序文件名为 setup.exe、install.exe 等，双击以启动该文件，根据提示完成程序的安装。

（2）更改或删除程序。卸载 Windows 应用程序常用的两种方法如下。

方法一：在开始菜单中找到相应软件右击，在快捷菜单中选择“卸载”命令。

方法二：使用系统的“应用”功能。单击开始菜单中的“设置”按钮，打开“设置”窗口，如图 2-6-14 所示。单击“应用”按钮，进入“设置－应用和功能”窗口。在程序列表中选择要卸载的程序，然后单击“卸载”按钮，即开始卸载程序。

5. 输入法

Windows 10 中文版操作系统提供了微软拼音和微软五笔中文输入法，用户可以使用其内置的输入法，也可以根据需要安装第三方的中文输入法，如搜狗拼音输入法、万能五笔输入法和紫光拼音输入法等。

6. 设置文件与应用程序的关联

在 Windows 系统中，文件关联是指将某类数据文件与一个相关的程序建立联系。当双击这类数据文件时，Windows 操作系统就自动启动关联的程序，打开这个数据文件供用户处理。例如，扩展名为 TXT 的文本文件，Windows 系统中默认的关联程序就是记事本程序。当用户双击 TXT 文件时，Windows 系统会启动记事本程序，读入 TXT 文件的内容，供用户查看和编辑。

通常情况下，当应用程序安装成功后，会自动建立文件关联，但有些应用程序不能自动建立自己的文件关联，则需为文件建立关联程序或改变文件的关联程序。

更改关联程序方法如下：右击相应文件，选择“属性”命令，在打开的“属性”对话框中的“常规”选项卡中，单击“更改”按钮，在打开的窗口中，从显示的应用程序列表中选择要关联的程序，然后单击“确定”按钮。

7. 驱动程序

驱动程序全称为设备驱动程序（device driver），是使计算机和设备通信的一种特殊程序，相当于硬件的接口。操作系统只有通过这个接口，才能控制硬件设备的工作。如果设备的驱动程序未能正确安装，设备便不能正常工作。

从理论上讲，所有的硬件设备都需要安装相应的驱动程序才能正常工作。但 CPU、内存、主板、软驱、键盘、显示器等设备的驱动程序已经集成在计算机主板的 BIOS 中，不需要再安装驱动程序就可以正常工作；而显卡、声卡、网卡、打印机等一定要安装驱动程序，否则无法正常工作。

8. 任务管理器

Windows 任务管理器提供了有关计算机性能的信息，并显示计算机上所运行的程序和进程的详细信息；如果连接到网络，还可以查看网络状态，并迅速了解网络是如何工作的。“任务管理器”窗口有文件、选项、查看 3 个菜单项，其下还有进程、性能、应用历史记录、启动、用户、详细信息、服务 7 个选项卡，如图 2-6-11 所示。在“进程”选项卡可以查看当前系统的进程数，以及进程使用的 CPU、内容及网络等的比率。

2.7 常用附件小程序

主要学习内容：

- 画图程序、写字板及记事本
- 计算器、截图工具

1. 画图 3D

“画图 3D”程序是 Windows 10 操作系统自带的绘图软件，它不仅具备绘图的基本功能，还具备 3D 功能，能制作三维模型。利用它可以绘制简笔画、水彩画、插图或贺卡等；还可以在空白的画稿上作画，修改其他已有的画稿。

启动画图程序的方法如下：依次选择“开始”→“画图 3D”命令。“画图 3D”窗口如图 2-7-1 所示。

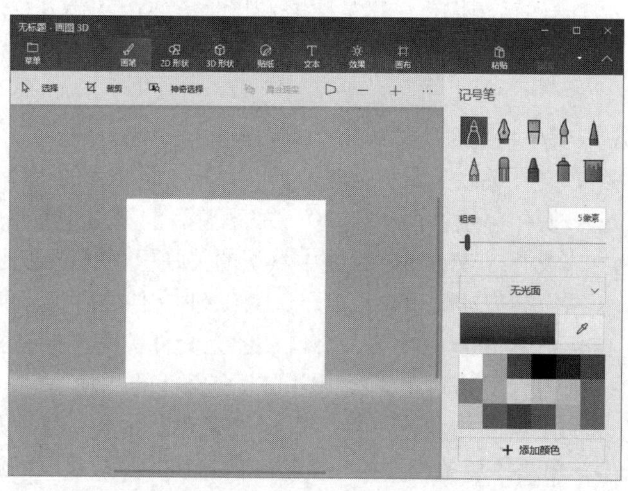

图 2-7-1 “画图 3D”窗口

2. 写字板

“写字板”是一个使用简单但功能强大的文字处理程序，用户可以利用它编辑日常工作中的文件。在写字板中可以创建和编辑简单文本文档，或者有复杂格式和图形的文档。用户可以将信息从其他文档链接或嵌入写字板文档中。写字板的使用与 Word 文字处理软件的使用类似，其使用方法请参见 Word 部分。

在“写字板”中，可以将文件保存为文本文件（.txt）、多信息文本文件（.rtf）、MS-DOS 文本文件等。

启动写字板程序的方法如下：依次选择“开始”→“Windows 附件”→“写字板”命令，启动写字板。“写字板”窗口如图 2-7-2 所示。

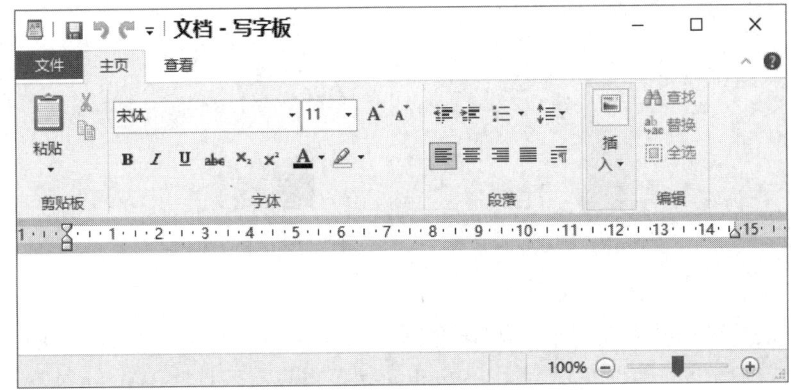

图 2-7-2　“写字板”窗口

3. 记事本程序

记事本是一个简单的文本编辑程序，常用于查看或编辑文本文件。文本文件扩展名为. txt。记事本用于编辑纯文本文档，功能相对写字板来说有限，但它使用方便、快捷，适合编写篇幅短小的文件，比如许多软件的 READ ME 文件通常是用记事本打开的。

启动记事本的方法如下：依次选择“开始”→“Windows 附件”→“记事本”命令，即可启动记事本。“记事本”窗口如图 2-7-3 所示。

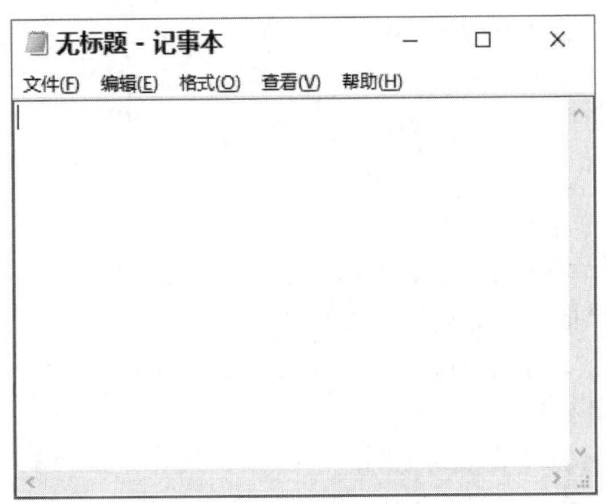

图 2-7-3　“记事本”窗口

4. 计算器

选择“开始”→“计算器”命令，即可启动计算器，“计算器”窗口如图 2-7-4 所示，默认为标准型。在“查看”菜单中，可以切换为“科学型”“程序员”“统计信息”型计算器。

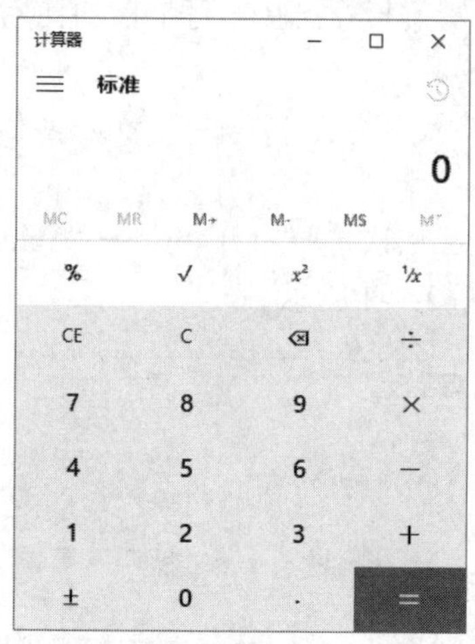

图 2-7-4 “计算器”窗口

5. 截图工具

截图工具

使用截图工具可以捕获整个计算机屏幕或其某个部分，可为截图添加注释、保存截图或使用电子邮件发送截图。Windows 10 的截图工具比 Windows 7 的截图工具多了延迟截图功能。

选择“开始”→“Windows 附件”→“截图工具”命令，即可启动截图工具，“截图工具”窗口如图 2-7-5 所示。用户可以捕获任意格式截图、矩形截图、窗口截图或全屏截图。单击“新建”按钮，可从弹出的列表中选择上面所述的 4 种截图的类型。

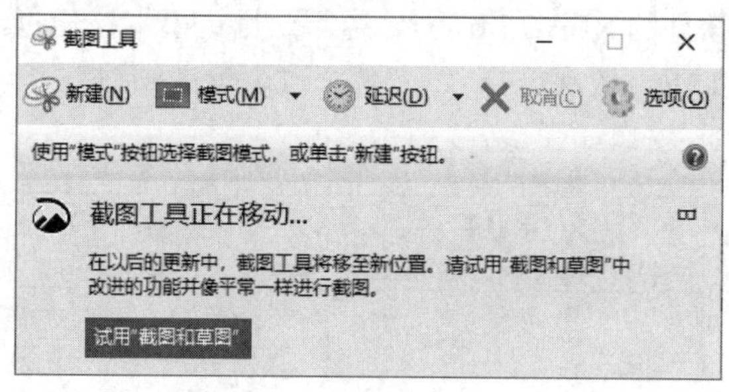

图 2-7-5 “截图工具”窗口

任意格式截图：用户可以拖动鼠标围绕对象绘制任意形状进行截图。

矩形截图：围绕对象拖动光标构成一个矩形。

窗口截图：选择一个要捕获的窗口（如浏览器窗口或对话框）。

全屏截图：捕获整个屏幕。

在捕获截图后，系统会自动将其复制到“截图工具”窗口。单击“截图工具”窗口中的“保存截图”按钮，或选择“文件”→“另存为”命令，打开“另存为”对话框，设置截图的名称及保存位置，然后单击“保存”按钮，即保存截图。

6. 截图和草图

选择“开始”→“截图和草图”命令即可启动截图和草图工具，使用此工具可以捕获整个计算机屏幕或其某个部分，“截图和草图”窗口如图 2-7-6 所示。该工具是“截图工具”的升级版。该工具提供矩形剪辑、任意形状剪辑和全屏剪辑 3 种模式截图；支持 3 秒和 10 秒两种延迟截图；有圆珠笔、铅笔和荧光笔工具，可以涂鸦、标注图像；有图像裁剪、标尺和量角器工具。

图 2-7-6 “截图和草图”窗口

按 Windows+Shift+S 组合键可快速调出截图工具条进行截图，这样截取的图像保存在系统的剪贴板。可以按 Ctrl+V 组合键将截图粘贴到其他应用程序编辑窗口中。

练习题

1. 设置自己喜欢的 Windows 10 的桌面背景、主题和外观，为计算机设置自己喜欢的屏幕保护程序。
2. 试更改任务栏在桌面上的位置，定义符合自己习惯的任务栏和开始菜单。
3. 搜索当前计算机 C:盘中所有扩展名为.bmp 的文件。
4. 在桌面上为记事本程序建立快捷方式。
5. 为计算机添加一个任务计划，定期对 C:盘进行磁盘碎片整理。
6. 为计算机添加一台打印机。
7. 对计算机的系统盘进行碎片整理。
8. 对计算机的 C:盘和 D:盘进行磁盘清理，清理回收站和旧的压缩文件。

第3章 Internet 基础

Internet 即互联网，也称因特网，是通过路由器将世界不同地区、不同规模的网络相互连接起来的大型网络，是全球计算机的互联网。1969 年，美国高等研究计划局（Advanced Research Projects Agency，ARPA）建立 Arpanet（阿帕网）。其后，Arpanet 不断发展和完善，随着互联网通信协议 TCP/IP 的研制，实现了与多种其他网络及主机互联，形成了网际网，即 Internetwork，简称 Internet。1991 年，美国企业组成了“商用 Internet 协会”。1994 年 5 月中国正式接入 Internet，中国科学院高能物理研究所成为第一个正式接入 Internet 的中国机构，随后建成了中国科学院系统的 Internet 网。

3.1 计算机网络概述

主要学习内容：

- 计算机网络的分类、特点及拓扑结构
- 网络传输介质的种类
- 防火墙、域名和 IP 地址

3.1.1 计算机网络

计算机网络有两种常用的分类方法：①按传输技术进行分类，可分为广播式网络和点到点式网络；②按地理范围进行分类，可分为局域网（Local Area Network，LAN）、城域网（Metropolitan Area Network，MAN）和广域网（Wide Area Network，WAN）。

局域网是指在某个区域内由两台以上计算机互联成的计算机组。它的规模相对较小，通信线路短，覆盖地域的直径一般为几百米至几千米。“某个区域”指的是同一办公室、同一建筑物、同一学校等。局域网可以实现文件管理、应用软件共享、打印机共享等功能。Novell 网就属于局域网。

城域网是指覆盖一个城市范围的计算机网络，可以说是一种大型的局域网。ChinaDDN 网、ChinaNet 网属于城域网。

广域网是指更大范围的网络，覆盖一个国家甚至整个地球，跨地区、跨城市、跨国家的网络都是广域网。因为广域网的覆盖范围广、联网的计算机多，所以信息量非常大，共享的信息资源也很丰富。Internet 属于广域网，而且是全球最大的广域网，它是通过路由器将世界不同地区、不同规模的局域网和城域网相互连接起来的大型网络，是全球计算机的互联网。

广域网、城域网、局域网的关系如图 3-1-1 所示。

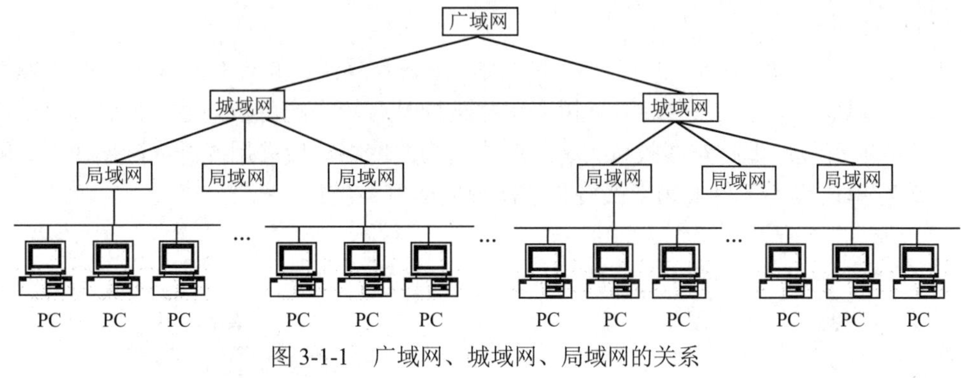

图 3-1-1　广域网、城域网、局域网的关系

3.1.2　网络的拓扑结构

计算机网络的拓扑结构是指网络中的通信线路和节点间的几何排序，并用以表示网络的整体结构外貌，同时反映了各个模块间的结构关系。网络的拓扑结构影响着整个网络的设计、功能、可靠性和通信费用等，是研究计算机网络的主要环节之一。下面介绍以下 5 种常见的拓扑结构。

1. 总线型拓扑结构

因为总线型拓扑结构（图 3-1-2）的多台终端连接至一条总线，涉及信息的碰撞，所以终点需要安装终结器，防止信号反弹导致网络瘫痪，主要用于小型办公区域。总线型拓扑结构的优点是结构简单，易扩展，共享能力强，便于广播式传输；缺点是总线一旦发生故障，将影响整个网络。以太网就是总线型拓扑结构。

2. 星型拓扑结构

星型拓扑结构（图 3-1-3）的多台主机连接至一个网络设备，呈现点的发散状，用于办公区域。其优点是易于故障的诊断、隔离、扩展，稳定性好，易于提高网络的传输速度；缺点是布线费用高，对中央节点要求高，可靠性一般。目前流行的 PBX 就是星型拓扑结构的典型实例。

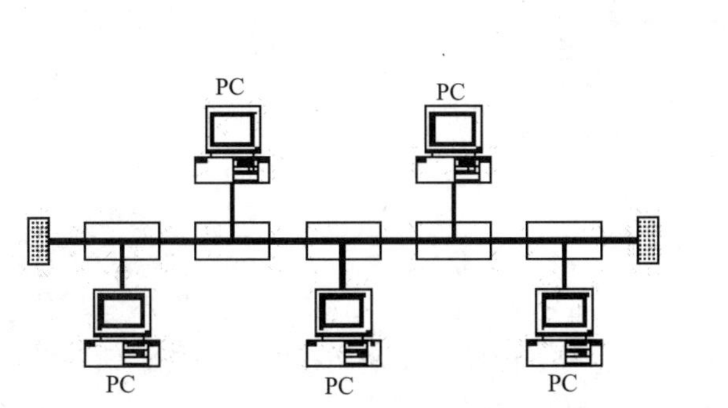

图 3-1-2　总线型拓扑结构

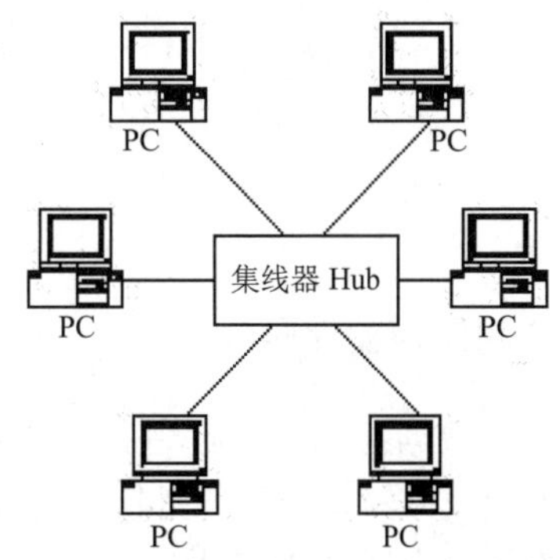

图 3-1-3　星型拓扑结构

3. 环型拓扑结构

在环型拓扑结构（图 3-1-4）中，各节点通过环路接口连在一条首尾相连的闭合环形通信线路中，环路上任何节点均可以请求发送信息。其优点是传输速率高，距离远，简化路径选择；缺点是一个站点的故障会引起整个网络崩溃。计算机局域网就常用环型拓扑结构。

4. 树型拓扑结构

树型拓扑结构（图 3-1-5）的优点是易扩展，故障易隔离；缺点是对根节点的依赖性大，一旦根节点出现故障，全网不能工作。树型拓扑结构具有较强的可折叠性，非常适用于构建网络主干，还能够有效地保护布线投资。这种拓扑结构的网络一般采用光纤为网络主干，用于军事单位、政府单位等上下界限相当严格和层次分明的网络结构。

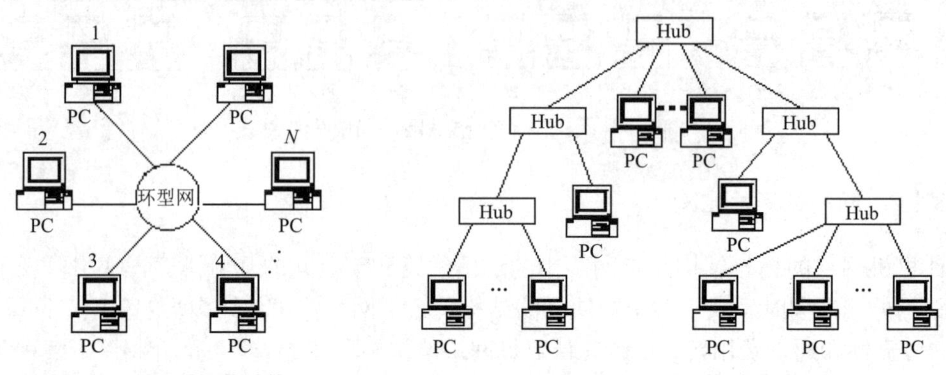

图 3-1-4　环型拓扑结构　　图 3-1-5　树型拓扑结构

5. 网状拓扑结构

网状拓扑结构（图 3-1-6）的各节点通过传输线相互连接起来，任何一个节点都至少与其他两个节点相连。其优点是传输速率高、容错高、可靠性好；缺点是控制和管理复杂，布线工程量大，建设成本高。广域网覆盖面积大，为了可靠性就通常采用网状拓扑结构。

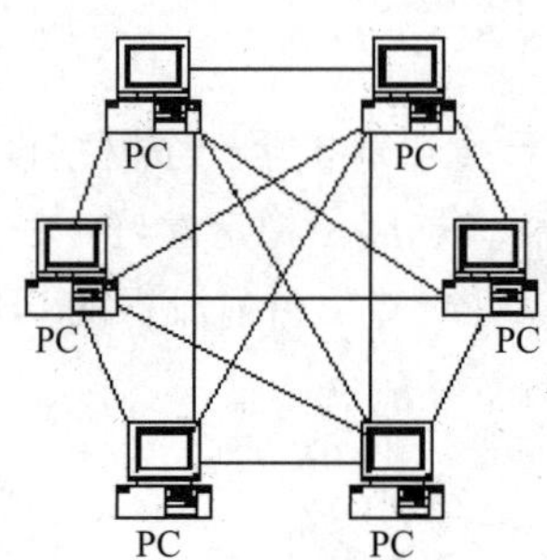

图 3-1-6　网状拓扑结构

3.1.3　网络传输介质

任何一个数据通信系统都包括发送部分、接收部分和通信线路，其传输质量不但与传送的数据信号和收发特性有关，而且与传输介质有关。网络传输介质是指在网络中传输信息的载体，常用的传输介质分为有线传输介质和无线传输介质两大类。

1. 有线传输介质

有线传输介质是指在两个通信设备之间实现的物理连接部分，它能将信号从一方传输到另一方。有线传输介质主要有双绞线、同轴电缆和光纤光缆。双绞线和同轴电缆传输电信号，光纤光缆传输光信号。

双绞线：把两根绝缘铜线拧成有规则的螺旋形，其典型直径为 1mm。这两条铜线拧在一起，就可以减少邻近线对电器的干扰。双绞线既能用于传输模拟信号，也能用于传输数字信号，其带宽取决于铜线的直径和传输距离；但其抗干扰性较差，易受各种电信号的干扰，可靠性差。

同轴电缆：同轴电缆是由一根空心的外圆柱形导体围绕单根内导体构成的。由于它比双绞线的屏蔽性好，因此在更高速度上可以传输得更远。同轴电缆具有更高的带宽、极好的噪声抑制特性、较高的抗干扰能力。1km 的同轴电缆可以达到 1～2Gbit/s 的数据传输速率。

光纤光缆：光纤光缆是由纯石英玻璃制成的。光纤的传输速率可达 100Gbit/s。光缆是发展最迅速的传输介质，电磁绝缘性好，抗干扰能力强于同轴电缆和双绞线，适合在电器干扰严重的环境中应用；无串音干扰，不易被窃听或截取数据，因而安全保密性好。

2. 无线传输介质

无线传输介质是指我们周围的自由空间，是通过大气传输的电磁波。无线传输介质有红外线、微波、卫星和激光。在局域网中，通常只使用无线电波和红外线作为传输介质。无线传输介质通常用于广域互联网的广域链路连接。无线传输的优点在于安装、移动及变更都较容易，不会受到环境的限制；但信号在传输过程中容易受到干扰和被窃取，且初期的安装费用较高。

3.1.4 Internet 提供的服务

Internet作为全球最大的广域网，能提供极丰富的服务，全球用户通过这些服务获取Internet提供的信息和功能。最常用的服务如下。

1. WWW（World Wide Web）服务

WWW（万维网或全球信息网）服务是目前应用最广的一种基本互联网应用，其基础是 Web 页面，使用的是超文本链接（HTML），可以方便地从一个 Web 页转换到另一个 Web 页。用户只要单击 Web 页，即可获得全球范围的多媒体信息服务；可以在世界范围内任意查找、检索、浏览及添加信息；可以访问图像、声音、影像和文本信息；Web 站点间可以相互链接。所以万维网是 Internet 上的多媒体信息查询工具，是 Internet 上发展最快和使用最广的服务。

2. 电子邮件（E-mail）服务

电子邮件服务是目前最常见、应用最广泛的一种互联网服务，它是根据传统的邮政服务模型建立起来的。通过电子邮件，用户可以与 Internet 上的任何人交换信息，发件人和收件人均必须有电子邮件账号。电子邮件与传统邮件比，有传输速度快、内容和形式多样、使用方便、费用低、安全性好等特点。具体表现在：发送速度快，不受地域限制，文字、图形、动画或程序等信息多样化，收发方便，成本低廉。

3. 文件传输（FTP）服务

Internet 的入网用户可以利用“文件传输（FTP）服务”进行计算机之间的文件传输，使用 FTP 几乎可以传送任何类型的多媒体文件，如图像、声音、数据压缩文件等。FTP 服务是由 TCP/IP 的文件传输协议支持的，是一种实时的联机服务。

4. 远程登录（Telnet）服务

远程登录服务用于在网络环境下实现资源的共享。利用远程登录，用户可以把一台终端变成另一台主机的远程终端，从而使该主机允许外部用户使用任何资源。它采用 Telnet 协议，可以使多台计算机共同完成一个较大的任务。Telnet 是进行远程登录的标准协议和主要方式，它为用户提供了在本地计算机上完成远程主机工作的能力。通过使用 Telnet，Internet 用户可以与全世界许多信息中心图书馆及其他信息资源联系。

5. 新闻组（Usenet）服务

新闻组就是一个基于网络的计算机组合，这些计算机被称为新闻服务器，不同的用户通过一些软件可连接到新闻服务器上，阅读其他人的消息并可以参与讨论。新闻组是一个完全交互式的超级电子论坛，是任何一个网络用户都能进行交流的工具。

3.1.5 防火墙

防火墙指的是一个由软件和硬件设备组合而成、在内部网和外部网之间、专用网与公共网之间的界面上构造的保护屏障，使 Internet 与 Intranet 之间建立起一个安全网关（security gateway），从而保护内部网免受非法用户的侵入。防火墙主要由服务访问规则、验证工具、包过滤和应用网关 4 个部分组成，计算机流入、流出的所有网络通信和数据包均要经过此防火墙。防火墙已经历了 4 个发展阶段：基于路由器的防火墙、用户化的防火墙工具套、建立在通用操作系统上的防火墙、具有安全操作系统的防火墙。常见的防火墙都属于具有安全操作系统的防火墙，例如 NetEye、NetScreen、TalentIT 等。

Windows 10 系统自带的防火墙启动方法：依次选择“控制面板”→“系统和安全”→“Windows Defender 防火墙”命令。Windows 10 自带防火墙有以下功能和作用：

（1）可以让用户根据不同使用环境自定义安全规则，Windows 10 自带的防火墙可以针对不同的网络环境轻松进行不同的自定义设置。

（2）支持详细的软件个性化设置，用户可以单独允许某个程序通过防火墙进行通信。

（3）支持还原默认设置。

3.1.6 网站域名

网站域名是企业、单位在 Internet 上给人的第一印象，用户看到域名就会联想到某个企业、某个品牌、某个产品，而且它具有全球唯一性，是企业开展电子商务必不可少的要素。

1. IP 地址

IP 地址和域名

Internet 上的每台计算机都必须指定一个唯一的地址，称为 IP 地址。这个地址在全世界是唯一的。TCP/IP 协议规定，IP 地址用二进制表示，每个 IP 地址长 32bit。读 IP 地址时，将 32 位分为 4 个字节，每个字节转换成十进制，字节间用“.”来分隔，每个字节内的数值范围可从 0～255，如 206.197.65.199。

为了方便用户使用，将每个 IP 地址映射为一个名字（字符串），称为域名。所以 IP 地址和域名是一一对应的。

Internet 中的 IP 地址不能任意使用，需要使用时，必须向管理本地区的互联网信息中心申请，如中国互联网络信息中心的网址是 http://www.cnnic.cn/。

局域网中的计算机可以使用内部统一分配的 IP 地址，但这个内部 IP 地址只能在局域网内部使用，不可以直接接入 Internet。

2. 域名的基本概念

域名是由一串用点分隔的名字组成的 Internet 上某台计算机或计算机组的名称，用于在数据传输时标识计算机的电子方位，如 www.gdfs.edu.cn。Internet 采用一种唯一、通用的地址格式，为 Internet 中的每个网络和每台主机都分配了一个地址。Internet 中的地址类型有 IP 地址和域名地址两种。

域名系统与 IP 地址的结构相同，采用层次结构，域名的格式为“主机名.机构名.网络名.顶级域名”。域名是以若干个英文字母或数字组成的，由“.”分隔成几部分，如 www.gdfs.edu.cn。

顶级域名分为 3 类：一是国家和地区顶级域名，如 cn 代表中国，jp 代表日本等；二是通用顶级域名，如 ac 表示科研机构，com 表示商业机构，edu 表示教育机构，gov 表示政府机构等；三是新顶级域名，如通用的.xyz，代表“高端”的.top，代表“红色”的.red 等。

3．域名和 IP 地址的关系

在 Internet 上，一个域名对应一个 IP 地址，一个 IP 地址可以对应多个域名。域名虽然便于人们记忆，但机器之间只能互相认识 IP 地址，它们之间的转换工作称为域名解析，域名解析需要由专门的域名解析服务器来完成，整个过程是自动进行的，DNS 就是进行域名解析的域名服务器。DNS 中存放的是 Internet 主机域名与 IP 地址的对照表。

通常上网时，输入一个域名，计算机首先向 DNS 服务器搜索相应的 IP 地址，服务器找到后，会把 IP 地址返回给用户的浏览器，此时浏览器根据这个 IP 地址发出浏览请求，完成域名寻址的过程。操作系统会把用户常用的域名 IP 地址保存起来，当用户浏览经常光顾的网站时，就可以直接从系统的 DNS 缓存里提取对应的 IP 地址，加快连线网站的速度。

3.2 接入 Internet

主要学习内容：

- 拨号入网、局域网入网和无线上网
- 防火墙、域名和 IP 地址

要使用 Internet 上的资源，用户的计算机就必须与 Internet 连接，即与已经连接在 Internet 上的某台主机或网络连接。

目前接入 Internet 主要有：拨号入网、局域网入网、无线上网等方式。

3.2.1 拨号入网

一般所说的拨号入网是指通过公用电话系统与 Internet 服务器连接。

拨号入网必需的硬件设备如下：

（1）计算机（含网卡）。

（2）调制解调器（modem）：实现计算机的数字信号和电话线的模拟信号之间的相互转换，它分为内置式和外置式。

（3）电话线。

（4）网线。

拨号入网的过程是先向电信公司或其他 Internet 服务提供商（Internet Service Provider，ISP）申请账号（如电信的 ADSL）和密码，并准备好硬件设备。接入过程：用户计算机→调制解调器→电话网→ISP→Internet。目前来说，以 ADSL 方式拨号连接对于个人用户和小单位来说是最经济、最简单，也是采用最多的一种接入方式。

ISP 是为客户提供连接 Internet 服务的组织，如中国电信。

Internet 信息提供商（Internet Content Provider，ICP）与 ISP 不同，其不为客户提供连接 Internet 的服务，而仅提供网上信息服务。

3.2.2 局域网入网

一、操作要求

学校、企业和一些生活小区一般使用局域网。在局域网中，只要有一台计算机连上 Internet，其他计算机就可以通过这台计算机连上 Internet。下面以校园网为例，为一台计算机配置 IP 地址，使其能进入 Internet 浏览网页。

二、操作过程

（1）根据校园网络中心 IP 地址分配，向管理员获取 IP 地址、子网掩码、网关和 DNS 服务器。

（2）在 Windows 10 桌面上右击“网络”图标，系统打开快捷菜单，选择“属性”命令，打开“网络和共享中心”对话框，单击“更改适配器设置”，双击“本地连接”图标，打开“本地连接 属性”对话框，在“网络”选项卡中勾选“Internet 协议版本 4（TCP/IPv4）”复选框，如图 3-2-1 所示。

（3）单击“本地连接 属性”对话框中的“属性”按钮，打开“Internet 协议版本 4（TCP/IPv4）属性”对话框，如图 3-2-2 所示，选择“使用下面的 IP 地址”单选按钮，并按图示输入 IP 地址、子网掩码、默认网关和 DNS 服务器 IP 地址，依次单击“确定”“关闭”等按钮关闭各对话框。

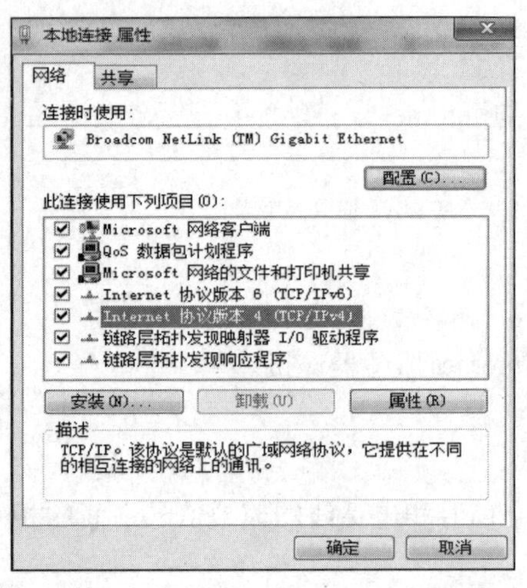

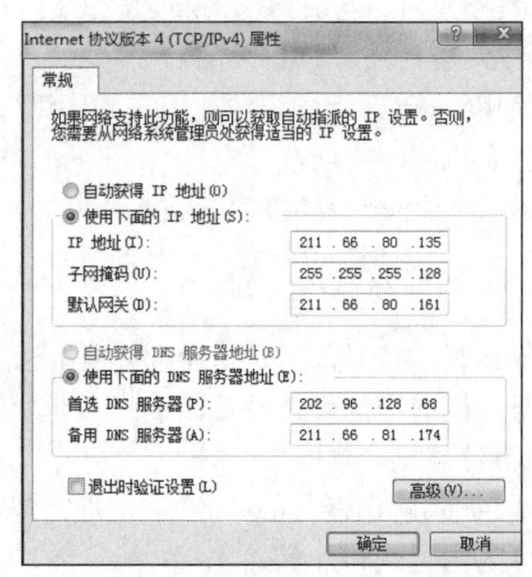

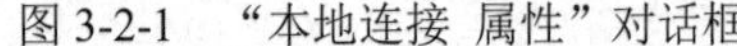

图 3-2-1 “本地连接 属性”对话框　　图 3-2-2 “Internet 协议版本 4（TCP/IP）属性”对话框

三、知识技能要点

（1）网络接口卡（又称网卡）是构成网络必需的基本设备，用于连接计算机与通信电缆，以便经电缆在计算机之间传输高速数据。每台连接到局域网的计算机（工作站或服务器）都需要安装一块网卡。

（2）通过局域网接入 Internet，如果局域网的 IP 地址管理采用动态分配方式，则应在

“Internet 协议版本 4（TCP/IP）属性”对话框中选择“自动获取 IP 地址”单选按钮，而不必配置 IP 地址、子网掩码、默认网关和 DNS 服务器 IP 地址。设置自动获取 IP 地址后，计算机启动后将自动获取 IP 地址，无需配置即可进入 Internet 浏览网页。

（3）TCP/IP 协议。传输控制协议/网际协议（Transmission Control Protocol/ Internet Protocol，TCP/IP）是 Internet 中广泛使用的最基础和最核心的通信协议，是分布在世界各地的各类网络和计算机连接在一起而共同支持的协议。这种协议使得不同的计算机系统可以在 Internet 上相互传送信息。目前大部分具有网络功能的计算机系统都支持 TCP/IP 协议。

（4）通过局域网入网的过程。接入的过程：用户计算机所在的局域网→路由器→数据通信网→ISP→Internet。

3.2.3 无线上网

Wi-Fi 即无线上网，又称“行动热点”，是通过无线电波来连网，是 Wi-Fi 联盟制造商的商标，作为产品的品牌认证，是一个基于 IEEE 802.11 标准的无线局域网技术。无线上网通常借助无线路由器，在无线路由器的电波覆盖的有效范围都可以采用 Wi-Fi 连接方式进行联网。

一、制作要求

将系统为 Windows 10 的计算机以无线方式接入 Internet。

二、操作过程

台式机一般需要安装无线网卡（内置或外置），安装网卡附带的驱动程序，或从网络下载驱动程序安装。

笔记本电脑一般都内置无线网卡，安装了网卡驱动。设置笔记本电脑无线上网一般需要以下两步。

1. 打开无线开关

没打开无线开关时，笔记本右下角图标显示。

有的品牌的笔记本的无线开关是硬件开关，在键盘的侧面或者下面，开关上有无线标识；有的品牌的笔记本的无线开关是软开关，功能键是 Fn+（F1～F10）中的一个，该功能键上有无线标识。打开无线开关后，笔记本右下角图标显示。

2. 选择网络登录

单击笔记本右下角的无线图标，显示可以搜索到的无线网络，如图 3-2-3 所示。

单需要登录的无线网络，输入秘钥。登录无线网络后，笔记本右下角图标显示。

单击笔记本右下角的无线图标，显示已连接到某个无线网络以及系统检测到的无线网络，如图 3-2-4 所示。

3. 移动网络

移动网络（mobile web）是指使用移动设备（如手机、平板电脑或其他便携式工具）连接到公共网络，实现互联网访问的方式。移动网络不需要固定的设备进行访问。移动网络主要指的是基于浏览器的 Web 服务，如万维网、WAP 等。

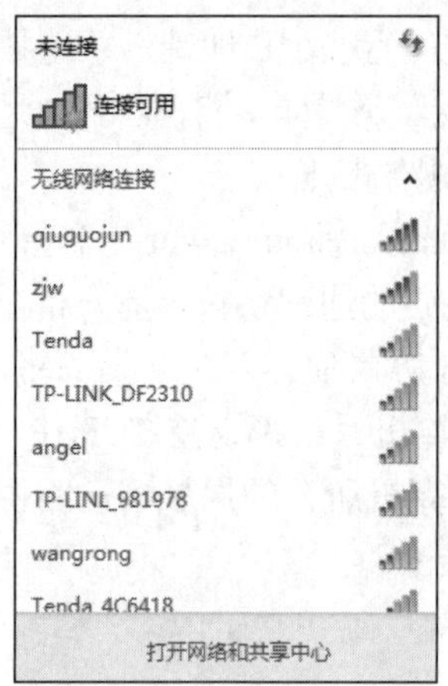

图 3-2-3　搜索到的无线网络

图 3-2-4　连接到某个无线网络

三、知识技能要点

1. 无线网卡

无线网卡的作用、功能与普通电脑网卡相同，是用来连接到局域网的。它只是一个信号收发设备，只有在找到上互联网的出口时才能实现与互联网的连接，所有无线网卡只能局限在已布有无线局域网的范围内。无线网卡是采用无线信号进行连接的网卡，不需要网线。无线网卡相当于有线的调制解调器，也就是俗称的“猫”。在拥有无线信号覆盖的地方，计算机可以利用无线网卡连接到互联网。

2. 标准类型

为了解决各种无线网络设备互连的问题，美国电气和电子工程师协会（Institute of Electrical and Electronics Engineers，IEEE）推出了 IEEE 802.11 无线协议标准。目前 IEEE 802.11 主要有 IEEE 802.11b、IEEE 802.11a、IEEE 802.11g 三个标准。

3.3　浏览器的使用

主要学习内容：

- Google 浏览器和 360 浏览器简介
- Microsoft Edge 浏览器的使用及设置
- 下载软件和图片

网页浏览器（web browser），简称浏览器，是一种用于检索并展示万维网信息资源的应用程序。这些信息资源可为网页、图片、影音或其他内容，由统一资源标志符标志。使用浏览器可浏览、搜索、下载 Internet 上的丰富资源。常用的浏览器有搜狗浏览器、Google 浏览器、360 浏览器、IE 浏览器、Microsoft Edge 浏览器等。

Internet Explorer（IE）是 Windows 操作系统内置的网页浏览器，不同的 Windows 操作系统，其内置的 IE 版本不同。Windows 10 操作系统内置的浏览器名为 Microsoft Edge。Microsoft Edge 浏览器使用一个 e 字符图标，这与 Microsoft IE 浏览器自 1996 年以来一直使用的图标有点类似。Microsoft Edge 浏览器的主要功能包括：支持内置 Cortana（微软小娜）语音功能；内置了阅读器、笔记和分享功能；设计注重实用和极简主义，等等。Microsoft Edge 浏览器区别于 IE 浏览器的主要功能为 Microsoft Edge 浏览器支持现代浏览器功能，比如扩展。

一、操作要求

（1）启动 Microsoft Edge，打开“太平洋电脑网”主页，浏览主页内容，以“太平洋电脑网”为名将该主页添加到收藏夹。

（2）浏览“下载中心”链接网页，将该网页固定到任务栏上。

（3）将 Microsoft Edge 下载路径更改为“C:\下载”文件夹。

（4）利用“下载中心”网页提供的搜索引擎搜索“caj 阅读器”软件，选择其中一个链接打开，选择“软件简介”页面中的前两段文字并以文本文档保存到“C:\下载”目录下，文件名为“caj 阅读器软件简介.txt”；下载“caj 阅读器安装包”至“C:\下载”目录下；从当前网页中任选一张图片下载，并以文件名“pic.jpg”保存到“C:\下载”文件夹中。

（5）查看近期浏览过的网页。

（6）将 Microsoft Edge 的主页设置为 https://www.hao123.com.

（7）将 Microsoft Edge 中的当前页面在 Internet Explorer 中打开。

二、操作过程

（1）双击桌面上的 Microsoft Edge 图标，启动浏览器，并打开百度主界面，如图 3-3-1 所示。

图 3-3-1　百度主界面

单击“地址”框，输入太平洋电脑网的网址 http://www.pconline.com.cn，按 Enter 键进入“太平洋电脑网”首页，如图 3-3-2 所示。

图 3-3-2　“太平洋电脑网”首页

在太平洋电脑网页面中单击地址栏右侧的星形按钮☆（“添加到收藏夹或阅读列表”按钮），打开“收藏夹”对话框，将“名称”框中的名称改为“太平洋电脑网_专业IT门户网站”，如图3-3-3所示，单击“添加”按钮，关闭“收藏夹”对话框。此时网页保存到了收藏夹栏中。单击“收藏夹”按钮，显示收藏夹列表，可以看到“太平洋电脑网_专业IT门户网站”，以后再访问此网站时，可以直接单击该列表中对应的名字即可。

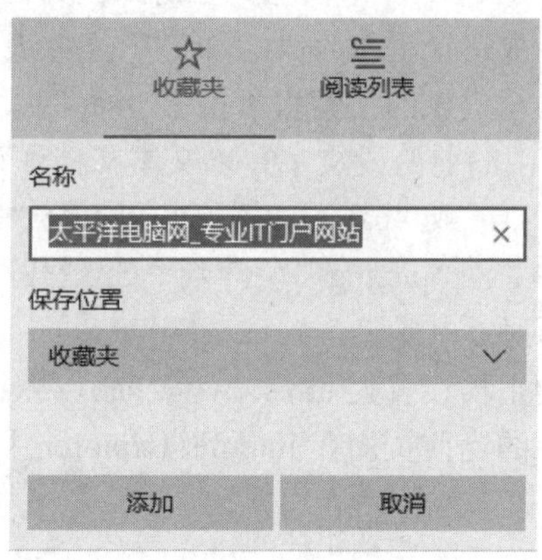

图3-3-3　修改名称

（2）浏览太平洋电脑网页面内容，然后单击网页导航栏中的“下载中心”超链接，打开“下载中心”栏目页面，如图3-3-4所示。单击地址栏最右侧的“设置及其他”按钮…或按Alt+X组合键，打开菜单列表，如图3-3-5所示，选择“将此页面固定到任务栏”命令，即将当前页面的图标显示在任务栏上。

图3-3-4　“下载中心”栏目页面

（3）设置“下载”路径。单击地址栏最右侧的“设置及其他”按钮或按Alt+X组合键，打开菜单列表，如图3-3-5所示，选择“设置”命令，显示设置的“常规”窗格，如图3-3-6所示。在“下载”栏单击“更改”按钮，弹出“选择文件夹”对话框，如图3-3-7所示，选择“下载”文件夹，单击“选择文件夹”按钮，即完成下载文件夹的更改。再单击… 按钮关闭设置的“常规”窗格。

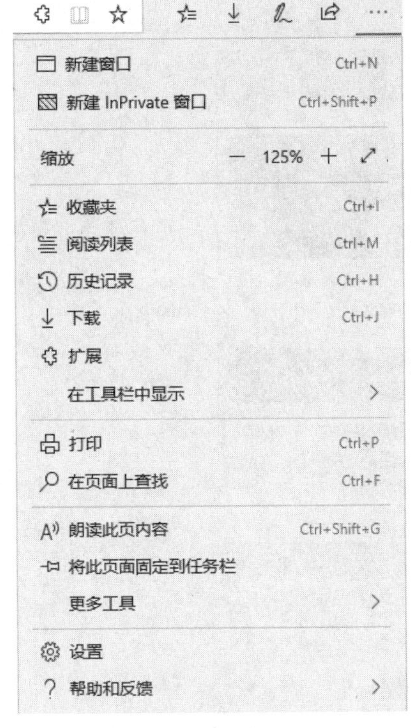

图 3-3-5　菜单列表

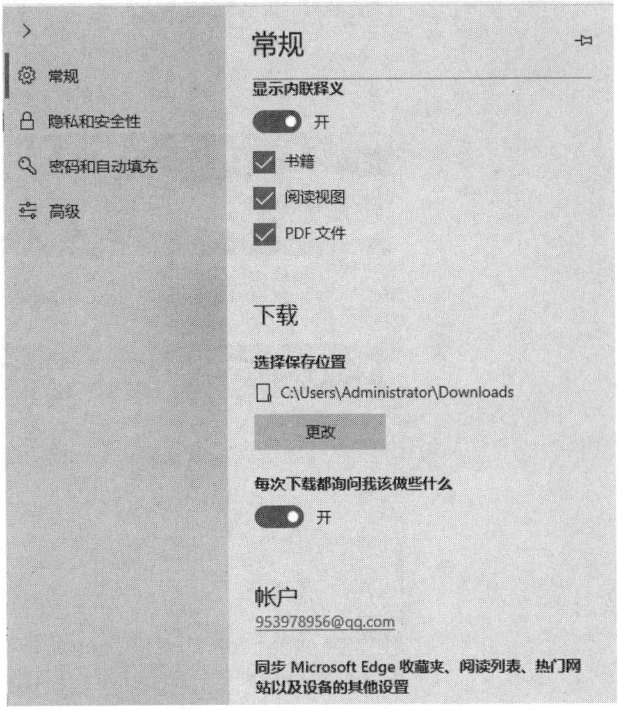

图 3-3-6　“常规”窗格

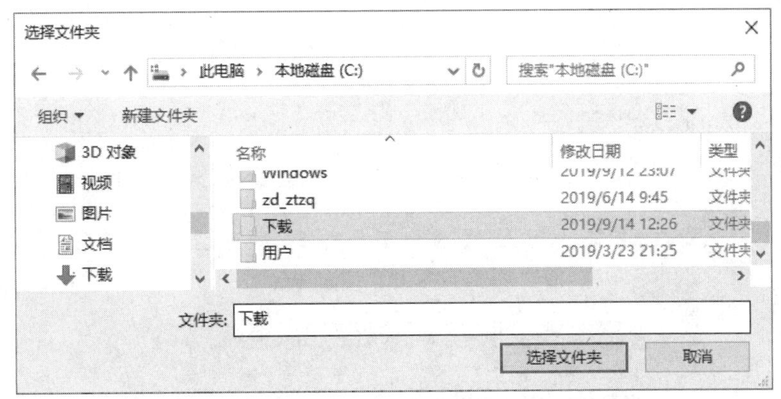

图 3-3-7　“选择文件夹”窗口

（4）浏览“下载中心”栏目页面，在搜索引擎输入框中输入“caj 阅读器”，如图 3-3-8 所示。单击“搜索”按钮，在新页面中显示搜索结果，如图 3-3-9 所示。搜索结果有多个，可单击其中某个结果，这里单击结果中的第一个，进入相关页面，如图 3-3-10 所示。

在页面的“软件简介”区，按住鼠标左键并拖动，选择第一段和第二段文字内容，按 Ctrl+C 组合键执行复制命令；按 Windows +E 组合键打开“文件资源管理器”，定位到“C:\下载”文件夹中。在“主页”选项卡“新建”组，单击“新建项目”按钮，在弹出的菜单中选择“文本文档”命令，即在当前文件夹中建立一个“新建文本文档.txt”文件，此时文件的名字处呈现蓝色可编辑状态，更改文件名为“caj 阅读器软件简介.txt”；双击打开该文本文档，按 Ctrl+V 组合键粘贴文字，在文本文件窗口选择“文件”→“保存”命令保存文件，如图 3-3-11 所示。

图 3-3-8　输入“caj 阅读器”

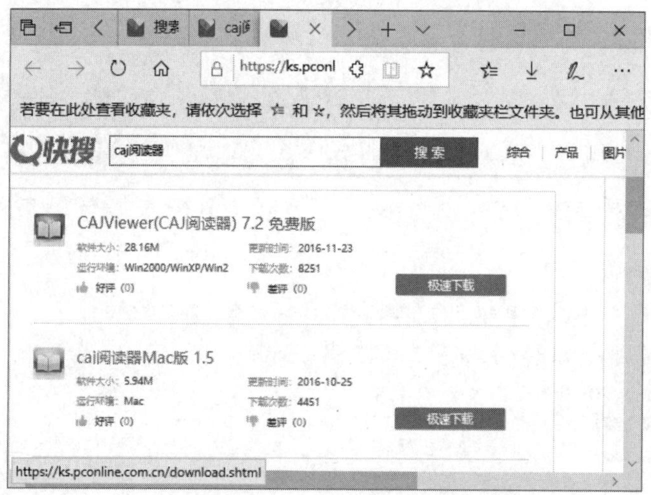

图 3-3-9　显示搜索结果

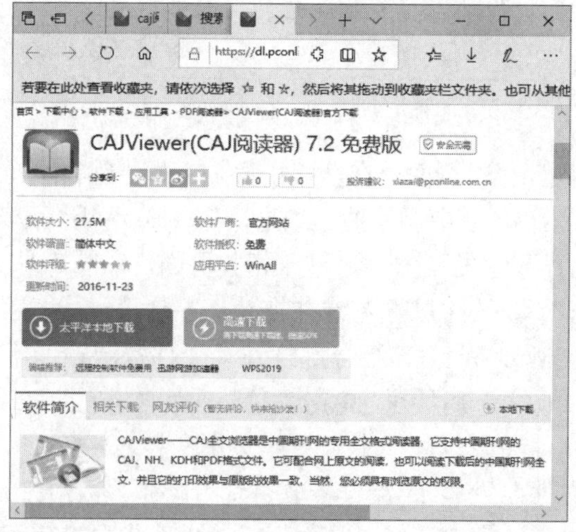

图 3-3-10　“CAJViewer（CAJ 阅读器）7.2 免费版”下载页面 1

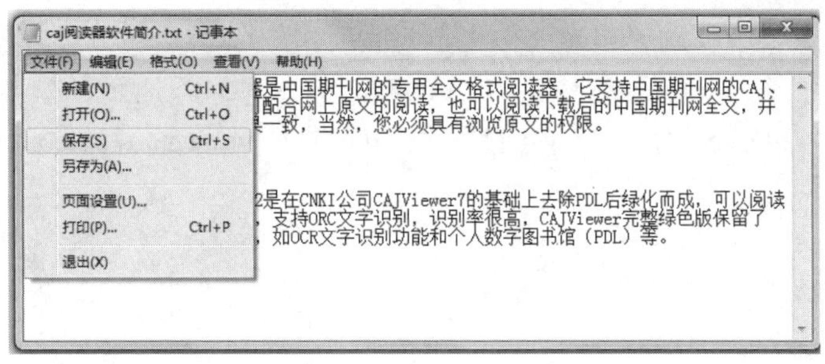

图 3-3-11　文本文件窗口

下载软件。单击“太平洋本地下载”按钮，进入下载页面，单击“普通下载地址”列表中的“广东电信下载”链接，系统弹出图 3-3-12 所示的对话框，单击“保存”按钮，开始下载文件并下载到 Microsoft Edge 默认的下载文件夹中。下载完成后，显示“已完成下载”对话框，如图 3-3-13 所示。

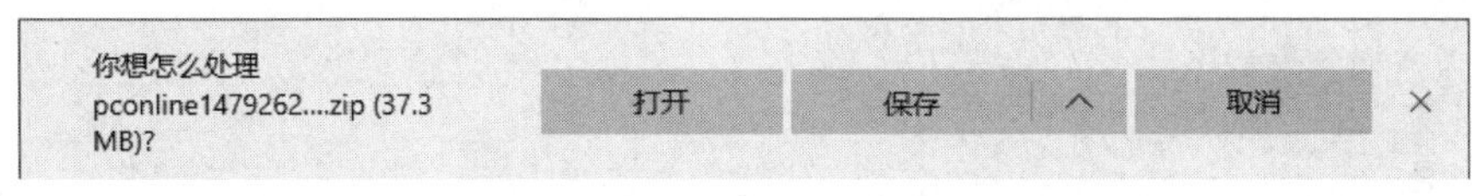

图 3-3-12　下载提示对话框

图 3-3-13　“已完成下载”对话框

下载图片。在页面中的某张图片上右击，在弹出的快捷菜单中选择“将图片另存...”命令，打开“另存为”对话框，找到“C:\下载”文件夹，在“文件名”输入框中输入“pic”，“保存类型”选择“JPEG”，如图 3-3-14 所示，单击“保存”按钮。

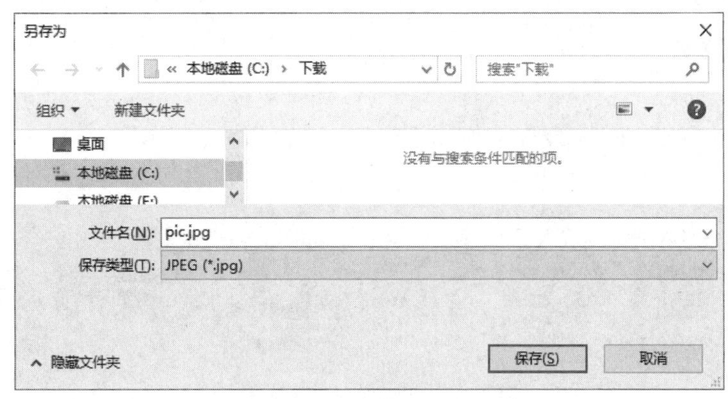

图 3-3-14　“另存为”对话框

（5）查看历史记录。单击“设置及其他”按钮，在打开的列表中选择“历史记录”命令，或按 Ctrl+H 组合键，打开“历史记录”窗格，如图 3-3-15 所示，单击相应的日期链接即可查看当前日期的历史记录网页。单击其中的网页，可在浏览器中打开相应的网页。

（6）在浏览器窗口单击“设置及其他”按钮，在打开的列表中选择“设置”命令，弹出

“常规”窗格，在窗格中找到“自定义”栏，设置“Microsoft Edge 打开方式”为“特定页”，在其下面的文本框中输入 https://www.hao123.com/，如图 3-3-16 所示，单击“保存”按钮。下次重新打开 Microsoft Edge 时，可以看到其首先加载的是 www.hao123.com 网页的内容。

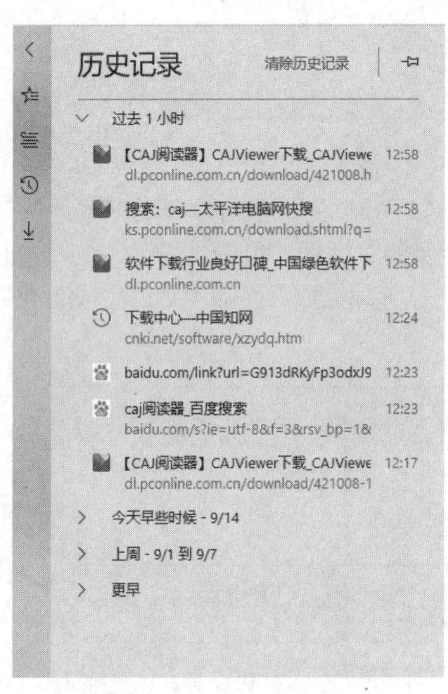

图 3-3-15 “历史记录”窗格

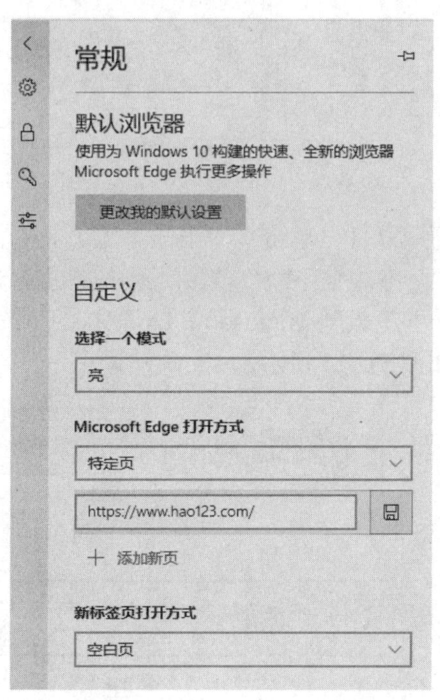

图 3-3-16 “常规”窗格

（7）在 Microsoft Edge 当前窗口中，单击“设置及其他”按钮 ⋯，在打开的列表中选择“更多工具”→“使用 Internet Explorer 打开”命令，即启动 Internet Explorer，并显示 Microsoft Edge 当前窗口中的页面。

三、知识技能要点

1. 浏览器

常见浏览器名称及图标如图 3-3-17 所示。

图 3-3-17 常见浏览器及图标

Google Chrome 是一款由 Google 公司开发的网页浏览器，目标是提升稳定性、速度和安全性，并创造出简单且有效率的使用者界面。它的特点是简洁、快速；支持多标签浏览，每个标签页面都独立运行，在提高安全性的同时，一个标签页面的崩溃不会导致其他标签页面被关闭。

360 安全浏览器是 360 安全中心推出的一款基于 IE 和 Chrome 双内核的浏览器，是世界之窗开发者——凤凰工作室与 360 安全中心合作的产品。与 360 安全卫士、360 杀毒等软件等产品一同成为360安全中心的系列产品。360安全浏览器拥有全国最大的恶意网址库，采用恶意网址拦截技术，可自动拦截挂马、欺诈、网银仿冒等恶意网址。

2. WWW 服务

WWW 的原义是“遍布世界的网络”，被译为环球网、万维网或 Web 网，还有人简称它为3W。WWW 是指在 Internet 上以超文本为基础形式的信息网。它为用户提供了一个可以轻松驾驭的图形化界面，用户通过它可以查阅 Internet 上的信息资源，所以它是 Internet 上的多媒体信息查询工具，是 Internet 上发展最快和使用最广的服务。

3. Web 页

在 WWW 中，信息是以 Web 页的方式组织的，Web 页也称网页或 Web 页面。每个 Web 网站都通过 Web 服务器提供一系列精心设计制作的 Web 页，以 HTTP 协议为基础。在这些 Web 页中有一个起始页，称为主页（home page）。

Web 页是采用超文本链接标示语言（HyperText Markup Language，HTML）制作的，其内容除了普通文本、图形、声音等外，还包含某些链接，而这些链接又可以指向另外一些 Web 页。

4. URL 地址

WWW 的信息分布在各个 Web 站点，要找到所需信息就必须有一种确定信息资源位置的方法。统一资源定位系统（Uniform Resource Locator，URL）就是用来确定各种信息资源位置的。

一个完整的 URL 包括访问方式（通信协议）、主机名、路径名和文件名。如 http://www.gdfs.edu.cn/xygk/xyjj.htm，其中“http://”是超文本传输协议的英文缩写；“://”表示其后跟着的是 Internet 上站点的域名；接下来是文件的路径名及文件名。示例中的文件扩展名为.htm（或.html），表明这是由 HTML 语言编写的 Web 页文档。URL 不限于描述 Web 资源地址，也可以描述其他服务器的地址，如 FTP、Telnet 等，还可以表示本机资源。

5. 下载文件

可以使用下载软件工具下载网上文件，如网际快车、搜狗、迅雷等，以加快文件下载速度。

6. 搜索技巧

不同的搜索引擎提供的查询方法不完全相同，可以到各个网站中查询，但它们都有一些通用的查询方法。

（1）使用双引号（“”）。在要查询的关键词上加上双引号（半角，以下要加的其他符号同此），可以实现精确查询。这种方法要求查询结果要精确匹配，不包括演变形式。

（2）使用加号（+）。在关键词前面使用加号，表示该单词必须出现在搜索结果中的网页上。例如，输入“+计算机+硬件”，表示要查找的内容必须同时包含“计算机”和“硬件”这两个关键词。

（3）使用减号（-）。在关键词的前面使用减号，表示在查询结果中不能出现该关键词。例如，输入“大学-清华大学”，表示查询结果中不包含“清华大学”。

（4）使用通配符（*和?）。通配符包括星号（*）和问号（?）。“*”可表示零个或多个字符，而一个“?”只表示一个字符。例如，输入 computer*，就可以找到 computer、computers、computerized 等单词；而输入 comp?ter，只能找到 computer、compater 等。

（5）使用逻辑关系检索。这种查询方法允许输入多个关键词，各关键词之间的关系可以用逻辑关键词来表示。

- and 称为逻辑“与”，用 and 连接，表示其所连接的两个词必须同时出现在查询结果中。

例如，输入 computer and book，表示查询结果中必须同时包含 computer 和 book。

- or 称为逻辑“或”，表示所连接的两个关键词可以单独或共同出现在查询结果中。例如输入 computer or book，表示查询结果中可以只有 computer 或只有 book，或同时包含 computer 和 book。
- not 称为逻辑“非”，表示所连接的两个关键词中应从第一个关键词概念中排除第二个关键词。例如输入 automobile not car，表示查询结果中包含 automobile，但同时不能包含 car。

另外，可以综合运用各种逻辑关系，灵活搭配，以便进行更加复杂的查询。

7. CAJ 全文浏览器

CAJ 全文浏览器是中国期刊网的专用全文格式阅读器。它支持中国期刊网的 CAJ、NH、KDH 和 PDF 格式文件；可以在线阅读中国期刊网的原文，也可以阅读下载到本地硬盘的中国期刊网全文；并且它的打印效果与原版的效果一致。CAJ 全文浏览器已成为人们查阅学术文献不可或缺的阅读工具。

3.4　电子邮件

主要学习内容：

- 申请免费邮箱
- 设置 Outlook 的账户
- 撰写、接收、阅读和发送邮件

电子邮件是 Internet 提供的一个非常重要的服务。与传统邮件相比，电子邮件更方便、更迅速，而且节省邮费，已成为人们通信和传送数据的重要途径，是日常工作、生活中不可或缺的一项内容。

电子邮件的工作原理是利用 SMTP 协议将信息发送到网络上，然后通过邮件网关把电子邮件从一个网络传送到另一个网络。当电子邮件被送到指定的网络后，再由邮件代理把电子邮件发送到接收者的邮箱中，接收者使用 POP3 协议从网络上收取自己的信件。

每个电子邮箱都有一个全世界唯一的地址，称为 E-mail 地址，如 wei_liu@sina.com。E-mail 地址由以下 3 部分组成：

（1）用户名。用户名是用户在服务器上的信箱名，一般情况下由用户自己确定，可以与真实的人名有一定联系。

（2）分隔符“@”。分隔符该符号将用户名与域名分开，读做“at”（很多人习惯称之为蜗牛）。

（3）域名（邮件服务器名）。域名是邮件服务器的 Internet 地址，实际上是这台计算机为用户提供了电子邮件信箱。

3.4.1　申请电子邮箱

一、操作要求

要想通过 Internet 收发邮件，必须先到相关网站上申请一个属于自己的邮箱，只有这样才能将电子邮件准确送达每个 Internet 用户。下面介绍在“126 网易免费邮”网站上申请电子邮箱的过程。

二、操作过程

（1）启动 Microsoft Edge，输入网址 www.126.com，打开“126 网易免费邮”主页，如图 3-4-1 所示。

图 3-4-1　“126 网易免费邮”主页

（2）单击“注册新账号”按钮，开始输入注册信息，如图 3-4-2 所示，选择“注册字母邮箱”项，根据需要输入邮件地址、密码、确认密码、验证码、手机号码，前带*项为必填项。勾选“同意《网易邮箱账号服务条款》和《网易隐私政策》”复选框。

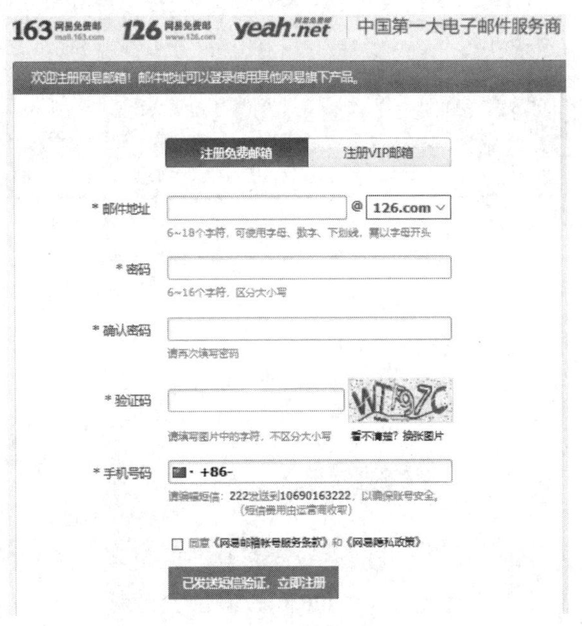

图 3-4-2　“注册免费邮箱”页面

（3）单击“已发送短信验证，立即注册”按钮，则拥有了一个邮箱地址为“注册名

@126.com”的电子邮箱。

三、知识技能要点

1. 用户名的命名规则

依据不同的网站，命名时注意规则提示，但一般用户名只能由英文字母 a～z（不区分大小写）、数字 0～9、下划线组成，起始字符一般是英文字母，长度为 5～20 个字符。

2. 密码

设置密码时要注重安全性，密码长度应不少于 8 个字符，最好是英文字母与数字混合。

3. 邮箱种类

申请的邮箱一般有两种：一种是免费邮箱，另一种是收费邮箱。使用免费邮箱不需要向商家支付任何费用，当然容量、服务与收费邮箱相比差一些。

3.4.2 使用 WWW 的形式收发电子邮件

一、操作要求

利用申请到的邮箱，向同学和老师发送一封关于电子邮箱学习体会的邮件。打开“126 网易免费邮”主页，通过用户名和密码登录邮箱，打开收件箱，阅读新收到的邮件。撰写一封带附件的邮件，发送到一个指定的邮箱。

二、操作过程

（1）启动 IE，输入网址 mail.126.com，打开“126 网易免费邮”主页，输入注册的邮箱账号和密码，单击“登录”按钮，打开“126 网易免费邮”首页，如图 3-4-3 所示。

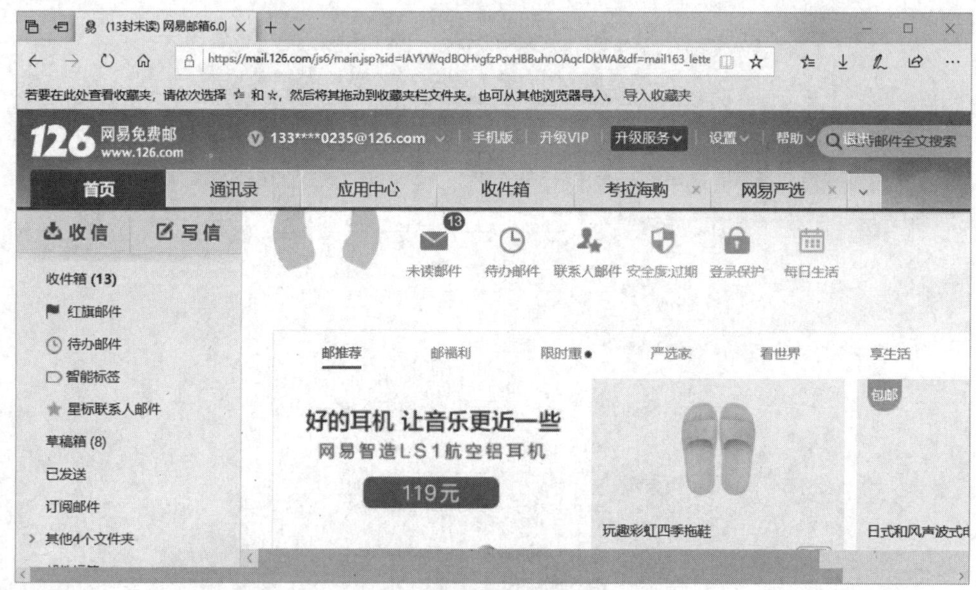

图 3-4-3 “126 网易免费邮”首页

（2）在左侧窗格中单击“收件箱”项，打开收件箱，其中显示每封来信的状态（是否已阅读）、发件人、主题、接收的日期、文件的大小、是否有附件等，如图 3-4-4 所示。

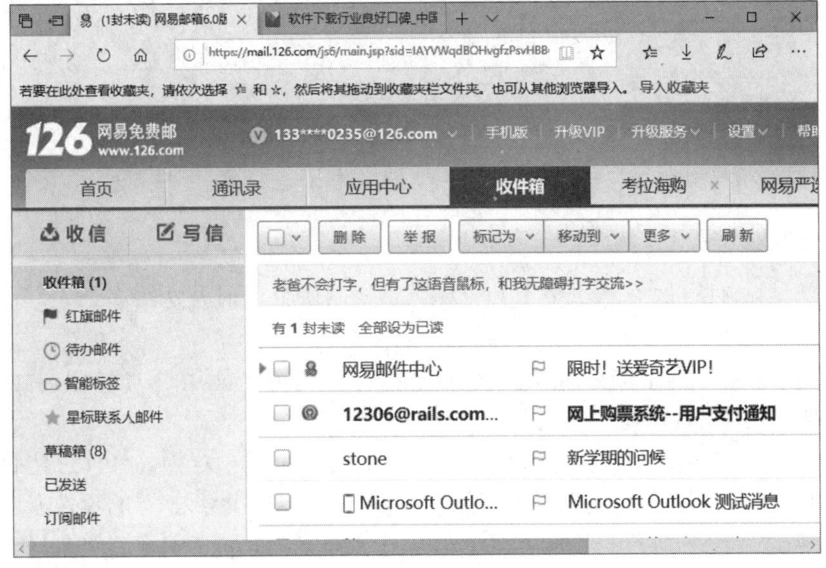

图 3-4-4 收件箱

（3）当前邮箱中只有两封邮件，是注册时系统发给用户的。单击邮件的标题，可以查看其具体内容。

（4）撰写并发送邮件。

1）单击左侧窗格上方的“写信”按钮，打开写邮件页面。在“收件人”框中填写自己的邮箱地址，输入主题、邮件的内容，如图 3-4-5 所示。

2）单击“添加附件”按钮，打开“打开”对话框，找到相关文件后，双击选择文件，文件附件添加成功并显示在“添加附件”按钮下方，如图 3-4-6 所示。

3）单击页面上部的“发送”按钮，即可将邮件发送出去。

4）打开“收件箱”，可以看见给自己发送的邮件已收到。

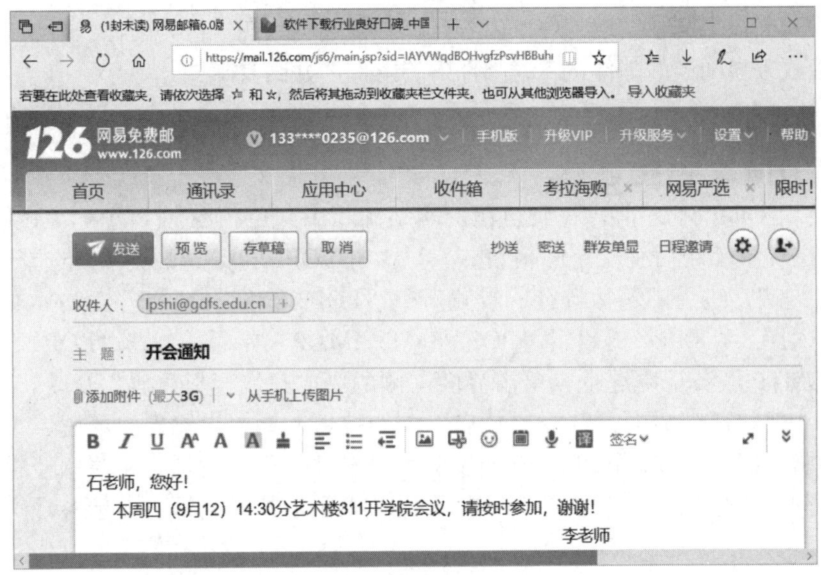

图 3-4-5 写邮件

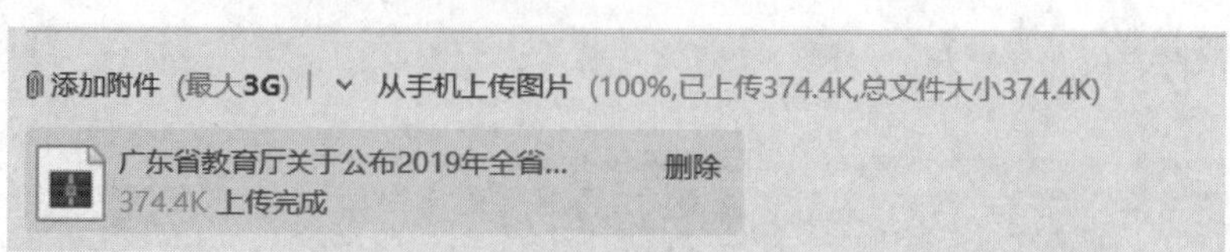

图 3-4-6　添加附件

三、知识技能要点

（1）将一封邮件同时发送给多个人。如需将一封邮件同时发送给多个人，可以使用下面两种办法之一：

1）在“收件人”框中输入多个电子邮箱地址，地址之间用逗号隔开，如“hld5208@163.com,lxj5507@sohu.com”。

2）使用抄送和密送。“抄送”表示“副本”。列在“抄送”栏中的任何一位收件人都将收到信件的副本。信件的所有其他收件人都能够看到用户指定为“抄送”的收件人已经收到该信件的副本。“密送”代表“不显示的副本”，类似于“抄送”功能，只不过“密送”的收件人不会被其他收件人看到，而“收件人”字段中的收件人彼此都能看见。简而言之，密送人可以看到发件人、收件人和抄送人的信息，但是收件人和抄送人却看不到密送人的信息。

（2）如果需要确认收信人已读邮件，则在图 3-4-5 所示写邮件页面的编辑邮件内容框下端的已读回执处勾选。这里还可以设置邮件为“紧急”“邮件加密”等。

3.4.3　使用 Outlook 收发电子邮件

一、操作要求

（1）以用户自己申请的电子邮件地址在 Outlook 中设置电子邮件账户，并在 Outlook 中接收电子邮件。

（2）阅读邮箱中的邮件。

（3）给两名以上同学发送邮件，内容自定，并选一张图片作为附件。

（4）接收来自同学的邮件，下载邮件中的附件，并回复邮件。

二、操作过程

（1）在 Outlook 中设置电子邮件账户。

1）在使用 Outlook 之前，先到自己的网络邮箱中开启相应的 POP3 或 IMAP，才可以进行收信。在登录邮箱后有一个邮箱设置，里面有 POP3 和 IMAP 选项，选择开启或启用。以 126 邮箱为例，进入邮箱后选择“设置”→“POP3/SMTP/IMAP”命令，如图 3-4-7 所示。随后进入图 3-4-8 所示的设置“POP3/SMTP/IMAP”界面，勾选“POP3/SMTP 服务”和“IMAP/SMTP 服务”复选框。单击界面左侧的“客户端授权密码”命令，进入图 3-4-9 所示的设置“授权码”界面，选择“开启”单选按钮，要用户输入验证码，填写网易发送到手机上的验证码，即弹出图 3-4-10 所示的“设置授权码”对话框，注意授权码与邮箱密码设置需不同，单击“确定”按钮，弹出图 3-4-11 所示的对话框，显示各项客户端服务已开启成功。

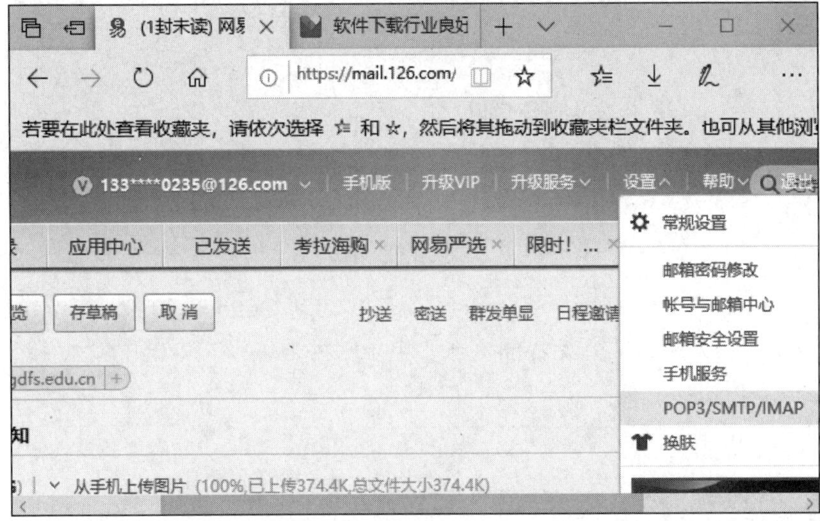

图 3-4-7　126 邮箱的“设置”命令

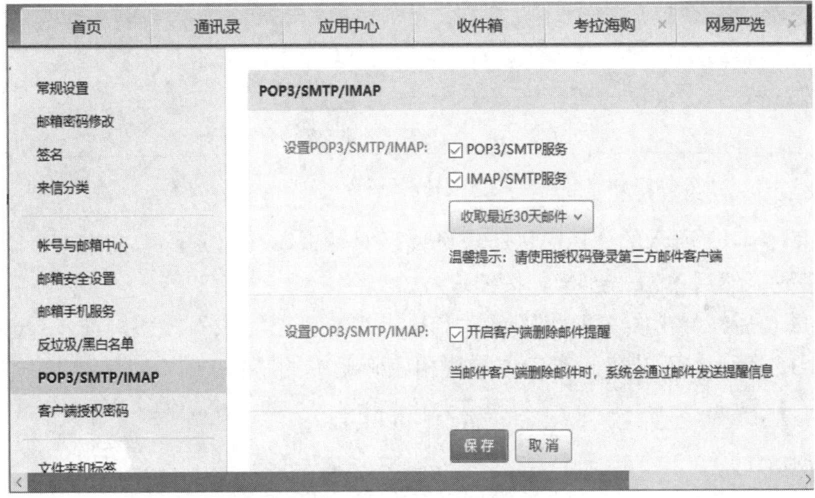

图 3-4-8　设置“POP3/SMTP/IMAP”界面

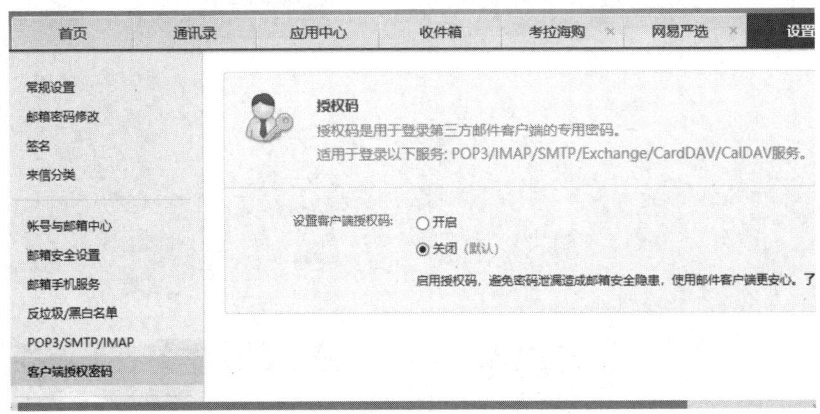

图 3-4-9　设置“授权码”界面

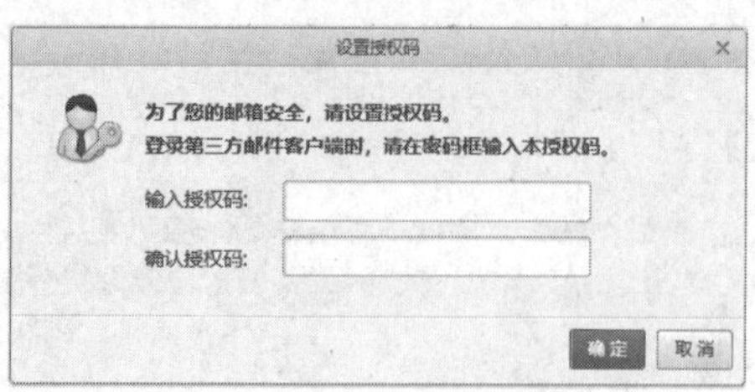

图 3-4-10 “设置授权码”对话框

2）在桌面任务栏选择“开始”→Outlook 命令，启动 Outlook 2019。第一次启动 Outlook 时，系统弹出图 3-4-12 所示的开始界面，在“电子邮件地址”文本框中输入 126 电子邮箱地址，单击“连接”按钮。

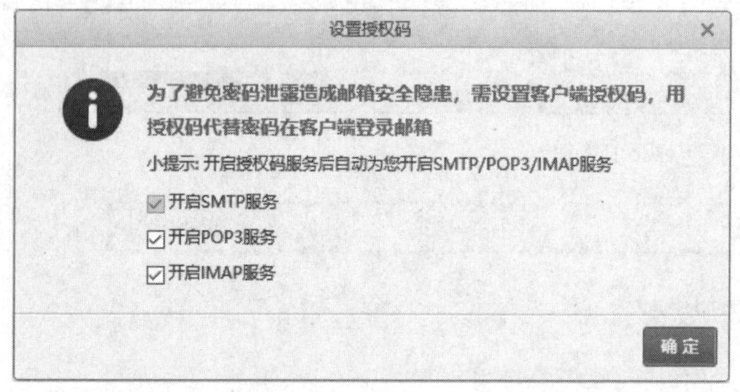

图 3-4-11 126 邮箱开启客户端服务成功对话框

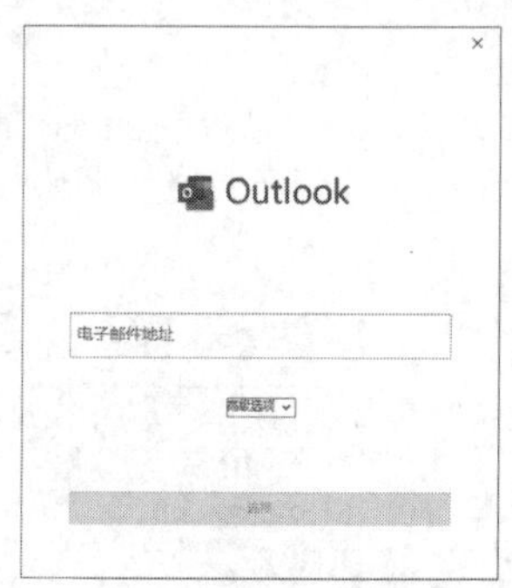

图 3-4-12 Outlook 开始界面

3）弹出图 3-4-13 所示的“IMAP 账户设置”对话框，在“密码”文本框中输入 126 邮箱客户端授权密码，然后单击“连接”按钮。

4）连接成功后，弹出图 3-4-14 所示对话框，单击“已完成”按钮，进入 Outlook 2019 界面，如图 3-4-15 所示。可以在此窗口中寻找相应邮箱中的邮件。

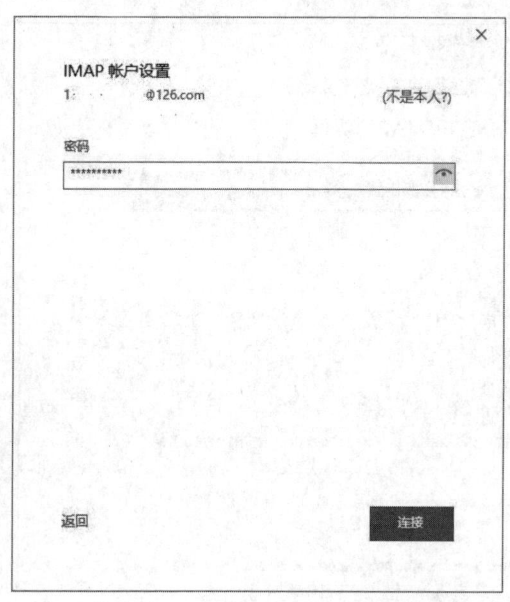

图 3-4-13 “IMAP 账户设置”对话框

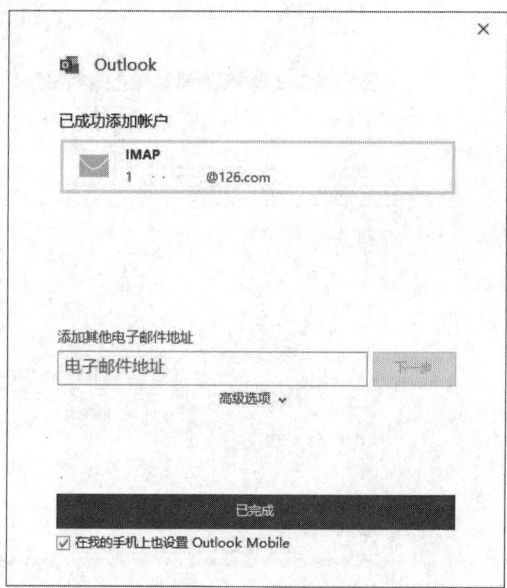

图 3-4-14 已成功添加账户界面

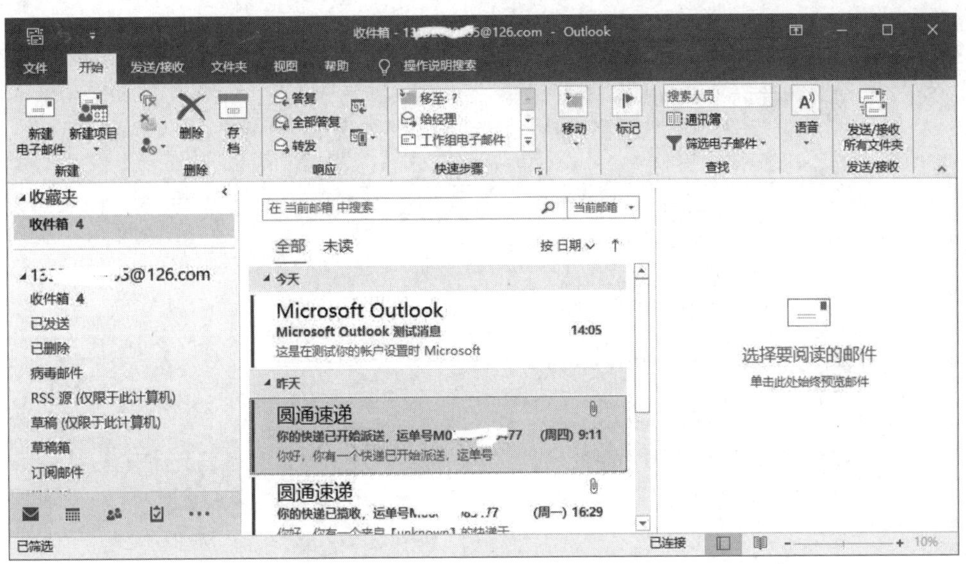

图 3-4-15　Outlook 2019 界面

（2）阅读邮件。在 Outlook 2019 窗口中间的邮件列表中单击邮件，此处单击“圆通速递”，即可在窗口右侧的邮件预览窗格中看到邮件内容，如图 3-4-16 所示。

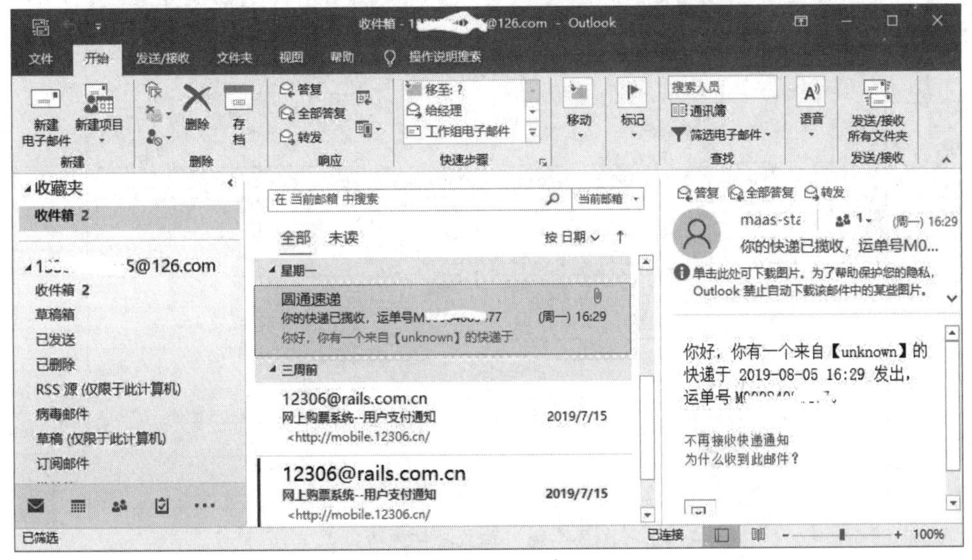

图 3-4-16　阅读邮件

（3）撰写并发送邮件。在“开始”选项卡的“新建”组中单击“新建电子邮件”按钮，打开“未全名-邮件”窗口，在“收件人”文本框中输入收件人电子邮件地址，多个邮件地址间用分号间隔，输入“主题”为“开会通知”。在“邮件”选项卡的“添加”组中单击“附加文件”按钮，打开“附加文件”菜单，如图 3-4-17 所示，可以从“最近使用的项目”列表中单击某文件添加为附件，也可以单击“浏览此电脑”来选择其他文件。添加完附件后，输入邮件内容，如图 3-4-18 所示，然后单击窗口左侧的“发送”按钮，即发送邮件。

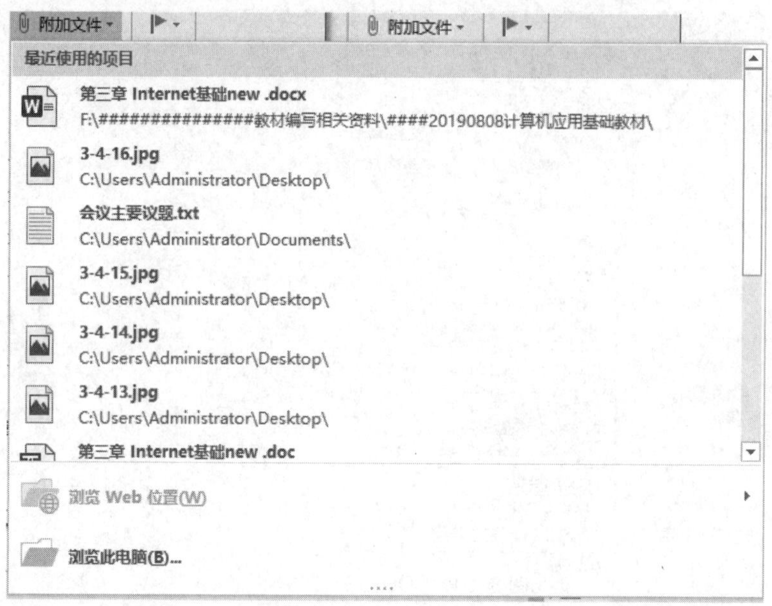

图 3-4-17 “附加文件”菜单

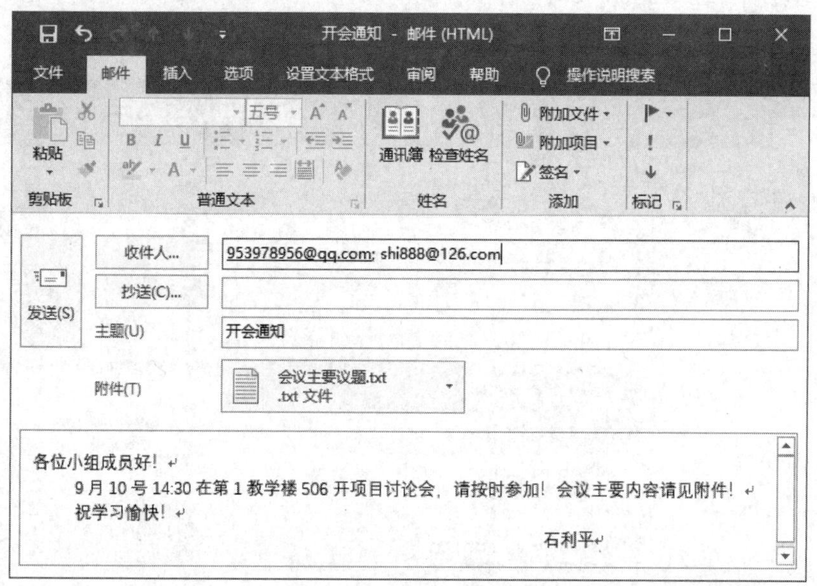

图 3-4-18 输入邮件内容

（4）接收邮件，下载邮件中的附件并回复邮件。在“收件箱”栏中可看到收到的邮件。如果暂时没有看到新邮件，可以选择“发送/接收”→“发送/接收所有文件夹”命令进行接收。在邮件列表中单击相应的邮件，即可浏览邮件内容。在窗口右侧邮件浏览窗格中，右击附件，弹出快捷菜单，如图 3-4-19 所示，选择“另存为”或“保存所有附件”命令。在弹出的“保存附件”对话框中选择保存的路径和输入文件名，然后单击“保存”按钮即可下载附件。

在“开始”选项卡“响应”组，单击“答复”按钮，在窗口右侧显示答复窗口，输入答复邮件相关内容，然后单击“发送”按钮，即完成邮件回复。

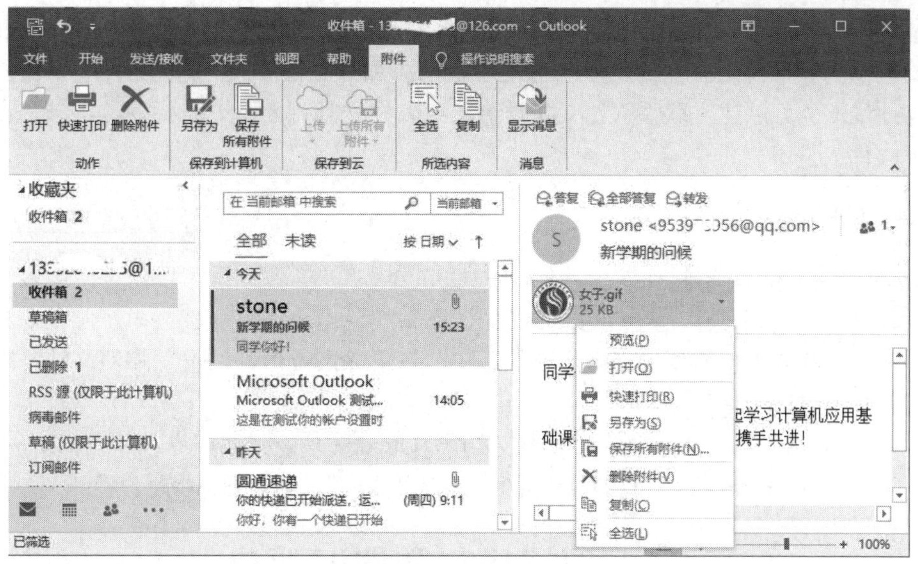

图 3-4-19　下载附件

三、知识技能要点

（1）Outlook 是微软办公软件组件之一，是电子邮件管理软件，可同时使用多个电子邮箱收发邮件，适合公司使用，如面向大量员工、客户收发电子邮件。Outlook 功能很多，可用来收发电子邮件、管理联系人信息、记日记、安排日程、分配任务。

如果之前设置过 Outlook 邮箱账户，则进入 Outlook 时不会自动打开建立新账户的向导对话框。

（2）Outlook 窗口主要包括快速启动工具栏、选项卡区、功能区组、导航窗格、邮件列表窗格、邮件阅读窗格等，如图 3-4-20 所示。

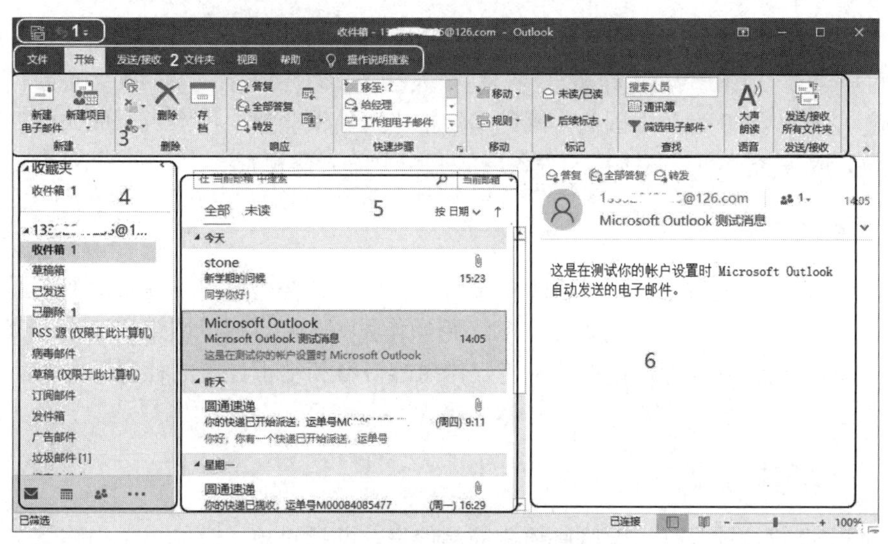

图 3-4-20　Outlook 界面

（3）在 Outlook 的“开始”选项卡的“查找”功能区组有一个“通讯簿”功能，是 Outlook

常用功能之一，犹如我们的手机电话簿，将联系人添加进通讯簿之后，以后只需搜索该联系人。当需要给他撰写新邮件时，他的电子邮件地址自动添加进“收件人”编辑框中，不需要记忆和手动添加地址；也可以建立联系人组，同时给一组人发送邮件，而不需要手动将一个个联系人添加进“收件人”编辑框中。

3.4.4 使用 Foxmail 收发电子邮件

Foxmail 也是一款电子邮件管理软件，与 Outlook 功能类似，也可以同时使用多个电子账户收发邮件，适合公司使用。与 Outlook 类似，第一次使用也需要先建立电子邮件账户。如果要同时使用多个邮箱，也需要建立多个邮件账户。使用 Foxmail 可以收发邮件、转发邮件、添加附件、管理通讯簿等。

其实 Outlook 和 Foxmail 两款软件都比较实用，Outlook 功能强大一些，而且可以与 Office 的其他办公软件互通；Foxmail 操作相对更简捷，比较“傻瓜”，也受到不少用户青睐。

3.5 网络应用和即时通信

主要学习内容：

QQ、微博、微信及网站购物简介

3.5.1 QQ 简介

QQ 是腾讯公司开发的一款基于 Internet 的即时通信软件。QQ 支持在线聊天、创建讨论组和群、视频电话、远程控制、点对点断点续传文件、共享文件、QQ 邮箱等多种功能，是中国目前使用最广泛的聊天软件之一。

3.5.2 微博

微博，即微博客（MicroBlog）的简称，是一个基于用户关系信息分享、传播、获取的平台，用户可以通过 WEB、WAP 等客户端组建个人社区，以 140 字左右的文字更新信息，并实现即时分享。2009 年 8 月，中国门户网站新浪推出“新浪微博”内测版，成为门户网站中第一家提供微博服务的网站，微博正式进入中文上网主流人群视野。

3.5.3 微信

微信（WeChat）是腾讯公司于 2011 年 1 月推出的一款在智能终端使用的即时通信的免费应用程序。其主要功能有支持跨通信运营商、跨操作系统平台，通过网络快速发送免费语音短信、视频、图片和文字，也可以使用共享流媒体内容资料和基于位置的社交插件“摇一摇”“漂流瓶”“朋友圈”“公众平台”“语音记事本”等。

3.5.4 网上购物

（1）网上购物，就是通过互联网检索商品信息，并通过电子订购单发出购物请求，然后填写私人支票账号或信用卡号码，厂商通过邮购的方式发货，或通过快递公司送货上门。国内网上购物的一般付款方式是款到发货（直接银行转账，在线汇款），担保交易（支付宝、百付宝、财付通等)，货到付款等。网上支付时需注意密码等信息安全问题，防止钓鱼网站泄漏银行信息。

（2）网上商城查看商品信息不需要注册，若要购买，则需要注册。

（3）网上商店有很多，如京东、淘宝、拍拍、天猫、阿里巴巴、1 号店等等。

练习题

1．用 Microsoft Edge 搜索“太平洋电脑网”网站，并将其添加到收藏夹。

2．在网站上申请免费的 E-mail 邮箱，并在网页中直接收发电子邮件。

3．利用 Outlook 与同学互发带附件的邮件，并将发件人的地址添加到通讯簿中。

4．在 Outlook 中，使用“组”功能给组员发送一封邮件。

5．使用 QQ 与朋友视频会话。

6．进入京东商城，查看笔记本电脑信息，选择合适商品加入购物车。

第4章 文字处理软件 Word 2019

Microsoft Office 2019 是微软推出的办公软件，包含如下组件。

Microsoft Access 2019（数据库管理系统）：用来创建数据库和程序以跟踪与管理信息。

Microsoft Excel 2019（电子表格程序）：用来计算、分析信息以及可视化电子表格中的数据。

Microsoft InfoPath Designer 2019：用来设计动态表单，以便在整个组织中收集和重用信息。

Microsoft OneNote 2019（笔记程序）：用来搜集、组织、查找和共享笔记和信息。

Microsoft Outlook 2019（电子邮件客户端）：用来发送和接收电子邮件；管理日程、联系人和任务等。

Microsoft PowerPoint 2019（演示文稿程序）：用来创建和编辑用于幻灯片播放、会议和网页的演示文稿。

Microsoft Publisher 2019（出版物制作程序）：用来创建新闻稿和小册子等专业品质出版物及营销素材。

Microsoft Word 2019（文字处理程序）：用来创建和编辑具有专业外观的文档，如信函、论文、报告和小册子。

Microsoft Word 2019 是文字处理的应用软件。使用 Word 2019 可以方便地创建与编辑报告、论文、信函、报刊、公文、图表、图形、传真、简历等，轻松高效地与他人协同工作。

使用 Word 2019 创建的文档常见类型为 docx，称为“Word 文档”，图标为。

4.1 创建一篇朗读稿 Word 文档

主要学习内容：

创建朗读稿

- 启动、退出 Word 2019
- Word 2019 界面环境
- 录入、编辑、选择、复制、移动与删除文本
- 新建、保存、关闭与打开 Word 文档
- 插入文件中的文本和特殊符号
- 查找与替换文本

一、操作要求

启动 Word 2019，完成下面操作，最后保存并关闭文档后退出 Word 2019，效果图如图 4-1-1 所示。

（1）创建新文档，以“珍视自己的存在价值.docx”为文件名，并保存到“E:\Word 练习”文件夹。

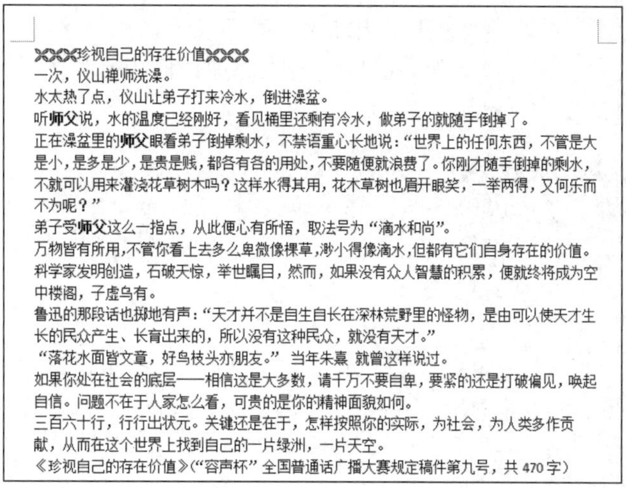

✂✂✂珍视自己的存在价值✂✂✂

一次，仪山禅师洗澡。

水太热了点，仪山让弟子打来冷水，倒进澡盆。

听**师父**说，水的温度已经刚好，看见桶里还剩有冷水，做弟子的就随手倒掉了。

正在澡盆里的**师父**眼看弟子倒掉剩水，不禁语重心长地说：“世界上的任何东西，不管是大是小，是多是少，是贵是贱，都各有各的用处，不要随便就浪费了。你刚才随手倒掉的剩水，不就可以用来灌浇花草树木吗？这样水得其用，花木草树也眉开眼笑，一举两得，又何乐而不为呢？”

弟子受**师父**这么一指点，从此便心有所悟，取法号为“滴水和尚”。

万物皆有所用，不管你看上去多么卑微像棵草，渺小得像滴水，但都有它们自身存在的价值。

科学家发明创造，石破天惊，举世瞩目，然而，如果没有众人智慧的积累，便就终将成为空中楼阁，子虚乌有。

鲁迅的那段话也掷地有声：“天才并不是自生自长在深林荒野里的怪物，是由可以使天才生长的民众产生、长育出来的，所以没有这种民众，就没有天才。”

“落花水面皆文章，好鸟枝头亦朋友。”当年朱熹 就曾这样说过。

如果你处在社会的底层——相信这是大多数，请千万不要自卑，要紧的还是打破偏见，唤起自信。问题不在于人家怎么看，可贵的是你的精神面貌如何。

三百六十行，行行出状元。关键还是在于，怎样按照你的实际，为社会，为人类多作贡献，从而在这个世界上找到自己的一片绿洲，一片天空。

《珍视自己的存在价值》(“容声杯”全国普通话广播大赛规定稿件第九号，共 470 字)

图 4-1-1　效果图

（2）在文档中录入图 4-1-2 所示文本。

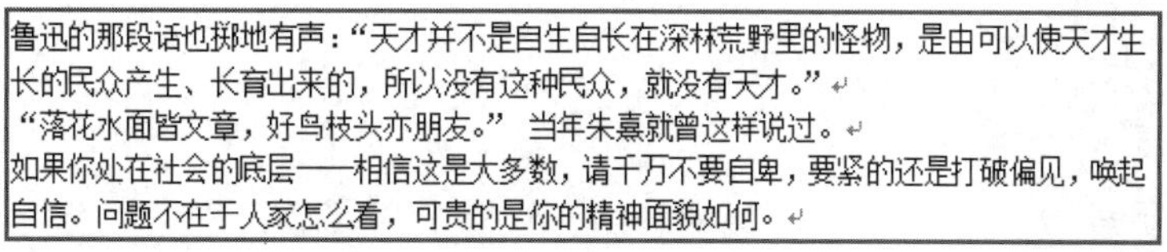

鲁迅的那段话也掷地有声：“天才并不是自生自长在深林荒野里的怪物，是由可以使天才生长的民众产生、长育出来的，所以没有这种民众，就没有天才。”↵

“落花水面皆文章，好鸟枝头亦朋友。”当年朱熹就曾这样说过。↵

如果你处在社会的底层——相信这是大多数，请千万不要自卑，要紧的还是打破偏见，唤起自信。问题不在于人家怎么看，可贵的是你的精神面貌如何。↵

图 4-1-2　文档内容

（3）将素材“4-1.docx”中的文本插入当前文档的最前面。

（4）将文档中的最后三段文本移动到“三百六十行”所在段落之前。

（5）从“听师傅说”文本前将第二段文本分成两段。

（6）将当前第四段和第五段合为一段。

（7）将最后一行“珍视自己的存在价值”文本复制到文档最前面，作为文档的标题。

（8）将文档中的所有“师傅”替换为“师父”且加粗。

（9）在标题文本的前后均插入三个✂（Wingdings：203）。

（10）删除倒数第二段，即“苍鹰有了一片”所在段落。

（11）保存“珍视自己的存在价值.docx”文档。

二、操作过程

（1）启动 Word 2019，创建并保存新文档。依次单击“开始”→“Word”菜单项，启动 Word 2019。启动后，显示图 4-1-3 所示开始屏幕，单击“空白文档”项，即创建一个新空白文档。单击快速访问工具栏上的“保存”按钮，打开“另存为”窗口，如图 4-1-4 所示。单击“浏览”按钮，打开“另存为”对话框，如图 4-1-5 所示，在对话框左边窗格中找到要保存文件的位置——“E:\Word 练习”文件夹，在“文件名”文本框中输入文件主名“珍视自己的存在价值”，在“保存类型”下拉列表框中选择“Word 文档(.docx)”选项，然后单击“保存”按钮。

（2）输入文档内容。在该新文档中输入图 4-1-2 所示内容。当输入文本到文档的右边界时，程序会自动换行。一个段落结束后，按 Enter 键，表示当前段落结束，将开始一个新的段落，接着输入下一段文字。文本录入完成后，单击快速访问工具栏上的“保存”按钮，或直接按 Ctrl+S 组合键，保存文档。

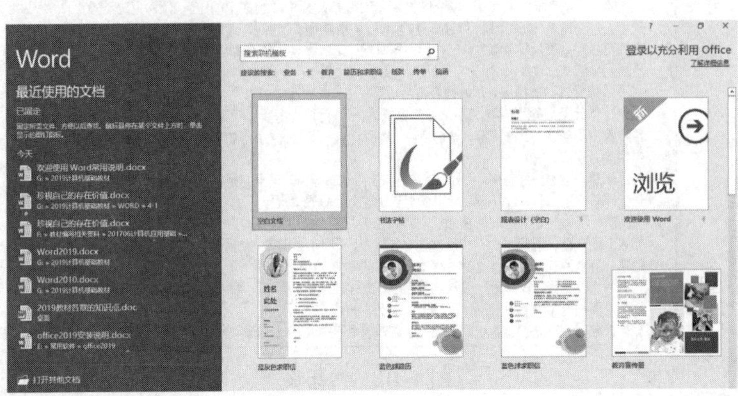

图 4-1-3　开始屏幕

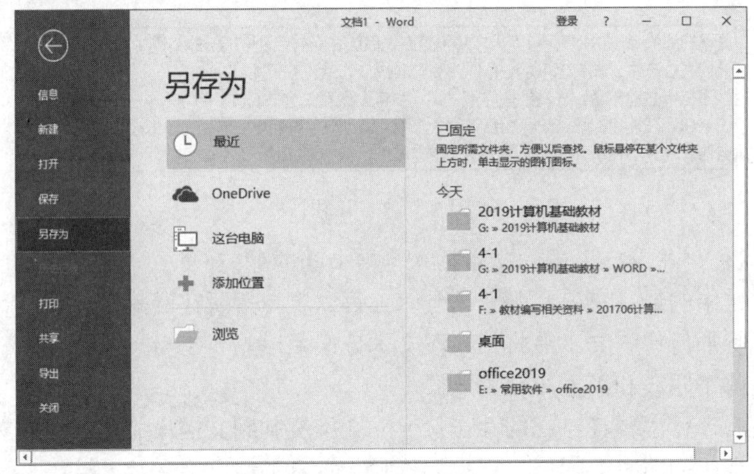

图 4-1-4　“另存为”窗口

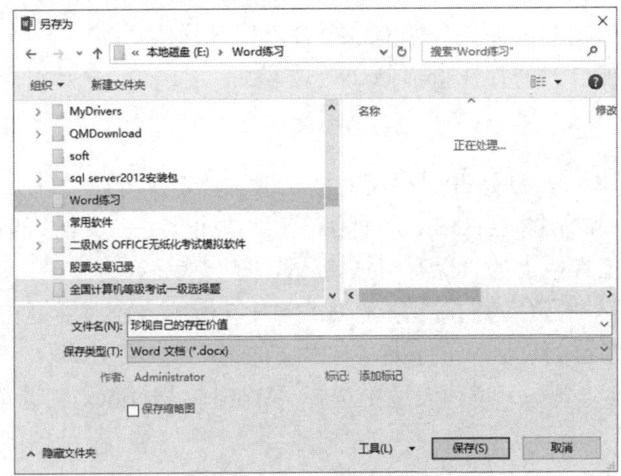

图 4-1-5　“另存为”对话框

说明： 第一次保存新文档时，会打开“另存为”对话框，以后再执行“保存”命令时，系统直接保存文档内容，不再弹出“另存为”对话框。

（3）插入文件中的文本。在文档的开头“鲁”字前单击，在“插入”选项卡单击“对象”下拉按钮▾，选择“文件中的文字”选项，弹出“插入文件”对话框，如图 4-1-6 所示。选择插入素材所在的磁盘、文件夹（本例为“E:\Word 练习”），选择“文件名”下拉列表框中的“4-1.docx”选项，单击“插入”按钮，或直接双击“4-1.docx”文件，“4-1.docx”中的文本便插入当前文档中，如图 4-1-7 所示。

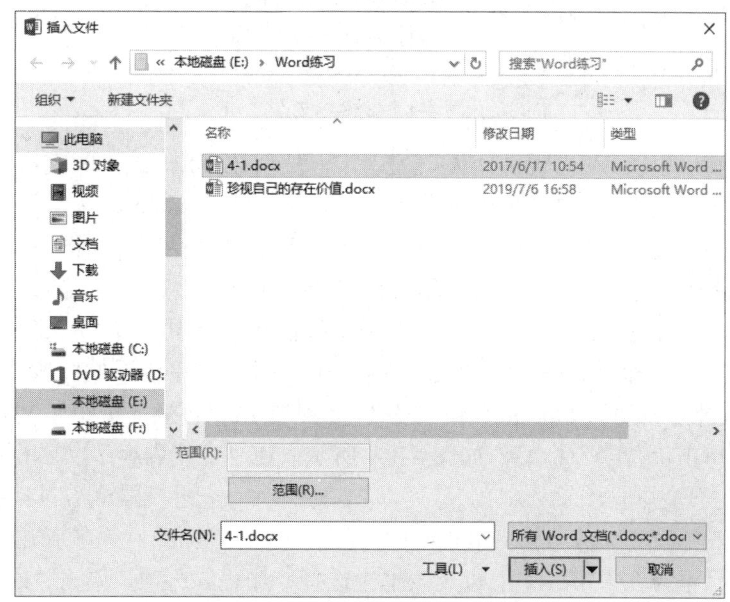

图 4-1-6　“插入文件”对话框

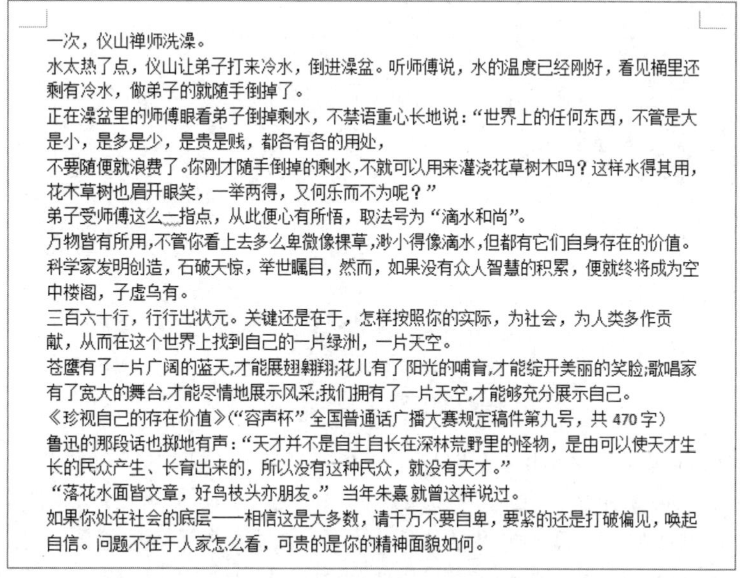

一次，仪山禅师洗澡。
水太热了点，仪山让弟子打来冷水，倒进澡盆。听师傅说，水的温度已经刚好，看见桶里还剩有冷水，做弟子的就随手倒掉了。
正在澡盆里的师傅眼看弟子倒掉剩水，不禁语重心长地说：“世界上的任何东西，不管是大是小，是多是少，是贵是贱，都各有各的用处，
不要随便就浪费了。你刚才随手倒掉的剩水，不就可以用来灌浇花草树木吗？这样水得其用，花木草树也眉开眼笑，一举两得，又何乐而不为呢？”
弟子受师傅这么一指点，从此便心有所悟，取法号为“滴水和尚”。
万物皆有所用，不管你看上去多么卑微像棵草，渺小得像滴水，但都有它们自身存在的价值。
科学家发明创造，石破天惊，举世瞩目，然而，如果没有众人智慧的积累，便就终将成为空中楼阁，子虚乌有。
三百六十行，行行出状元。关键还是在于，怎样按照你的实际，为社会，为人类多作贡献，从而在这个世界上找到自己的一片绿洲，一片天空。
苍鹰有了一片广阔的蓝天，才能展翅翱翔；花儿有了阳光的哺育，才能绽开美丽的笑脸；歌唱家有了宽大的舞台，才能尽情地展示风采；我们拥有了一片天空，才能够充分展示自己。
《珍视自己的存在价值》（“容声杯”全国普通话广播大赛规定稿件第九号，共 470 字）
鲁迅的那段话也掷地有声：“天才并不是自生自长在深林荒野里的怪物，是由可以使天才生长的民众产生、长育出来的，所以没有这种民众，就没有天才。”
“落花水面皆文章，好鸟枝头亦朋友。”当年朱熹就曾这样说过。
如果你处在社会的底层——相信这是大多数，请千万不要自卑，要紧的还是打破偏见，唤起自信。问题不在于人家怎么看，可贵的是你的精神面貌如何。

图 4-1-7　插入 4-1.docx 文件后

（4）移动文本。在倒数第三段开始处单击，然后按住 Shift 键，并在最后一段结尾处单击，即选择最后三段。然后将鼠标指针指向被选文本，按住鼠标左键拖动，此时鼠标指针右上方前有一条垂直的虚线，下方有一个虚线框，如图 4-1-8 所示。当将虚线移至“三百六十行”前时，松开鼠标左键，即完成移动文本；也可以先选择文本，再按 Ctrl+X 组合键，再将光标移到“三百六十行”前，按 Ctrl+V 组合键，完成移动。

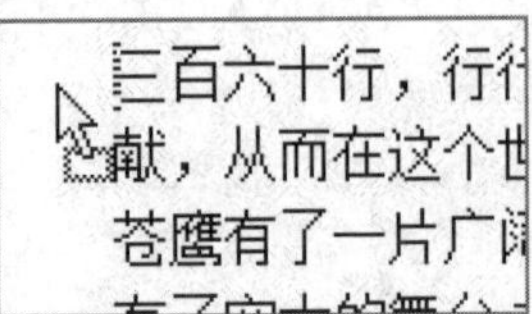

图 4-1-8　移动文本

（5）一段分为两段。在“听师傅说”前单击，然后按 Enter 键，即完成分段。

（6）合并段落。在“不要随便就浪费了”前单击，按 Backspace 键，删除前一段的段落标记，即段落合并；或在“备用处，”后单击，按 Delete 键删除段落标记，即完成合并段落。

（7）添加标题。选择最后一行的“珍视自己的存在价值”文本并右击，在快捷菜单中选择“复制”命令，然后在文档最前面右击，在弹出的快捷菜单中单击“粘贴选项”下的第一个按钮“保留源格式”即可。在粘贴的文本后按 Enter 键，即完成添加标题。

（8）替换文本。在“开始”选项卡“编辑”组中单击“替换”按钮替换，弹出“查找和替换”对话框，单击“替换”标签，如图 4-1-9 所示，在“查找内容”文本框中输入文字“师傅”，在“替换为”文本框中输入“师父”，单击 更多(M) >> 按钮，再单击对话框下部“替换”区的“格式”按钮 格式(O) ▾ ，在弹出的菜单中选择“字体”命令。系统弹出图 4-1-10 所示的“替换字体”对话框，在“字形”下拉列表框中选择“加粗”选项，单击“确定”按钮后，回到“查找和替换”对话框，单击“全部替换”按钮。替换完成后，Word 2019 会弹出替换信息对话框，如图 4-1-11 所示，显示完成几处替换，然后单击“确定”按钮，关闭对话框。

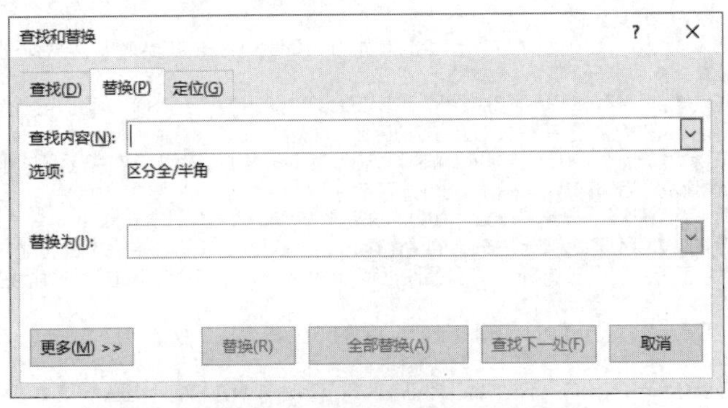

图 4-1-9　“查找和替换”对话框

（9）插入特殊符号。在标题文本前单击，在“插入”选项卡“符号”组中单击“符号”按钮Ω，弹出图 4-1-12 所示的“符号”面板，在“符号”面板中单击“其他符号”，弹出“符号”对话框，如图 4-1-13 所示。在“字体”下拉列表框中选择 Wingdings 选项，在“字符代码”文本框中输入 203，即找到相应符号，然后单击“插入”按钮，即插入符号。可以使用相同方法插入剩下的符号，也可以通过复制完成。

图 4-1-10　“替换字体”对话框

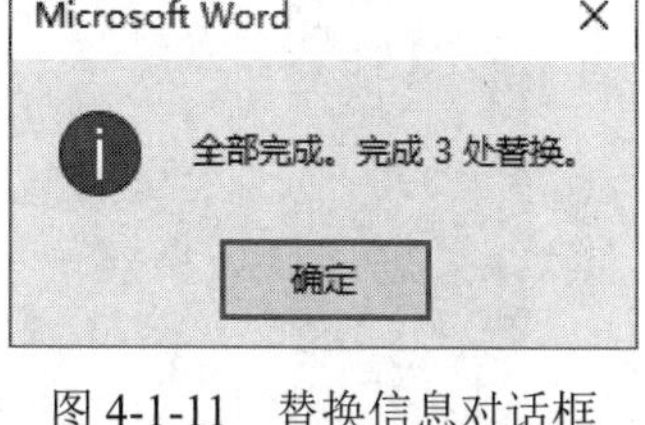

图 4-1-11　替换信息对话框

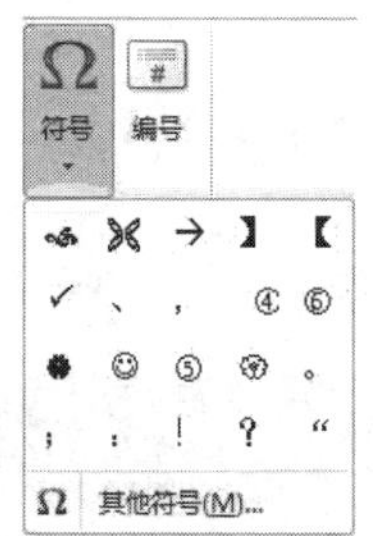

图 4-1-12　“符号”面板

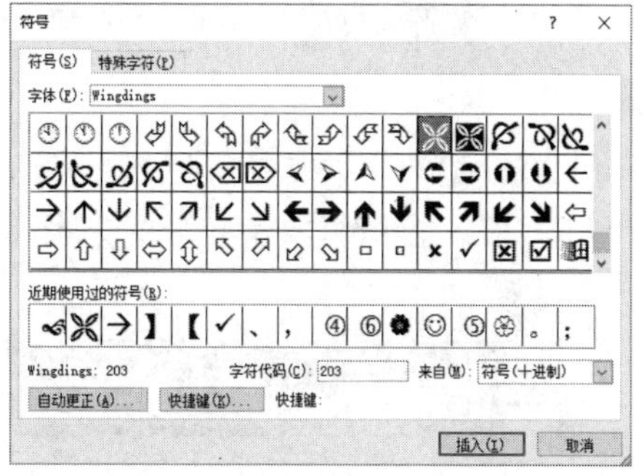

图 4-1-13　“符号”对话框

（10）删除倒数第二段。在倒数第二段中连续单击三次，即选择这个段落。然后按 Delete 键或 Backspace 键即可删除这个段落。

（11）保存文档。操作完成后，单击快速访问工具栏上的“保存”按钮，保存文档。如不需要再使用该文档，可选择“文件”→“关闭”命令，关闭文档；如不再使用 Word 2019，可选择“文件”→“退出”命令，或单击窗口右上方的“关闭”按钮，关闭文档并退出 Word 2019。

三、知识技能要点

1. 启动 Word 2019

Word 简介及启动

方法一：从“开始”菜单启动 Word 2019。

单击 Windows 任务栏左端的“开始”→“Word”菜单项，启动 Word 2019。Word 2019 启动后，首先看到开始屏幕。

方法二：双击桌面上已有的 Word 2019 快捷图标。

方法三：单击 Windows 任务栏中的 Word 2019 快捷图标。

方法四：双击任一 Word 文档启动 Word 2019。

Word 工作界面

2. Word 2019 工作界面

Word 2019 启动后，首先显示开始屏幕，如图 4-1-14 所示，选择“空白文档”选项，即可创建空白文档，进入 Word 2019 编辑窗口。用户可以根据需要选择其他操作或选择其他模板创建文档。

图 4-1-14　开始屏幕

Word 2019 窗口主要包括标题栏、功能区组、标尺、编辑区、状态栏、滚动条等，如图 4-1-15 所示。Word 2019 窗口组成及其功能见表 4-1-1。

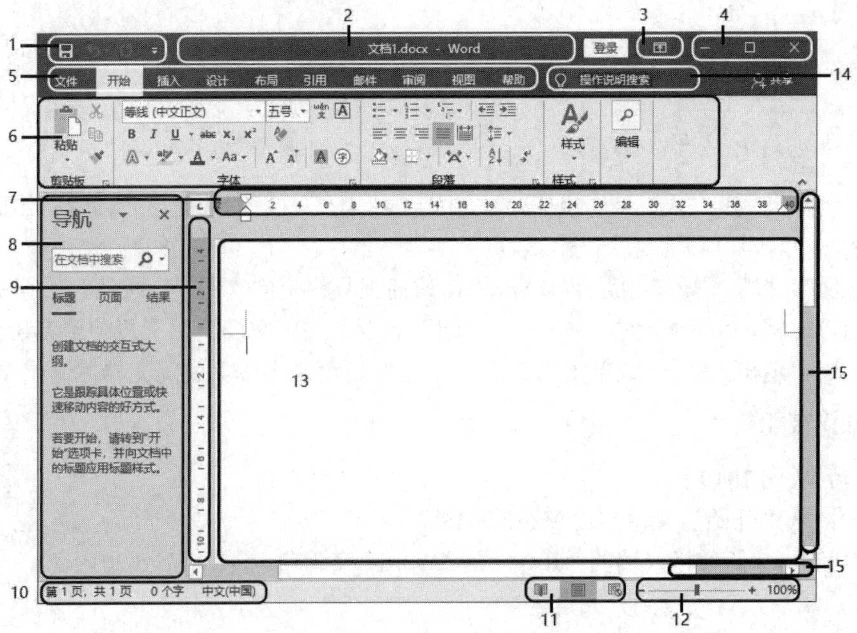

图 4-1-15　Word 2019 窗口

表 4-1-1 Word 2019 窗口组成及其功能

序号	名称	功能
1	快速访问工具栏	该工具栏中集成了多个常用的按钮，默认状态下包括“保存”“撤销”“恢复”按钮，单击“自定义快速访问工具栏”按钮▼，用户可以重新设置最常用的命令，如新建、打开等
2	标题栏	位于窗口的正上方，用于显示当前应用程序名称和当前文档的名称
3	功能区显示选项按钮	设置功能区、选项卡及命令的显示与隐藏，包括“自动隐藏功能区”“显示选项卡”“显示选项卡和命令”3 个命令
4	窗口控制按钮	设置窗口的最大化、最小化、关闭窗口
5	选项卡	单击功能区选项卡即可显示各功能区的常用功能按钮
6	功能区组	包括大部分功能按钮，并分组显示，方便用户使用
7	水平标尺	设置或查看段落缩进、制表位、页面上下边界、栏宽等
8	导航窗格	显示文档的标题大纲、文档页面缩略图及提供搜索功能
9	垂直标尺	查看或调节文档上下页边距、行高等
10	状态栏	位于窗口的下边缘，用于显示当前编辑窗口文档的状态信息，如总页数、当前页码、字数、插入/改写方式等
11	视图按钮	包括阅读视图、页面视图、Web 版式视图。根据文档类型可以选择不同的视图方式，单击按钮可切换视图，一般情况下使用页面视图
12	显示比例	设置文档的显示比例，用户可以通过拖动滑块来方便快捷地调整，也可以单击“放大”或“缩小”按钮，可以 10%的比例逐级放大或缩小显示比例
13	编辑区	在 Word 2019 界面中的大块空白部分是编辑区域，在此区域可进行文本、图片等对象的输入、删除、修改等操作。 光标所在的位置称为插入点，标明用户输入下一个字符或当前编辑的位置，是一个闪烁的短竖线 |。用户可以通过鼠标或键盘上的光标键来改变插入点位置。段落标记 ↵ 用来提示一个段落的结束
14	操作说明搜索	在文本框中输入要搜索的操作，例如插入图片，Word 2019 提供相应的操作和帮助
15	滚动条	用于移动文档视图的滑块，可以将文档横向、纵向移动，快速显示屏幕内容

Word 窗口左上角：单击此处可以显示控制菜单，包含一些控制窗口的命令（如还原、移动等）；双击此处可以退出 Word 2019。

Word 2019 提供了一种灵活的帮助方式——“屏幕提示”，以帮助用户辨识屏幕上的按钮，只要把鼠标指针指向按钮，就会自动显示“屏幕提示”。

3. 文档的基本操作

（1）新建文档。

Word 文档的基本操作

方法一：当 Word 2019 启动时，会显示一个开始屏幕，如图 4-1-14 所示，选择“空白文档”选项，即建立一个名为“文档 1”的空白文档；也可以选择窗口中的其他模板选项，例如选择“聚会邀请单”模板，系统会去网络上查找该模板，然后显示模板界面，如图 4-1-16 所示，单击“创建”按钮，即以该模板为基础创建一个新文档；也可单击“上一个”按钮或“下一个”按钮浏览其他模板，再选择合适的模板来创建新文档。

图 4-1-16 模板界面

方法二：在 Word 2019 已启动的情况下，选择“文件”→“新建”命令，显示“新建”窗口，如图 4-1-17 所示，可单击“空白文档”或其他模板来创建新文件。

图 4-1-17 “新建”窗口

方法三：在 Word 2019 已启动的情况下，直接按 Ctrl+N 组合键创建一个空白文档。

在图 4-1-17 所示的窗口中，单击窗口左上角的“返回”按钮，即返回 Word 2019 的编辑窗口。

（2）另存为文档。Word 2019 为用户提供了多种文档保存格式。如用户可以将文档保存为 Word 97～2003（低版本的 Word 文档）、PDF 等。

选择“文件”→“另存为”命令，执行“另存为”操作，具体操作步骤请参见案例操作过程（1）。

（3）保存文档。当首次保存文件时，Word 2019 会使用第一个标点符号或换行符之前的文字作为文件名，最好为保存的文件起一个见名知义的文件名。Word 2019 文档保存时，默认的扩展名为“.docx”，常用方法如下，具体保存操作方法参看案例操作过程（11）。

方法一：单击快速访问工具栏上的“保存”按钮。

方法二：选择“文件”→“保存”命令。

方法三：按功能键 F12 或 Ctrl+S 组合键。

注意：第一次保存文档时，系统会弹出“另存为”对话框。在编辑的过程中，应养成经常保存文件的习惯，以防因各种故障丢失录入信息。

（4）关闭文档。每一个 Word 文档都有自己的窗口，可以使用下列 3 种方法关闭文档。

- 单击窗口右上方的“关闭”按钮 ×。
- 选择“文件”→“关闭”命令，或按 Ctrl+F4 组合键。
- 按 Alt+F4 组合键，关闭文档及 Word 2019。

退出 Word 2019 前，应保存所建文档。如果文档尚未保存，Word 2019 会在关闭窗口前提示用户保存文件，如图 4-1-18 所示。

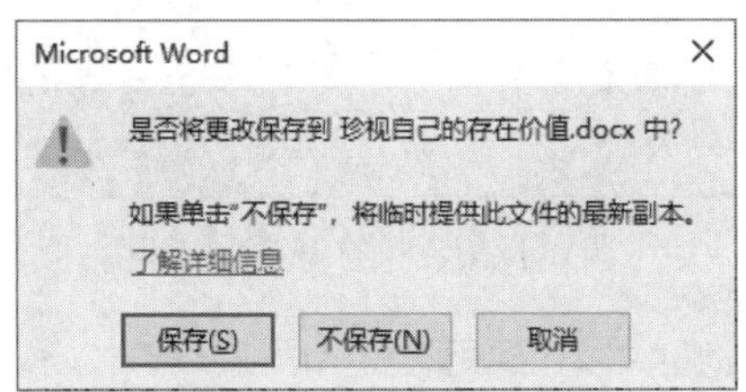

图 4-1-18　提示用户保存文件

（5）打开文档。用户可以打开任意多个文档，只要操作系统和内存允许即可。在 Word 2019 已启动的情况下，可以使用下面两种方法打开一个文档：

- 选择“文件”→“打开”命令，打开“打开”窗口，如图 4-1-19 所示。
- 按 Ctrl+O 组合键，打开“打开”窗口。

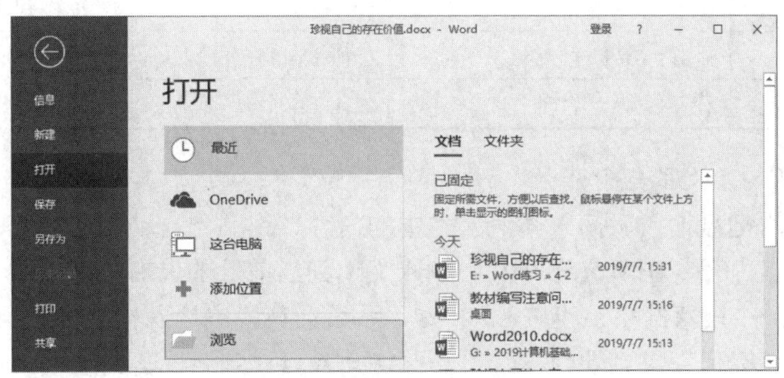

图 4-1-19　“打开”窗口

在“打开”窗口中可以切换不同的文件夹以找到文件所在的文件夹，然后使用下面 3 种方法打开文档：

- 单击窗口右侧文件列表中的某个文件。
- 选择“这台电脑”选项，则右侧显示相应文件名，单击文件即可打开。
- 选择“浏览”选项，打开“打开”对话框，如图 4-1-20 所示，然后找到要打开的文件的位置，单击文件，再单击对话框下面的“打开”按钮或双击文件，都可以打开文件。

移动插入点

4. 移动插入点（也称光标）

要输入文本时，应先将插入点移动到合适的位置，然后输入内容。Word 2019 提供了多种移动插入点的方法。Word 2019 提供了即点即输的功能，即在合适位置单击，即可开始输入。如需要隔开一段空白行再输入内容，则将鼠标指向相应位置后双击，即定位插入点，然后输入。也可使用键盘来移动插入点，方法见表 4-1-2。

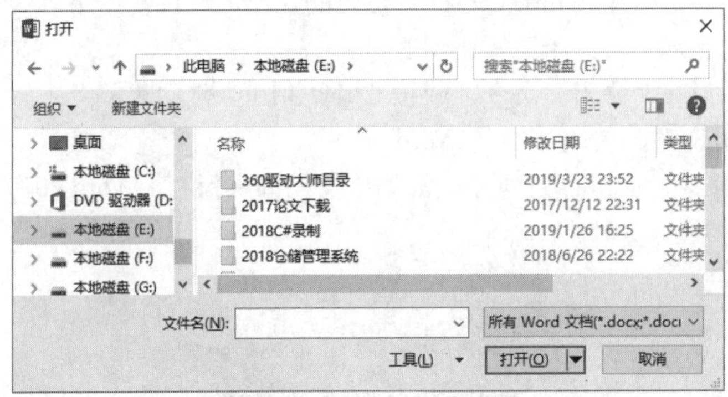

图 4-1-20 “打开”对话框

表 4-1-2 利用键盘移动插入点的方法

按键	作用	按键	作用
← →	往左、右移动一个字符	Ctrl+→	往右移动一个词
↑ ↓	往上、下移动一行	Ctrl+↑	移至当前或上一段段首
Home	光标移到行首	Ctrl+↓	移至下段段首
End	光标移到行尾	Ctrl+Home	光标移到文档起始处
PageUp	上移一屏幕	Ctrl+End	光标移到文档结尾处
PageDown	下移一屏幕	Ctrl+Home	光标移到文件起始处
Ctrl+←	往左移动一个词	Ctrl+End	光标移到文件结尾处

5. 文本的插入、改写与删除

文本插入、改写和删除

用户可以使用键盘输入、插入其他文件中的内容、粘贴、自动图文集等多种方法输入文档内容。在 Word 2019 中输入文本到当前行的最右边时，系统会自动换行。一个段落结束，应按 Enter 键，系统会在段尾插入一个“↵”符号，称为“段落标记”或“硬回车”符，并将插入点移到新段落的首行。

Word 2019 默认的输入状态有“插入”和“改写”两种。默认是“插入”状态，即新输入的内容插入到当前插入点位置；如处于“改写”状态，输入的文本将替换插入点右侧的文本。

按 Insert 键或选择状态栏中的“插入”（或“改写”）命令，可在“插入”或“改写”状态间切换。

删除文本的方法如下：

（1）按 Delete 键删除插入点右边的文本。

（2）按 Backspace 键删除插入点左边的文本。

（3）选择文本，然后按 Delete 键或 Backspace 键。

（4）选择文本，执行“剪切”命令。

撤销、恢复和重复

6. 撤销、恢复与重复

（1）撤销。利用撤销功能可以取消上一步操作或一系列操作。可以单击快速访问工具栏中的“撤销”按钮；也可以单击“撤销”按钮右侧的下三角按钮，从列表中选择撤销几个连续操作，最多可以选择撤销 100 个已执行的操作，或按 Ctrl+Z 组合键撤销最后一次操作。重复按键可以有序地撤销多个操作。

（2）恢复。恢复用于恢复被撤销的操作，单击快速访问工具栏中的“恢复”按钮，或按 Ctrl+Y 组合键，每次只能恢复一步操作，重复按键可以恢复多次操作。

（3）重复。重复上一步的操作，单击快速访问工具栏中的“重复”按钮，或按功能键 F4，多次按键可以重复多次相同的操作。

7. 帮助功能

当用户在使用过程中遇到问题时，可通过“帮助”选项卡获取帮助；也可以在“操作说明搜索”文本框中输入问题，然后按 Enter 键获取相应的帮助。

8. 选择文本

文本的选择

选择文本是 Word 2019 中最基本的一个操作，是进行文本编辑的第一步。文本被选择后，将显示灰色。用户可以用鼠标或键盘选取文本，也可以使用鼠标和键盘共同选择文本。

如取消选择文本，单击任意位置或按任意方向键即可。

（1）选择连续的文本。

- 最基本的方法：在要选择的文本开始处单击，并拖动鼠标到选择文本的结尾处。只要用户不松开鼠标左键，就可以随意地增加或减少选择的文本内容。选择结束后，松开鼠标左键即可。
- 使用键盘时，将插入点定位在选择的文本开始处，按住 Shift 键，同时按住方向键选择文本。
- 鼠标和键盘结合：在选择的文本开始处单击，然后按住 Shift 键，同时在文本结束处单击。
- 选择一个字或一个词：双击该文字或词。
- 选择一个句子：在一个句子的任意位置按住 Ctrl 键并单击，选择该句子。
- 选择段落：在一个段落中的任意位置连续单击三次，选择整个段落。
- 选择整编文档：按 Ctrl+A 组合键或在“开始”选项卡“编辑”组中单击“选择”按钮，在弹出的菜单中选择“全选”命令，如图 4-1-21 所示。
- 按住 Alt 键并拖动鼠标，可以纵向选取方块形文本区域。

（2）选择非连续的文本。用户必须选择一段文本，然后按住 Ctrl 键，再选择下一段文本。继续按 Ctrl 键，可以选择更多的文本区域。

（3）使用选定栏。选定栏位于文本左侧边缘的白色区域，也就是左边距区域。当鼠标指针移至该区域时，将变成图 4-1-22 所示的白色斜向右上的箭头。

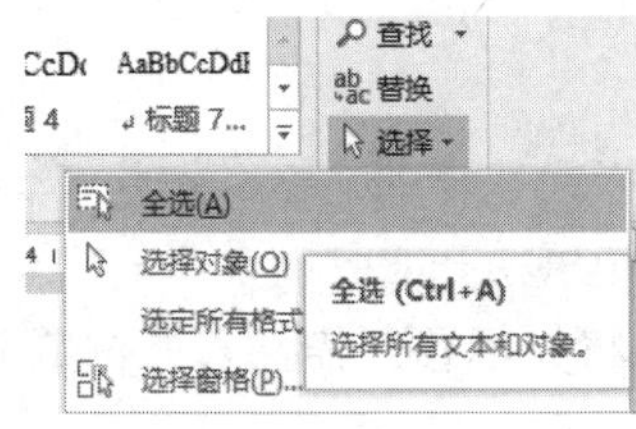

图 4-1-21 选择“全选”命令

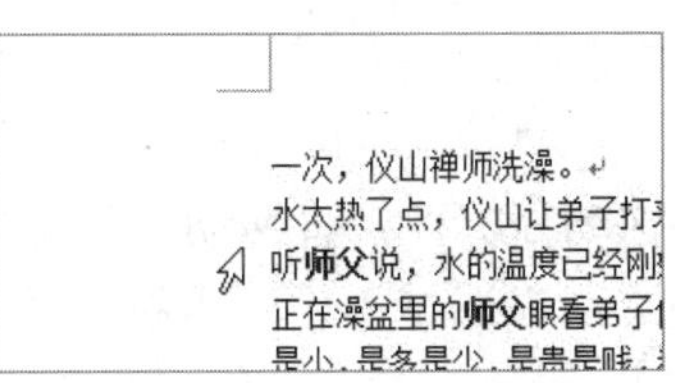

图 4-1-22 鼠标指针

- 选取一行：在选定栏相应行单击。
- 选取多行：在选定栏单击，并上下拖动鼠标。
- 选取某段：在选定栏相应段落双击。
- 选取全文：在选定栏任意位置单击三次，或按住 Ctrl 键，在选择栏单击。

9. 剪切、复制和粘贴

“剪切”功能：将选择内容从当前文档中剪切，并移动到剪贴板中。

“复制”功能：将选择内容复制一份，放置在剪贴板中。

“粘贴”功能：将剪贴板中的处理项插入当前文档的插入点位置。

剪贴板（clipboard）是内存中的一块区域，是 Windows 内置的一个非常有用的工具，可使各种应用程序之间传递和共享信息。但剪贴板只能保留一份数据，每当新的数据传入，旧的数据便会被覆盖。Office 的剪贴板对 Windows 剪贴板做了扩充，最多可以保留 24 项数据。

（1）执行“剪切”操作，可以使用以下 3 种方法：

- 在“开始”选项卡的“剪贴板”组中单击“剪切”按钮 剪切 。
- 按 Ctrl+X 组合键。
- 右击，在弹出的快捷菜单中选择“剪切”命令。

（2）执行“复制”操作，可以使用以下 3 种方法：

- 在“开始”选项卡的“剪贴板”组中单击“复制”按钮 复制 。
- 按 Ctrl+C 组合键。
- 右击，在弹出的快捷菜单中选择“复制”命令。

（3）执行“粘贴”操作，可以使用以下 3 种方法：

- 在“开始”选项卡的“剪贴板”组中单击“粘贴”按钮。
- 按 Ctrl+V 组合键。
- 右击，在弹出的快捷菜单中选择“粘贴”命令。

当用户粘贴一个选项时，会看到“粘贴选项”按钮 (Ctrl)▾。将鼠标指针移至“粘贴选项”按钮上，按钮旁边会显示一个下三角按钮，弹出与这次粘贴相关的菜单项，如图 4-1-23 所示，用户可根据需要选择。

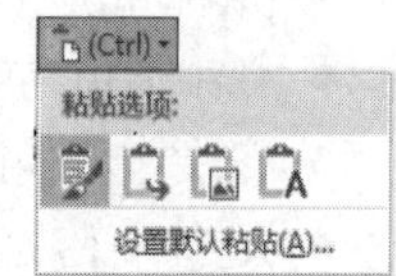

图 4-1-23　粘贴选项

10. 文本的移动、复制

（1）文本的移动。

文本的复制与移动

方法一：直接拖动。先选择文本，然后将鼠标指向选择的文本，按住左键拖动鼠标，一条黑色竖线插入点跟随鼠标指针移动，到目标位置后松开左键，完成移动。这种操作适合近距离的移动。

方法二：先选择文本，再执行“剪切”操作，然后将光标移到需插入的位置并单击，执行粘贴操作。

（2）文本的复制。

方法一：直接拖动。先选择文本，然后将鼠标指针指向选择的文本，按住 Ctrl 键并按住鼠标左键拖动鼠标，一直拖动到目的处，先松开鼠标左键再松开 Ctrl 键。

方法二：先选择文字，再执行“复制”操作，然后将光标移到需插入的位置并单击，执行粘贴操作。

11. 文本的查找

文本的查找

使用查找功能可以查找某个对象在文档中是否存在或其位置，可以查找一个字符、单词、符号等。单击设定开始查找的位置，如果不设置，默认从插入点开始查找。

（1）普通查找：查找无格式文本。单击“开始”选项卡“编辑”组中的“查找”按钮 查找 ；或单击“查找”下拉按钮，从弹出的快捷菜单中选择“查找”命令；或者按 Ctrl+F 组合键，打开“导航”窗格，如图 4-1-24 所示。

在“搜索”文本框中输入要查找的文本，“导航”窗格会显示查找结果，查找到的文本在文档中以黄色背景显示，如图 4-1-25 所示。在“导航”窗格中单击某个结果，在文档中查看其内容，或通过单击“上一处搜索结果”按钮▲和“下一处搜索结果”按钮▼浏览查找结果。

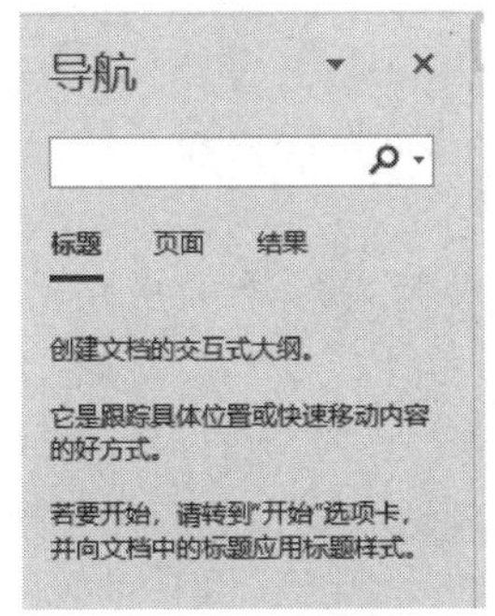

图 4-1-24 “导航”窗格

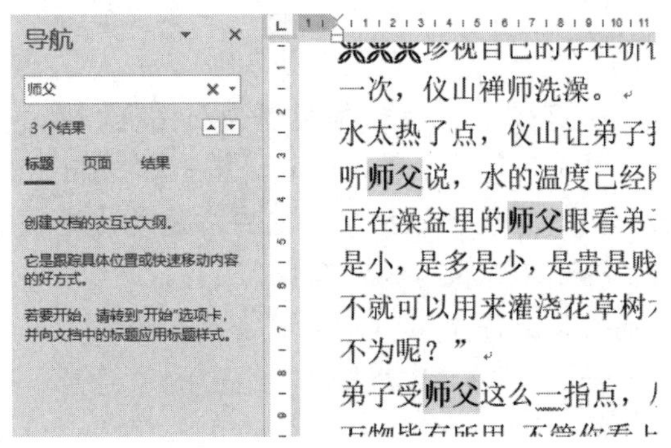

图 4-1-25 查找结果显示

（2）高级查找：可以查找具有特定格式的文本。单击“开始”选项卡“编辑”组中的“查找”按钮，从弹出的快捷菜单中选择“高级查找”命令，弹出“查找和替换”对话框，如图 4-1-26 所示。

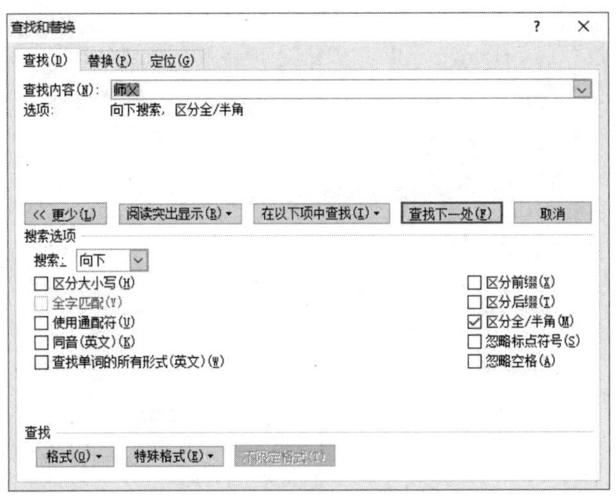

图 4-1-26 “查找和替换”对话框

在“查找内容”文本框中输入要查找的内容，如“搜索选项”栏没有显示出来，则单击“更多”按钮。用户可以在“搜索”选项中选择相应项，也可单击“格式”按钮，从弹出的菜单中选择“字体”“段落”等选项进行设置。单击“查找下一处”按钮，从插入点开始查找，查找到的文本以灰色背景显示。如果要继续查找，再次单击“查找下一处”按钮。

12. 替换文本

文本的替换

先将光标定位在开始替换的位置，或选择要查找替换文本所在的区域，然后进行如下操作：

（1）在“开始”选项卡“编辑”组中单击“替换”按钮，或按 Ctrl+H 组合键，打开“查找和替换”对话框。

（2）在“查找内容”文本框中输入要查找的文本，在“替换为”文本框中输入要替换的内容，根据需要可以设置替换或查找文本的格式。

（3）然后单击“全部替换”按钮，则自动替换所有匹配的项；如果用户想有选择地决定替换哪个，可以单击“查找下一处”按钮，找到需要替换的文本，再单击“替换”按钮，否则单击“查找下一处”按钮继续查找。

（4）替换完毕，会弹出信息替换对话框，显示完成了几处替换，单击“确定”按钮。完成替换后，单击“查找和替换”对话框的“关闭”按钮。

注意：进行替换操作时，一定要清楚是为查找内容还是替换内容添加格式，否则会因格式添加不正确而不能执行替换操作。

13. 插入特殊符号

插入符号

单击“开始”选项卡“符号”组中的“符号”按钮，插入特殊符号。操作方法如下：

（1）将插入点定位到需要的位置，单击“符号”按钮，弹出“符号”面板。

（2）可以单击“符号”面板中所需的特殊符号，如果没有，则单击“其他符号”命令，弹出图 4-1-27 所示的“符号”对话框。

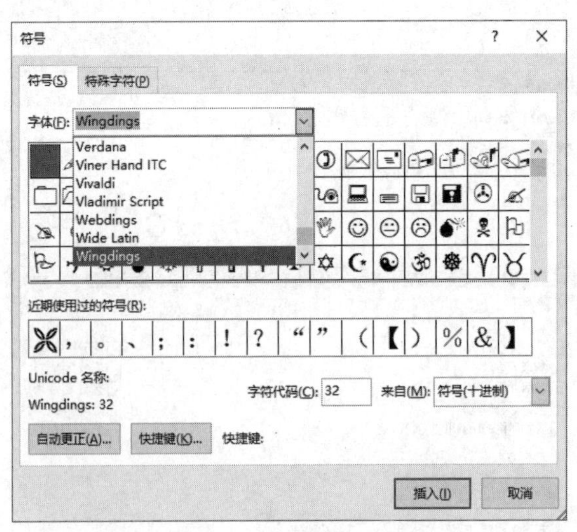

图 4-1-27 “符号”对话框

（3）可在“字体”下拉列表框选择字体，符号框中即显示对应的符号。在“字体”列表中双击所需的符号，或在选择所需符号后单击“插入”按钮 插入(I) ，即可将符号插入光标处。

（4）插入完成后单击“关闭”按钮。

4.2　设置朗读稿文档格式

设置朗读稿文档格式

主要学习内容：

- 打开文档
- 设置字体格式和段落格式
- 项目符号和编号
- 脚注与尾注的使用
- 首字下沉

一、操作要求

打开素材文件夹中的“珍视自己的存在价值.docx”文档，完成操作，效果图如图 4-2-1 所示。

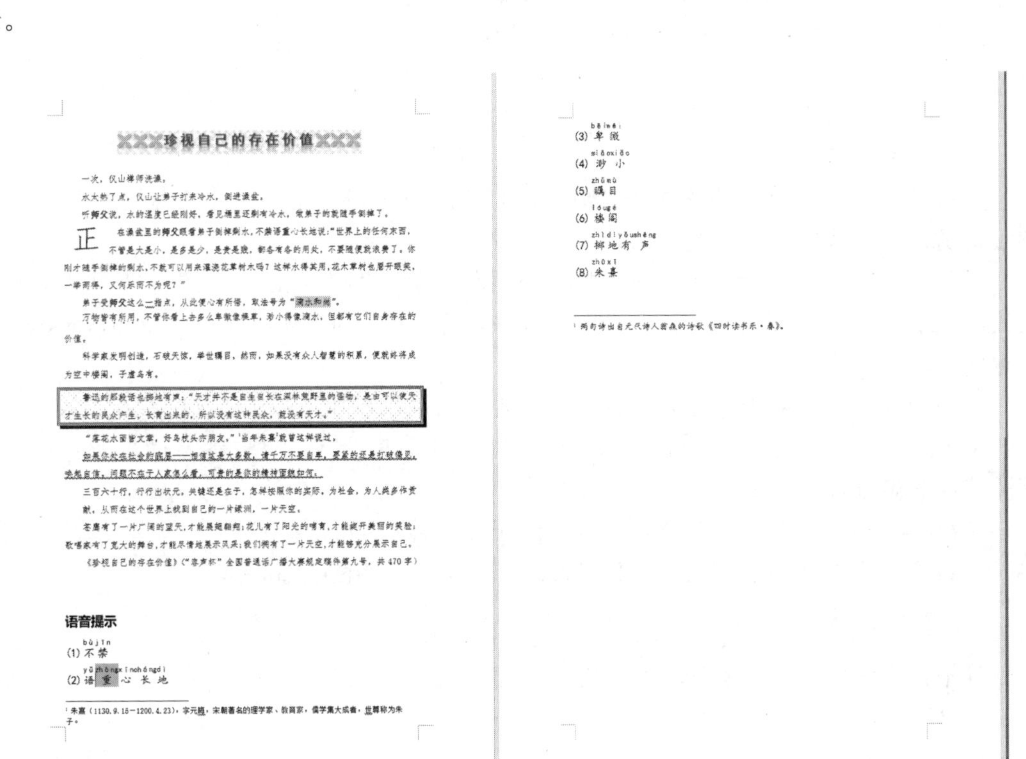

珍视自己的存在价值

一次，仪山禅师洗澡。

水太热了点，仪山让弟子打来冷水，倒进澡盆。

听师父说，水的温度已经刚好，看见桶里还剩有冷水，做弟子的就随手倒掉了。

正在澡盆里的师父眼看弟子倒掉剩水，不禁语重心长地说：“世界上的任何东西，不管是大是小，是多是少，是贵是贱，都各有各的用处，不要随便就浪费了。你刚才随手倒掉的剩水，不就可以用来浇灌花草树木吗？这样水得其用，花木草树也眉开眼笑，一举两得，又何乐而不为呢？”

弟子受师父这么一指点，从此便心有所悟，取法号为“滴水和尚”。

万物皆有所用，不管你看上去多么卑微像棵草，渺小得像滴水，但都有它们自身存在的价值。

科学家发明创造，石破天惊，举世瞩目，然而，如果没有众人智慧的积累，便就终将成为空中楼阁，子虚乌有。

鲁迅的那段话也掷地有声：“天才并不是自生自长在深林荒野里的怪物，是由可以使天才生长的民众产生，长育出来的，所以没有这种民众，就没有天才。”

“落花水面皆文章，好鸟枝头亦朋友。”[1]当年朱熹[1]就曾这样说过。

如果你处在社会的底层——相信这是大多数，请千万不要自卑，要紧的还是打破偏见，唤起自信。问题不在于人家怎么看，可贵的是你的精神面貌如何。

三百六十行，行行出状元。关键还是在于，怎样按照你的实际，为社会，为人类多作贡献，从而在这个世界上找到自己的一片绿洲，一片天空。

老鹰有了一片广阔的蓝天，才能展翅翱翔；花儿有了阳光的哺育，才能绽开美丽的笑脸；歌唱家有了宽大的舞台，才能尽情地展示风采；我们拥有了一片天空，才能够充分展示自己。

《珍视自己的存在价值》（“夏声杯”全国普通话广播大赛规定稿件第九号，共 470 字）

语音提示

(1) 不禁（bùjīn）

(2) 语重心长地（yǔzhòngxīnchángdì）

[1] 朱熹（1130.9.15－1200.4.23），字元晦，宋朝著名的理学家、教育家，儒学集大成者，世尊称为朱子。

(3) 卑微（bēiwēi）

(4) 渺小（miǎoxiǎo）

(5) 瞩目（zhǔmù）

(6) 楼阁（lóugé）

(7) 掷地有声（zhìdìyǒushēng）

(8) 朱熹（zhūxī）

[1] 两句诗出自元代诗人翁森的诗歌《四时读书乐·春》。

图 4-2-1　效果图

具体要求如下：

（1）标题段文字和符号设置为三号、黑体、加粗、居中，字符间距加宽 2 磅，阴影（外部—偏移：右下）、映像（紧密映像：4 磅　偏移量），添加图案为浅色棚架，颜色为“水绿色，个性色 5，淡色 80%”的文字底纹；文字和符号颜色分别为深蓝色和橙色；标题段的段前、段后间距均为 1 行，行间距为 25 磅。

（2）正文各段落文字为仿宋、小四号，首行缩进 2 字符，两端对齐，行距为 1.3 倍；为“滴水和尚”文字添加字符底纹；为“如果你处在社会的底层”所在段落文本添加红色双波浪下划线；为“万物皆有所用”文本加着重号。

（3）在文档结尾添加两行空白行，然后输入图 4-2-2 所示的内容。“语音提示”文本格式为字体“微软雅黑”、15 磅、加粗，其他文本为楷体、13 磅；文本拼音格式为对齐方式“1-2-1”，偏移量 2 磅，字体为楷体，字号为 9 磅；编号格式为“（1）、（2）、（3）……”。

图 4-2-2　语音提示

（4）为“鲁迅”所在段落添加“阴影、0.5 磅红色三线”边框，添加底纹为“图案 5%、颜色为浅绿色（标准色）”，设置该段左右缩进均为 3 字符。

（5）为“落花水面皆文章，好鸟枝头亦朋友。”诗句添加尾注。尾注内容：“两句诗出自元代诗人翁森的诗歌《四时读书乐 • 春》。”尾注格式：中文为楷体，西文为 Arial Narrow 字体、五号。

（6）为正文中“朱熹”添加脚注。脚注内容为“朱熹（1130.9.15－1200.4.23），字元晦，宋朝著名的理学家、教育家，儒学集大成者，世尊称为朱子。”；脚注格式为“楷体、五号”；脚注编号格式为 I、II、III、……。

（7）设置正文第四段首字下沉两行，距正文距离 0.3cm。

（8）将设置后的文档另存为“E:\Word 练习\第 9 号朗读稿.docx”。

二、操作过程

首先启动 Windows 资源管理器，找到素材文件夹中的文件并双击，打开文档。

1. 标题格式设置

将鼠标指针移至文档左侧的选择条，对着标题行单击，即选择标题行文字和字符。将鼠标指针移至浮动工具栏上，如图 4-2-3 所示，在“字体”下拉列表框中选择“黑体”选项，在“字号”下拉列表框中选择“三号”选项，单击“加粗”按钮 **B**。

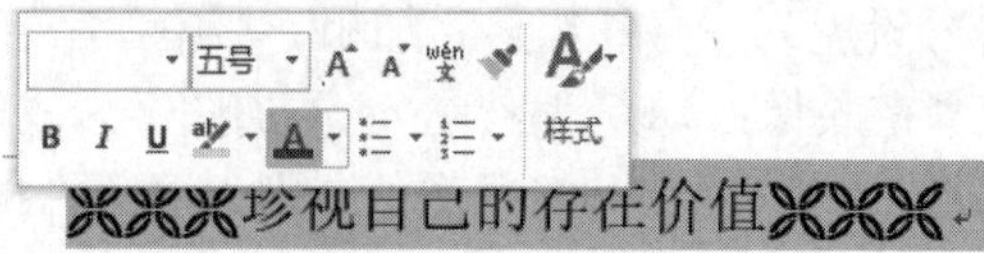

图 4-2-3　浮动工具栏

在“开始”选项卡“段落”组中单击“居中”按钮 ；单击“字体”组的对话框启动按

钮，打开“字体”对话框，如图 4-2-4 所示，单击“高级”标签，在“间距”下拉列表框中选择“加宽”选项，在其右侧“磅值”框中输入 2，单击“确定”按钮。

字体
字体(N)　高级(V)
字符间距
缩放(C): 100%
间距(S): 加宽　磅值(B): 2 磅
位置(P): 标准　磅值(Y):
☑ 为字体调整字间距(K): 1　磅或更大(O)
☑ 如果定义了文档网格，则对齐到网格(W)
OpenType 功能
连字(L): 无
数字间距(M): 默认
数字形式(F): 默认
样式集(T): 默认
☐ 使用上下文替换(A)
预览
此字体样式限于显示，打印时将采用最相近的匹配样式。
设为默认值(D)　文字效果(E)...　确定　取消

图 4-2-4　“字体”对话框

单击“字体”组中的“文本效果”按钮→“阴影”→外部的“偏移：右下”效果，如图 4-2-5 所示。再单击“文本效果”按钮→“映像”→“紧密映像：4 磅 偏移量”效果，如图 4-2-6 所示。

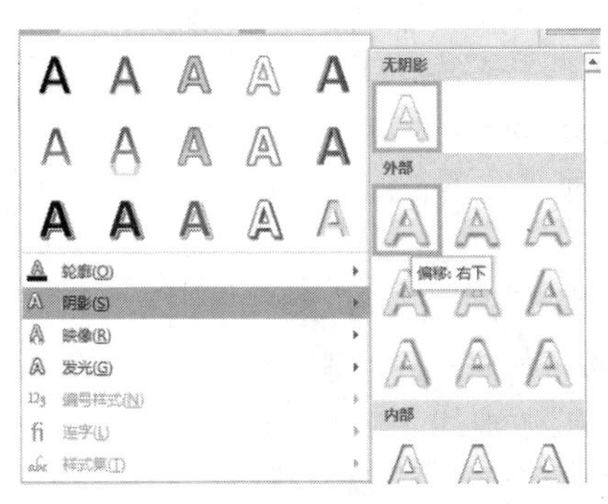

图 4-2-5　阴影效果

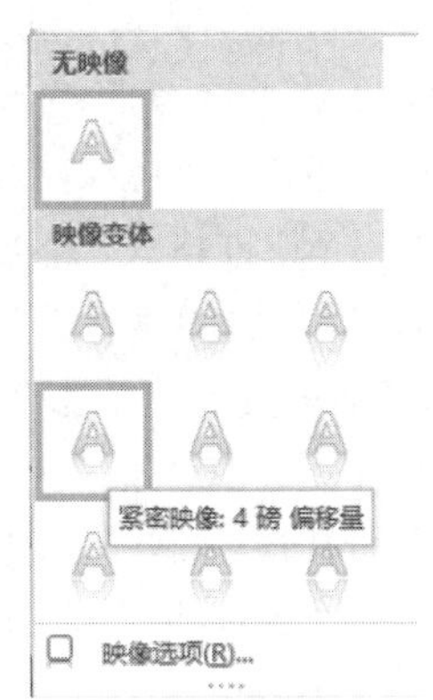

图 4-2-6　映像效果

在“开始”选项卡“段落”组中单击“边框”按钮的下拉按钮→“边框和底纹”，打开“边框和底纹”对话框，如图 4-2-7 所示。单击“底纹”标签，在“图案”组的“样式”下拉列表框中选择“浅色棚架”选项，在“颜色”下拉列表框中选择“水绿色，个性色 5，淡色 80%”选项，在“应用于”下拉列表框中选择“文字”选项，单击“确定”按钮。

选择标题中的文字，然后单击“字体”组“字体颜色”按钮右侧的下三角按钮，选择字体颜色面板上标准色中的“深蓝色”选项。拖选前三个⌘，再按住 Ctrl 键并选择标题右边的三个✂，单击“字体颜色”按钮右侧下三角按钮，在字体颜色面板上选择标准色的橙色。

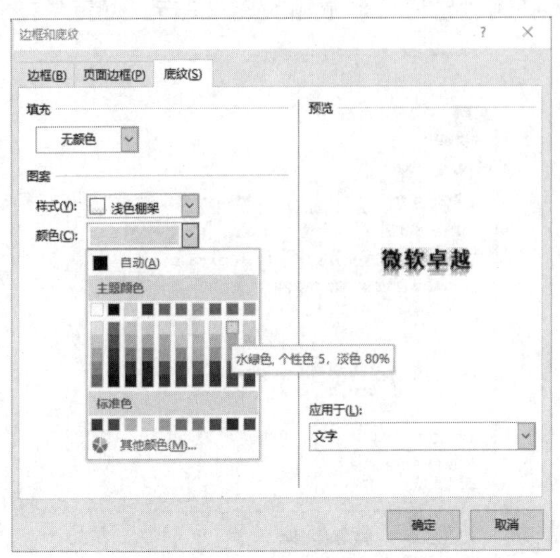

图 4-2-7 “边框和底纹”对话框

将光标定位在标题行中，单击“开始”选项卡“段落”组的对话框启动按钮，打开“段落”对话框。在“间距”区域设置“段前”和“段后”均为1行，单击“行距”，在打开的下拉列表框中选择“固定值”选项，在“设置值”框中输入25磅，如图4-2-8所示，单击“确定”按钮。

2. 其他段落和文本格式设置

将鼠标移至文档左侧选择栏，当鼠标指针变成斜向右上箭头时，对着正文第一行单击并垂直拖动鼠标至文档最后一行，即选择各段落。在“字体”组的“中文字体”列表框中选择“仿宋”选项，“字号”列表框中选择“小四”选项；单击“段落”组的“段落”对话框启动按钮，打开“段落”对话框，在“常规”区域的“对齐方式”下拉列表框中选择“两端对齐”选项，在“缩进”区域的“特殊格式”下拉列表框中选择“首行缩进”选项，在“磅值”框中输入“2字符”，在“间距”区域的“行距”下拉列表框中选择“多倍行距”选项，在“设置值”框中输入1.3，如图4-2-9所示，单击“确定”按钮。

选取“滴水和尚”文本，单击“字体”组的“字符底纹”按钮 **A**；将鼠标在“如果你处在社会的底层”所在段落单击三次，选择该段落，按Ctrl+D组合键，打开“字体”对话框，在“字体”选项卡“下划线线型”下拉列表框中选择双波浪线，在“下划线颜色”下拉列表框中选择“标准色”中的红色，如图4-2-10所示，单击“确定”按钮；选择“万物皆有所用”文本，按Ctrl+D组合键，打开“字体”对话框，在“字体”选项卡的“着重号”下拉列表框中选择“.”选项，如图4-2-11所示，单击“确定”按钮。

3. 添加空白行及“语音提示”格式设置

将光标定位在文档的最后面，按三次Enter键，即添加两空白行。然后输入图4-2-2所示的文本内容［(1)、(2)等数字编号不用输入；文档中有的词可以直接复制过来)］。

选择“语音提示”文本，在“字体”组的“字体”下拉列表框中选择“微软雅黑”选项，在“字号”框中输入15，然后按Enter键，单击“加粗”按钮 **B** 。

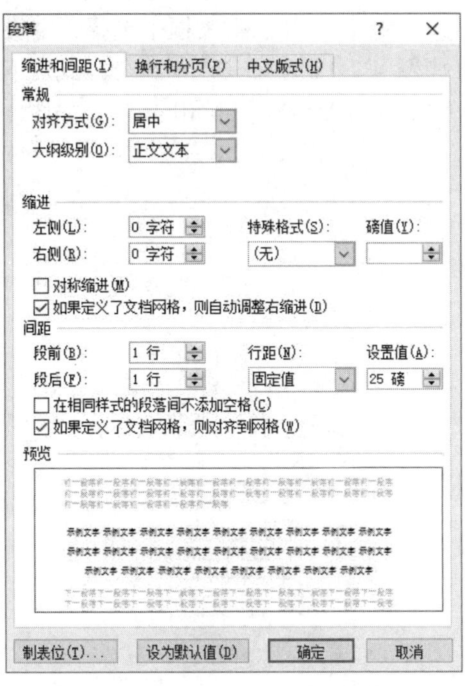

图 4-2-8 “段落”对话框 1

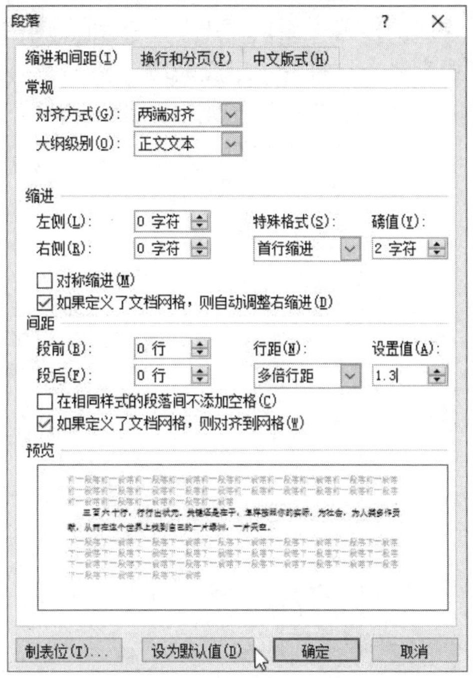

图 4-2-9 “段落”对话框 2

图 4-2-10 “字体”对话框 1

图 4-2-11 “字体”对话框 2

选择其他文本，在“字体”下拉列表框中选择“楷体”选项，在“字号”框中输入 13，按 Enter 键，再单击“字体”组的“拼音指南”按钮 wén 文，打开“拼音指南”对话框，“对齐方式”选择“1-2-1”，偏移量调整为“2 磅”，“字体”选择“楷体”，“字号”调整为“9 磅”，如图 4-2-12 所示，单击“确定”按钮。

单击“段落”组的“编号”按钮右侧的下三角按钮，在打开的列表框中选择“定义新编号格式”命令，打开“定义新编号格式”对话框，如图 4-2-13 所示，在“编号样式”下拉列表框中选择“1,2,3,…”选项，在“编号格式”文本框中的编号前后输入半角的“()”，如图 4-2-13 所示，单击“确定”按钮。

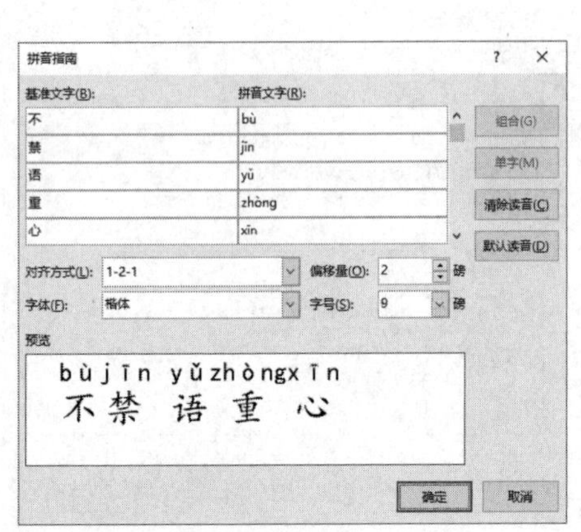

图 4-2-12　“拼音指南”对话框

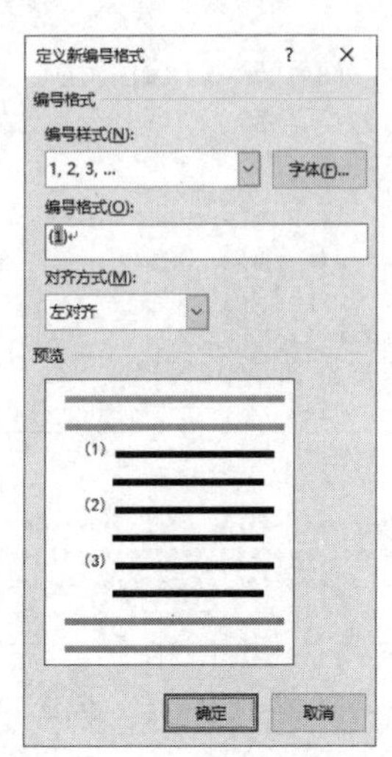

图 4-2-13　“定义新编号格式”对话框

4. 添加段落边框与底纹

选择“鲁迅”所在段落，单击“段落”组“边框”下拉列表框中的“边框与底纹”按钮，打开“边框和底纹”对话框，选择“边框”选项卡，在“设置”区域选择“阴影”选项，在“样式”列表框中选择“三条单线”样式，“颜色”选择“红色”，在“宽度”列表框中选择“0.5 磅”选项，如图 4-2-14 所示。选择“底纹”选项卡，在“图案”区域选择“样式”为“5%”，选择“颜色”为浅绿色（标准色），如图 4-2-15 所示，单击“确定”按钮。

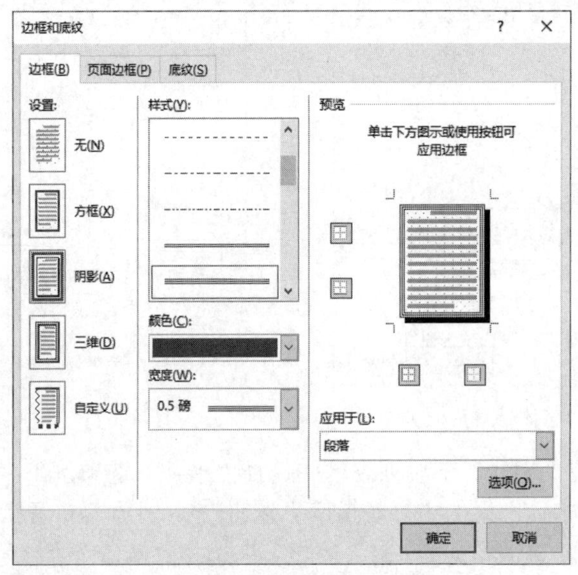

图 4-2-14　“边框”选项卡

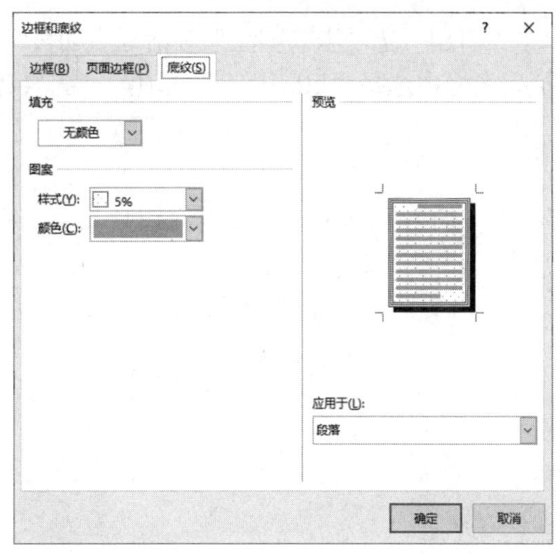

图 4-2-15　“底纹”选项卡

单击“段落”对话框启动按钮，打开“段落”对话框，在“缩进和间距”选项卡的“缩进”区域，设置“左侧”和“右侧”值均为 3 字符，单击“确定”按钮。

5. 添加尾注

在“落花水面皆文章，好鸟枝头亦朋友。”诗句后面单击定位，单击“引用”选项卡“脚注”组的“插入尾注”按钮 插入尾注，光标即定位在文档的最后面，输入“两句诗出自元代诗人翁森的诗歌《四时读书乐·春》。”再选择输入的尾注文本，按 Ctrl+D 组合键，打开“字体”对话框，选择“字体”选项卡，设置“中文字体”为“楷体”，“西文字体”为 Arial Narrow，“字号”为“五号”，如图 4-2-16 所示，单击“确定”按钮。

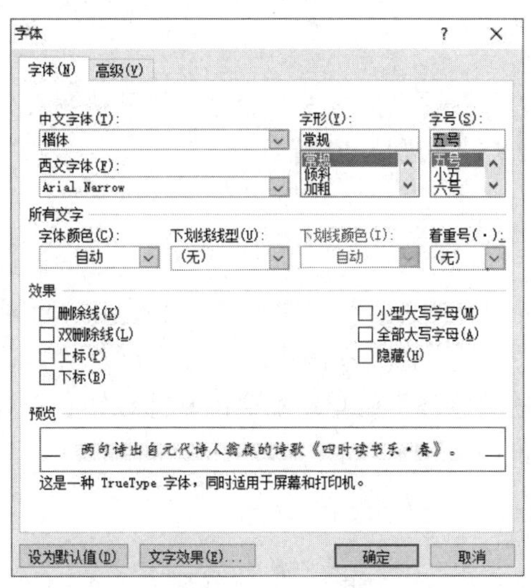

图 4-2-16　“字体”对话框

6. 添加脚注

将光标定位在“朱熹”后，单击“引用”选项卡中的“插入脚注”按钮 AB¹，光标即定位在文档的最后面。输入所需的内容，然后选择输入的内容，设置字体为楷体，字号为五号。选择到“朱熹”后的编号 1，单击“引用”选项卡“脚注”对话框启动按钮，打开“脚注和尾注”对话框。在“编号格式”下拉列表框中选择“I,II,III,…”选项，如图 4-2-17 所示，单击“应用”按钮，关闭对话框。

7. 首字下沉

在正文第四段中单击，在“插入”选项卡“文本”组单击“首字下沉”按钮，在下拉列表框中选择“首字下沉”选项，打开“首字下沉”对话框，选择“下沉”选项，在“选项”区设置“下沉行数”为“2”，“距正文”为“0.3 厘米”，如图 4-2-18 所示，单击“确定”按钮。

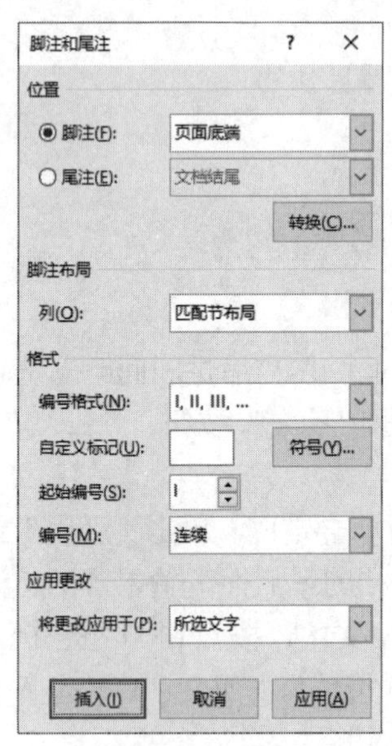

图 4-2-17 “脚注和尾注”对话框

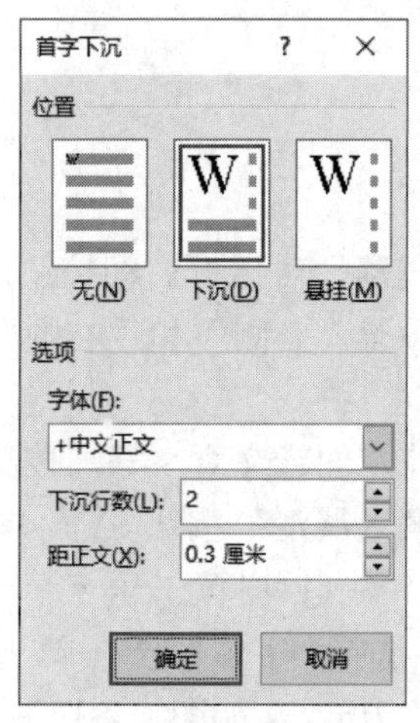

图 4-2-18 “首字下沉”对话框

8. “另存为”文件

编辑完成后，选择“文件”→“另存为”命令，打开“另存为”对话框，将设置后的文档另存为“E:\Word 练习\第 9 号朗读稿.docx”。

三、知识技能要点

1. 文本格式

文本格式主要包括文字的字体、字号、字形、文本效果（阴影、发光等）等。

用户可以使用以下方法之一设置文本格式：

字体、字号、颜色和字形

- 在“开始”选项卡的“字体”组单击所需的功能按钮。
- 使用“字体”对话框。
- 使用浮动工具栏。
- 使用快捷键。

（1）“字体”组的各种字符格式工具按钮。“开始”选项卡“字体”组的各种字符格式工具按钮如图 4-2-19 所示。

各工具按钮的作用如下：

字体框 宋体 ：设置中文字体和英文字体。

字号框 五号 ：设置文字字体大小。

文本格式（上下标、拼音指南等）

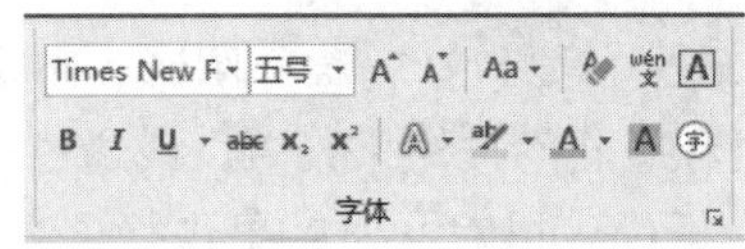

图 4-2-19　“字体”组工具栏

“增大字体”按钮A：增大文字字体大小。

“缩小字体”按钮A：减小文字字体大小。

“更改大小写”按钮Aa：更改文字的大小写。

“清除格式”按钮：清除文字的所有格式，只留下纯文本。

“拼音指南”按钮：对中文字符标注汉语拼音。

“字符边框”按钮A：设置文字的字符边框。

“加粗”按钮B：设置文字加粗。

“倾斜”按钮I：设置文字倾斜。

“下划线”按钮U：设置文字的下划线。

“删除线”按钮abc：添加文字的删除线，如~~删除线~~。

“下标”按钮x_2（Ctrl+=）：设置文本为下标，如 H_2O。

“上标”按钮x^2（Ctrl+Shift++）：设置文本为上标，如 10^3、y^2。

“文字效果和版式”按钮A：设置文本的特殊效果和版式。

“突出显示”按钮：以不同的颜色突出显示文本，似荧光笔填涂效果。

“字体颜色”按钮A：设置文字字体的颜色。

“字符底纹”按钮A：为文字添加底纹背景。

“带圈字符”按钮㊫：为文字加上圈号，如㊫。

（2）“字体”对话框。“字体”对话框中有很多关于文字排版的选项。在“开始”选项卡“字体”组单击对话框启动按钮，或按 Ctrl+D 组合键打开“字体”对话框，如图 4-2-20 所示。在该对话框中可以设置字体、字形、字号、大小写切换、上标、下标等。单击“文字效果”按钮，打开“设置文本效果格式”对话框，如图 4-2-21 所示。在“字体”对话框的“高级”选项卡中可以设置字符间距、字符位置等。字符间距是指相邻两个字符间的距离。

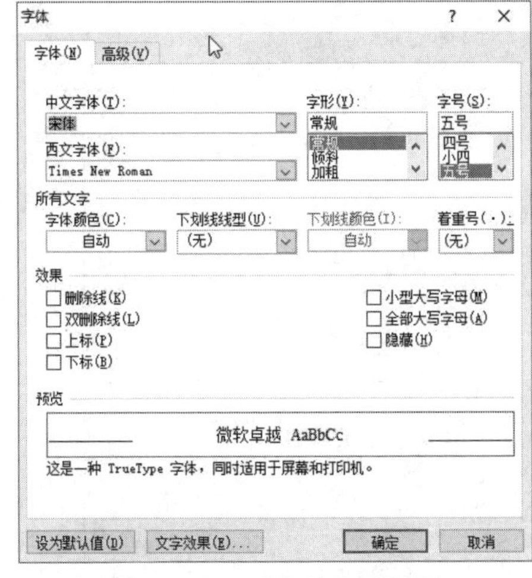

图 4-2-20　“字体”对话框

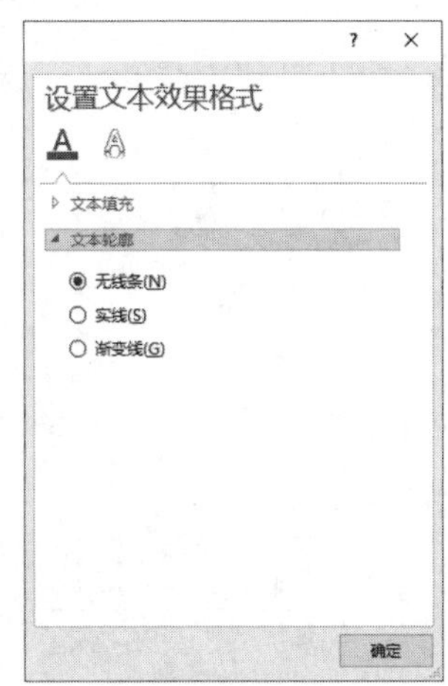

图 4-2-21　“设置文本效果格式”对话框

（3）文本效果设置。文本效果主要包括轮廓、阴影、映像、发光等，可以通过“字体”组的“文字效果和版式”按钮来设置，或通过“设置文本效果格式”对话框来设置，在此对话框中可以对文本效果进行更复杂的设置。

文字效果与版式

操作案例：新建一个 Word 文档，输入“Word 文本效果”文本，然后按下面步骤操作，最终效果如图 4-2-22 所示。

Word 文本效果

图 4-2-22　效果图

1）选择文本，设置字号为 58 磅，字体为微软雅黑，加粗。

2）右击文本，在打开的快捷菜单中选择“字体”命令，打开“字体”对话框，单击“文字效果”按钮，打开“设置文本效果格式”对话框。

3）在“文本填充”选项卡中选择“渐变填充”单选按钮，在“预设渐变”下拉列表框中选择“底部聚光灯-个性色 6”，如图 4-2-23 所示，然后分别设置渐变光圈上的 3 种颜色从左到右分别为红色、黄色和红色。颜色设置方法如下：单击渐变光圈上的颜色按钮，然后在下方颜色下拉列表中单击相应的颜色。

4）在“文本边框”中选择“实线”选项。

5）在“轮廓样式”选项卡中选择“宽度”为“2 磅”，短划线类型为“圆点”。

6）单击“文本效果”标签A，进入“文本效果”选项卡，如图 4-2-24 所示。单击“阴影”项前的“展开”按钮▷，显示“阴影”相关设置项，如图 4-2-25 所示，设置“预设”为“偏移：右”。

图 4-2-23　“文本填充”选项卡

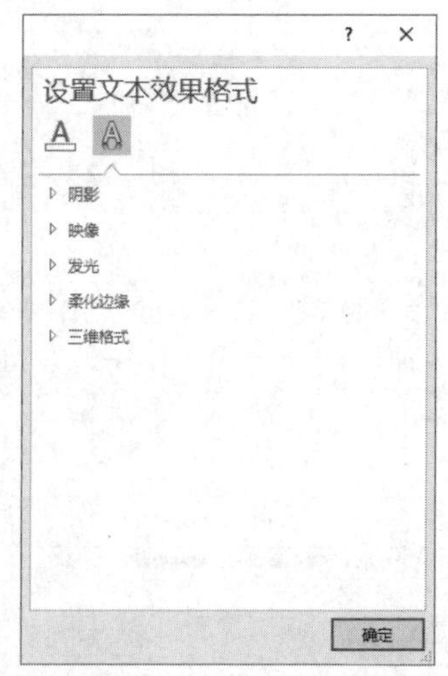

图 4-2-24　“文本效果”选项卡 1

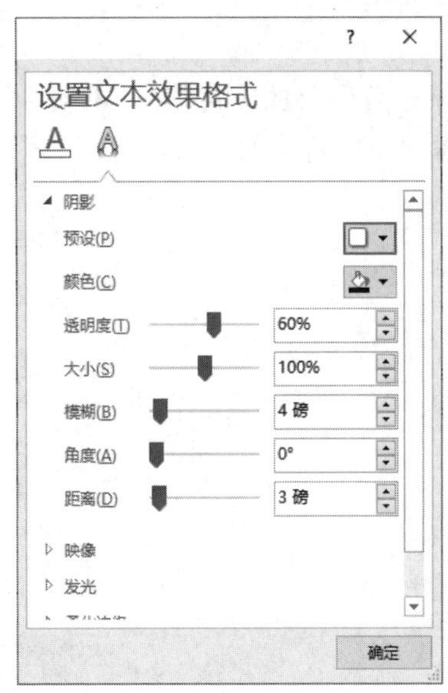

图 4-2-25　“文本效果”选项卡 2

7）单击“映像”选项前的▷按钮，展开“映像”相关设置项，选择“预设”为“半映像：接触”，也可以添加发光效果，最后单击“确定”按钮，关闭“设置文本效果格式”对话框，返回“字体”对话框，单击“确定”按钮，关闭“字体”对话框。

8）选择“本”字，单击“字体”组的对话框启动按钮，打开“字体”对话框。在“高级”选项卡中，设置“位置”为“提升”，“磅值”为“10 磅”，单击“确定”按钮。同理，设置“效”字“位置”为“降低”，“磅值”为“10 磅”，单击“确定”按钮。最终效果如图 4-2-22 所示。

2. *段落格式*

段落是文档中的自然段。输入文本时每按一次 Enter 键就形成一个段落，每段最后都有一个段落标志↵。段落格式作用于整个段落，如果对一个段落排版，只需把光标移到该段落中的任何位置；如果要对多个段落排版，则需要同时选择这几个段落。

段落格式主要包括段落对齐方式、行距、项目符号、缩进等。

用户可以使用以下方法之一来对段落进行排版：

- 在“开始”选项卡的“段落”组单击所需的功能按钮。
- 使用“段落”对话框。
- 使用浮动工具栏。
- 使用快捷键。

（1）“段落”组的功能按钮。“开始”选项卡“段落”组的各种段落格式工具按钮如图 4-2-26 所示。

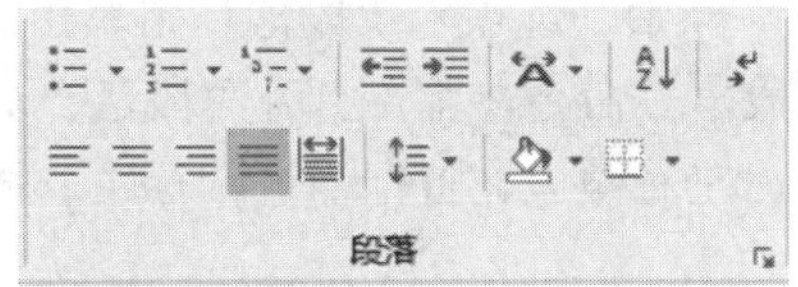

图 4-2-26　“段落”组

各工具按钮的作用如下。

“项目符号”按钮：用来设置段落的项目符号。“项目符号库”面板如图 4-2-27 所示。

“编号”按钮：用来设置段落的行编号。“编号库”面板如图 4-2-28 所示。

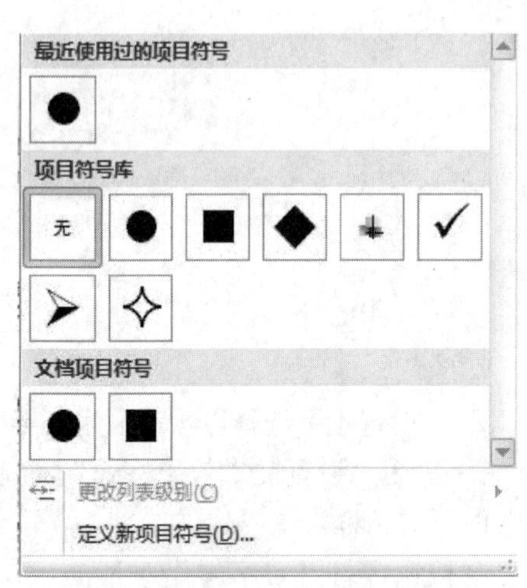

图 4-2-27 “项目符号库”面板

图 4-2-28 “编号库”面板

“多级列表”按钮：设置段落的多级列表样式。

“减少缩进量”按钮：单击一次，使当前段落左缩进减少一个字符位。

“增加缩进量”按钮：单击一次，使当前段落左缩进增加一个字符位。

“中文版式”按钮：自定义中文或混合文字的版式。

“排序”按钮：将文字按字母或数值进行排序。

“显示/隐藏编辑标记”按钮：显示/隐藏段落标记或格式符号。

“段落对齐按钮”按钮：从左到右分别为“左对齐”（Ctrl+L）、“居中”（Ctrl+E）、“右对齐”（Ctrl+R）、“两端对齐”（Ctrl+J）、“分散对齐”（Ctrl+Shift+J）。当前哪个按钮加亮，说明当前段落使用该对齐方式。左对齐即段落左端对齐，右端可留空白；右对齐即段落右端对齐，左端可留空白；居中对齐即文本左右留等量的空白；两端对齐即文本左右都不留空白，但段落最后一行除外。

“行和段落间距”按钮：对被选取的段落进行改变行距和段前/段后间距的操作。

“底纹”按钮：给所选的文字或段落添加背景色。

“下框线”按钮：给所选的文字或段落添加框线及底纹。

（2）“段落”对话框。在“开始”选项卡“段落”组单击对话框启动按钮，或在段落中右击，选择快捷菜单中的“段落”命令，都可打开“段落”对话框，如图 4-2-29 所示。在此对话框中可以设置对齐方式、左右缩进、首行缩进、行距、段前/段后距等。

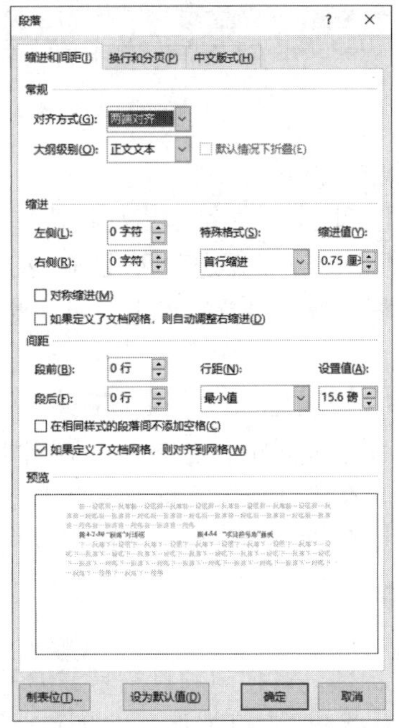

图 4-2-29 “段落”对话框

（3）对齐方式。通常有两端对齐、左对齐、居中、右对齐和分散对齐五种方式。

选择段落，然后执行下面方法之一即可：

- 单击“段落”组工具栏上的对应对齐方式按钮。
- 在“开始”选项卡“段落”组单击“段落”对话框启动按钮，弹出“段落”对话框，选择“缩进和间距”选项卡，在“常规”区域的“对齐方式”下拉列表框中选择所需的对齐方式。

段落对齐与缩进

（4）段落缩进。段落缩进指段落中的文本到正文区左、右边界的距离，包括左缩进、右缩进、首行缩进、悬挂缩进。标尺及段落缩进示意如图 4-2-30 所示。

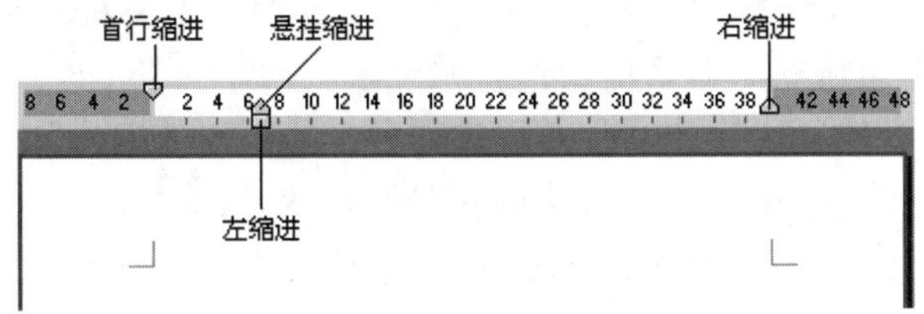

图 4-2-30 标尺及段落缩进示意

首行缩进是针对段落开始处，段落缩进是针对文档排版，悬挂缩进与首行缩进相反。

方法一：使用标尺设置段落缩进。

1）勾选“视图”选项卡中“显示”组的“标尺”复选框，或单击垂直滚动条上方的“标尺”按钮。

2）将鼠标定位在需要进行缩进设置的段落。

3）按住鼠标左键并拖动标尺中的相应缩进标记来拖动到适当位置，也可以在拖动的同时按住 Alt 键，此时标尺上会显示缩进的具体数值，如图 4-2-31 所示，可精确调整缩进。

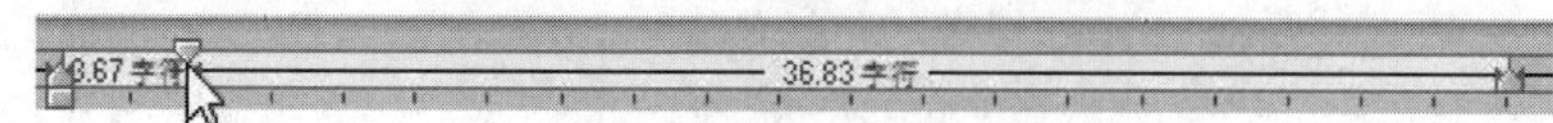

图 4-2-31　标尺上显示缩进的具体数值

方法二：使用“段落”对话框进行精确调整。

1）在“开始”选项卡，单击“段落”对话框启动按钮，打开“段落”对话框。

2）选择“缩进和间距”选项卡，在“缩进”区域的“左侧”和“右侧”框中分别输入距离值，在“特殊格式”下拉列表框中选择“首行缩进”或“悬挂缩进”选项，在“磅值”框中输入距离值。

（5）间距设置。间距有行距、段前间距和段后间距。

行距和段落间距

在“段落”对话框中选择“缩进和间距”选项卡，在“间距”区域的“段前”和“段后”框中输入相应值，在“行距”下拉列表框中选择一种行距。但要设置多倍行距（如 1.8 倍行距），则要在“行距”下拉列表框中选择“多倍行距”选项，在“设置值”框中输入 1.8。

3. 列表

为了提高文档的清晰性和易读性，可使用项目符号或编号来显示某类信息，即构成列表。用列表表示时，如果内容不考虑优先级，使用项目符号即可，使用编号可表示具有优先级别的内容，也可使用多级列表显示列表的内容。

（1）项目符号。选定需处理的段落，直接单击“段落”组的“项目符号”按钮，则直接应用当前默认的项目符号，也可以单击“项目符号”按钮右边的下三角按钮，弹出图 4-2-27 所示的“项目符号库”面板，选择所需的项目符号。如果“项目符号库”中没有所需符号，则选择“定义新项目符号”命令，在“定义新项目符号”对话框中设置新项目符号。

项目符号

（2）编号。选定要添加编号的段落，直接单击“段落”组的“编号”按钮，则直接应用当前默认的编号；也可以单击“编号”按钮右边的下三角按钮，弹出图 4-2-28 所示的“编号库”面板，从“编号库”中选择所需的样式。如果在已列出的“编号库”中没有所需的格式，选择“定义新编号格式”命令，打开“定义新编号格式”对话框设置新编号。

编号

（3）用户也可以在输入内容的同时，添加项目符号列表或编号列表，操作步骤如下：

1）选择一种项目符号或编号（或直接输入编号），然后输入所需的文本。

2）按 Enter 键添加下一个列表项。Word 会自动插入下一个项目符号（与第一个相同）或编号（自动增加）。

3）要完成列表，按两次 Enter 键，或删除列表中的不需要的最后一个符号或编号。

（4）删除项目符号或编号。

选取需删除项目符号或编号的段落，然后使用下面方法之一：

- 单击“项目符号库”或“编号库”的“无”选项。
- 直接单击“段落”组的“项目符号”按钮或“编号”按钮。

4. 边框和底纹

添加边框和底纹的操作步骤如下：

边框和底纹

（1）选取需设置边框和底纹的文本，单击“开始”选项卡“段落”组“下框线”旁的下三角按钮▾，从弹出的菜单中选择“边框和底纹”命令，打开“边框和底纹”对话框。

（2）选择“边框”选项卡，在“设置”区域选择一种边框类型，在“样式”列表框中选择边框线样式，在“颜色”下拉列表框中选择边框颜色，在“宽度”下拉列表框中选择边框的磅数，在“应用于”下拉列表框中选择“段落”或“文字”选项。

（3）选择“底纹”选项卡，在“填充”区域的调色板中选择底纹颜色，在“图案”区域的“样式”下拉列表框中选择底纹图案样式，在“颜色”下拉列表框中选择底纹图案颜色。在“应用于”下拉列表框中选择“段落”或“文字”选项，在“预览”区域中可看到设置后的效果。

（4）单击“确定”按钮。

5. 段落中的换行与分页

Word 2019 是自动分页的。有时用户希望将新的段落安排在下一个页面上，可进行如下设置。

打开“段落”对话框，选择“换行和分页”选项卡，如图 4-2-32 所示，勾选“分页”组中的“段前分页”复选框，单击“确定”按钮。

图 4-2-32　“换行和分页”选项卡

6. 脚注和尾注

脚注和尾注

脚注和尾注是对文本的补充说明。脚注一般位于页面的底部，是对文档某处内容的注释；尾注一般位于文档的末尾，列出引文的出处等。

脚注和尾注由两个关联的部分组成，包括注释引用标记及其对应的注释文本。Word 2019 默认自动为脚注和尾注添加编号。在添加、删除或移动自动编号的注释时，Word 2019 将对注释引用标记重新编号。

插入脚注和尾注的步骤如下：

（1）将插入点移到要插入脚注和尾注的位置。

（2）单击“引入”选项卡中的“插入脚注”按钮AB^{1}或“插入尾注”按钮插入尾注，系统自动在页面底端或文档结尾处插入脚注或尾注的编号，插入点定位在编号右侧，用户输入相应注释内容即可。

如果用户要自定义脚注或尾注的编号，可单击“引用”选项卡“脚注”工具组的对话框启动按钮，打开“脚注和尾注”对话框，设置脚注或尾注的位置及编号格式等。

双击注释区的脚注或尾注编号，返回文档中的引用标记位置处，同样双击文档中的引用标记则返回到注释区。

删除脚注或尾注只需选择引用标记，按 Delete 键即可。删除了脚注或尾注的引用标记会连同其关连的注释文本一起删除。

7. 首字下沉

首字下沉

首字下沉是指正文开头的第一个字符以大字号或特殊的方式显示，用下沉或悬挂方式区别于其他字符，通常用于信件和邀请函中。

设置首字下沉时，首先将插入点定位在要设置的段落中，然后在“插入”选项卡的“文本”组中单击“首字下沉”按钮，弹出下拉菜单，如图 4-2-33 所示。用户根据需要选择相应的菜单项，选择“首字下沉选项”命令，打开“首字下沉”对话框，操作方法可参照本节案例操作过程 7。

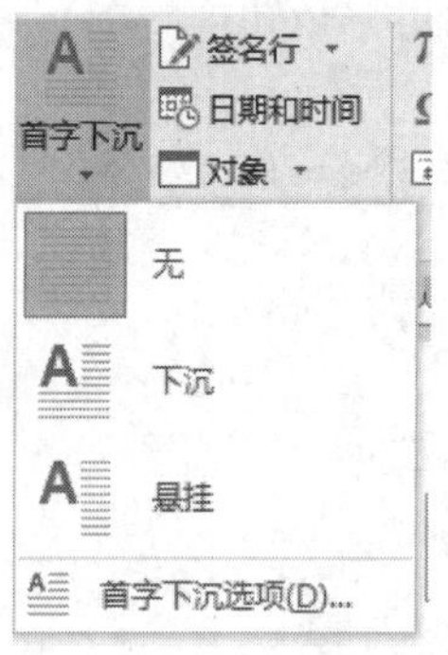

图 4-2-33　首字下沉下拉菜单

4.3　制作图文并茂的朗读稿

主要学习内容：

- 图片、联机图片、图标和艺术字
- 页眉、页脚和页码
- SmartArt 图形
- 绘制简单的图形
- 分页和分栏

制作图文并茂的朗读稿

一、操作要求

打开素材“第 9 号朗读稿.docx”，完成以下编辑操作，最终效果图如图 4-3-1 所示。

（1）将标题设置为艺术字，艺术字样式为样式列表中倒数第 3 个；字体为华文琥珀，字号为 26 磅；文字方向为垂直；设置艺术字在文本框中“居中”，设置文本框的上、下、左和右页边距均为 0；文本填充为渐变填充，“径向渐变-个性色 5”，类型为线性；文本轮廓为实线，黄色，1 磅，圆点线型；环绕方式为四周型；文字效果为“阴影—外部—偏移：右”；适当调整艺术字位置。

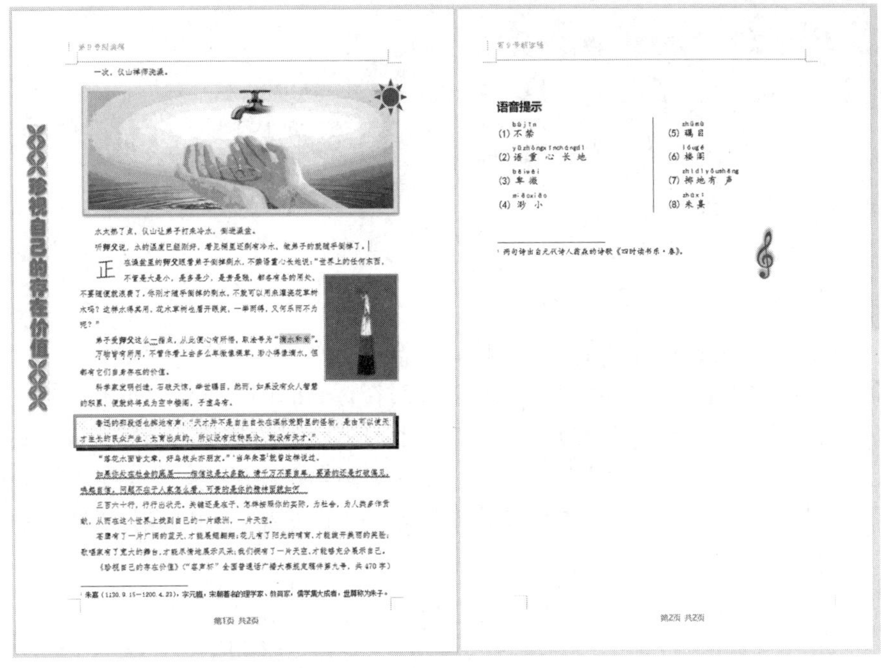

图 4-3-1　最终效果图

（2）插入“内置”中的“边线型”页眉，页眉内容为“第 9 号朗读稿”，仿宋，五号；页脚内容为“第 X 页　共 Y 页”（X 为当前页码，Y 为总页数）；页脚文本格式为微软雅黑，五号，居中对齐，距页面底端 0.8 厘米。

（3）插入素材文件夹中的图片“cherish.jpg”，缩放比例为高度 28%，宽度 40%；设置“上下型”文字环绕，上、下、左、右距正文均为 0.1 厘米；图片样式为“简单框架，白色”，将图片边框设置为浅蓝色、3 磅实线，适当调整图片的位置。

（4）插入联机图片。搜索关键字为“价值”的联机图片，选择一张插入。图片文字环绕方式为四周型，文字只在其左侧环绕，左边距正文 0.4 厘米；等比例缩放 40%；图片边框线为 2 磅、蓝色、双线；图片颜色饱和度为 200%，艺术效果为蜡笔平滑，适当调整联机图片的位置。

（5）插入一个“小太阳”形状图形，填充颜色为红色，无轮廓线，长和宽各为 1.8 厘米，环绕文字为浮于文字上方，水平绝对位置为 14 厘米，垂直绝对位置为 0.7 厘米。

（6）将正文最后 8 行加拼音的文字分成等宽两栏，栏宽为 18 字符，加分隔线。

（7）在文档中插入一个图标，位置和格式自定。

（8）保存文件。

二、操作过程

1. 使用艺术字

（1）将标题设置为艺术字。选择标题行，在“插入”选项卡“文本”组单击“艺术字”按钮 艺术字，显示图 4-3-2 所示的艺术字样式列表，单击倒数第 3 个选项。系统显示图 4-3-3 所示的艺术字编辑框，标题显示在编辑框中，此时艺术字处于被选状态。在“开始”选项卡设置文本为华文琥珀、26 磅。

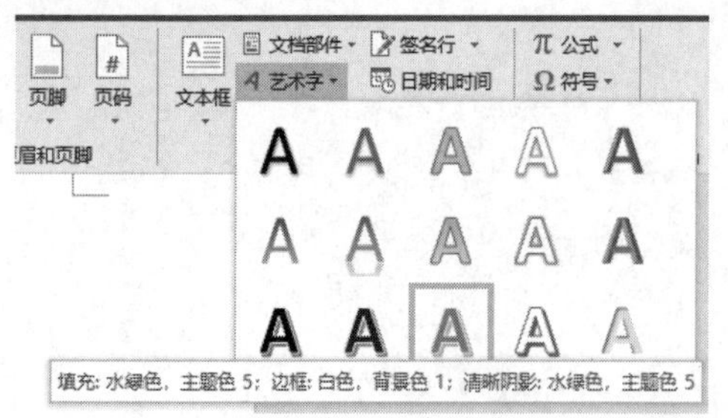

图 4-3-2　艺术字样式列表

图 4-3-3　艺术字编辑框

（2）设置艺术字文字方向。在“形状格式”选项卡“文本”组依次选择“文字方向”→“垂直”命令，标题即变为图 4-3-4 所示效果。此时在标题的图案和文字间输入空格，让标题内容能正常显示，效果如图 4-3-1 所示。单击“形状样式”对话框启动按钮，在对话框右侧显示“设置形状格式”窗格，如图 4-3-5 所示，单击“布局属性”按钮，设置“垂直对齐方式”为“居中”，文本框上、下、左、右边距均为 0 厘米，关闭窗格。适当调整艺术字编辑框的高度与宽度。

图 4-3-4　文字垂直

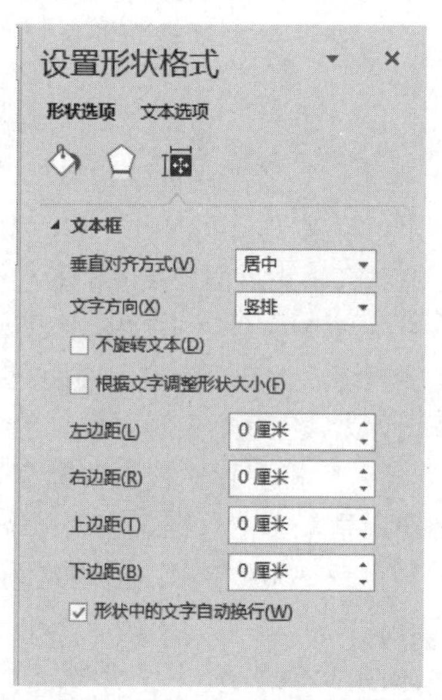

图 4-3-5　“设置形状格式”窗格 1

（3）设置艺术字的阴影。在“形状格式”选项卡“艺术字样式”组依次单击“文字效果”按钮→“阴影”→“外部－偏移:右”，即设置了阴影效果。

（4）设置艺术字的填充颜色及轮廓线型。在“艺术字样式”组依次单击“文本填充”下拉按钮→“渐变”→“其他渐变”，弹出“设置形状格式”窗格，如图 4-3-6 所示，依次单击“预设渐变”右侧的按钮→“径向渐变-个性色 5”，“类型”选择“线性”。单击“文本填充”左侧的按钮，折叠“文本填充”各选项，显示“文本轮廓”选项。选择“实线”单选按钮，单击“颜色”按钮，在下拉列表框中选择标准色中的黄色，在“短划线类型”下拉列表框中选择“圆点”选项，如图 4-3-7 所示，关闭此窗格。

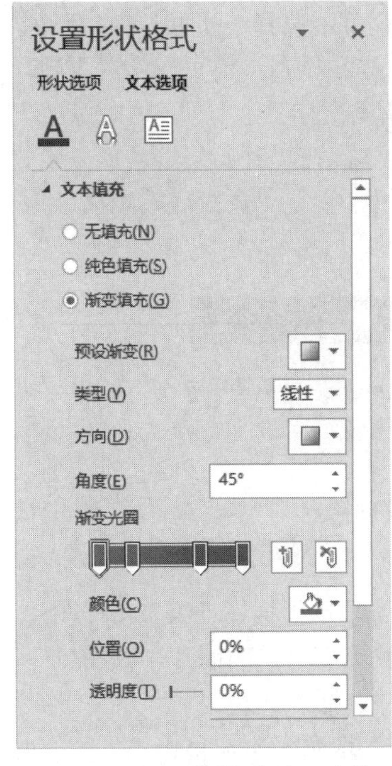

图 4-3-6　“设置形状格式”窗格 2

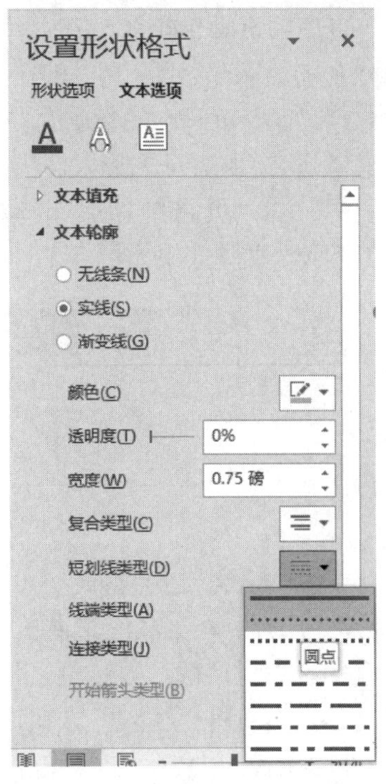

图 4-3-7　“设置形状格式”窗格 3

（5）设置艺术字的环绕方式。在“排列”组单击“环绕文字”按钮环绕文字，从下拉列表框中选择“四周型”选项；或单击艺术字右侧的“布局选项”按钮，在打开的“布局选项”选项卡上单击“文字环绕”下方的“四周型”按钮，如图 4-3-8 所示；将鼠标指向艺术字，当鼠标指针变成移动指针时，拖动鼠标适当调整艺术字位置。

图 4-3-8　单击“四周型”按钮

2. 插入页眉和页脚

选择“插入”选项卡，在“页眉和页脚”组单击“页眉”按钮，在打开的下拉列表框中选择“内置”→“边线型”选项。然后在页眉的“[文档标题]”文本框中输入“第 9 号朗读稿”。选择输入的文本，在“开始”选项卡中设置字体为仿宋，字号为五号。

单击“页眉和页脚”组的“页码”按钮，在弹出的菜单中选择“页面端底”命令，在“X/Y”组中选择“加粗显示的数字 2”，即在当前页的页脚中居右显示当前页码和总页数，如第一页显示为“1/2”。保留页脚中的数字，在相应位置输入所需文字，删除页码中的斜线“/”，使其显示为“第 X 页　共 Y 页”形式。再选择页脚全部文本，在“开始”选项卡中设置字体为微软雅黑、五号。在“页眉和页脚”选项卡的“位置”组，设置“页脚底端距离”为 0.8 厘米，如图 4-3-9 所示，页脚效果如图 4-3-1 所示。

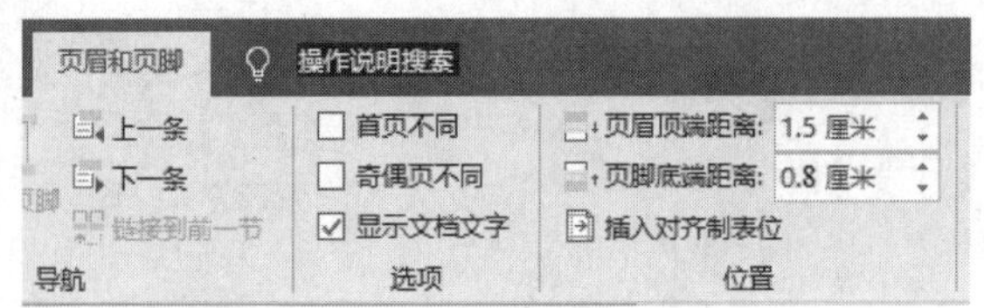

图 4-3-9　“页眉和页脚”选项卡

3. 插入图片和设置图片格式

（1）插入图片。在第二段落前单击，在“插入”选项卡“插图”组单击“图片”按钮，弹出“插入图片”对话框，导航至素材文件夹位置，找到需插入的图片，如图 4-3-10 所示。然后选择文件，再单击“插入”按钮，或双击图片文件，插入图片。

（2）编辑图片的大小。选择图片，在“图片格式”选项卡中，单击“大小”对话框启动按钮，弹出“布局”对话框。在“大小”选项卡中，取消勾选“锁定纵横比”复选框，在“缩放”区域的“高度”框中输入 28%，在“宽度”框中输入 40%，如图 4-3-11 所示。

图 4-3-10　“插入图片”对话框

图 4-3-11　“布局”对话框

（3）编辑图片的版式。选择“布局”对话框中的“文字环绕”选项卡，如图 4-3-12 所示，在“环绕方式”区域中选择“上下型”选项，在“距正文”区域的“上”“下”框中均输入“0.1 厘米”，单击“确定”按钮。适当调整图片的位置。

（4）编辑图片样式。选择图片，在“图片格式”选项卡的“图片样式”组，单击样式列表中“简单框架，白色”按钮，再单击“图片边框”按钮图片边框，单击主题颜色面板中的标准色“浅蓝色”，再依次单击“图片边框”按钮图片边框→“粗细”→“3 磅”。将鼠标指向图片，当鼠标指针变成移动指针时，拖动调整图片的位置。

图 4-3-12　“文字环绕”选项卡

4. 插入联机图片并设置其格式

（1）插入联机图片。用鼠标在第四段后面单击定位，单击“插入”选项卡中的“联机图片”按钮，弹出“在线图片”对话框，在“搜索”文本框中输入“价值”，如图 4-3-13 所示，按 Enter 键，搜索与价值相关的图片，单击其中一幅图片，即在光标位置处插入该图片。

（2）设置图片格式。插入的联机图片下方带有图片的说明文字，单击这些文字所在的文本框，选中该文本框，如图 4-3-14 所示，按 Delete 键将其删除。

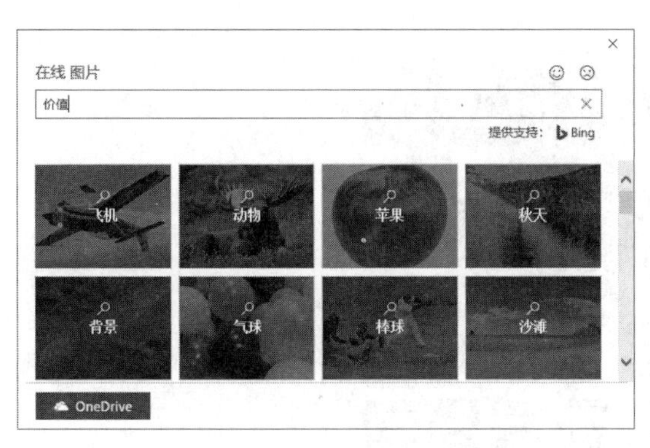

图 4-3-13　“在线图片”对话框

图 4-3-14　选中说明文字

右击图片，在快捷菜单中选择“大小和位置”命令，系统打开“布局”对话框。在“大小”选项卡中勾选“锁定纵横比”复选框，以实现等比例缩放，在“缩放”区域的“高度”框中输入 23%。再选择“文字环绕”选项卡，选择“四周型”选项，选择“只在左侧”单选按钮，左侧距正文设置为 0.4 厘米，如图 4-3-15 所示，单击“确定”按钮。

设置图片边框：在“图片格式”选项卡单击“图片样式”组的对话框启动按钮，在屏幕右侧显示“设置图片格式”窗格，单击“填充与线条”按钮，展开“线条”设置区，如图 4-3-16 所示，设置线条为“绿色”（标准色），宽度为 2 磅，“复合类型”为“双线”，关闭窗格。

图 4-3-15 “文字环绕”选项卡

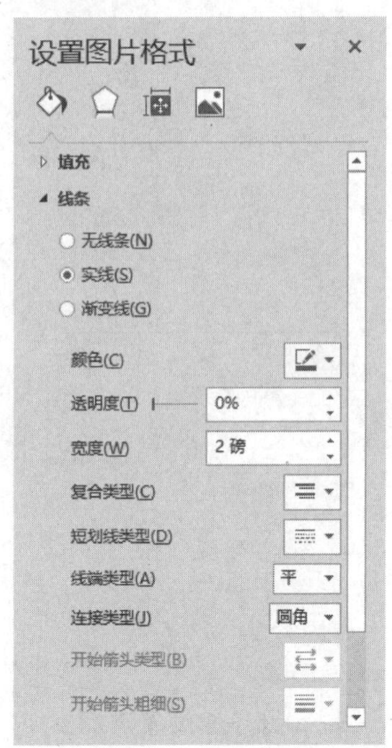

图 4-3-16 设置“图片格式”窗格 4

设置图片颜色：单击“图片格式”选项卡的“调整”组的“颜色”按钮，在弹出的列表框中选择“颜色饱和度”中的“饱和度：200%”选项，如图 4-3-17 所示，即增强图片颜色饱和度。

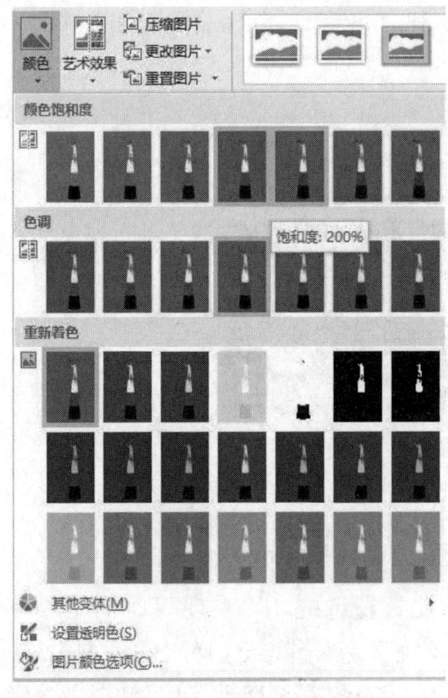

图 4-3-17 选择“饱和度：200%”选项

设置图片艺术效果：单击“调整”组的“艺术效果”按钮，在弹出的下拉列表框中选择“蜡笔平滑”选项，如图 4-3-18 所示。将鼠标移至被选的图片上方，当鼠标变成移动指针 ✥ 时，拖动调整图片到效果图所示位置。

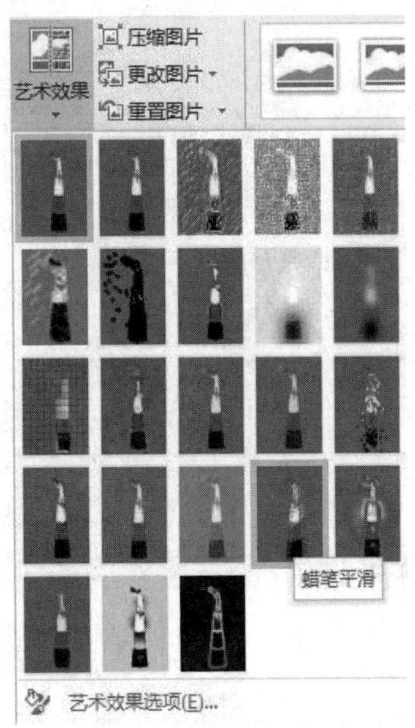

图 4-3-18　选择“蜡笔平滑”选项

5. 绘制简单的形状

在“插入”选项卡单击“插图”组的“形状”按钮，在打开的列表框中选择“太阳形”形状，然后在页面的右上端单击并拖动鼠标，或直接单击，绘制出一个太阳图形，松开鼠标左键完成绘制。刚绘制出的图形处于选择状态，在“形状格式”选项卡的“大小”组，输入宽度、高度均为 1.8 厘米，如图 4-3-19 所示。在“形状样式”组单击“形状填充”按钮形状填充，在列表框中选择“主题颜色”为红色（标准色），依次单击“形状轮廓”按钮形状轮廓→“无轮廓”。在“排列”组，依次单击“环绕文字”按钮环绕文字→“浮于文字上方”。单击“大小”对话框启动按钮，打开“布局”对话框，在“位置”选项卡中设置水平绝对位置为 14 厘米，垂直绝对位置为 0.4 厘米，如图 4-3-20 所示，单击“确定”按钮。

图 4-3-19　“大小”组

6. 分栏

将光标定位在最后的文字“朱熹”后面，在“布局”选项卡的“页面设置”组单击“分隔符”按钮，在列表框中选择“分节符”中的“连续”选项。然后选择 8 行加有拼音的文本，再单击“页面设置”组的“栏”按钮，在下拉列表框中选择“更多栏”选项，打开“栏”对话框，选择“预设”区域的“两栏”选项，设置宽度为“18 字符”，勾选“分隔线”复选框，如图 4-3-21 所示，单击“确定”按钮。

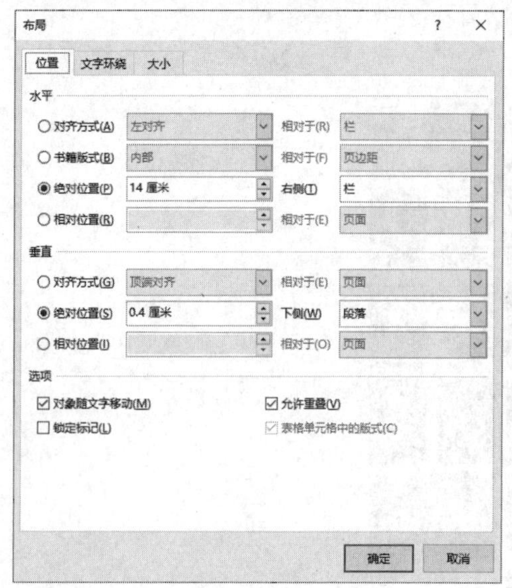

图 4-3-20　“位置”选项卡

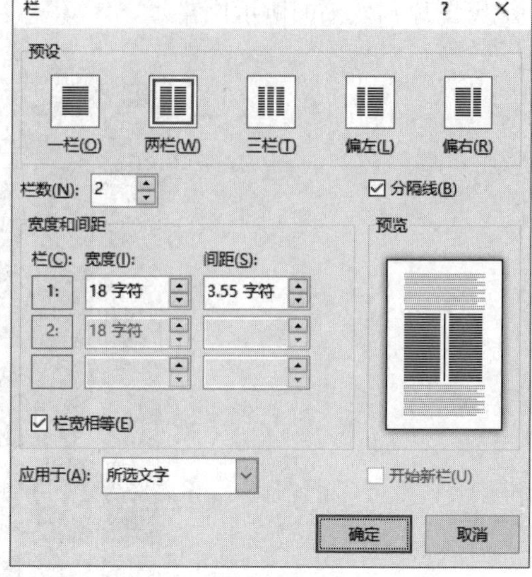

图 4-3-21　“栏”对话框

7. 插入图标

在“插入”选项卡“插图”组单击“图标”按钮，打开“插入图标”对话框，如图 4-3-22 所示。单击某个图标后单击“插入”按钮，或双击某个图标，即插入该图标。图标格式设置与图片设置方法相同。

图 4-3-22　“插入图标”对话框

8. 保存文件。

单击“快速访问工具栏”上的“保存”按钮，保存文件。

插图及屏幕截图

三、知识技能要点

1. 插图

插图是指被插入 Word 文档中的可视内容，如图片、形状、图标等。使用“插入”选项卡“插图”组中的按钮，即可插入相应的插图。所有插图都是对象，这些对象刚插入文档中时都处于被选状态，其四周会有八个圆圈手柄（也称控制点）、一个旋转柄和一个“布局选项”按钮，如图 4-3-23 所示。拖动八个圆圈手柄之一，可以调节插图的长度或宽度；拖动旋转柄可以旋转插图；单击“布局选项”按钮，弹出图 4-3-24 所示的“布局选项”菜单，通过该菜单可以设置插图与周围文本的位置关系。用户在其他位置单击，可取消对插图对象的选择，再次单击这些对象，即选中相应的对象。

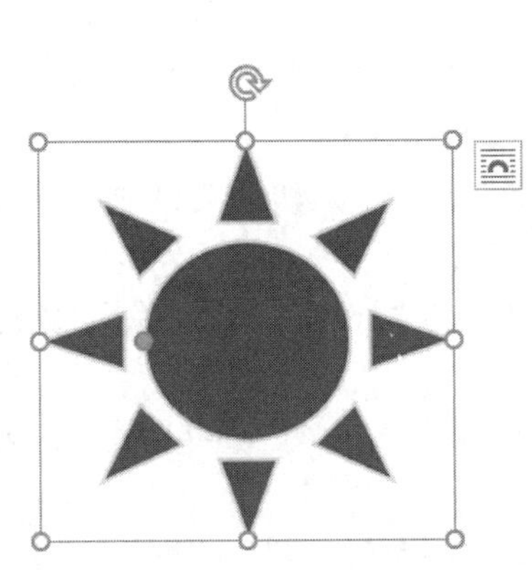

图 4-3-23 选中的对象

图 4-3-24 “布局选项”菜单

2. 插入和编辑图片

可以将不同来源的图片添加到文档中，如图片文件、扫描的图片、联机图片等。Word 2019 中允许插入 wmf、png、bmp、jpg 等格式的图片文件。

在“插入”选项卡的“插图”组单击“图片”按钮，打开“插入图片”对话框。在对话框左侧中首先导航到图片文件所在的位置，然后选择图片，再单击“插入”按钮或直接双击图片文件，即将图片插入当前光标所在位置。

也可以对图片进行复制、移动、删除等操作，与文本的操作方法相同。除此之外，还可以进行缩放、裁剪、设置版式等操作。要编辑图片，首先要选择图片，单击图片即选择图片。选择图片后，Word 2019 会显示“图片格式”选项卡，如图 4-3-25 所示，用户可以使用该选项卡上的工具来编辑图片。

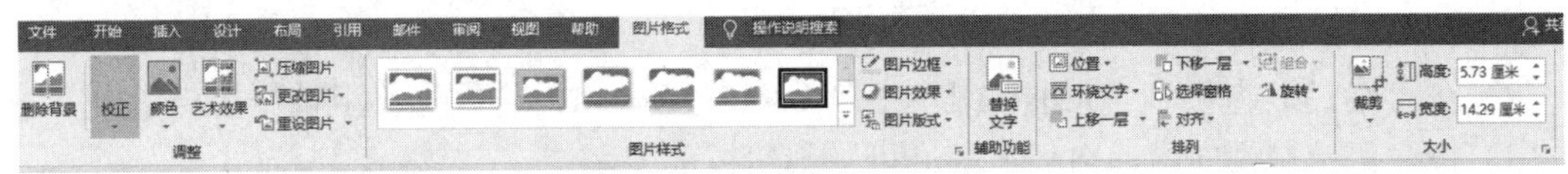

图 4-3-25 “图片格式”选项卡

（1）改变图片的大小。

1）随意调整图片大小的方法如下：

a. 单击需修改的图片，图片的周围会出现八个圆圈手柄。

b. 将鼠标移至控点上，当指针形状变成双向箭头↔、↕等时，拖动鼠标来改变图片的大小。

通过拖动对角线上的控点将图片按比例缩放，拖动上、下、左、右控制点可改变图片的高度或宽度。

2）精确调整大小的方法如下：

a. 右击图片，从弹出的快捷菜单中选择“大小和位置”命令，或在“图片工具—格式”选项卡单击“大小”对话框启动按钮，弹出“布局”对话框。

b. 选择“大小”选项卡。勾选“锁定纵横比”复选框，则“缩放”区域的“高度”与“宽度”等比例缩放。取消勾选“锁定纵横比”复选框，可以在“缩放”区域的“高度”和“宽度”中输入各自的缩放百分比。

c. 单击“确定”按钮。

（2）设置环绕文字：是图片与周围文字的环绕方式。

方法一：右击图片，从快捷菜单中选择“大小和位置”命令。弹出“布局”对话框，选择“文字环绕”选项卡，在“环绕方式”区域中选择所需的版式。

方法二：右击图片，从快捷菜单中选择“环绕文字”命令。从级联菜单中选择所需的环绕方式。

方法三：单击图片，在“格式”选项卡“排列”组单击“环绕文字”按钮，从列表框中选择所需的环绕方式。

方法四：单击图片，单击图片右上角的“布局选项”按钮，在图 4-3-24 所示的菜单中选择所需的环绕方式。

（3）设置图片边框。在“格式”选项卡“图片样式”组单击“图片边框”按钮，可以设置图片边框的粗细、颜色、轮廓效果。

（4）设置图片效果。在“格式”选项卡“图片样式”组单击“图片效果”按钮，可以设置图片的发光、阴影、映像、三维旋转等效果。

（5）裁剪图片。

1）单击需裁剪的图片，图片周围会出现八个控点，如图 4-3-26 所示。

图 4-3-26　八个控点

2）在“格式”选项卡“大小”组单击“裁剪”按钮，将鼠标移至某个控点上。

3）按住鼠标左键向图片内部拖动，可以裁剪掉部分区域。

被裁剪掉的区域还可恢复，按上述方法，在第 3）步时按住鼠标左键向图片外部拖动即可。

单击“裁剪”下拉按钮，从菜单中选择“裁减为形状”命令，选择一种形状即可将当前图片裁减为该形状。

联机图片、图标

3. 插入联机图片

要使用联机图片，首先要保证当前计算机网络连接正常。在“插图”组单击“联机图片”按钮，打开“在线图片”对话框，如图 4-3-13 所示，在“搜索”文件框中输入联机图片的关键字，按 Enter 键，系统搜索出相关图片，并显示在对话框中；或直接单击对话框中某个主题的图片，显示相关图片，然后单击某张图片，再单击“插入”按钮（或直接双击图片），即插入相应的图片。

说明：联机图片的编辑方法与图片编辑方法相同。

4. 插入图标

在“插入”选项卡“插图”组单击“图标”按钮，打开“插入图标”对话框，可以双击某个图标插入文档；或单击选择一个或多个图标再单击“插入”按钮，插入所选的所有图标。图标的编辑与图形的编辑方法相同。

5. 使用形状

形状

利用 Word 2019 中提供的形状，可以让用户在文档中绘制所需的图形，也可以在图形中输入文字。

（1）在“插入”选项卡“插图”组单击“形状”按钮，弹出“形状”列表框，共包含 8 种自选图形，如图 4-3-27 所示。用户根据需要选择合适的图形，准备绘图后，鼠标指针形状变为十字形。

（2）绘制各种形状。单击任一形状按钮，在文档中单击对象左上角位置，然后拖动鼠标，直到达到期望的大小，松开鼠标左键即创建好形状。也可以直接单击，创建默认大小的相应形状。

（3）输入文字。右击图形，从快捷菜单中选择“添加文字”命令，将光标定位于图形内部，即可以输入文字。

（4）编辑形状。形状的编辑操作与一般图片的编辑操作基本相同，如填充、边框颜色、阴影等，而且这些操作均可通过“格式”选项卡上的相应工具按钮来完成。

1）层叠图形。在文档中绘制多个图形后，图形会按照绘制次序自动层叠，改变它们原来的层叠次序的方法是单击需要编辑的图形，在“格式”选项卡“排列”组单击“上移一层”按钮 上移一层 或“下移一层”按钮 下移一层；或右击图形，从快捷菜单中选择“置于顶层”“置于底层”命令。

2）组合图形。如果要同时操作多个图形，可以将多个图形组合起来成为一个操作对象。方法是单击选择一个图形后，按住 Shift 键的同时单击其他图形，便同时选择了多个图形。在“排列”组单击“组合”按钮，选择“组合”命令；或者右击选择的图形，从弹出的快捷菜单中选择“组合”→“组合”命令。如取消图形的组合，则右击组合图形，在打开的快捷菜单中选择“组合”→“取消组合”命令。

3）设置图形格式。选择图形，利用“格式”选项卡的“形状样式”组中的形状填充、形状轮廓、形状效果等按钮改变图形的效果。

利用上面知识绘制图 4-3-28 所示的流程图。

6. 艺术字

艺术字

（1）插入艺术字。在“插入”选项卡“文本”组单击“艺术字”按钮，显示艺术字样式列表。单击任一种艺术字，弹出艺术字编辑框，里面显示提示性文本，如图 4-3-29 所示，输入文字，即插入艺术字；也可以选择已有的文本，然后单击“艺术字”按钮，选择一个样式，所选文本即转换为所选样式的艺术字。

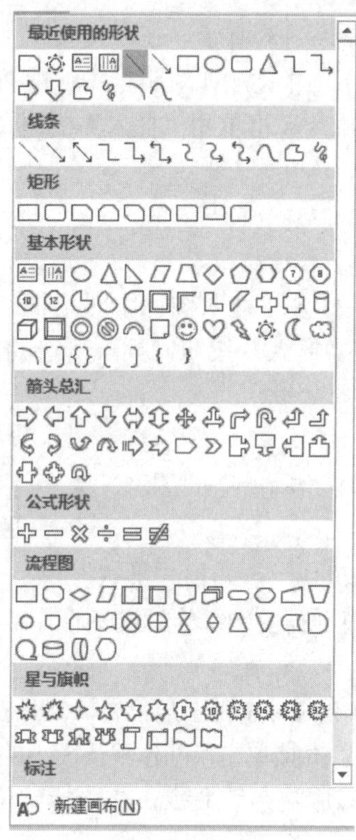

图 4-3-27　自选形状

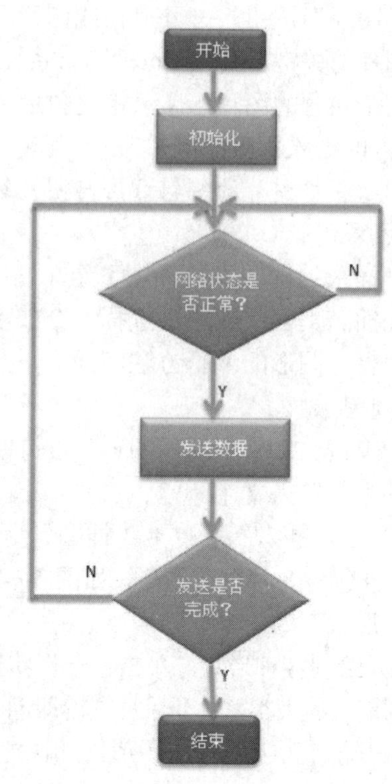

图 4-3-28　流程图

图 4-3-29　艺术字编辑框

（2）编辑艺术字。艺术字可以像图片一样进行复制、移动、删除、改变大小、添加边框、设置版式等操作。在“绘图工具—形状格式”选项卡中可以编辑艺术字的形状样式、艺术字样式、填充颜色、阴影、垂直文字等，如图 4-3-30 所示。

图 4-3-30　“绘图工具—形状格式”选项卡

1）“形状样式”组。可以改变艺术字形状样式、形状填充颜色、形状轮廓、形状的阴影、发光、映像、三维形状等效果。

2）“艺术字样式”组。可以改变艺术字文本的填充、轮廓文本的阴影、发光、映像、三维形状等效果。

3）“文本”组。

“文字方向”按钮：提供更改文本方向的命令，如水平、垂直、角度旋转等。

“对齐文本”按钮：提供更改艺术字在艺术字文本框中的对齐方式，如顶端对齐、中部对齐和底端对齐。

“创建链接”按钮：可以将艺术字的文本框链接到另一个文本框。

4）“排列”组。“排列”组可以改变艺术字的环绕方式、叠放次序、组合、对齐、旋转等。

7. SmartArt

SmartArt

在“插入”选项卡的“插图”组单击 SmartArt 按钮，打开“选择 SmartArt 图形”对话框，如图 4-3-31 所示。在列表中选择所需的图形样式，单击“确定”按钮，即在当前文档中插入所选的图形，将图形中文字修改为自己所需的内容即可。试制作图 4-3-32 所示的物业公司组织架构图。

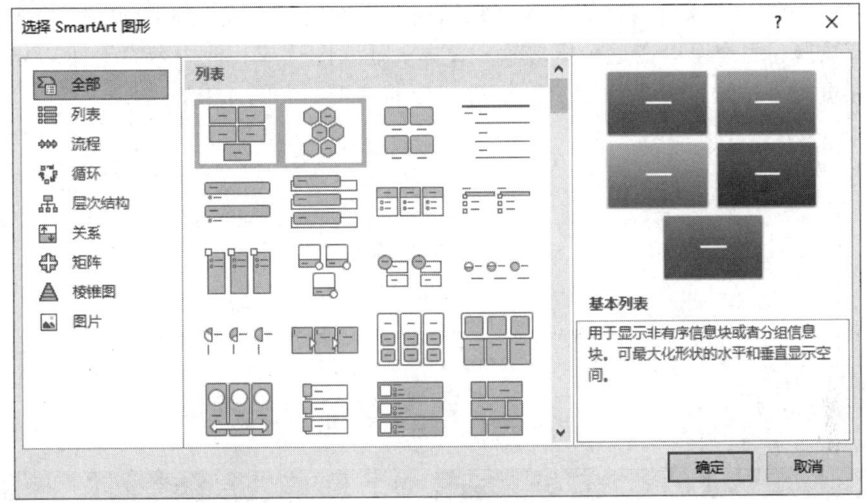

图 4-3-31　“选择 SmartArt 图形”对话框

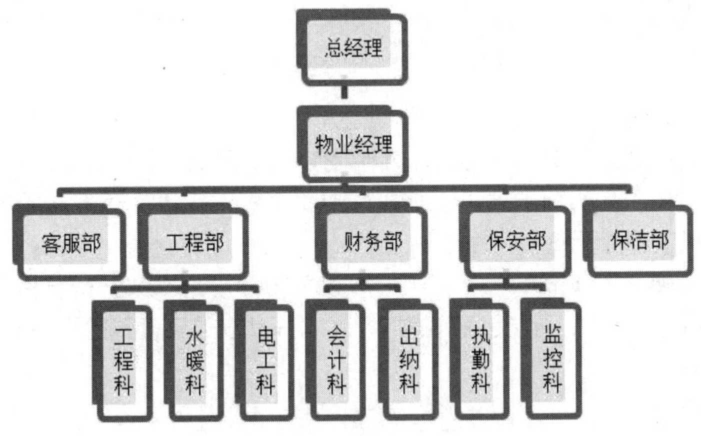

图 4-3-32　物业公司组织架构图

单击 SmartArt 图形，显示“SmartArt 工具”包括“设计”和“格式”两个选项卡，如图

4-3-33 所示，用户可以利用这两个选项卡对 SmartArt 图形进行添加或删除形状，更改颜色、样式等操作。

图 4-3-33　“设计”选项卡

8. 页眉页脚

页眉页脚

页眉和页脚是指每页顶端和底部的特定内容，如标题、日期、页码、用户录入的内容或图片等。页眉和页脚文字的编辑方法与一般文本的编辑方法相同。

在“插入”选项卡“页眉和页脚”组单击“页眉”按钮，从弹出的菜单中选择一种内置类型或选择“编辑页眉”命令自定义编辑页眉。页脚操作方法类似。当进入页眉页脚编辑状态时，一条具有标志性的虚线出现在页面的上方或底部，如图 4-3-34 所示，这就是页眉或页脚，用户可以在这个区域输入文本、插入图片或其他内容。此时 Word 2019 会提供“页眉和页脚”选项卡，允许用户进行进一步的编辑，如图 4-3-35 所示。

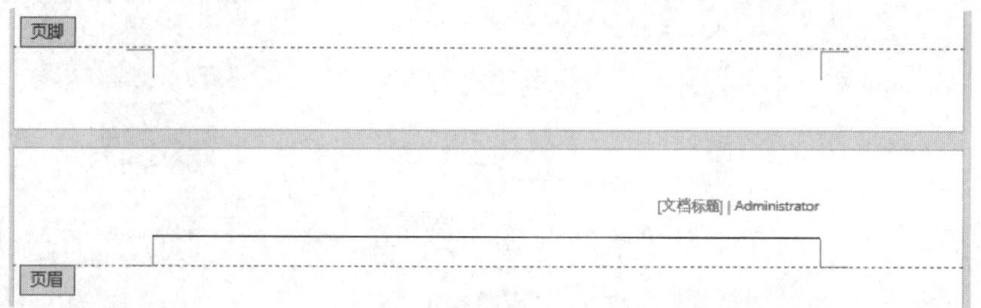

图 4-3-34　页眉和页脚标志

图 4-3-35　“页眉和页脚”选项卡

删除页眉或页脚的方法如下：

方法一：进入页眉或页脚编辑状态，直接按 Delete 键或 Backspace 键将内容删除。

方法二：在“插入”选项卡单击“页眉”或“页脚”按钮，在打开的下拉列框表中，选择“删除页眉”或“删除页脚”命令。

在“页眉和页脚”选项卡单击“关闭页眉和页脚”按钮，退出页眉和页脚编辑状态，或直接在正文中双击，即可返回正文编辑状态。此时可以查看已设置的页眉和页脚效果。

9. 插入页码

页码

若要在文档中插入页码，可在“插入”选项卡的“页眉和页脚”组中单击“页码”按钮，弹出“页码”菜单，如图 4-3-36 所示。每一项都提供了不同类型的页码设置，各菜单项说明见表 4-3-1。

在“页码”菜单中选择“设置页码格式”命令，弹出图 4-3-37 所示的“页码格式”对话框，可以设置页码的编号格式、页码编号等。

表 4-3-1　“页码”菜单项说明

菜单项	含义
页面顶端	选择合适的样式，将页码添加到页面的顶部或页眉
页面底端	选择合适的样式，将页码添加到页面的底端或页脚
页边距	选择合适的样式，将页码添加到左页边距或右页边距的位置
当前位置	选择合适的样式，在光标当前位置插入页码
设置页码格式	选择不同的页码样式，如字母、小写罗马数字、大写罗马数字等
删除页码	从文档中删除页码

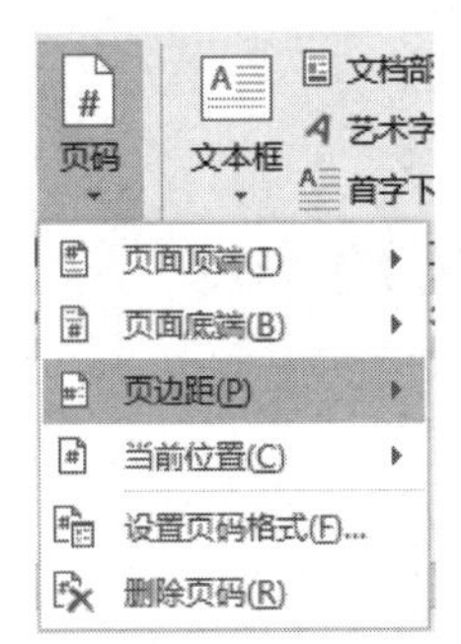

图 4-3-36　“页码”菜单

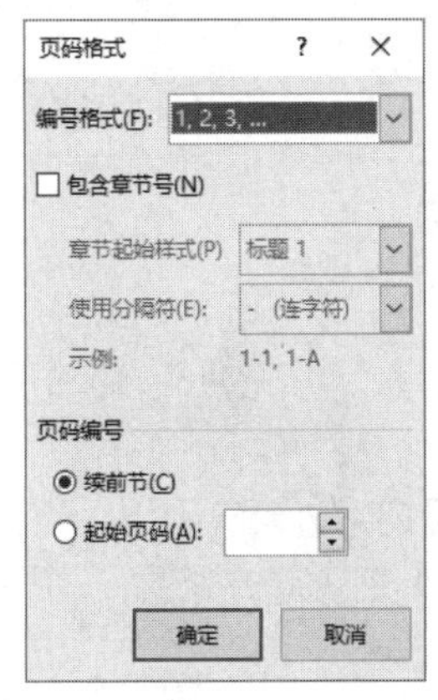

图 4-3-37　“页码格式”对话框

10. 分栏

分栏

使用 Word 2019 的分栏功能可在文档中对文本进行分栏，用户可以设置分栏的栏数、栏宽、栏间距、分隔线等。分栏操作步骤如下：

（1）选取需要进行分栏的段落，如果不选取，则默认对整个文档分栏。

（2）在“页面布局”选项卡“页面设置”组单击“栏”按钮，从列表框中选择一种分栏方式，或者选择“更多栏”命令，弹出图 4-3-38 所示的“栏”对话框。

（3）在“预设”区域单击合适的分栏样式或在“栏数”文本框中输入栏数；在“宽度和间距”区域设置“宽度”和“间距”，勾选“分隔线”复选框。如果要设置各栏的栏宽不相等，则取消勾选“栏宽相等”复选框，再在“宽度”和“间距”框中分别输入各栏的宽度和间距值。

（4）设置完成后单击“确定”按钮。

取消分栏的方法如下：选择已分栏的段落，然后单击“栏”按钮，从列表中选择“一栏”命令即可。

注意： 在分栏时，有时文本都在最左侧一栏中。解决这种问题的方法如下：先将光标定位在需要进行分栏的文本结尾处，在“页面设置”选项卡“页面设置”组单击“分隔符”按钮 分隔符，在弹出的列表中选择“连续”命令，即插入连续的分节符，然后分栏；或者在分栏前选取分栏段落时，不选取最后段落的段落标记。

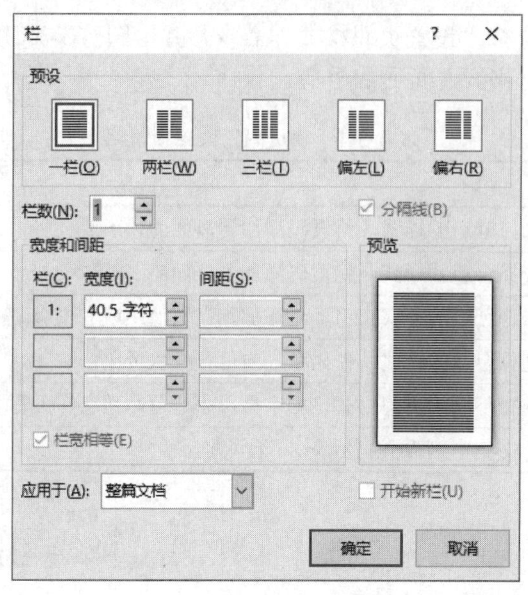

图 4-3-38 “栏”对话框

4.4 排版实习合同文档

排版实习合同文档

主要学习内容：

- 页面设置、页面背景
- 打印文档
- 格式刷的使用
- 分节符及超链接的使用

一、操作要求

打开素材“实习协议.docx”文档，按要求进行设置，最终效果图如图 4-4-1 所示。

（1）为文档添加标题“实习生实习协议”，标题格式：黑体、二号、加粗、居中、段前/段后各 1 行。

（2）为“广州正和公司”和“广东女子职业技术学院应用设计学院”文本添加下划线，下划线类型为“字下加线”；正文前三行中的“甲方”“乙方”“丙方”加粗。

（3）设置正文各段落的中文字体为宋体，西文字体为 Times New Roman，小四，行距为 1.3 倍；设置正文第 4 段和“经协商”所在段落首行缩进 2 字符；设置正文最后三段左缩进 1 字符，右缩进无。

（4）页面设置：打印纸张为 A4，打印方向为纵向，上、下、左、右页边距分别为 2.8 厘米、2.5 厘米、2.3 厘米、2.3 厘米，装订线位置为靠上，页脚距页边距 1.4 厘米，设置文档每页 48 行、每行 48 个字符。

（5）设置文字水印和页面背景：文字为“实习协议样本”，仿宋，字体颜色为“白色，背景 1，深色 25%”，版式为“斜式”，字体为“微软雅黑”；设置页面颜色为“蓝色，个性色 1，淡色 80%”；为页面添加任意一种艺术型页面边框，边框宽度和颜色自定。

（6）在页面底端添加页码“第 X 页　共 Y 页”（如第 1 页 共 2 页），文字格式：宋体，五号，居中对齐。

（7）为相应段落添加编号“一,二,三(简)…”；为“四、甲方责任”和“六、丙方责任”下面的三段添加项目符号❁（Wingdings2:245），颜色为蓝色；为段落“五、乙方责任：”下面的三段和段落“八、其他”下面的五段添加项目符号■。

（8）为正文第二行中的“广东女子职业技术学院”文本添加超链接，链接的网址为 http://www.gdfs.edu.cn。

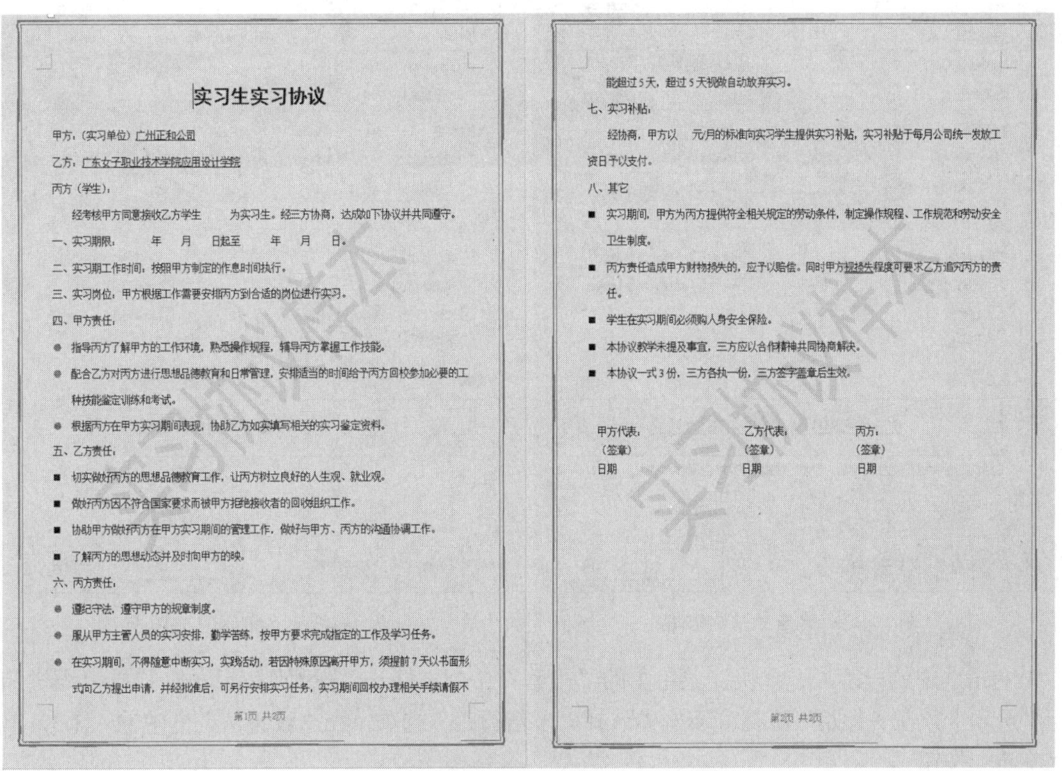

实习生实习协议

甲方：（实习单位）广州正和公司

乙方：广东女子职业技术学院应用设计学院

丙方（学生）：

经考核甲方同意接收乙方学生　　为实习生。经三方协商，达成如下协议并共同遵守。

一、实习期限：　　年　月　日起至　　年　月　日。

二、实习期工作时间：按照甲方制定的作息时间执行。

三、实习岗位：甲方根据工作需要安排丙方到合适的岗位进行实习。

四、甲方责任：

- 指导丙方了解甲方的工作环境，熟悉操作规程，辅导丙方掌握工作技能。
- 配合乙方对丙方进行思想品德教育和日常管理，安排适当的时间给予丙方回校参加必要的工种技能鉴定训练和考试。
- 根据丙方在甲方实习期间表现，协助乙方如实填写相关的实习鉴定资料。

五、乙方责任：

- 切实做好丙方的思想品德教育工作，让丙方树立良好的人生观、就业观。
- 做好丙方因不符合国家要求而被甲方拒绝接收者的回收组织工作。
- 协助甲方做好丙方在甲方实习期间的管理工作，做好与甲方、丙方的沟通协调工作。
- 了解丙方的思想动态并及时向甲方的映。

六、丙方责任：

- 遵纪守法，遵守甲方的规章制度。
- 服从甲方主管人员的实习安排，勤学苦练，按甲方要求完成指定的工作及学习任务。
- 在实习期间，不得随意中断实习，实践活动，若因特殊原因离开甲方，须提前 7 天以书面形式向乙方提出申请，并经批准后，可另行安排实习任务，实习期间回校办理相关手续请假不

第1页 共2页

能超过 5 天，超过 5 天视做自动放弃实习。

七、实习补贴：

经协商，甲方以　元/月的标准向实习学生提供实习补贴，实习补贴于每月公司统一发放工资日予以支付。

八、其它

- 实习期间，甲方为丙方提供符全相关规定的劳动条件，制定操作规程、工作规范和劳动安全卫生制度。
- 丙方责任造成甲方财物损失的，应予以赔偿。同时甲方视损失程度可要求乙方追究丙方的责任。
- 学生在实习期间必须购人身安全保险。
- 本协议教学未提及事宜，三方应以合作精神共同协商解决。
- 本协议一式 3 份，三方各执一份，三方签字盖章后生效。

甲方代表：　乙方代表：　丙方：
（签章）　（签章）　（签章）
日期　日期　日期

第2页 共2页

图 4-4-1　最终效果图

二、操作过程

1. 添加文档标题

打开素材文件夹下的“实习协议.docx”文档，将光标定位在文档起始处，按 Enter 键，即在文档最前面增加了一行。将插入点移至第一行，输入文档标题，选择文本，按要求设置其字符和段落格式。

2. 文本格式

选择“广州正和公司”，再按住 Ctrl 键，选择“广东女子职业技术学院应用设计学院”文本，在“开始”选项卡“字体”组单击“下划线”下拉按钮，在下拉列表框中选择“其他下划线”选项，打开“字体”对话框，在“下划线线型”下拉列表框中选择“字下加线”选项，如图 4-4-2 所示，单击“确定”按钮。

选择正文前三行中的“甲方”“乙方”“丙方”文本，单击“字体”组的“加粗”按钮 **B**。

3. 设置正文各段格式

选择正文各段落，按 Ctrl+D 组合键，打开“字体”对话框，在“字体”选项卡中设置中文字体为宋体，西文字体为 Times New Roman，字号为小四，如图 4-4-3 所示，然后单击“确定”按钮。

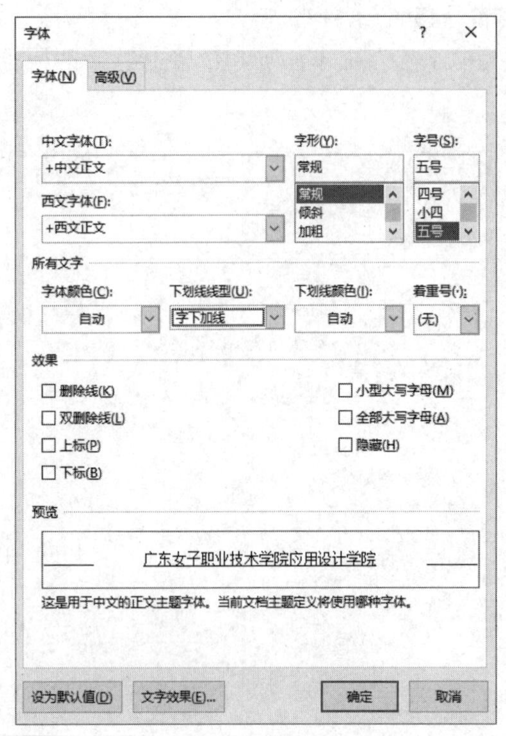

图 4-4-2　“字体”对话框

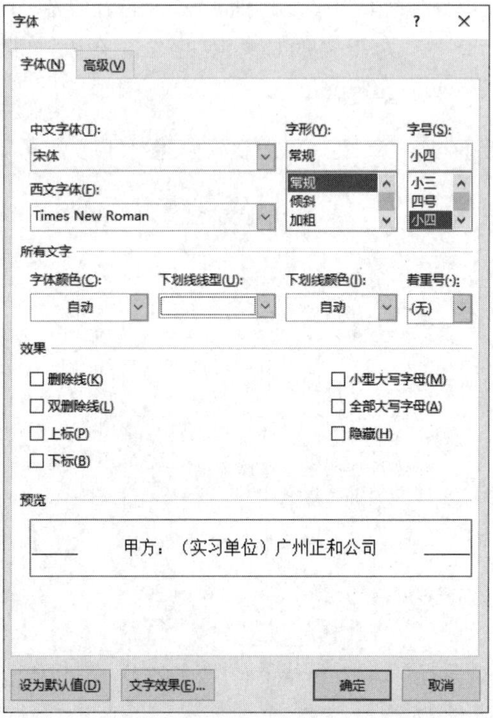

图 4-4-3　“字体”选项卡

右击选中的段落，选择快捷菜单中的“段落”命令，打开“段落”对话框，选择“缩进和间距”选项卡，在“行距”下拉列表框中选择“多倍行距”选项，在“设置值”框中输入 1.3，单击“确定”按钮。

在正文第四段单击三次，选择该段落，然后按 Ctrl 键，拖选“经协商”所在段落，单击“段落”组的对话框启动按钮，打开“段落”对话框，选择“缩进和间距”选项卡，在“特殊”下拉列表框中选择“首行”选项，在“缩进值”框中输入 2 字符，如图 4-4-4 所示，单击“确定”按钮。

选择正文最后三段，单击“段落”组的对话框启动按钮，打开“段落”对话框，选择“缩进和间距”选项卡，在“缩进”区域设置“左侧”为“1 字符”，“右侧”为“0 字符”，“行距”为“20 磅”，单击“确定”按钮。

4. 页面设置

在“布局”选项卡“页面设置”组单击“页面设置”对话框启动按钮，弹出“页面设置”对话框。选择“页边距”选项卡，在“纸张方向”区域选择“纵向”选项，再在“页边距”区域的“上”“下”“左”“右”框中输入相应的值，“装订线位置”为“靠上”，如图 4-4-5 所示。

选择“纸张”选项卡，在“纸张大小”下拉列表框中选择“A4”选项，在“应用于”下拉列表框中选择“整篇文档”选项。选择“版式”选项卡，在“距边距”区域设置“页脚”为 1.4 厘米。

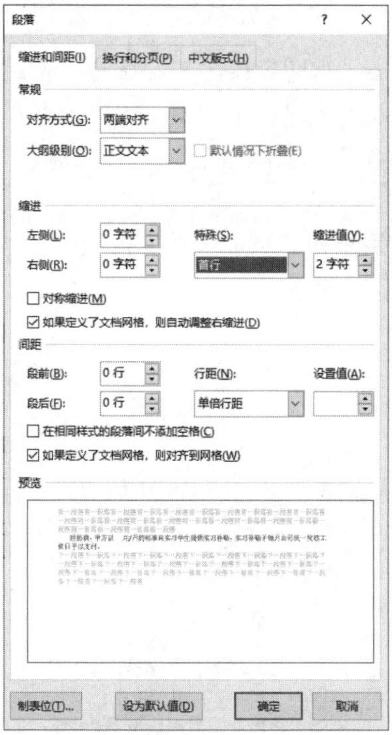

图 4-4-4　“缩进和间距”选项卡

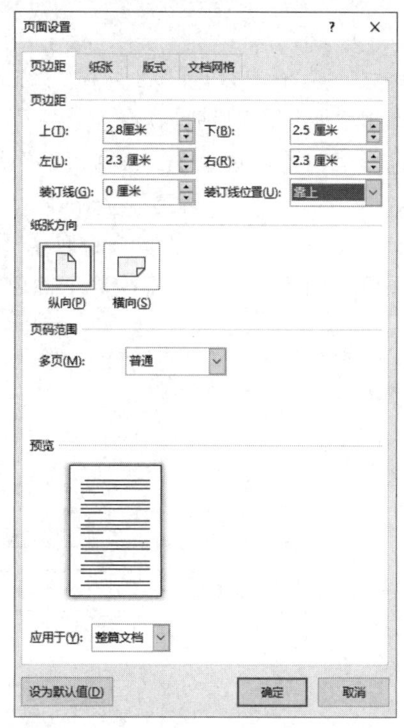

图 4-4-5　“页边距”选项卡

选择“文档网格”选项卡，选择“指定行和字符网格”单选按钮；在“字符数”区域设置“每行”值为48；在“行”区域设置“每页”值为48，如图 4-4-6 所示，单击“确定”按钮。

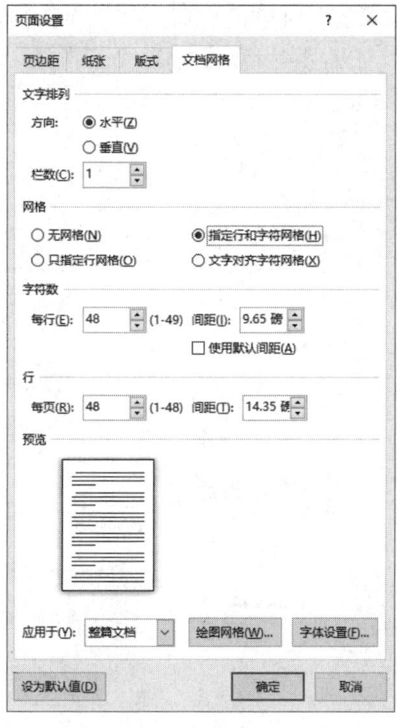

图 4-4-6　“文档网格”选项卡

5. 添加页面背景

（1）水印。在“设计”选项卡“页面背景”组单击“水印”按钮，选择“自定义水印”命令，弹出“水印”对话框。在“文字”文本框中输入“实习协议样本”，在“颜色”下拉列表框中选择“白色，背景1，深色25%”选项，“字体”为“微软雅黑”，“版式”为“斜式”，如图4-4-7所示，单击“确定”按钮。

（2）页面颜色。在“设计”选项卡“页面背景”组单击“页面颜色”按钮，从弹出的“页面颜色”面板中选择“蓝色，个性色1，淡色80%”选项，如图4-4-8所示。

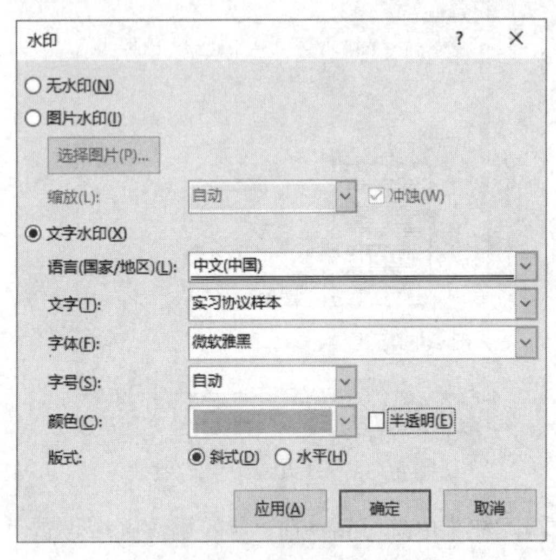

图4-4-7 “水印”对话框

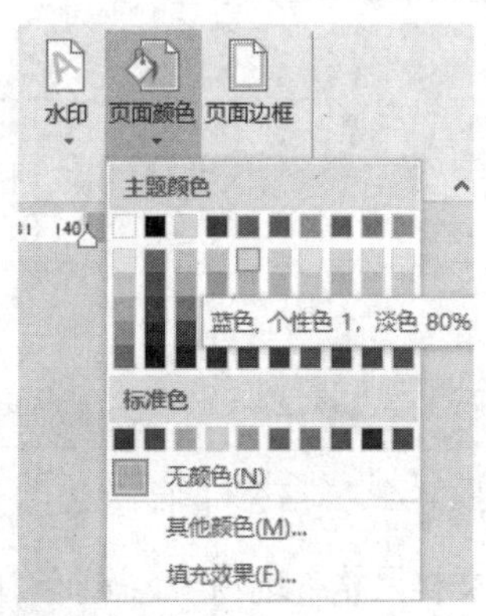

图4-4-8 “页面颜色”面板

（3）页面边框。在“页面背景”组单击“页面边框”按钮，弹出“边框和底纹”对话框。选择“页面边框”选项卡，如图4-4-9所示，在“艺术型”列表框中选择喜欢的样式、颜色及宽度，单击“确定”按钮。

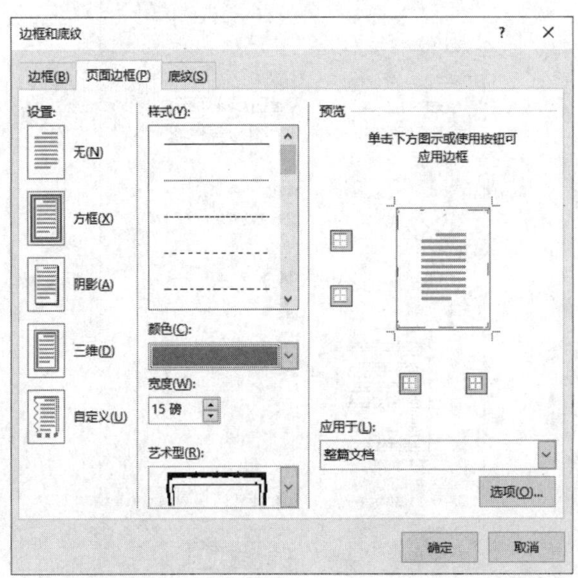

图4-4-9 “页面边框”选项卡

6．添加页脚

在“插入”选项卡“页眉和页脚”组单击“页脚”按钮，从弹出的菜单中选择“编辑页脚”命令，页脚处于可编辑状态，输入“第 X 页　共 Y 页”文字。然后将光标移到“第”字后，在“页眉和页脚”选项卡“插入”组单击“文档部件”按钮，选择“域”命令，弹出图 4-4-10 所示的“域”对话框，在“域名”列表框中选择 Page 选项，在“格式”列表框中选择“1,2,3,…”选项，单击“确定”按钮。将光标移到“共”字右侧，用相同的方法插入域名 NumPages，效果为“第 Page 页　共 NumPages 页”，当前文档第一页页脚内容为“第 1 页　共 2 页”，第二页为“第 2 页　共 2 页”。再选定页脚中文字，在“开始”选项卡设置宋体、五号、居中对齐。

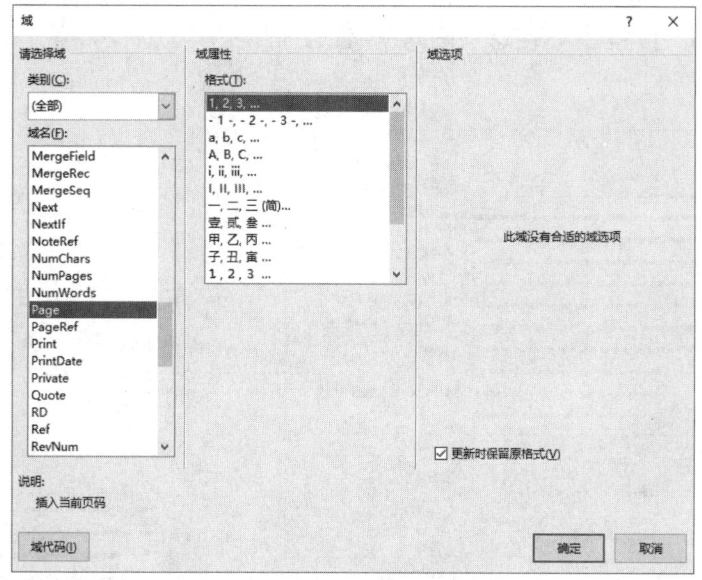

图 4-4-10　“域”对话框

在正文任意位置双击，或单击“页眉和页脚”选项卡最右侧的“关闭页眉和页脚”按钮，退出页脚编辑状态。

7．添加编号及项目符号

（1）编辑编号。选择正文第 5～8 段，在“开始”选项卡“段落”组单击“编号”下拉按钮，在打开的列表中选择“一,二,三(简)…”选项。如果此时编号与文本距离较大，如图 4-4-11 所示，可在“段落”组单击“多级列表”按钮，在列表中选择“定义新的多级列表”命令，打开“定义新多级列表”对话框，单击“更多”按钮，显示更多的设置项，设置编号格式为“一,二,三,…(简)”，在“位置”区域的“编号之后”下拉列表框中选择“不特别标注”选项，如图 4-1-12 所示，单击“确定”按钮，此时编号与文本间距离缩小。

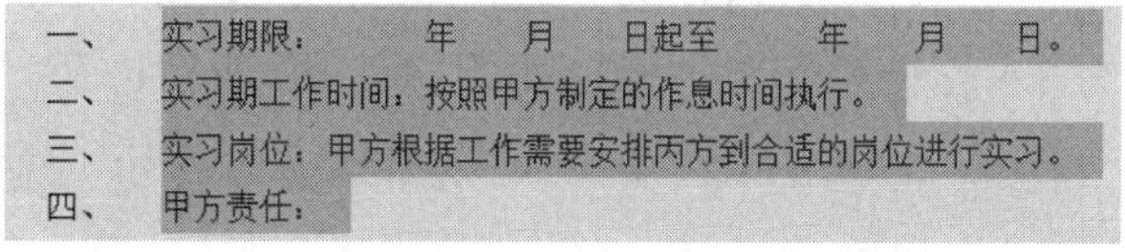

图 4-4-11　添加编号

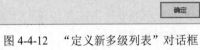

在“开始”选项卡“剪贴板”组单击“格式刷”按钮，在需要添加编号的段落内任意位置单击，或在段落上拖动鼠标，添加其他编号。设置完成后，单击“格式刷”按钮或单击其他工具按钮（如单击“保存”按钮）结束格式刷的状态。

（2）添加项目符号。选择“四、甲方责任”下面的三段，在“段落”组单击“项目符号”下拉按钮，在列表中选择“定义新项目符号”命令，打开“定义新项目符号”对话框，如图 4-4-13 所示。单击“符号”按钮，弹出“符号”对话框，在“字体”列表框中选择 Wingdings2 选项，在“字符代码”文本框中输入 245，单击“确定”按钮。返回“定义新项目符号”对话框。再单击“字体”按钮，打开“字体”对话框，设置“颜色”为蓝色，单击“确定”按钮，返回上一级对话框，再单击“确定”按钮，完成设置。单击“段落”组的“增加缩进量”按钮，使这三段向左缩进。再使用格式刷，将符号格式应用到“六、丙方责任”下面三段。

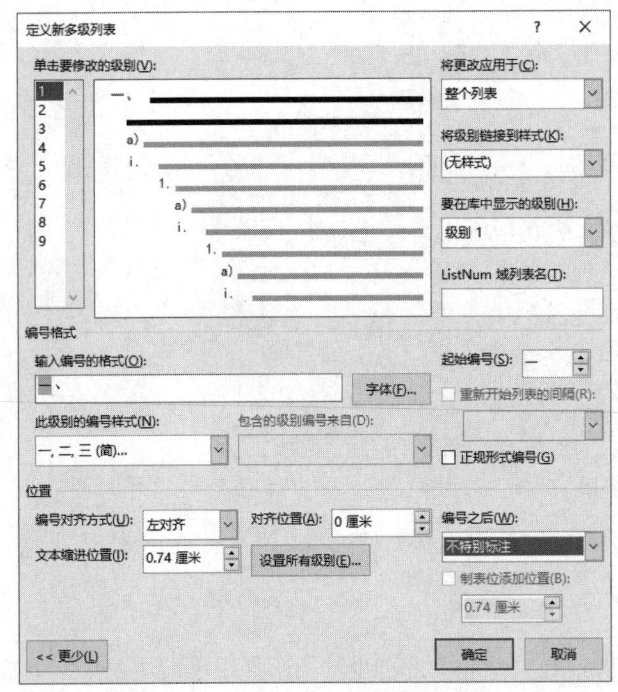

图 4-4-12 “定义新多级列表”对话框

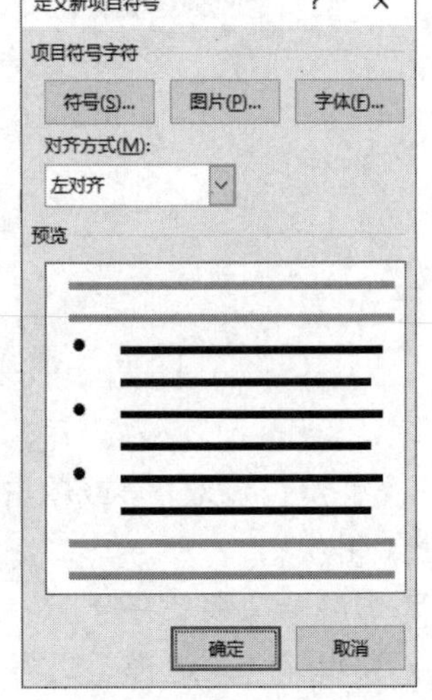

图 4-4-13 “定义新项目符号”对话框

选择段落“五、乙方责任”下面的三段和段落“八、其他”下面的五段，单击“段落”组“项目符号”右边的下三角按钮，从弹出的“项目符号库”面板中选择项目符号■。

8. 创建超链接

选择正文第二行中的“广东女子职业技术学院”文本并右击，在弹出的快捷菜单中选择“链接”命令，打开“插入超链接”对话框，如图 4-4-14 所示，在“地址”文本框中输入 http://www.gdfs.edu.cn，单击“确定”按钮。单击快速启动工具栏上的“保存”按钮，保存文件。

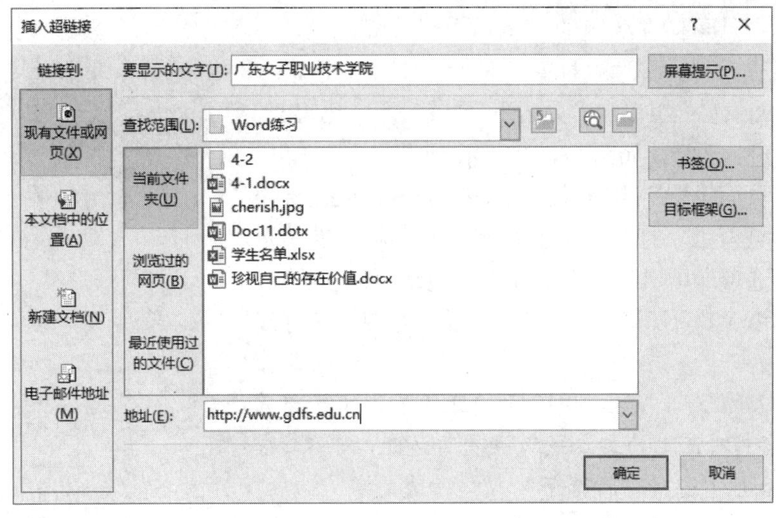

图 4-4-14　“插入超链接”对话框

三、知识技能要点

页面设置

1. 页面设置

文档编排主要包括文字方向、页边距、纸张大小和方向等，在“布局”选项卡的“页面设置”组中设置，如图 4-4-15 所示。

（1）文字方向。单击“文字方向”按钮，打开菜单列表，可从中选择所需的文字方向；也可以选择“文字方向选项”命令，打开“文字方向-主文档”对话框，如图 4-4-16 所示，从中选择合适的文字方向。

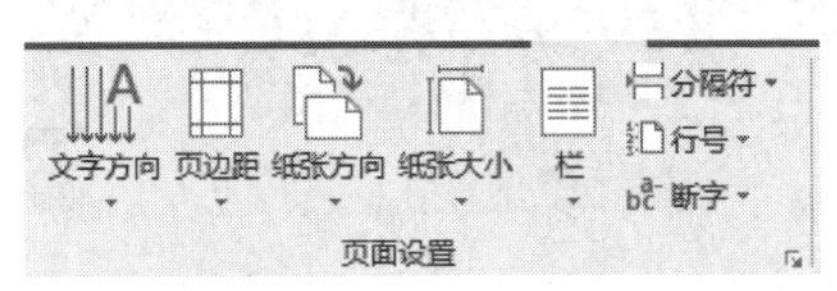

图 4-4-15　“页面设置”组

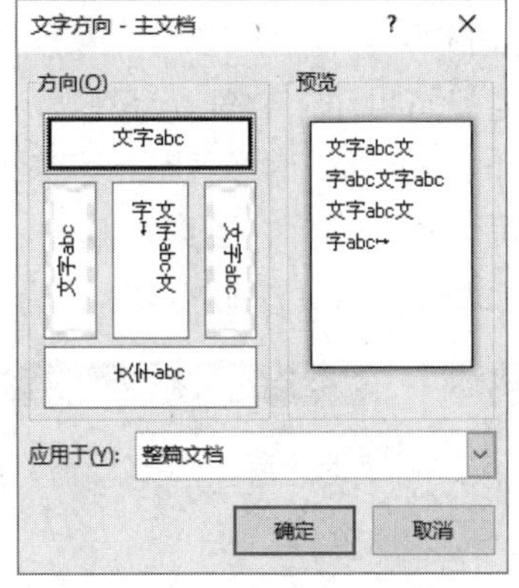

图 4-4-16　“文字方向-主文档”对话框

（2）页边距。页边距是指文档正文文本区到纸张边缘之间的距离。在页面视图下，用户可以使用标尺来调整水平方向和垂直方向的页边距。

页边距的分界线很容易看到，它出现在标尺上的白色部分（打印区域）与灰色部分（非打印区域）之间。当用户将鼠标指针悬停在分界线上时，会出现图 4-4-17 所示的屏幕提示。

图 4-4-17　屏幕提示

要改变文档的页边距，可以使用下面方法之一：

- 将鼠标指针悬停在标尺的灰色与白色分界线上，出现屏幕提示时，按住鼠标左键拖动，调整页边距。
- 在“页面设置”组单击“页边距”按钮，在弹出的菜单中进行选择，如图 4-4-18 所示。
- 单击“页面设置”组对话框启动按钮，或在标尺灰色区域双击，打开“页面设置”对话框，在“页边距”选项卡中进行设置。在“页边距”选项卡中，可以改变上、下、左、右边距，纸型方向，装订线位置等。

图 4-4-18 “页边距”菜单

说明：一般情况下，Word 2019 页边距设置应用于整篇文档。如果用户想对选定的文本或节设置页边距，可在“应用于”下拉列表框中选择“所选节”或“所选文字”选项。在“页面设置”组单击“分隔符”按钮，在列表框中选择合适的分节符，即插入分节符，创建新的节。可以按 Delete 键删除分节符。

（3）纸张设置。默认的纸张大小是“21 厘米×29.7 厘米”，即 A4 纸。在“页面设置”对话框中选择“纸张”选项卡，可设置纸型、纸张来源。

要改变文档的纸张大小，可以使用下面方法之一：

- 在“页面布局”选项卡的“页面设置”组单击“纸张大小”按钮，在打开的下拉列表框中进行选择。
- 单击“页面设置”组的对话框启动按钮，或在标尺灰色区域双击，打开“页面设置”对话框，在“纸张”选项卡中进行设置。

2. 页面背景

页面背景

页面背景可以用来修饰在线文档、电子邮件文档和 Web 页面，包括水印、页面颜色和页面边框。页面背景设置在“设计”选项卡，如图 4-4-19 所示。设置背景时可以使用颜色、图案、图片、渐变色、纹理等来修饰文档，背景颜色并不会随文档中的文字一起打印。

图 4-4-19 “设计”选项卡

（1）水印。水印通常用于文字背后的文字、图形、图片等。水印的颜色比一般图片浅。水印可以用于打印文档，会随文档一起打印。

单击“页面背景”组的“水印”按钮，用户可以在弹出的下拉列表框中选择一个，也可以根据需要自定义设置想要的形式。

（2）页面颜色。在“页面背景”组单击“页面颜色”按钮，弹出“背景颜色”选项菜单，如图 4-4-20 所示，用户可以在颜色块上选择相应的颜色；也可以选择“其他颜色”命令，打开“颜色”对话框，如图 4-4-21 所示，选择相应的颜色。选择“填充效果”命令，打开“填充效果”对话框，如图 4-4-22 所示，可以选择“渐变”“纹理”“图案”“图片”选项卡进行设置。

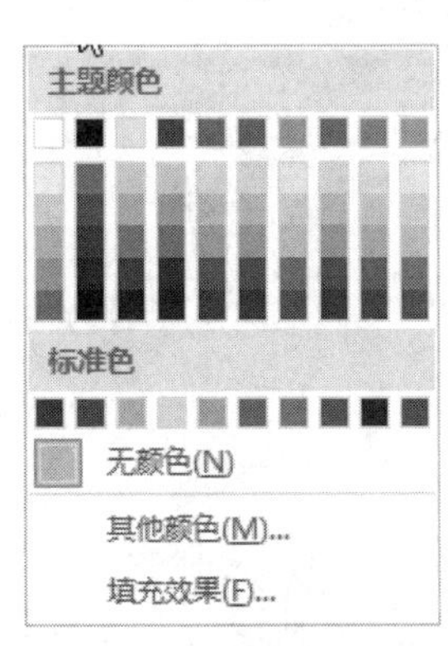

图 4-4-20　“背景颜色”选项菜单

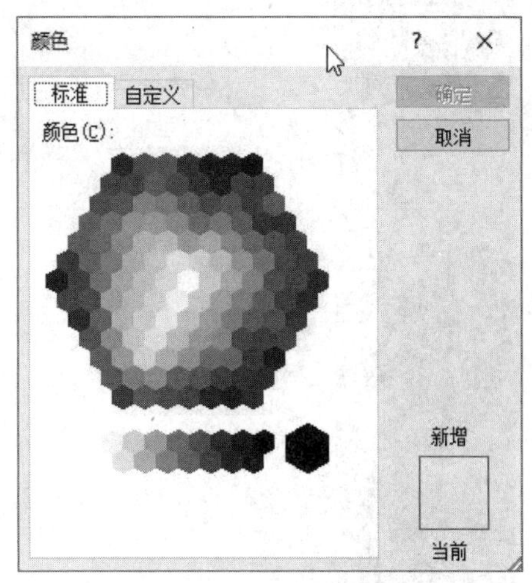

图 4-4-21　“颜色”对话框

（3）页面边框。在文档中添加页面边框可以美化文档。默认情况下，添加页面边框后，每个页面都会呈现页面边框，除非插入了分节符。插入分节符后，新节中将不会出现页面边框。

单击“页面背景”组的“页面边框”按钮，打开“边框和底纹”对话框，如图 4-4-23 所示。

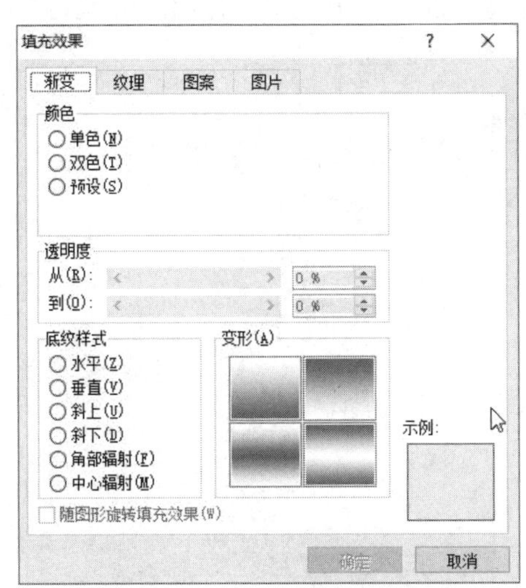

图 4-4-22　“填充效果”对话框

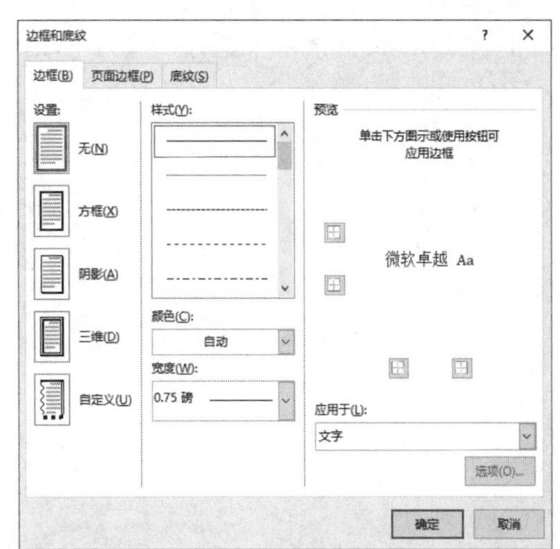

图 4-4-23　“边框和底纹”对话框

3. 打印

在打印文档前，可以通过依次选择“文件”选项卡→“打印”命令预览打印效果。执行“打印”命令后会显示“打印”窗口，如图 4-4-24 所示。

打印文档

打印设置主要是设置打印机类型、打印份数、页码范围等。

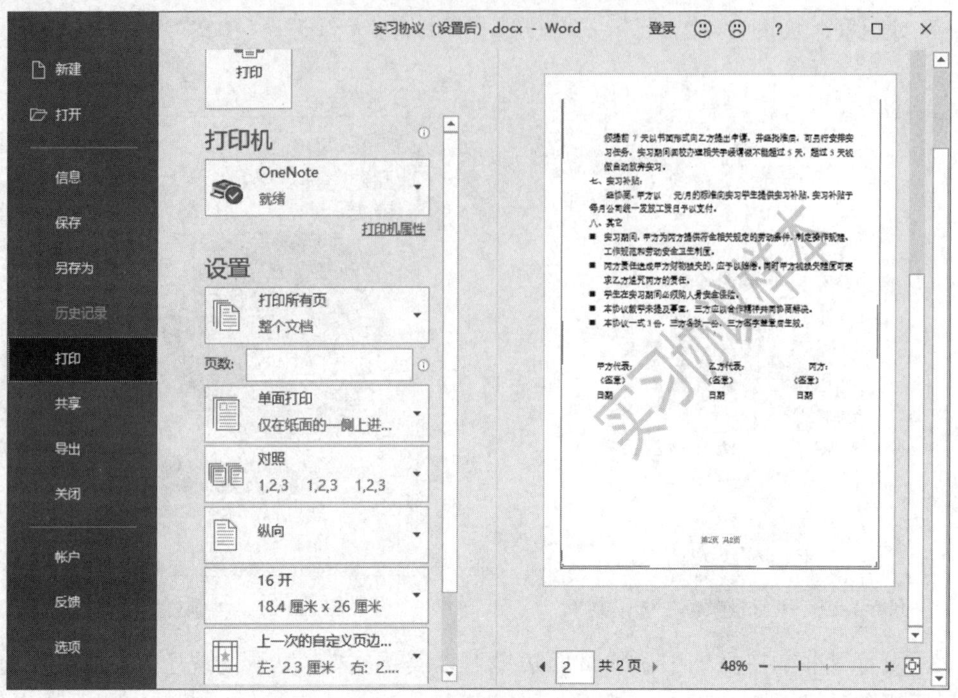

图 4-4-24 “打印”窗口

4. 分节符

使用分节符分隔文档的内容，可以改变文档页面设置，如页边距、纸张方向、页眉和页脚、分栏、页码等。在“页面设置”组单击“分隔符”的下三角按钮，弹出“分隔符”菜单，如图 4-4-25 所示。表 4-4-1 是分节符菜单项说明。

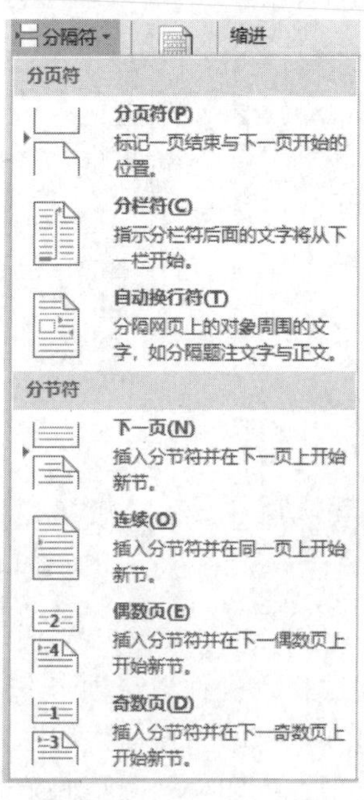

图 4-4-25 “分隔符”菜单

表 4-4-1 分节符菜单项说明

分节符	作用
下一页	在下一页开始一个新的节
连续	在当前页开始一个新的节
偶数页	在下一个偶数页开始一个新的节
奇数页	在下一个奇数页开始一个新的节

用户可以像删除普通文本一样删除分节符。删除分节符会使文档的布局发生改变。

5. 格式刷的使用

使用格式刷可以将已设置好格式的字符或段落的格式复制到其他文本或段落，减少重复排版操作。

格式刷

格式刷的使用方法如下：

（1）选择已设置格式的文本或段落。

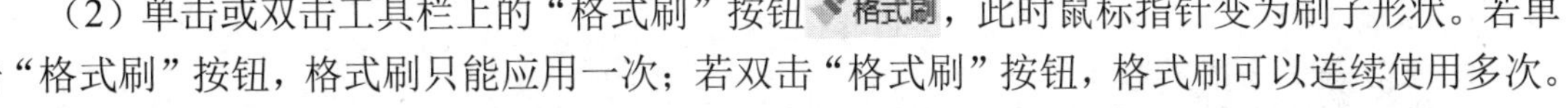

（2）单击或双击工具栏上的“格式刷”按钮 格式刷，此时鼠标指针变为刷子形状。若单击“格式刷”按钮，格式刷只能应用一次；若双击“格式刷”按钮，格式刷可以连续使用多次。

（3）按住鼠标左键，在需要应用格式的文本区域内拖动鼠标或在相应段落任意位置单击。

若取消格式刷状态，可再次单击格式刷或执行另一个操作命令，或按 Esc 键。

6. 超链接

在 Word 2019 中可以建立超链接，按 Ctrl 键，单击超链接文本可以访问超链接。超链接可指向计算机中的文件或指向要在计算机中创建的新文件。

超链接

（1）建立超链接的方法。

方法一：在文档中创建超链接的最快方式是在输入现有网页地址（如 http://www.gdfs.edu.cn）后按 Enter 或 Backspace 键，Office 会自动将地址转换为链接。

方法二：先选择要显示为超链接的文本或图片，然后按下面步骤操作。

1）在“插入”选项卡上单击“链接”按钮，打开“插入超链接”对话框，如图 4-4-26 所示。

图 4-4-26 “插入超链接”对话框

2）在“链接到”下单击“现有文件或网页”“本文档中的位置”“新建文档”或“电子邮件地址”等。

（2）删除超链接。若要删除“超链接”但保留文本，则右击该链接，然后选择“删除超链接”命令。

若要完全删除超链接，先选择超链接文本或图片，然后按 Delete 键。

（3）同时删除文档中的所有超链接。按 Ctrl + A 组合键选择所有文本，然后按 Ctrl + Shift + F9 组合键即删除当前文档中的所有超链接。

4.5　制作毕业生离校日程安排表

主要学习内容：

- 表格的创建及格式设置
- 单元格、行、列及表格的选择
- 表格的编辑、复制、移动、删除
- 表格与文本间的相互转换
- 表格内使用公式

制作离校日程安排表

一、操作要求

本案例包括以下两个案例。

（1）按以下操作要求制作图 4-5-1 所示的表格，保存为“毕业生离校日程安排表.docx”，保存位置自定。

毕业生离校日程安排表

日期	具体时间	地点	内容	负责人
6月21日	09:00—11:30	办公楼 311	毕业生留宿申请审批	张华英
	14:00—16:00	阶梯三	毕业生在校生交流会	曾强国
6月22日	09:00—11:30	艺术楼 312	回收毕业生相关资料	陈达
	14:00—16:00	艺术楼 313	毕业生座谈会	罗智
	14:00—17:30	办公楼 311	组织关系办理	张华英
	19:00—21:00	体育馆	毕业嘉年华	陈达 曾强国
6月23日	09:00—11:30	体育馆	毕业典礼	罗智 张华英
	14:00—16:00	阶梯三	贷款学生签订相关合同与协议	陈达 张华英
	19:00—21:00	体育馆	毕业晚会	罗智 曾强国

图 4-5-1　“毕业生离校日程安排表”效果图

1）标题文字居中，微软雅黑、小二号；其他文字为宋体，小四号；表格应用“网格表 4-

着色 1”表格样式。

2）表格居中对齐，表格中第一行和第一列内容的对齐方式为水平居中，其他单元格内容的对齐方式为中部两端对齐。

3）各行行高 1 厘米，第一列和最后一列列宽为 2.5 厘米，第二列、第三列列宽为 3 厘米，第四列列宽为 5.5 厘米。

4）表格的各单元格上下边距为 0 厘米，左右边距为 0.15 厘米。

5）外部框线采用 1.5 磅蓝色单实线，内部框线采用 0.5 磅黑色单实线，第一行下边框线设置为 1.5 磅、上细下粗的蓝色双实线══。

6）第一行各单元格底纹为“蓝色，个性 5，深色 25%”，第一列其他单元格底纹为“白色，背景 1，深色 15%”。

（2）打开素材文件夹中的“唐妮工作时间.docx”文档，按下面要求进行操作，效果图如图 4-5-2 所示。

编辑唐妮工作时间表

小时工常规/加班时间统计

唐妮

星期 周次与项目		星期一	星期二	星期三	星期四	星期五	合计
第一周	常规	6.5	8	6.5	5.5	7.5	34.00
第二周	常规	7.5	6.5	6	6.5	6.5	33.00
第二周	加班	0	3.5	0	2.5	1.5	7.50
第一周	加班	2.0	0	2.0	2.5	0	6.50
常规合计		14.00	14.50	12.50	12.00	14.00	67.00
加班合计		2.00	3.50	2.00	5.00	1.50	14.00

图 4-5-2　效果图

1）将文中第 3～6 行文本转换成 7 列 5 行表格。

2）在表格最下面增加两行，最右边增加一列。

3）设置“根据窗口自动调整表格”，表格中各列宽度平均分布，表格中内容的对齐方式为“水平居中”；文档中前两行文本均居中对齐。表格的第一行和前两列文本加粗。

4）将表格后两行的最左边两个单元格分别合并，然后分别输入“常规合计”和“加班合计”，最左侧一列的列标题为“合计”。使用公式计算各合计值，保留两位小数。

5）设置第一行行高为 2 厘米，其他行高为 0.8 厘米。

6）将第一行左边的前两个单元格合并，输入图 4-5-2 所示文本，并设置成效果图所示样式。

7）将表格中第 2～5 行数据按合计值降序排序。

二、操作过程

1．案例 1 操作过程

（1）插入表格，输入表格内容。启动 Word 2019，新建一个空白文档，单击快速访问工具栏上的“保存”按钮，将文件保存为“D:\Word 练习\毕业生离校日程安排表.docx”。

在文档第一行输入表格标题。选择标题，在“开始”选项卡上设置标题文字居中，微软雅黑、小二号。

按两次 Enter 键，将光标定位在文档的第三行。在“插入”选项卡“表格”组单击“表格”按钮。打开图 4-5-3 所示“表格”菜单，拖动鼠标至 5 列 8 行，松开鼠标左键，即在光标位置插入了一个 5 列 8 行的表格。然后将光标定位在最后一个单元格，按 Tab 键，即在下面再添加一个空白行。在最后一行上右击，打开“表格”快捷菜单，如图 4-5-4 所示，选择“插入”→“在上方插入行”或“在下插入行”命令，即再插入一个空白行，表格变为 10 行 5 列。也可以将光标移至表格一行的行尾，按 Enter 键，也可以在当前行下方插入一个空白行。

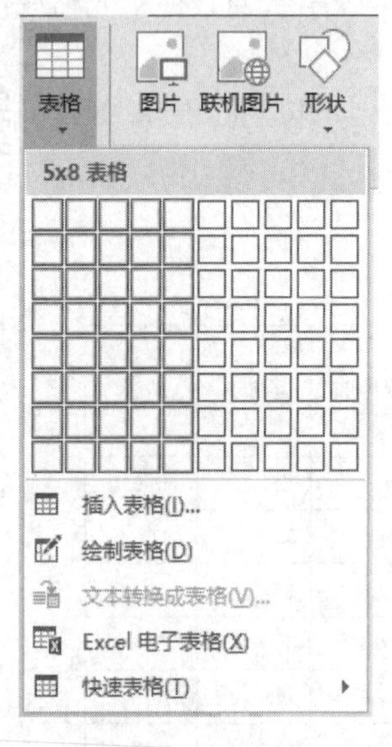

图 4-5-3 “表格”菜单

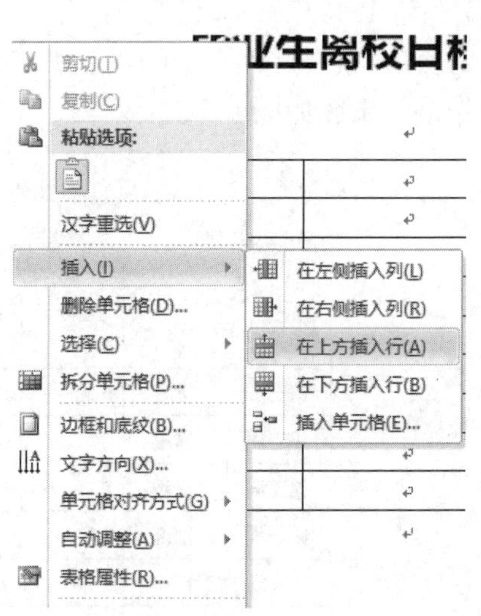

图 4-5-4 “表格”快捷菜单

将光标定位在表格中，系统会显示“表设计”选项卡，如图 4-5-5 所示。单击“表格样式”列表的“其他”按钮，选择下拉列表框中的“网格表 4-着色 1”选项，表格即应用该样式。

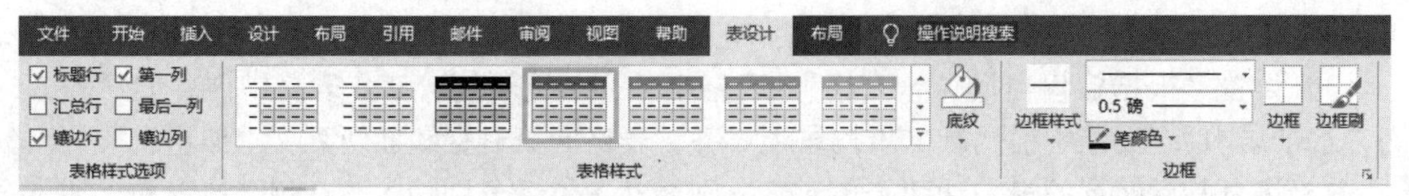

图 4-5-5 “表设计”选项卡

单元格的合并如下所述。拖动选择第一列的第 2 个（即 A2 单元格）和第 3 个单元（即 A3 单元格），在“布局”选项卡“合并”组单击“合并单元格”按钮合并单元格；或右击选择的单元格，在快捷菜单中选择“合并单元格”命令。用相同的方法合并 A4、A5、A6、A7 单元格，A8、A9、A10 单元格。

输入表格中的文本内容，相同内容可以复制粘贴。按 Tab 键，向右在各单元区中移动光标，按 Shift+Tab 组合键，向左在各单元格中移动光标。

单击表格左上角的移动控制点，选择整个表格，在浮动的工具栏上设置字体为“宋体”，字号为小四号，按 Ctrl+S 组合键保存文档。

（2）表格对齐和单元格对齐方式。将光标定位在表格中，单击表格左上角的移动控制点⊞，选择整个表格，按Ctrl+E组合键，设置整个表格对齐方式为居中对齐。

将鼠标指针移至文档左侧的选择条，当鼠标指针变成斜向右上的箭头时，对着表格中的第一行单击，即选择第一行。再按住Ctrl键，拖动鼠标选择第一列中的其余单元格。然后在“布局”选项卡“对齐方式”组单击“水平居中”按钮，打开“对齐方式”组，如图4-5-6所示；再按Ctrl+B组合键，即加粗单元格中文本；再拖选表格中的其他单元格，单击“对齐方式”组的“中部两端对齐”按钮。

（3）设置行高和列宽。单击表格左上角的移动控制点⊞，选择整个表格，在“布局”选项卡“单元格大小”组设置“高度”为1厘米，如图4-5-7所示，按Enter确定。

将鼠标指针移至第一列第一个单元格的上边框上，当鼠标指针变为黑色向下箭头⬇时单击即选择第一列，在“单元格大小”组的“宽度”框中输入2.5厘米，按Enter键确定；用相同的方法设置最后一列列宽。

将鼠标指针移至第二列第一个单元格上的上边框上，当鼠标指针变为⬇形状时，单击并水平拖动鼠标选择第二列和第三列，然后在“单元格大小”组的“宽度”框中输入3厘米，按Enter键确定。

用相同的方法设置第四列列宽为5.5厘米。

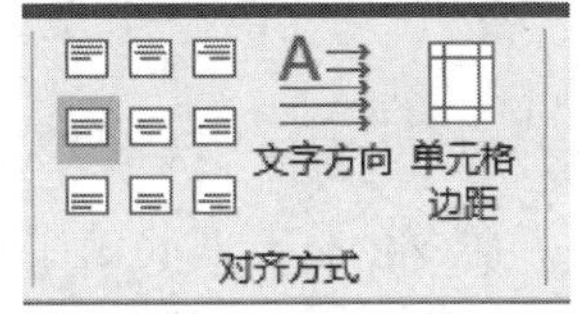

图4-5-6　“对齐方式”组

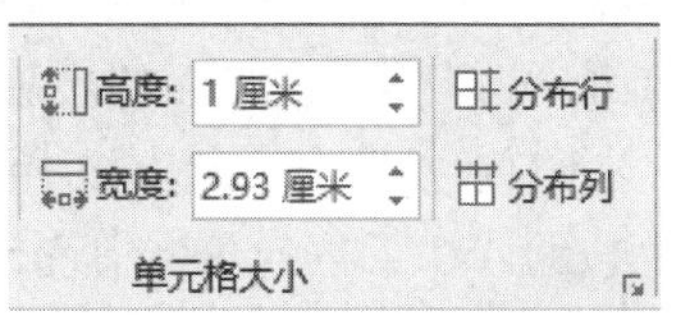

图4-5-7　“单元格大小”组

（4）设置单元格边距。将光标定位在表格中，在“布局”选项卡中单击最左边的“选择”按钮“选择”，在列表框中选择“选择表格”命令，即选择整个表格。在“布局”选项卡“对齐方式”组单击“单元格边距”按钮，打开“表格选项”对话框，设置单元格上下边距为0厘米，左右边距为0.15厘米，如图4-5-8所示，单击“确定”按钮。

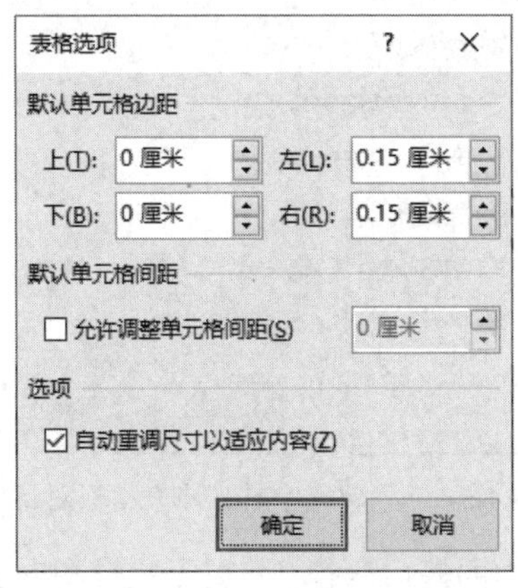

图4-5-8　“表格选项”对话框

（5）表格框线设置。先设置外部框线。单击表格左上角的⊞图标，选取整个表格，在“设计”选项卡“绘图边框”组依次选择“笔样式”→“单实线”选项，再选择“笔划粗细”→“1.5磅”选项，选择“笔颜色”→“标准色”→“蓝色”选项，最后单击“表格样式”组的“边框”下拉按钮，在下拉列表框中选择“外侧框线”选项；用相同的方法先设置框线为0.5磅黑色单实线，然后在“边框”下拉列表框中选择“内部框线”选项，即设置表格内部框线为0.5磅黑色单实线。

将鼠标指针移至文档左侧选择条，当鼠标指针变为斜向右上的箭头时，对着表格的第一行单击，即选择表格中的第一行。然后在“绘图边框”组设置框线为蓝色 1.5 磅、上细下粗的双实线，然后在“边框”下拉列表框中选择“下框线”选项，即按要求设置好第一行的下框线。

（6）底纹设置。选取表格中的第一行，单击“表格样式”组的“底纹”下拉按钮底纹，单击“主题颜色”中的“蓝色，个性5，深色25%”颜色块，即设置底纹。在第一列的第二个单元格中单击，然后垂直向下拖选同列其他两个单元格，然后用相同的方法设置这三个单元格底纹为“白色，背景1，深色5%”。

（7）保存文件。单击快速访问工具栏上的“保存”按钮，保存文件，然后执行“文件”→“关闭”命令，关闭当前文档。

2. 案例2操作过程

选择“文件”→“打开”→“浏览”命令，打开“打开文件”对话框，找到素材文件“唐妮工作时间.docx”，然后按下面的步骤操作。

（1）文本转换为表格。选择文档中的第 3～7 行文本，在“插入”选项卡“表格”组单击“表格”按钮，在下拉列表框中选择“文字转换成表格”命令，打开“将文字转换成表格”对话框，如图4-5-9所示，单击“确定”按钮，即将文本转换成7列5行的表格。

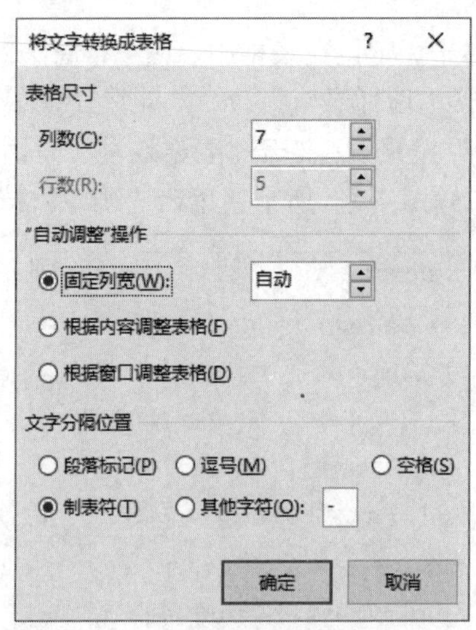

图4-5-9　“将文字转换成表格”对话框

（2）添加行列。选择表格中的最后两行，将鼠示指针指向选中行的下方行最左边单元格的左下角，出现⊕按钮，单击它，即在当前行下方插入两个空白行。在表格最右边列的任意一个单元格中单击，在“布局”选项卡“行和列”组单击“在右侧插入”按钮，即在当前列右侧插入一个空白列。

（3）调整表格。将光标定位在表格中的任意单元格，在“布局”选项卡“单元格大小”组单击“自动调整”按钮，在打开的菜单中选择“根据窗口自动调整表格”命令，如图 4-5-10 所示。选中整个表格，在“单元格大小”组单击“分布列”按钮分布列，使表格中各列平均分布。再单击“对齐方式”组的“水平居中”按钮。

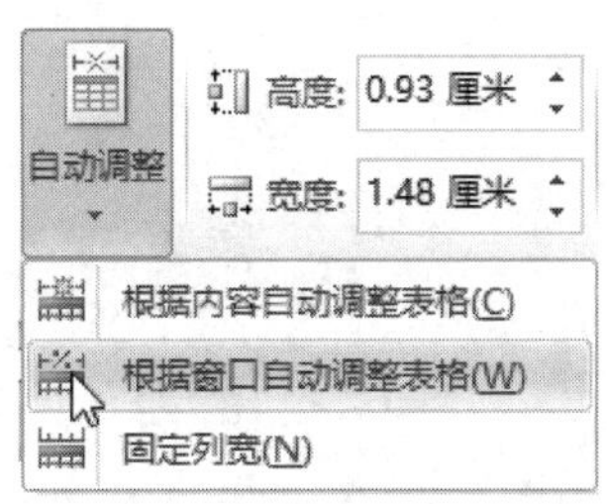

图 4-5-10　“自动调整”菜单

选择文档中的前两行，在“开始”选项卡“段落”组单击“居中”按钮。选择表格中的第一行和前两列单元格，在“开始”选项卡中单击“加粗”按钮。

（4）单元格合并与表格计算。选择表格倒数第二行最左边的两个单元格并右击，选择快捷菜单中的“合并单元格”命令，然后在合并后的单元格中输入“常规合计”；用相同的方法处理最后一行最左边的两个单元格，然后输入“加班合计”。在最左侧一列的最上面单元格中输入“合计”。

表格计算如下所述。将光标定位在“合计”列的第二个单元格，在“布局”选项卡“数据”组单击“公式”按钮 *fx*，打开“公式”对话框，在“公式”文本框中输入“=SUM(LEFT)”，在“编号格式”下拉列表框中选择“0.00”选项，如图 4-5-11 所示，单击“确定”按钮，在此单元格中显示“34.00”。选择“34.00”，然后按 Ctrl+C 组合键执行“复制”命令，将光标定位到此列的第 3 个单元格中，按 Ctrl+V 组合键，即粘贴了公式（但还显示为 34.00），选择 34.00 后按 F9 键，即重新计算，数值更新为 6.50。用相同的方法将公式复制到同列的第 4 个和第 5 个单元格中并更新计算结果。

公式　?　×
公式(F):
=SUM(LEFT)
编号格式(N):
0.00
粘贴函数(U):　粘贴书签(B):
确定　取消

图 4-5-11　“公式”对话框 1

将光标定位在“常规合计”行的第二个单元格中，单击“数据”组中的“公式”按钮 *fx*，打开“公式”对话框，在“公式”文本框中输入“=C2+C4”，在“编号格式”下拉列表框中选择“0.00”选项，如图 4-5-12 所示，单击“确定”按钮。用相同的方法计算其他单元格的值，各公式如图 4-5-13 所示。

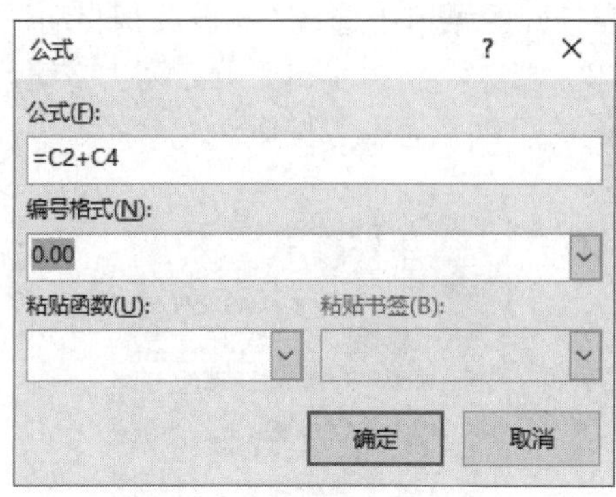

图 4-5-12　“公式”对话框 2

小时工常规/加班时间统计

唐妮

		星期一	星期二	星期三	星期四	星期五	合计
第一周	常规	6.5	8	6.5	5.5	7.5	{ =SUM(LEFT) \# "0.00" }
第一周	加班	2.0	0	2.0	2.5	0	{ =SUM(LEFT) \# "0.00" }
第二周	常规	7.5	6.5	6	6.5	6.5	{ =SUM(LEFT) \# "0.00" }
第二周	加班	0	3.5	0	2.5	1.5	{ =SUM(LEFT) \# "0.00" }
常规合计		{ =C2+C4 \# "0.00" }	{ =D2+D4 \# "0.00" }	{ =E2+E4 \# "0.00" }	{ =F2+F4 \# "0.00" }	{ =G2+G4 \# "0.00" }	{ =SUM(left) \# "0.00" }
加班合计		2.00	{ =D3+D5 \# "0.00" }	{ =E3+E5 \# "0.00" }	{ =F3+F5 \# "0.00" }	{ =G3+G5 \# "0.00" }	{ =SUM(left) \# "0.00" }

图 4-5-13　显示公式

说明：如果公式中采用单元格地址计算，不可以通过复制粘贴应用到其他单元格中。

（5）设置行高。选择表格中的第一行，在“布局”选项卡中设置其高度为 2 厘米；将鼠标指针移到文档左侧选定栏，当鼠标指针变为斜向上的箭头时，对着表格中第二行单击并垂直拖选到最后一行，然后在“布局”选项卡中设置这些行的高度为 0.8 厘米。

（6）添加斜线。选择第一行左边的前两个单元格并右击，选择快捷菜单中的“合并单元格”命令，合并为一个单元格。将光标定位在合并后的单元格中，按 Enter 键，在“表设计”选项卡单击“边框”下拉按钮，在下拉列表框中选择“斜下框线”命令，添加斜线。然后在第一行输入“星期”，设置其段落对齐方式为右对齐；在单元格中第二行输入“周次与项目”，设置段落对齐方式为左对齐，效果如图 4-5-2 所示，保存文档。

（7）排序表格中数据。选择表格中第 1～5 行，在“布局”选项卡“数据”组单击“排序”按钮，打开“排序”对话框，设置如图 4-5-14 所示，单击“确定”按钮，完成排序。按 Ctrl+S 组合键，保存文件。

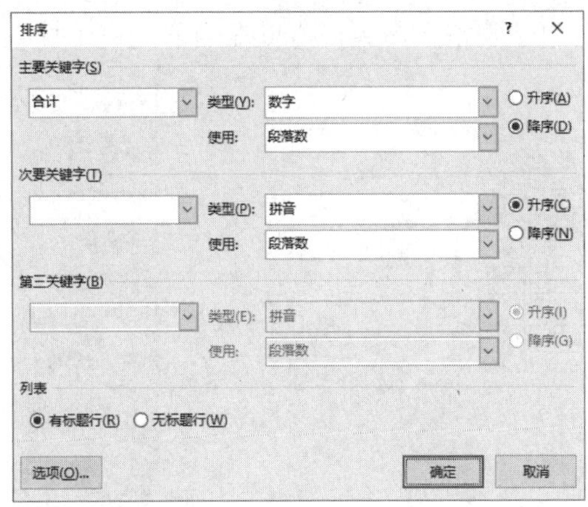

图 4-5-14　“排序”对话框

三、知识技能要点

使用 Word 2019 中的表格可以将数据分列，用户可以为表格增加边框、阴影、底纹等来创建不同类型的表单。Word 2019 的表格的一些操作与 Excel 电子表格程序中表格的操作非常相似，也是利用行、列和单元格来排列文本和图形。

表格中的每一条水平网格称为一行。这些行由上至下被计数为 1、2、3、4 等。表格中每一条垂直的网格称为一列，这些列的列号由字母按顺序（如 A、B、C 等）来表示。行与列的交叉区域称为单元格。用户可用列字母和行号来引用这些单元格，如 B3 表示第 2 列第 3 行的单元格，称为单元格地址。表格中的基本概念如图 4-5-15 所示。

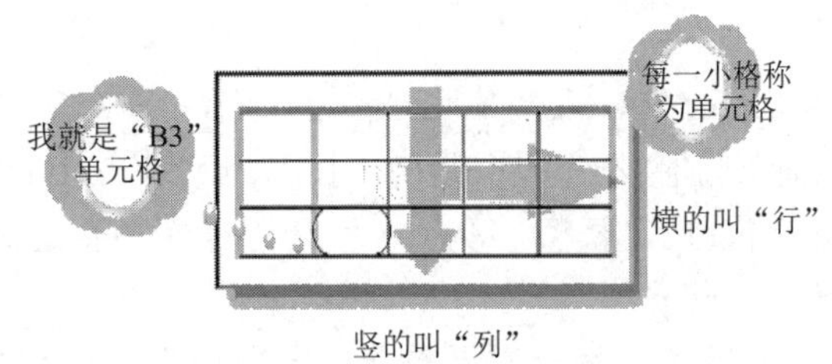

图 4-5-15　表格中的基本概念

1. 创建表格

创建表格

将光标定位在需要插入表格的位置，在“插入”选项卡“表格”组单击“表格”按钮，显示“插入表格”菜单，如图 4-5-16 所示。此时可以使用以下几种方法创建表格。

方法一：在显示的表格示意图中拖选出行和列的数目，创建相应行列数的行高、列宽相等的表格，最多只能是 10 列×8 行的表格。

方法二：选择“插入表格”命令，打开“插入表格”对话框，如图 4-5-17 所示，设置好各选项，单击“确定”按钮，创建表格。

方法三：选择“绘制表格”命令，鼠标指针将变成✎图标，此时相当于用笔手工绘制线条。可使用“擦除”工具擦除绘制的线条。再次单击“绘制表格”按钮或“擦除”按钮，可以关闭相应的工具状态。

方法四：选择“Excel 电子表格”命令，可以在当前文档中插入一个 Excel 电子表格。

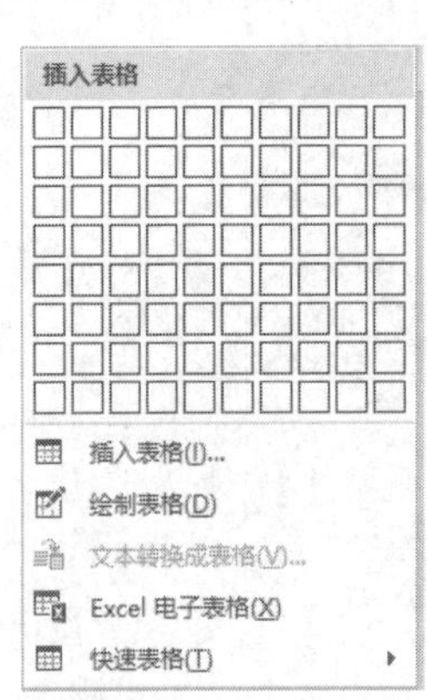

图 4-5-16 “插入表格”菜单

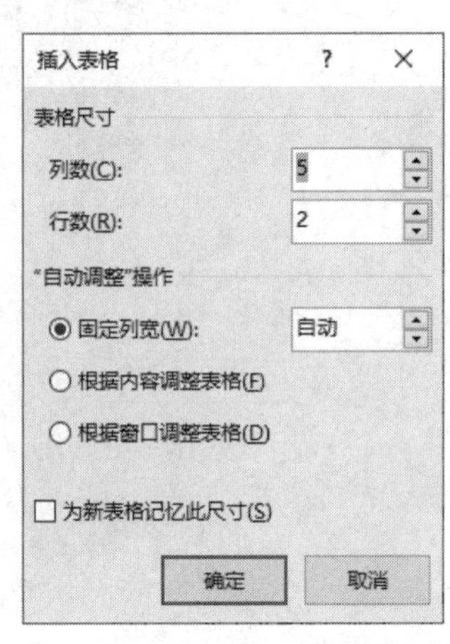

图 4-5-17 “插入表格”对话框

2. 表格数据输入

输入文本和选择内容

（1）输入数据。

1）将插入点定位到单元格中，定位方法如下：

方法一：直接单击该单元格。

方法二：按 Tab 键使插入点移到下一个单元格，按 Shift+Tab 组合键将插入点移至上一个单元格。

方法三：按↑、↓、←、→光标键使插入点上、下、左、右移动。

2）开始录入数据，录入完一个单元格内容后不要按 Enter 键，而是将光标移到下一个需录入的单元格。

提示：在单元格内按 Enter 键，表示单元格内容换行，其行高增加。

（2）删除数据。选择需删除内容的单元格，按 Delete 键或 Backspace 键。

在表格内对文本进行的查找、替换、复制、移动等操作与普通文本操作相同。

3. 选择单元格、行、列或表格

选择一个单元格：将鼠标指针移至靠近单元格的左边框，当鼠标指针变成↗时，单击则选中单元格。

选择多个相邻的单元格：单击并拖动鼠标选择单元格。

选择一行或多行：将鼠标指针移至行左边选择条，当鼠标指针变成↗时，单击即选中对应的行。此时按住鼠标左键垂直向上或向下拖动，可选择相邻的多行。

选择一列或多列：将鼠标指针移至列的顶端，当鼠标指针变成⬇时，单击即选中整列，此时按住鼠标左键向左或向右水平拖动鼠标，可选择相邻的多列。

选择不相邻的多个单元格：先选择一个单元格，然后按住 Ctrl 键，同时拖选其他的单击格。

单元格区域：将鼠标指针移至单元格区域的左上角单元格，按住鼠标左键不放，并拖动到单元格区域的右下角单元格；或先选择单元格区域的左上角单元格，然后按住 Shift 键，同时单击单元格区域的右下角单元格。

选定整个表格：拖动鼠标选择所有行或列时即选中整个表格；也可通过单击表格左上角的“移动控点”⊞。

在“表格”选项卡“表”组单击“选择”按钮，在打开的快捷菜单中选择相应命令。

4. 表格的复制、移动、删除、缩放

选择整个表格：将鼠标定位在表格内部，此时在表格左上角出现“移动控点”，如图 4-5-18 所示，单击“移动控点”即可选择整个表格。

移动控点

尺寸控点

图 4-5-18　表格中的移动控点和尺寸控点

复制：将鼠标指针移到“移动控点”上，按住 Ctrl 键，并拖动鼠标至所需位置，即可复制表格；也可以选择整个表格后，用复制文件的方法。

移动：将鼠标指针移到“移动控点”上，按住鼠标左键并拖动鼠标至所需的位置。

缩小及放大：将鼠标指针移到“尺寸控点”上，当鼠标指针变成双向箭头时，拖动鼠标即可调整整个表格的大小。

删除：在“布局”选项卡“行和列”组单击“删除”按钮，从弹出的快捷菜单中选择删除单元格、行、列或表格命令。

调整行高与列宽

5. 调整行高与列宽

精确调整行高或列宽：选择需调整的行或列并右击，在弹出的快捷菜单中选择“表格属性”命令，打开图 4-5-19 所示的“表格属性”对话框。选择“行”或“列”选项卡，在“指定高度”或“指定宽度”框中输入行或列的尺寸，单击“确定”按钮；或在“布局”选项卡“单元格大小”组中，在“宽度”或“高度”框中输入相应值，如图 4-5-20 所示。

图 4-5-19　“表格属性”对话框

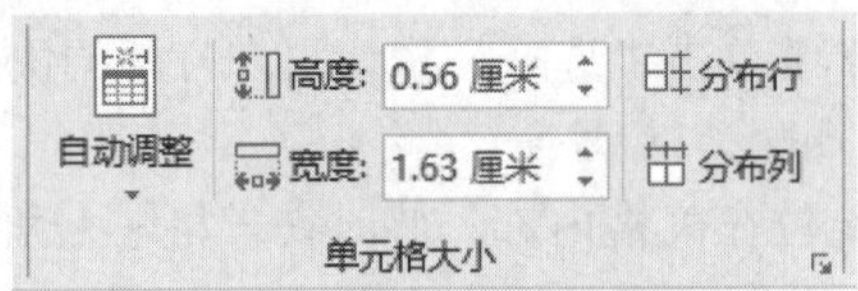

图 4-5-20 “单元格大小”组

粗略调整行高（或列宽）：将鼠标指针移至行的下边框（或列的垂直边框）上，当鼠标指针变为 ÷（或 ╬）时，单击并上下（或左右）拖动边框至合适的高度（或宽度）。

使用标尺调整行高：将鼠标指针指向需要调整行的下边框，在垂直标尺对应的标志上，直接拖动水平灰色条，调整行高；或等鼠标指针变成图 4-5-21 所示样式时，上下拖动鼠标调整行高。

使用标尺调整列宽：将鼠标指针指向需要调整列的右边框，在水平上标尺对应的标志上，当鼠标指针变成图 4-5-22 所示样式时，左右拖动鼠标调整列宽。

图 4-5-21 调整表格行高

图 4-5-22 调整表格列宽

要平均分布表格中的行宽度或列高度，可以在“表格工具—布局”选项卡的“单元格大小”组中，单击“分布行”按钮或“分布列”按钮。

6. 合并与拆分单元格

合并与拆分单元格

合并单元格：选择需要合并的若干单元格，在“布局”选项卡“合并”组单击“合并单元格”按钮；或者右击选择的单元格，从弹出的快捷菜单中选择“合并单元格”命令。

拆分单元格：选择需要拆分的单元格，在“布局”选项卡“合并”组单击“拆分单元格”按钮；或者右击选择的单元格，从弹出的快捷菜单中选择“拆分单元格”命令。弹出图 4-5-23 所示的“拆分单元格”对话框，设定拆分的行数和列数后，单击“确定”按钮。

插入或删除行、列和单元格

7. 单元格、行或列的插入与删除

要插入行或列，先将插入点定位在要插入行或列中的单元格中，然后使用下面方法之一：

- 在“布局”选项卡“行和列”组单击相应的选项进行插入操作，如图 4-5-24 所示。

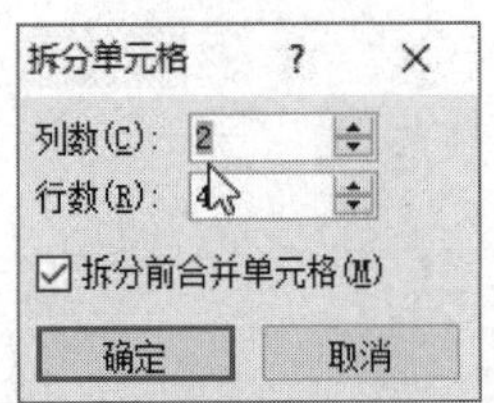

图 4-5-23 “拆分单元格”对话框

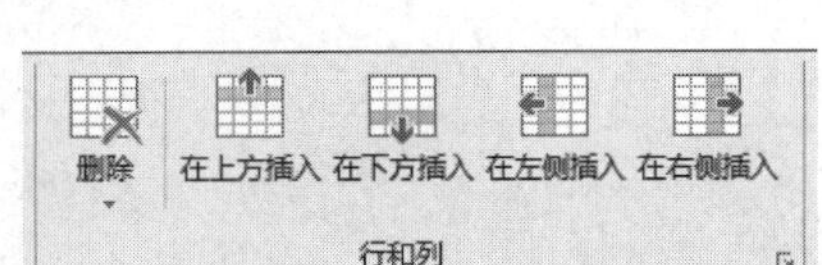

图 4-5-24 “行和列”组

- 在“布局”选项卡“行和列”组单击对话框启动按钮，打开“插入单元格”对话框，如图 4-5-25 所示，选择相应的选项进行插入操作。

- 在单元格中右击，在弹出的快捷菜单中选择“插入”命令，显示图 4-5-26 所示菜单，选择相应的选项进行插入操作。
- 将光标定位在表格中最后一个单元格中，按 Tab 键，可以在表格底部增加一个新行。
- 将光标移至表格某行的结尾（在表格外），按 Enter 键，即在当前行下添加一个空白行。

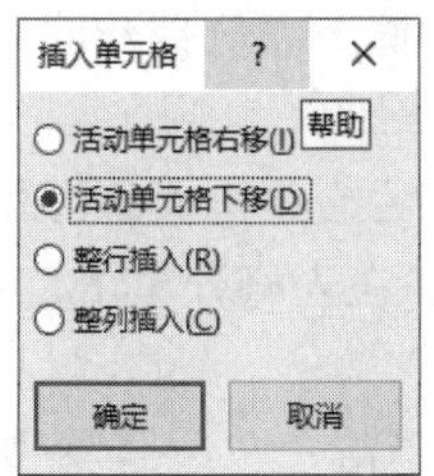

图 4-5-25　“插入单元格”对话框

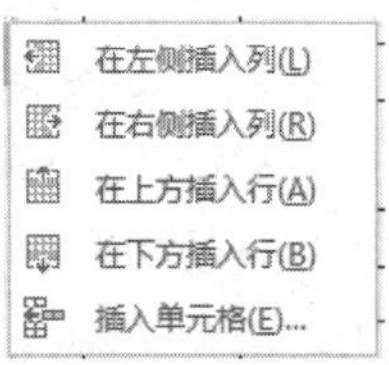

图 4-5-26　菜单

快速插入行或列的方法如下：

- 将鼠标指向两行中间框线左端，当出现一条左端为⊕的蓝色双线时，如图 4-5-27 所示，单击⊕，即在当前两行间添加一个空白行。

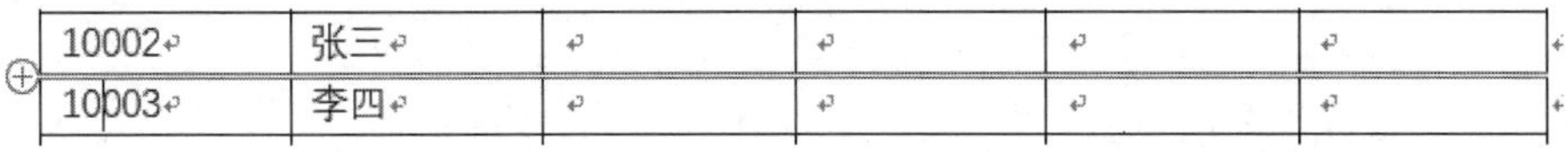

10002	张三				
10003	李四				

图 4-5-27　出现蓝色双线

- 也可以选择多行，然后将鼠标指向所选行区域的上框线左端或下框线左端，当出现一条左端为⊕的蓝色双线时，单击⊕，即在所选行的上方或下方插入多行。
- 将鼠标指向两列中间框线的上端时，当出现一条顶端为⊕的蓝色双线时，单击⊕，即在当前两列间添加一个空白行。
- 也可以选择多列，然后将鼠标指向所选列区域的左框线顶端或右框线顶端，当出现一条顶端为⊕的蓝色双线时，单击⊕，即在所选列的左侧或右侧插入多列。

要删除行、列或单元格，先选择要删除的行、列或单元格，然后使用下面方法之一进行删除：

- 选择需删除的行或列，在“布局”选项卡“行和列”组单击“删除”按钮，弹出“删除”菜单，如图 4-5-28 所示，选择相应命令。
- 在选中的区域右击，从弹出的快捷菜单中选择“删除行”“删除列”或“删除单元格”命令。如果选择了“删除单元格”命令，系统会弹出“删除单元格”对话框，如图 4-5-29 所示，从中选择合适的单选按钮，然后单击“确定”按钮。

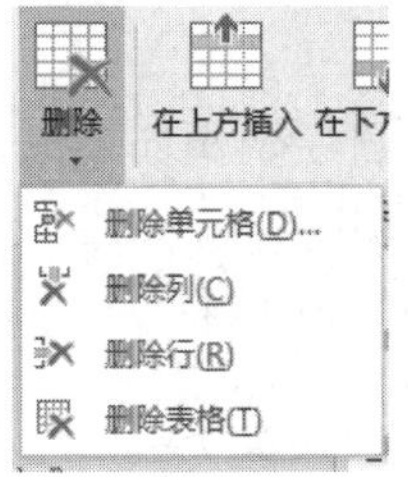

图 4-5-28　“删除”菜单

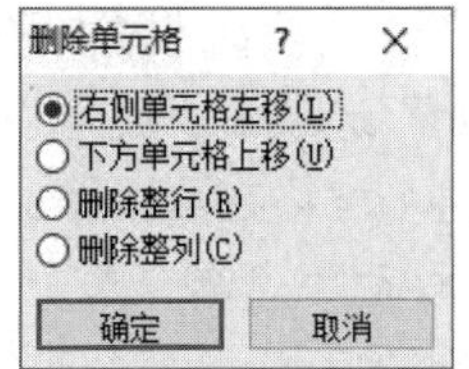

图 4-5-29　“删除单元格”对话框

8. 表格边框和底纹的设置

表格的边框与底纹

（1）边框的设置。选择单元格，在“设计”选项卡“边框”组单击“边框样式”按钮，在打开的列表框中选择合适的样式，再单击“边框”组的“边框”下拉按钮，弹出图 4-5-30 所示的“边框”菜单，从中选择要设置的框线，即设置相应样式的边框。用户可通过“笔样式”“笔划粗细”“笔颜色”按钮个性化设置边框的样式、粗线和颜色，然后单击“边框”下拉按钮，从打开的列表框中选择合适的命令，即设置个性化的框线。

也可使用“边框刷”功能来设置边框，设置好边框样式后，单击“边框刷”按钮，鼠标指针变为形状，在相应的边框上单击，即应用了边框样式。在表格外单击，或再次单击“边框刷”按钮，或执行其他命令，即退出“边框刷”状态。

通过单击相同的边框按钮，可控制该边框的有和无。如单击“左边框”，则为当前单元格设置了左边框；再单击“左边框”，则当前单元格左边框消失。

（2）底纹的设置。在“表格样式”组单击“底纹”按钮，弹出“底纹”菜单，如图 4-5-31 所示，单击合适的颜色块，即可设置单元格底纹。直接单击按钮，则应用当前所选的颜色。

也可以在图 4-5-30 所示菜单中选择“边框和底纹”命令，打开“边框与和底纹”对话框，设置单元格的边框与底纹，与段落的边框与底纹设置方法相似。

图 4-5-30　“边框”菜单

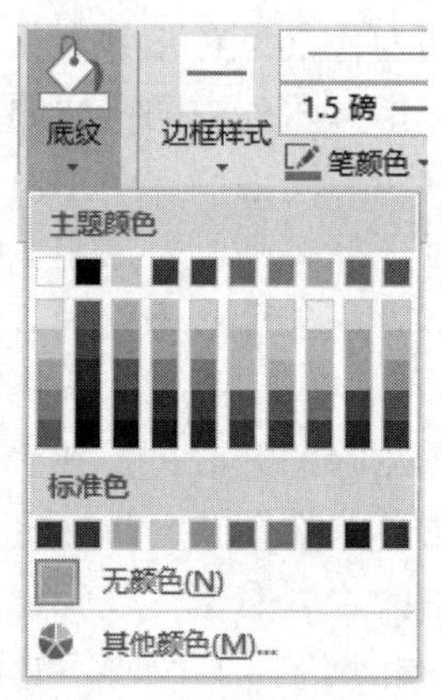

图 4-5-31　“底纹”菜单

9. 表格对齐方式与其内容对齐方式

表格的对齐方式设置方法与段落的对齐方式设置方法相同。将光标定位在表格中或选择表格，在“开始”选项卡“段落”组单击相应的对齐方式按钮即可。

可以设置整个表格在页面中的对齐方式和文字环绕方式，步骤如下：

（1）单击移动控点选择整个表格。

（2）在表格区右击，从弹出的快捷菜单中选择“表格属性”命令，打开“表格属性”对话框，选择“表格”选项卡，如图 4-5-32 所示。

图 4-5-32 “表格属性”对话框

（3）选择“表格”选项卡，在“对齐方式”区域中选择一种对齐方式，可在“左缩进”框中输入缩进值。在“文字环绕”区域选择一种文字环绕方式，单击“确定”按钮。也可以将光标定位在表格中，然后在“开始”选项卡中单击“段落对齐方式”按钮设置整个表格的对齐方式。

设置表格内容的对齐方式：选择单元格，在“布局”选项卡“对齐方式”组单击相应的对齐按钮。表格内容的对齐方式共有九种，如图 4-5-33 所示。

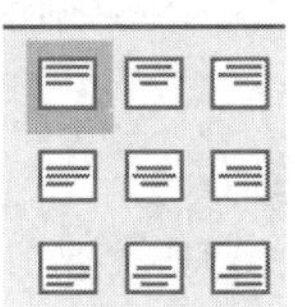

图 4-5-33 对齐按钮

10. 表格样式和重复标题

表格样式及重复标题行

表格样式是一种预设好的表格格式，使用表格样式能够快捷地美化表格。表格样式包括实时预览功能，用户可以立即看到样式效果。

单击表格内的任意一个单元格，选择“设计”选项卡，在“表格样式”组中选择一种表格样式，即应用了该样式。

如一个表格占用文档的几页，可设置第一页表格中的一行或多行重复在这几页表格上方显示，即重复表格标题。操作方法：选定第一页表格中的一行或多行标题行，在“表格工具”菜单下的“布局”选项卡中的“数据”组中，单击“重复标题行”按钮即可。

11. 使用公式

使用公式与排序

在表格中可以进行数学计算，数学计算是基于公式使用的。公式以等号（=）为开始的标识，主要由以下两部分或三部分组成。

（1）函数：内置的数学公式，如求和函数 SUM()、求平均值函数 AVERAGE()。

（2）单元格引用：使用单元格的地址，如 A2、B6、LEFT 等。

（3）运算符：常见的运算符有加、减、乘、除，对应运算符号为+、-、*和/。

函数常用的参数有 LEFT、RIGHT、ABOVE、BELOW，各参数所表示的含义与单词的中文含义一致，如 LEFT 表示函数所在单元格中左侧连续的所有数值的单元格。

公式可以通过使用“公式”按钮来创建，方法如下：

（1）将插入点定位在要插入公式的单元格中，在“布局”选项卡“数据”组单击“公式”按钮 fx 公式 。

（2）打开“公式”对话框，如图 4-5-34 所示，输入相应公式后，单击“确定”按钮，即在单元格中显示计算结果。

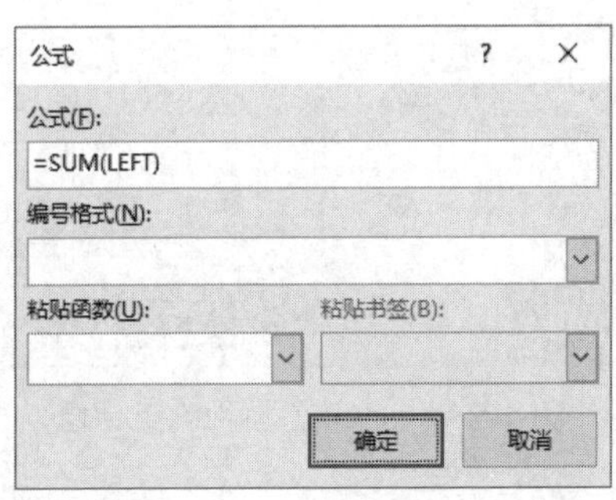

图 4-5-34　“公式”对话框

公式使用举例如下：

- =sum(A1:B3)：“A1:B3”表示 A1～B3 范围内的所有单元格，即计算 A1～B3 范围所有单元格内数据的和。
- =A3+C3：表示计算 A3 和 C3 单元格内数据的和。
- =AVERAGE(RIGHT)：表示计算公式所在单元格右侧同行连续单元格内数据的平均值。

公式可以被复制到其他单元格中，公式中参数 LEFT、RIGHT、ABOVE、BELOW 仍会沿用，用户可以使用下面方法之一来手动更新公式：

- 按 F9 键。
- 按 Alt+Shift+U 组合键。
- 在公式上右击，在弹出的快捷菜单中选择“更新域”命令。

12. 文本与表格的相互转换

表格由一行或多行单元格组成，用于显示数字和其他项，以便快速引用和分析。表格中的项被组织为行和列。将表格转换为文本时，用分隔符标识文字分隔的位置；或在将文本转换为表格时，用其标识新行或新列的起始位置。

（1）将文本转换为表格。选择文本，在“插入”选项卡“表格”组选择“表格”→“文本转换成表格”命令，按提示进行操作，即可实现转换。

（2）将表格转换为文本。

1）选择要转换为段落的行或表格。单击“布局”选项卡“数据”组的“转换为文本”按钮 转换为文本，弹出图 4-5-35 所示的对话框。

2）选择一种文字分隔符，作为替代列边框的分隔符。

3）单击“确定”按钮。

注意：文字分隔符应为英文符号，不能为中文符号。

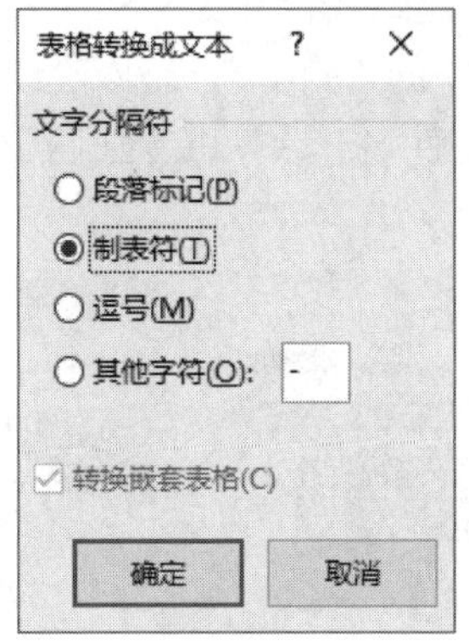

图 4-5-35　“表格转换成文本”对话框

4.6　制作批量邀请函

主要学习内容：

- 创建主文档
- 组织数据源
- 邮件合并

制作批量邀请函

一、操作要求

计算机专业毕业班准备 7 月 7 日晚举办毕业庆典，现需制作邀请函发给班里每一位同学，邀请函效果如图 4-6-1 所示。

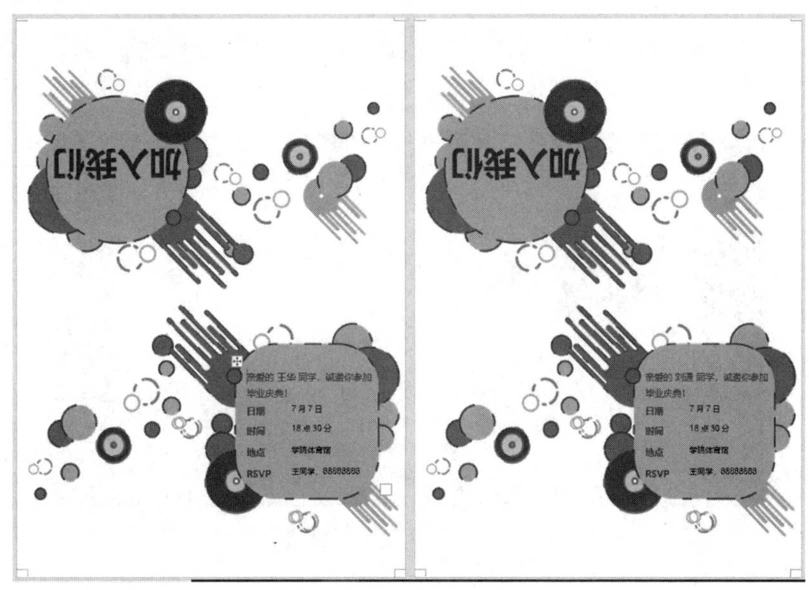

图 4-6-1　邀请函效果

操作要求如下：

（1）利用 Word 2019 邮件合并功能制作全班同学的毕业庆典邀请函。

（2）使用“聚会请柬”模板创建邮件合并主文档，效果如图 4-6-2 所示，以文件名“邀请函.docx”保存文件。以素材文件夹中的“计算机专业学生名单.xlsx”为数据源进行邮件合并，生成每一位同学的邀请函，最后以文件名“计算机专业同学邀请函.docx”保存到素材文件夹中。

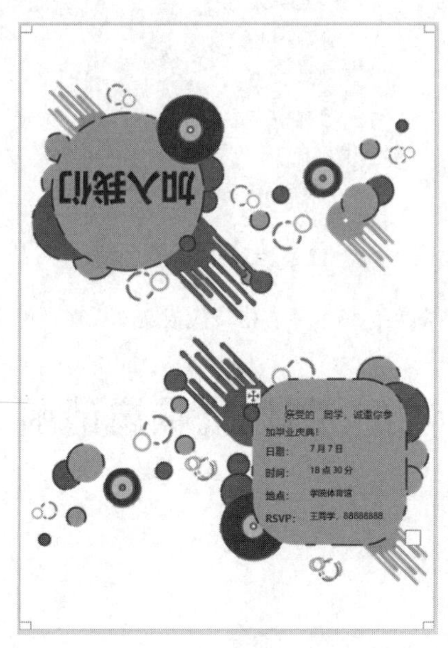

图 4-6-2　主文档效果

二、操作过程

1. 创建主文档

启动 Word 2019，依次选择“文件”→“新建”→“聚会请柬”命令，弹出图 4-6-3 所示浏览模板窗口，用户可以单击“上一个”按钮 或“下一个”按钮 浏览其他模板。单击“创建”按钮，即使用当前模板创建一个新文档。

图 4-6-3　浏览模板窗口

输入文本或修改文本，并设置合适的字体、字号，创建图 4-6-2 所示的邀请函，然后以文件名“邀请函.docx”保存文档。

2. 邮件合并

（1）在“邮件”选项卡“开始邮件合并”组，单击“开始邮件合并”按钮，在弹出的菜单中选择“信函”命令。

（2）在“开始邮件合并”组单击“选择收件人”按钮，在弹出的菜单中选择“使用现有列表”命令，弹出“选取数据源”对话框，导航到“计算机专业学生名单.xlsx”数据源所在文件夹，如图 4-6-4 所示。单击“计算机专业学生名单.xlsx”文件，单击“打开”按钮，打开“选择表格”对话框，如图 4-6-5 所示，选择“sheet1”，单击“确定”按钮。

图 4-6-4 “选取数据源”对话框

说明：数据源文件已有，所以选择“使用现有列表”命令。如果事前没有数据源，则选择“键入新列表”命令。如果数据源是 Word 文档，则不会打开“选择表格”对话框。

（3）在主文档中“亲爱的”文本右侧单击，在“编写和插入域”组单击“插入合并域”按钮，在弹出的菜单中选择“姓名”选项，在“亲爱的”文本右侧出现“《姓名》”。

（4）在“完成”组单击“完成并合并”按钮，在弹出的菜单中选择“编辑单个文档”命令，打开“合并到新文档”对话框，如图 4-6-6 所示。选择“全部”单选按钮，单击“确定”按钮，完成邮件合并。

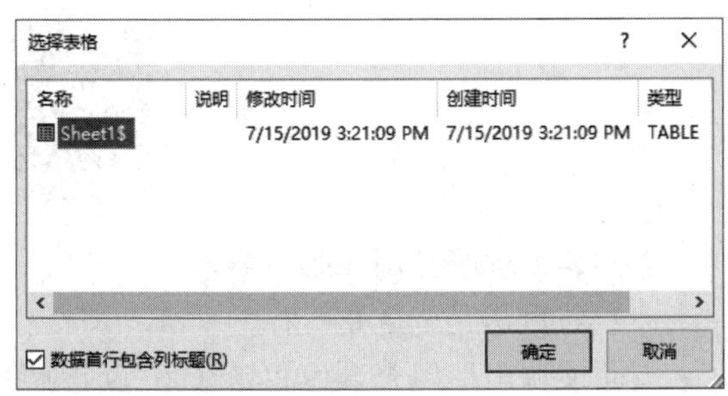

图 4-6-5 “选择表格”对话框

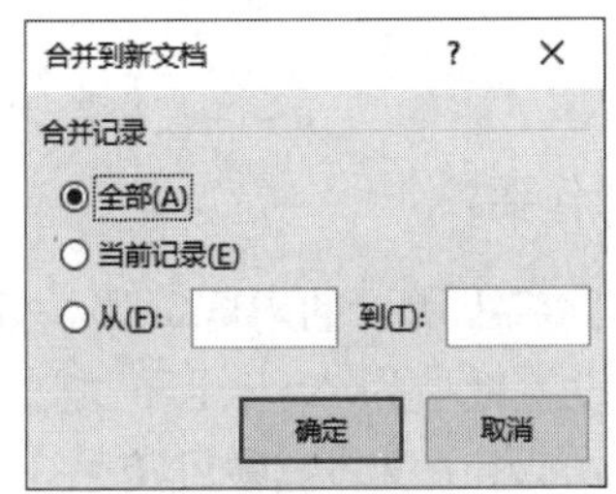

图 4-6-6 “合并到新文档”对话框

（5）完成合并后，生成默认名为“信函 1.docx”的 Word 文档，以文件“计算机专业同学邀请函.docx”保存文件，效果如图 4-6-1 所示。

三、知识技能要点

1. 邮件合并的概念

邮件合并是将文件（主文档）和数据源合并成一个新文档，以解决制作相似内容的信件或文档等大量重复性问题。运用邮件合并，可以快速批量制作成绩单、准考证、录用通知书、邀请函等。

2. 主文档

主文档包含合并文档中保持不变的文字和图形，如信函的正文、工资条的标题行等。Word 2019 共提供 5 种主文档：信函、电子邮件、信封、标签和目录。使用目录类型的主文档时，生成的合并文档中每页可以有多条批量产生的项目。

在“邮件”选项卡“开始邮件合并”组单击“开始邮件合并”按钮，在打开的快捷菜单中可以选择主文档的类型。

3. 数据源

数据源是一个以表格来存储数据信息的文档，包含用户想要插入主文档内的所有可变信息（如姓名、地址、电话等），数据源中的每一行为一个完整的信息，也称一行记录。数据源也可使用 Office 组件中的 Word、Excel、Access 创建。

4. 邮件合并的步骤

（1）创建主文档。新建 Word 文件，在文档中输入主文档内容并保存。

（2）组织数据源。数据源文档可以选用 Word、Excel 或 Access 来制作，它是含有标题行的数据记录表，由字段列和记录行构成，字段列规定该列存储的信息，如工资条含有“编号”“姓名”“岗位津贴”“工龄津贴”等字段名。每条记录行存储一个对象的相应信息，如工资条中每个员工的编号、姓名、岗位津贴、工龄津贴等具体值。

（3）邮件合并。邮件合并有两种方法，一种是前面案例中所用的方法。第二种是利用邮件合并向导创建。首先打开主文档，在“邮件”选项卡“开始邮件合并”组单击“开始邮件合并”按钮，打开一个列表，从列表中选择“邮件合并分步向导”命令，在 Word 2019 窗口右侧出现“邮件合并”任务窗格，然后按照邮件合并向导提示进行邮件合并。

4.7 制作求职简历

主要学习内容：

- 文本框
- 样式

制作求职简历

一、操作要求

制作图 4-7-1 所示的求职简历，要求如下（以文件名“求职简历.docx”保存）。

（1）设置纸型为 A4，上下页边距为 2.6 厘米，左右页边距为 3.1 厘米。

（2）添加相关文本、项目符号、图形及符号；页面顶端矩形填充颜色和轮廓颜色均为“橙色，个性色 6，淡色 40%”，轮廓线型为短划线，粗细为 3 磅；矩形阴影样式为“外部-偏移：

下”，高度为 4 厘米，宽度为 21 厘米。白色矩形轮廓线宽度为 1.5 磅；橙色的矩形轮廓线宽度为 3 磅，橙色水平线宽度为 2.25 磅。

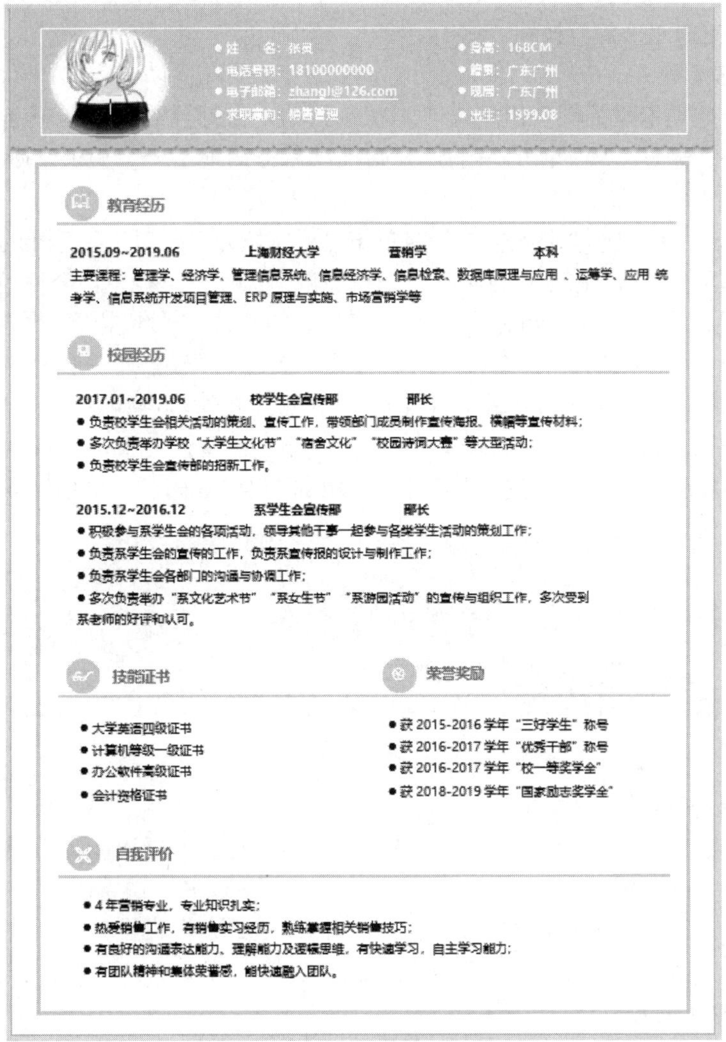

● 姓　　名：张灵
● 电话号码：18100000000
● 电子邮箱：zhangl@126.com
● 求职意向：销售管理
● 身高：168CM
● 籍贯：广东广州
● 现居：广东广州
● 出生：1999.08

教育经历

2015.09~2019.06　上海财经大学　营销学　本科
主要课程：管理学、经济学、管理信息系统、信息经济学、信息检索、数据库原理与应用 、运筹学、应用 统考学、信息系统开发项目管理、ERP 原理与实施、市场营销学等

校园经历

2017.01~2019.06　校学生会宣传部　部长
● 负责校学生会相关活动的策划、宣传工作，带领部门成员制作宣传海报、横幅等宣传材料；
● 多次负责举办学校“大学生文化节”“宿舍文化”“校园诗词大赛”等大型活动；
● 负责校学生会宣传部的招新工作。

2015.12~2016.12　系学生会宣传部　部长
● 积极参与系学生会的各项活动，领导其他干事一起参与各类学生活动的策划工作；
● 负责系学生会的宣传的工作，负责系宣传报的设计与制作工作；
● 负责系学生会各部门的沟通与协调工作；
● 多次负责举办“系文化艺术节”“系女生节”“系游园活动”的宣传与组织工作，多次受到系老师的好评和认可。

技能证书

● 大学英语四级证书
● 计算机等级一级证书
● 办公软件高级证书
● 会计资格证书

荣誉奖励

● 获 2015-2016 学年“三好学生”称号
● 获 2016-2017 学年“优秀干部”称号
● 获 2016-2017 学年“校一等奖学金”
● 获 2018-2019 学年“国家励志奖学金”

自我评价

● 4 年营销专业，专业知识扎实；
● 热爱销售工作，有销售实习经历，熟练掌握相关销售技巧；
● 有良好的沟通表达能力、理解能力及逻辑思维，有快速学习，自主学习能力；
● 有团队精神和集体荣誉感，能快速融入团队。

图 4-7-1　求职简历效果图

（3）图片为素材中的“girl.jpg”，图片样式为“柔化边缘椭圆”，并调整为合适大小。

（4）简历中的中文字体为微软雅黑，五号，项目符号为●。

（5）利用样式快速设置简历中格式相同的文本格式。

（6）将“教育经历”“校园经历”“技能证书”“自我评价”项左侧的橙色圆形设置为左对齐，然后将这四个圆形组合在一起。

（7）完成简历其他内容的输入和创建，保存文档。

二、操作过程

1. 新建文档

在 Word 2019 窗口直接按 Ctrl+N 组合键，建立新文档。

文档页面设置如下所述。在“布局”选项卡“页面设置”组选择“纸张大小”命令，从下拉列表框中选择“A4（21×29.7 厘米）”选项。单击“页面设置”组的对话框启动按钮，打开“页面设置”对话框，在“页边距”选项卡中按要求设置上下页边距为 2.6 厘米，左右页边距为 3.1 厘米，单击“确定”按钮。

2. 添加长方形

在“插入”选项卡“插图”组单击“形状”按钮，在打开的列表框中选择“矩形”选项□，鼠标指针变成＋。从文档的左上角开始拖动鼠标，拖出一个矩形，刚创建的矩形处于被选状态。

在“形状格式”选项卡“形状样式”组单击“形状填充”按钮，在打开的菜单中选择“橙色，个性色 6，淡色 40%”选项；再单击“形状轮廓”按钮→“橙色，个性色 6，淡色 40%”，再单击“形状轮廓”按钮→“粗细”→“3 磅”，再单击“形状轮廓”按钮→“虚线”→“▬ ▬ ▬ ▬ ▬（短划线）”；再单击“形状效果”按钮→“阴影”→外部中的“偏移：下”；在“大小”组的“高度”文本框中输入 4 厘米，“宽度”文本框中输入 21 厘米。

拖出一个矩形，放置在上一个矩形中，调整大小及位置，设置其“形状填充”颜色为无颜色，设置“形状轮廓”为“白色，背景 1”，“粗细”为 1.5 磅，效果如图 4-7-2 所示。

图 4-7-2 效果

3. 添加矩形中的图片和文本

在“插入”选项卡“插图”组单击“图片”按钮，打开“插入图片”对话框。导航到素材文件夹，选择“girl.jpg”图片，单击“插入”按钮，插入图片。调整图片至合适大小和位置。在“图片格式”选项卡“图片样式”组单击“其他”按钮，在图片样式列表框中选择“柔化边缘椭圆”选项；单击“环绕文字”按钮，在列表框中选择“浮于文字上方”选项。

4. 添加矩形中的文本

在“插入”选项卡“文本”组单击“文本框”按钮，在打开的菜单中选择“绘制横排文本框”命令，鼠标指针变成＋，在图 4-7-2 所示的矩形上靠左边拖出一合适大小的文本框。然后在“形状格式”选项卡中单击“形状填充”按钮，在打开的菜单中选择“无颜色”选项，再单击“形状轮廓”按钮，在打开的菜单中选择“无轮廓”选项。

如图 4-7-3 所示，在文本框中输入“姓名”“电话号码”“电子邮箱”“求职意向”等内容。然后单击这个文本框的边框，选择整个文本框。在“开始”选项卡单击“项目符号”按钮，选择项目符号为●，设置字体为“微软雅黑”，字号为“五号”，颜色为“白色，背景 1”；再单击“段落”对话框启动按钮，打开“段落”对话框，设置“左侧”和“右侧”缩进值都为 0 字符，“悬挂”缩进值为 1 字符，行距为“单倍行距”，取消勾选“如果定义了文档网格，则对齐到网格”复选框，如图 4-7-4 所示，单击“确定”按钮。

图 4-7-3　添加文本

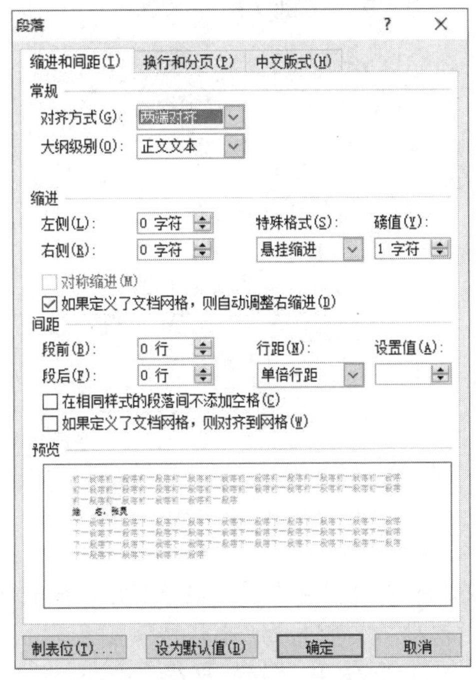

图 4-7-4　“段落”对话框

再拖出一个文本框，放在上一个文本框的右边，输入“身高”“籍贯”等内容，文本框格式和文本格式设置为与左侧矩形格式相同；也可以使用格式刷，将左侧的文本框格式应用到右侧的文本框上。

5. 添加矩形

在文档的下方添加一个矩形，设置矩形的轮廓颜色为“橙色，个性色 6，淡色 40%”，粗细为“3 磅”，矩形的形状填充颜色为“白色，背景 1”。

6. 添加“教育经历”前的圆形图案及书形符号

在“插入”选项卡“插入”组单击“形状”按钮，在打开的列表框中选择“基本形状”→“椭圆”选项，然后按住 Shift 键，同时拖动鼠标，在合适的位置绘制一个圆形。选择圆形，在“形状格式”选项卡中单击“形状填充”按钮，在打开的菜单中选择“橙色，个性色 6，淡色 40%”选项，再单击“形状轮廓”按钮，在打开的菜单中选择“无轮廓”选项。在“大小”组中设置圆形的“宽度”与“高度”均为 1 厘米。

在圆形上右击，在打开的快捷菜单中选择“添加文字”命令，将光标定位在圆中。在“插入”选项卡“符号”组单击“符号”按钮，打开“符号”对话框。在“符号”选项卡的“字体”列表框中选择 Wingdings 选项。选择“字符代码”为 38 的符号，单击“插入”按钮，完成插入符号操作。选择符号📖，设置大小为四号。

再单击圆形，在“形状格式”选项卡单击“形状样式”对话框启动按钮，打开“设置形状格式”窗格，选择“布局属性”选项卡，按图 4-7-5 设置各项，然后单击“关闭”按钮。

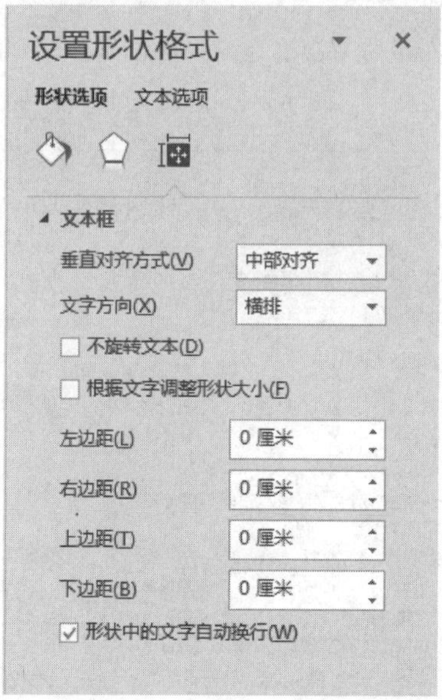

图 4-7-5　“设置形状格式”窗格

7. 添加“教育经历”文本及直线

在圆形右边添加一个文本框，设置文本框无填充颜色、无轮廓。在文本框中输入“教育经历”文本，设置字体为“微软雅黑”，字号为“小四号”，颜色为“橙色，个性色 6，淡色 25%”。

单击“形状”按钮，在下拉列表框中选择“直线”选项，然后按住 Shift 键，在“教育经历”文本下方拖出一条长度合适的直线。选择直线，在“形状格式”选项卡单击“形状轮廓”按钮，设置直线颜色为“橙色，个性色 6，淡色 40%”，粗细为“2.25 磅”。

8. 添加“教育经历”下面的具体内容

再添加一个文本框，设置文本框无填充颜色、无轮廓。在文本框中输入相应内容，文本框中的中文字体为“微软雅黑”，字号为“五号”，颜色为“黑色“，第一行文本加粗。选择文本框，在“开始”选项卡单击“段落”对话框启动按钮，按图 4-7-4 设置段落，即段落左右缩进值为“0 字符”，单倍行距，悬挂缩进值为“1 字符”，取消勾选“如果定义了文档网格，则对齐到网格”复选框，单击“确定”按钮。

9. 录入文档中其他的内容

用相同的方法录入文档其他的内容。

10. 创建样式

为了快速设置格式，下面使用样式来设置格式。

创建样式：选择“教育经历”内容介绍中的第一行文本，即“2015.09～2019.06”所在行，然后在“开始”选项卡“样式”组单击“其他”按钮，在打开的菜单中选择“将所选内容保存为新快速样式”选项，打开“根据格式设置创建新样式”对话框，在“名称”文本框中输入“时间段”，如图 4-7-6 所示，单击“确定”按钮。

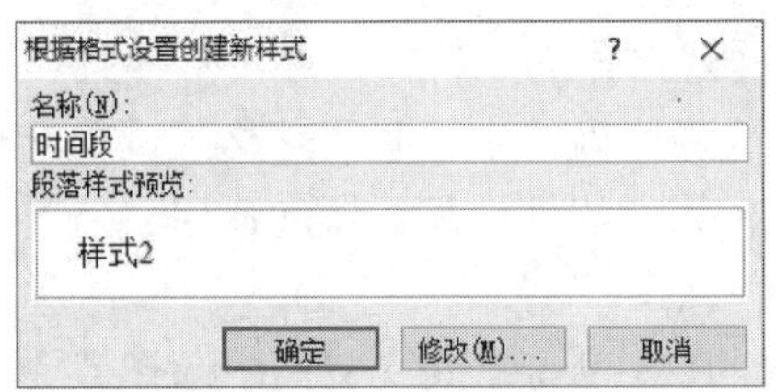

图 4-7-6　“根据格式设置创建新样式”对话框

用相同的方法设置好“校园经历”中“2017.01～2019.06”下面三行简历内容的格式后，选择这三行，使用相同的方法创建名为“项目符号行”的样式。

11. 应用样式

将光标定位在“2017.01～2019.06”所在行，单击“样式”组“样式”列表框中的“时间段”选项，即将时间段样式应用到当前行中。用相同的方法，再将时间段样式应用到“2015.12～2016.12”所在行。

用相同的方法，将“项目符号样式”应用到文档中的其他文本上。所有内容输入和设置完成后，以文件名“求职简历.docx”保存。

三、知识技能要点

1. 文本框

文本框，顾名思义是用来存放文本内容的。它可以在文档中自由定位，使用它可实现复杂版面。

（1）插入文本框。在“插入”选项卡“文本”组单击“文本框”按钮，在打开的列表框中选择一种“内置”类型的文本框，则直接在插入点插入文本框；也可以选择菜单中的“绘制横排文本框”或“绘制竖排文本框”命令，在文档中单击或拖动鼠标来创建文本框。

在文本框中单击即可在文本框中输入文字，在输入过程中，要根据需要随时调整文本框的大小和位置。文本框文字编辑与 Word 中的文字编辑方法相同，位置的移动和边框的设置方法与图片设置方法类似。

（2）编辑文本框。在文本框内单击，显示“形状格式”选项卡，可以利用该选项卡上的命令按钮来设置文本框的格式。

2. 样式

可以将设置好的段落或标题的格式保存为“样式”，样式是一些格式的集合。为了提高文档的排版效率，可将字符格式、段落格式、边框和底纹等效果统一制定在样式中，用户只需应用这种样式即可。如果修改了样式的格式，则文档中应用了这种样式的段落或文本块将自动改变。Word 2019 软件本身提供了一系列标准样式，也允许用户自定义样式。

Word 2019 有以下 5 种样式。

（1）字符样式 **a**：字符样式包含可应用于文本的格式特征，如字体名称、字号、颜色、加粗、斜体、下划线、边框和底纹。字符样式不包括会影响段落特征的格式，如行距、文本对齐方式、缩进和制表位。

（2）段落样式↵：段落样式包括字符样式包含的一切，但还控制段落外观的所有方面，如文本对齐方式、制表位、行距和边框。要应用段落样式，单击该段落中的任何位置，然后单击所需的段落样式即可。

（3）链接样式：链接样式可作为字符样式或段落样式，取决于用户选择的内容。

（4）表格样式：对所选表格内的字符和段落格式属性起作用，如间距、对齐等。

（5）列表样式：对所有列表的外观和位置起作用。

3. 使用系统自带的快速样式

快速样式是微软设计创建的。在 Word 2019 文档中选择需要设置样式的文本，单击“开始”选项卡“样式”组，在打开的列表中选择所需的样式，样式列表如图 4-7-7 所示。当用户从一个样式指向另一个样式时，选中的文本的预览也会相应地改变。

4. 用户自定义样式

根据需要，用户可以对经常用到的格式定义样式。创建新样式的步骤如下：

（1）在“开始”选项卡“样式”组单击对话框启动按钮，打开“样式”对话框，在对话框的底部单击“新建样式”图标，打开图 4-7-6 所示的对话框，单击“修改”按钮，打开“根据格式设置创建新样式”对话框，如图 4-7-8 所示。

图 4-7-7 “样式”列表

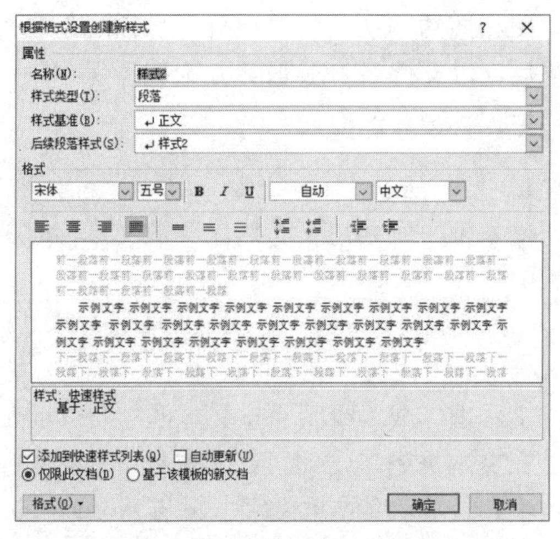

图 4-7-8 “根据格式设置创建新样式”对话框

（2）在“名称”文本框中输入样式名称，在“样式类型”下拉列表框中选择“段落”“字符”或其他选项，单击“格式”按钮，从下拉菜单中分别选择字体、段落格式或其他格式并设置好。

（3）单击“确定”按钮，即创建了新样式。

5. 删除样式

Word 2019 不允许删除标准样式，可以删除用户自定义样式。

在“开始”选项卡“样式”组单击对话框启动按钮，打开“样式”对话框，右击样式（如“时间段”），在快捷菜单中选择“删除‘时间段’”命令，弹出提示对话框，单击“是”按钮，即删除该样式。

6. 修改样式

在图 4-7-7 所示的“样式”列表中右击样式，在打开的快捷菜单中选择“修改”命令，弹出“修改样式”对话框，类似于“根据格式设置创建新样式”对话框，修改完成后单击“确定”按钮。

4.8　制作一份学院信函模板

制作学院信函模板

主要学习内容：

- 模板

一、操作要求

制作图 4-8-1 所示的模板，按以下要求完成操作，以文件名“广东女子职业技术学院信函.dotx”保存。

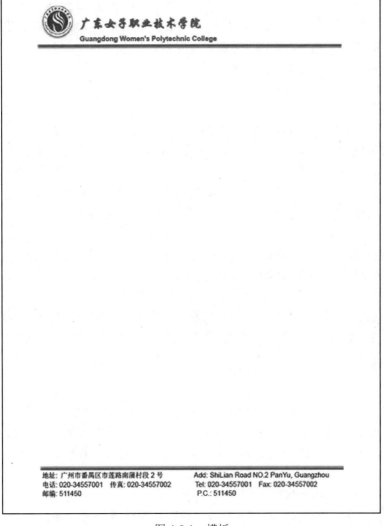

图 4-8-1　模板

（1）新建模板，设置纸型为 A4，设置上下页边距为 2.6 厘米，左右页边距为 2.2 厘米，页眉页脚距页边距为 1.6 厘米。

（2）设置页眉：第一行文字为“广东女子职业技术学院”，华文行楷，三号，加粗；第二行为“Guangdong Women's Polytechnic College”，Arial，小五号，加粗。两行文字都添加阴影（“外部－偏移：右下”），字体颜色为 RGB（217,29,33），左对齐；页眉插入素材文件夹中的图片“Logo.jpg”，适当调整图片位置及大小；页眉添加下边框线，3 磅，颜色为 RGB（217,29,33），线型为上粗下细。

（3）添加页脚文字，如图 4-8-1 所示，其格式为中文字体宋体，9 号，英文字体 Arial，9 号；为页脚添加上边框线，3 磅，颜色为 RGB（217,29,33），线型为上细下粗。

二、操作过程

1. 新建模板

在 Word 2019 已启动的情况下，依次选择“文件”→“新建”→“空白文档”命令，创建一个空白文档。

在“布局”选择卡“页面设置”组选择“纸张大小”命令，从下拉列表框中选择“A4（21 厘米×29.7 厘米）”选项。单击“页面设置”组的对话框启动按钮，打开“页面设置”对话框，在“页边距”选项卡中按要求设置上下左右页边距，在“版式”选项卡中设置页眉页脚距页边距都为 1.6 厘米。

2. 添加页眉

在“插入”选项卡“页眉和页脚”组依次选择“页眉”→“编辑页眉”命令，页眉处于可编辑状态。在页眉编辑区输入页眉文字，并设置字符格式。选择第二行文字，利用“边框和底纹”功能设置页眉的下框线。

将光标定位在页眉内，在“插入”选项卡“插图”组单击“图片”按钮，浏览图片位置，插入图片“Logo.jpg”，适当调整图片的位置、大小及环绕文字方式。

3. 添加页脚

双击页脚区，进入页脚编辑状态，输入页脚内容并设置字符格式。利用“边框和底纹”添加页脚的上方框线。双击正文编辑区，退出页眉页脚编辑状态。

4. 保存模板

单击快速访问工具栏中的“保存”按钮，打开“另存为”对话框，选择文件的保存位置，在“文件名”文本框中输入“广东女子职业技术学院信函”，单击“保存”按钮。

三、知识技能要点

1. 模板

模板是 Word 2019 中用来产生相同类型文档的标准化格式的文件，其扩展名为.dotx。模板一般包含通用文档的结构、样式、格式、页面设置等。使用模板创建文档，可大大提高创建文档的效率，便于保持文档的统一性。Word 2019 软件本身提供一系列标准模板，用户也可自定义模板。

2. 使用用户自定义的模板新建文档

直接双击自定义模板的文件图标，打开该模板，即以该模板新建了一个文档；或在“文件”选项卡中选择“新建”命令，在打开的“新建”窗口中单击“个人”下用户自己创建的模式来创建新文件。

3. Office 主题

Office 主题可更改整个文档的总体设计。在应用主题时，同时应用字体方案、配色方案和一组图形效果。主题的字体方案和配色方案将继承到快速样式集。

在“设计”选项卡“文档格式”组单击“主题”按钮，弹出“主题”菜单，选择某个主题，即将主题应用到当前文档。

练习题

1．录入图 E4-1 所示的文档，编辑完成后以文件名“aa.docx”保存，各部分的格式要求如下：

（1）第一段文字宋体、小四、加粗。

（2）第二段和第三段文字宋体、小四；首行缩进 2 字符。

（3）第三段段后间距 1 行。

【诗文赏析】

诗篇描写月下独酌情景。月下独酌，本是寂寞的，但诗人李太白却运用丰富的想像，把月亮和自己的身影凑合成了所谓的「三人」。又从「花」字想到「春」字，从「酌」到「歌」、「舞」，把寂寞的环境渲染得十分热闹，不仅笔墨传神，更重要的是表达了诗人善自排遣寂寞的旷达不羁的个性和情感。

从表面上看，诗人李太白好像真能自得其乐，可是背面却充满着无限的凄凉。诗人李太白孤独到了邀月和影，可是还不止于此，甚至连今后的岁月，也不可能找到同饮之人了。所以，只能与月光身影永远结游，并且约好在天上仙境再见。

图 E4-1　“aa.docx”文档效果图

2．录入图 E4-2 所示的文档，编辑完成后以文件名“bb.docx”保存，各部分的格式要求如下：

（1）第一、第二、第十七、第十八段文字为宋体、小四；第十七段文字加粗；第三至第十六段（即诗词内容）文字为隶书、小四、加粗。

（2）第十八段首行缩进 2 字符，段后间距 1 行；第三至第十六段 0.9 倍行距；第一至第十六段居中对齐。

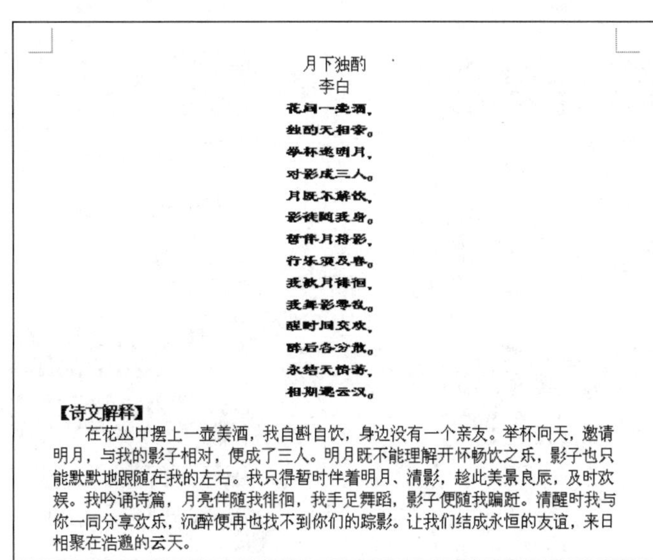

月下独酌

李白

花间一壶酒，

独酌无相亲。

举杯邀明月，

对影成三人。

月既不解饮，

影徒随我身。

暂伴月将影，

行乐须及春。

我歌月徘徊，

我舞影零乱。

醒时同交欢，

醉后各分散。

永结无情游，

相期邈云汉。

【诗文解释】

在花丛中摆上一壶美酒，我自斟自饮，身边没有一个亲友。举杯向天，邀请明月，与我的影子相对，便成了三人。明月既不能理解开怀畅饮之乐，影子也只能默默地跟随在我的左右。我只得暂时伴着明月、清影，趁此美景良辰，及时欢娱。我吟诵诗篇，月亮伴随我徘徊，我手足舞蹈，影子便随我蹁跹。清醒时我与你一同分享欢乐，沉醉便再也找不到你们的踪影。让我们结成永恒的友谊，来日相聚在浩邈的云天。

图 E4-2　“bb.docx”文档效果图

3．打开 aa.docx 文档，在其后插入文件 bb.docx，完成以下操作，编辑完成后以文件名“cc.docx”保存，效果如图 E4-3 所示。

（1）调整段落次序，将第一至第三段内容移至文档的最后。

（2）将文件中的所有“李太白”三字替换为“李白”，且格式为倾斜。

（3）插入一个竖排文本框，将第三至第十六段内容放在文本框内，将文本框线条颜色设置为浅蓝色，填充效果为“白色大理石”。

（4）对“月下独酌”设置艺术字样式：第 4 行第 3 列。字体：楷体，36 号。文字效果：转换为“两端远”。阴影：右上斜偏移。填充色：“金乌坠地”。环绕方式：上下型并按样张版式排列，适当调整艺术字大小和位置。

（5）插入图片素材文件夹下的“p31.jpg”，缩放比例为 90%，设置“四周型”环绕方式。

（6）在“李白”文字后添加脚注，脚注内容为“❀李白（701－762），字太白，号青莲居士，祖籍陇西成纪（今甘肃秦安东），是我国唐代的伟大诗人。”，并将脚注内容设置为宋体、小五号，脚注标记为 Wingdings，字符代码 123 的“❀”。

（7）设置“明月”“影子”下划线（双波浪线），分别添加尾注：“[I] 月亮远在天边，它只能挂在高高的苍穹，不能和李白同酌共饮。”，“[II] 影子虽然近在咫尺，但也只会默默地跟随，无法进行真正的交流。”，并将尾注文本设置为宋体、小五号。

4．打开 cc.docx 文档，完成以下操作，编辑完成后以文件名“dd.docx”保存，效果如图 E4-4 所示。

（1）添加页眉文字“古诗词欣赏”和插入域“第 X 页，共 Y 页”，在页脚中插入当前日期（要求使用域）并左对齐。

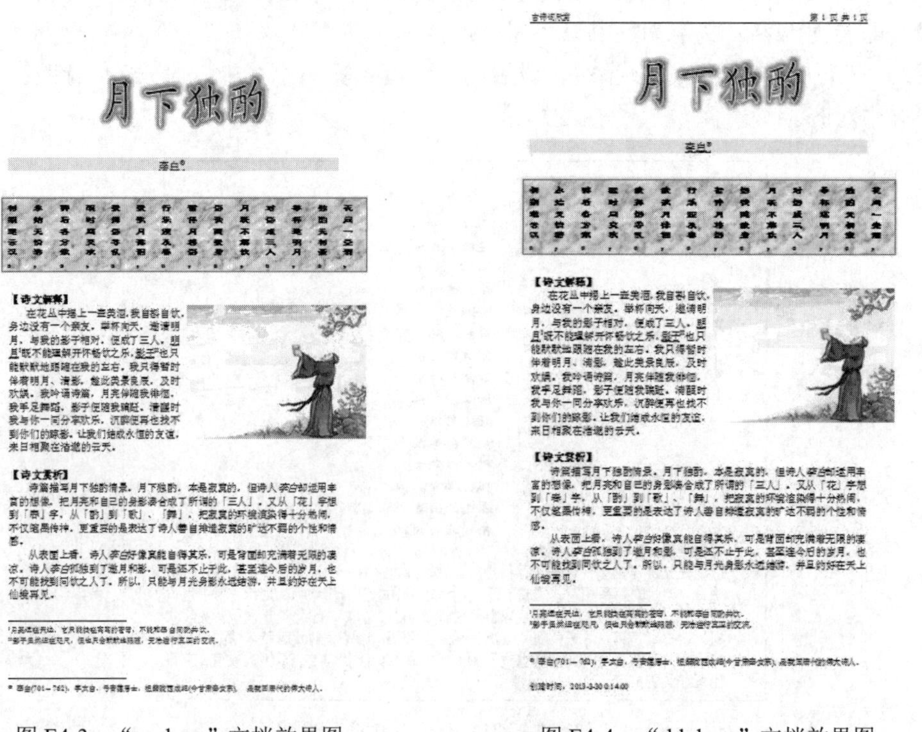

图 E4-3　“cc.docx”文档效果图　　图 E4-4　“dd.docx”文档效果图

（2）设置上下边距各为 2 厘米，左右边距各为 3.5 厘米，页眉、页脚距边界各 1 厘米，纸张为 A4。

5．按下列要求用 Word 2019 制作出图 E4-5 所示表格。

（1）各单元格的列宽：第一列 2.7 厘米，第二列 1.8 厘米，第三列 1.8 厘米，第四列 1.8 厘米，金额中的各列分别为 0.7 厘米。

（2）各行的行高均为固定值 18 磅。

（3）除最后一行的两个单元格为中部两端对齐外，其余各行中单元格的内容均为水平居中对齐，所有单元格的文本均为宋体、五号。

（4）文档以“ee.docx”文件名保存。

商品				金额							
名称	单位	数量	单价	十	万	千	百	十	元	角	分
总计金额	拾　万　仟　佰　拾　元　角　分										

图 E4-5　“ee.docx”文档效果图

6．制作图 E4-6 所示的原始凭证分割单，编辑完成后以文件名“ff.docx”保存。

（1）标题为楷体、三号，其余文字为楷体，小五号。

（2）进行相应的表格编辑，包括行列增减、单元格的合并和拆分、边框设置、文本的对齐方式。边框粗线为 1.5 磅，细线为 0.5 磅。

原始凭证分割单　　　　编号：

年　月　日

接收单位名称				地址											
原始凭证	单位名称			地址											
	名称		日期		编号										
总金额		人民币（大写）				千	百	十	万	千	百	十	元	角	分
分割金额		人民币（大写）													
原始凭证主要内容、分割原因															
备注		该原始凭证附在本单位　年　月　日第　号记账凭证内。													

单位名称（公章）：　　　　会计：　　　　制单：

地址：

图 E4-6　“ff.docx”文档效果图

7．创建一份适合自己的、具有个性的个人简历，以文件名“gg.docx”保存。

第5章 电子表格软件 Excel 2019

Excel 2019 电子表格程序具有强大的数据处理能力，广泛应用于经济、科研、教学等领域。

5.1 建立“学生期末成绩”工作簿

主要学习内容：

- 启动、退出 Excel 2019
- 输入内容、设置格式
- 条件格式
- 设置表格框线
- 自动调整列宽

一、操作要求

通过本案例，掌握 Excel 2019 的一些基本操作：建立和保存新工作簿文档、在单元格输入内容、设置单元格的格式、设置表格框线、图表操作等，最终效果如图 5-1-1 所示。

	A	B	C	D	E	F	G
1							
2	计算机应用1班成绩表						
3	第一学年下学期						
4	姓名	性别	高等数学	人工智能	网络基础	密码学	专业英语
5	朱青芳	女	95.0	86.0	75.0	82.0	86.0
6	于自强	男	90.0	92.0	86.0	85.0	90.0
7	刘薇	女	65.0	75.0	**58.0**	65.0	75.0
8	李丽华	女	75.0	86.0	82.0	78.0	79.0
9	熊小新	男	**55.0**	**56.0**	63.0	64.0	70.0
10	黄志新	男	85.0	88.0	85.0	85.0	83.0
11	黄丽丽	女	76.0	65.0	72.0	68.0	68.0
12	张军	男	75.0	73.0	75.0	76.0	70.0
13	蒋佳	女	75.0	72.0	82.0	76.0	73.0
14	何勇强	男	86.0	86.0	83.0	90.0	86.0
15	宋泽宇	男	75.0	72.0	82.0	76.0	73.0
16	林汪	男	95.0	86.0	75.0	76.0	86.0
17	江树明	男	90.0	92.0	80.0	85.0	87.0
18	胡小名	女	65.0	75.0	**58.0**	65.0	90.0
19	吴存丽	女	75.0	86.0	82.0	80.0	79.0
20	钟胜	男	**55.0**	**56.0**	76.0	64.0	70.0
21	杨清月	女	85.0	90.0	85.0	85.0	83.0
22	梁美玲	女	76.0	70.0	72.0	68.0	68.0
23	石磊	男	86.0	78.0	83.0	90.0	86.0
24	范勇智	男	86.0	80.0	75.0	90.0	75.0
25	宋红芳	女	92.0	64.0	86.0	86.0	86.0
26	张岭	男	75.0	85.0	**56.0**	90.0	**56.0**
27	鲁莫	男	86.0	68.0	90.0	70.0	88.0
28	刘桥	男	**56.0**	90.0	70.0	90.0	65.0
29	赵越	男	85.0	86.0	89.0	98.0	95.0
30	曾明平	男	67.0	85.0	86.0	95.0	90.0
31	黎明明	女	62.0	65.0	75.0	78.0	65.0
32	刘曙光	男	68.0	69.0	85.0	**52.0**	85.0
33	王启迪	男	85.0	86.0	88.0	94.0	87.0

图 5-1-1　最终效果

（1）启动 Excel 2019，新建一个工作簿，文件命名为“学生期末成绩.xlsx”。

（2）在 Sheet1 工作表中输入数据。在 A2 单元格输入“计算机应用 1 班成绩表”，在 A3 单元格输入“第一学年下学期”，其他数据如图 5-1-2 所示。

	A	B	C	D	E	F	G
1							
2	计算机应用1班成绩表						
3	第一学年下学期						
4	姓名	性别	高等数学	人工智能	网络基础	密码学	专业英语
5	朱青芳	女	95	86	75	82	86
6	于自强	男	90	92	86	85	90
7	刘薇	女	65	75	58	65	75
8	李丽华	女	75	86	82	78	79
9	熊小新	男	55	56	63	64	70
10	黄志新	男	85	88	85	85	83
11	黄丽丽	女	76	65	72	68	68
12	张军	男	75	73	75	76	70
13	蒋佳	女	75	72	82	76	73
14	何勇强	男	86	86	83	90	86
15	宋泽宇	男	75	72	82	76	73
16	林汪	男	95	86	75	76	86
17	江树明	男	90	92	80	85	87
18	胡小名	女	65	75	58	65	90
19	吴存丽	女	75	86	82	80	79
20	钟胜	男	55	56	76	64	70
21	杨清月	女	85	90	85	85	83
22	梁美玲	女	76	70	72	68	68
23	石磊	男	86	78	83	90	86
24	范勇智	男	86	80	75	90	75
25	宋红芳	女	92	64	86	86	86
26	张岭	男	75	85	56	90	56
27	鲁莫	男	86	68	90	70	88
28	刘桥	男	56	90	70	90	65
29	赵越	男	85	86	89	98	95
30	曾明平	男	67	85	86	95	90
31	黎明明	女	62	65	75	78	65
32	刘曙光	男	68	69	85	52	85
33	王启迪	男	85	86	88	94	87

图 5-1-2　输入数据

（3）设置表格主标题“计算机应用 1 班成绩表”格式为字号 18 号，黑体，加粗，在 A2:G2 单元格区域合并居中。

（4）设置表格副标题“第一学年下学期”格式为字号 13 号，楷体，在 A3:G3 单元格区域跨列居中。

（5）设置表格表头（即列标题）格式为：14 号、楷体、加粗，字体颜色为深蓝色，单元格填充颜色为“橙色，个性色 2，淡色 80%”，水平和垂直均居中对齐。

（6）设置其他数据（A5:G33 单元格区域）为 12 号、宋体，颜色为黑色。设置成绩（C5:G33 单元格区域）格式为数值型，小数位 1 位，水平居右、垂直居中。

（7）利用条件格式，将表内所有小于 60 的成绩均以红色加粗显示。

（8）表格外框线为粗实线、内框线为细实线，表头下方为双细框线。

（9）设置 A～G 列为自动调整列宽。

（10）保存文件。

二、操作过程

启动 Excel、主副标题输入及设置

1．*启动* Excel 2019

右击桌面空白处，选择“新建”→“Microsoft Excel 工作表”命令，新建一个 Excel 文件，然后双击打开该文件。

Excel 2019 界面如图 5-1-3 所示。选择“文件”→“另存为”命令，选择合适位置，将工作簿命名为“学生期末成绩.xlsx”。

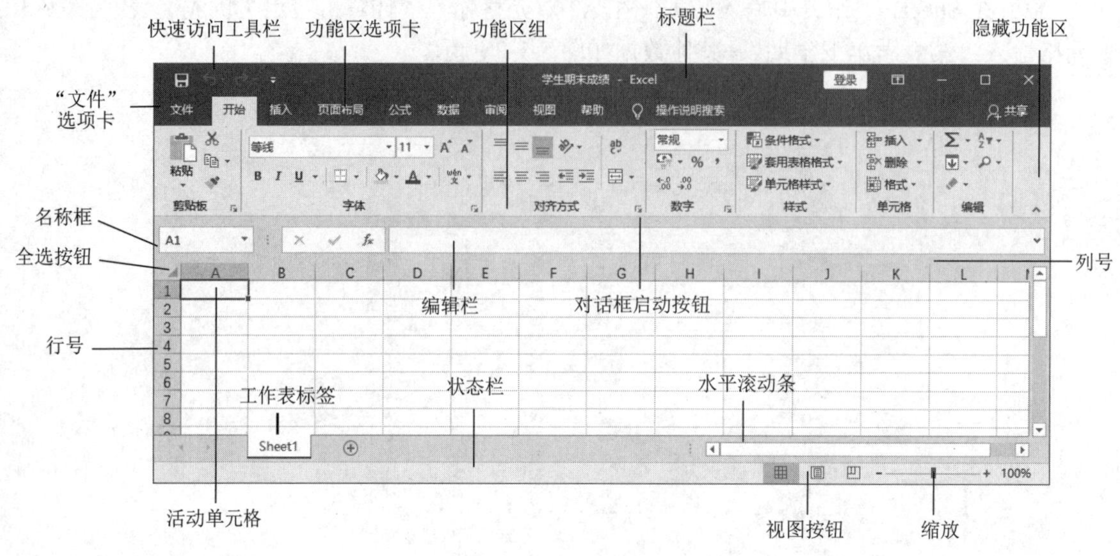

图 5-1-3　Excel 2019 工作界面

2. 输入内容

在 A2 单元格中输入“计算机应用 1 班成绩表”，在 A3 单元格中输入“第一学年下学期”。参见 5-1-2，输入其他单元格内容。

注意：

（1）一般较短内容可以直接在单元格中输入，较长内容（如较长的公式）在编辑栏中输入，输入完成后按 Enter 键；或单击编辑栏左侧的“输入”按钮 ✓，完成输入，光标移至同列的下一个单元格；如按 Esc 键或单击编辑栏左侧的“取消”按钮，取消输入的内容。

（2）在多个单元格中输入相同数据时，选中多个单元格，输入数据，然后按 Ctrl+Enter 组合键。

3. 设置主标题格式

（1）单击 A2 单元格，即选中该单元格，在“开始”选项卡“字体”组单击“字号”框右侧的下拉按钮，从下拉列表框中选择 18（若无相应数值，可在文本框中输入数值）。

（2）单击“字体”右侧下拉按钮，选择“黑体”选项，单击“加粗”按钮 **B** 。

（3）选择 A2:G2 单元格区域，即按住鼠标左键从 A2 单元格拖选至 G2 单元格。

（4）在“开始”选项卡“对齐方式”组单击“合并后居中”按钮 合并后居中 。

4. 设置副标题格式

（1）选中 A3 单元格，在“字号”文本框中输入 13，然后按 Enter 键，单击“字体”下拉按钮，在下拉列表框中选择“楷体”选项。

（2）选中 A3:G3 单元格区域，在“开始”选项卡“对齐方式”组单击右下角对话框启动按钮，打开“设置单元格格式”对话框，选择“对齐”选项卡，在“水平对齐”下拉列表框中选择“跨列居中”选项，单击“确定”按钮，如图 5-1-4 所示。

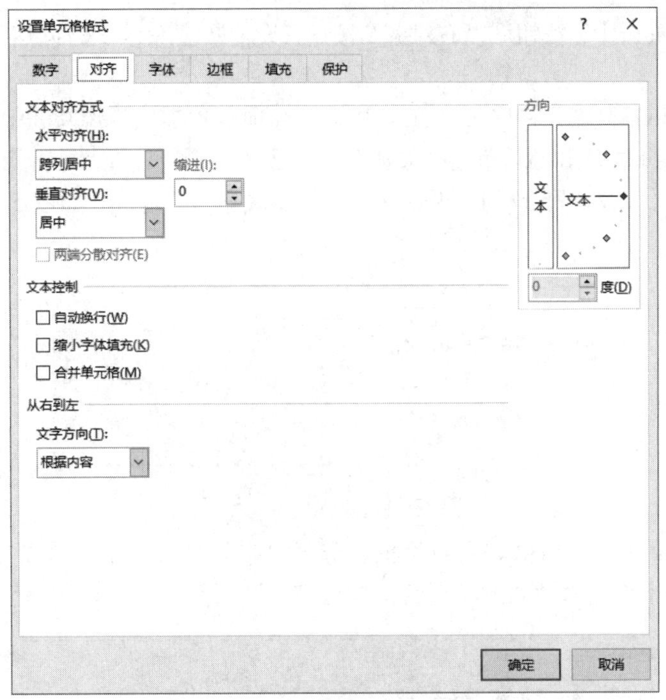

图 5-1-4　“设置单元格格式”对话框

5. 表头格式设置

表格内容输入及设置、条件格式

选中 A4:G4 单元格区域，在“开始”选项卡“字体”组选择“字体”为楷体，设置字号为 14 号，单击“加粗”按钮，设置字体颜色为深蓝色，单击“填充”下拉按钮，在打开的列表中选择“橙色，个性色 2，淡色 80%”颜色块，如图 5-1-5 所示；在“对齐方式”组中单击“垂直居中”和“居中”按钮，如图 5-1-6 所示。

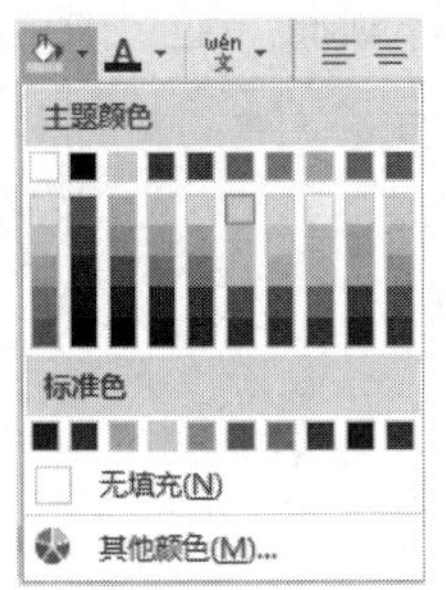

图 5-1-5　“颜色”列表

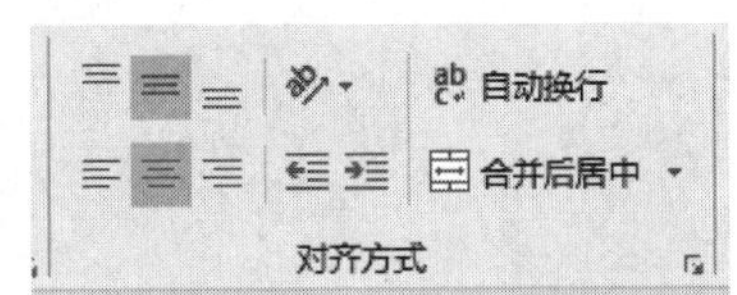

图 5-1-6　“对齐方式”组

6. 设置表格其他内容的格式

（1）单击 A5 单元格，然后按住 Shift 键并单击 G33 单元格，即选择 A5:G33 单元格区域，在“开始”选项卡“字体”组设置字号为 12 号，单击“字体颜色”下拉按钮▾，选择“黑色”选项。

（2）选择 C5:G33 所有成绩单元格区域，在“开始”选项卡“数字”组的“数字格式”下拉列表框中选择“数字”选项，单击“增加小数位”按钮 ，设置为 1 位小数。在“对齐方式”组单击“垂直居中”按钮和“右对齐”按钮，设置数据在水平方向居右和垂直方向居中。

7. 条件格式

（1）选中 C5:G33 单元格区域，在“开始”选项卡“样式”组单击“条件格式”按钮，在下拉列表框中选择“突出显示单元格规则”→“小于”命令，在“小于”对话框左边的文本框中输入 60，在“设置为”下拉列表框中选择“自定义格式”选项，如图 5-1-7 所示，单击“确定”按钮。

图 5-1-7 “小于”对话框

（2）打开“设置单元格格式”对话框，选择“字体”选项卡，设置字形为“加粗”，在“颜色”下拉列表框中选择“红色”选项，如图 5-1-8 所示

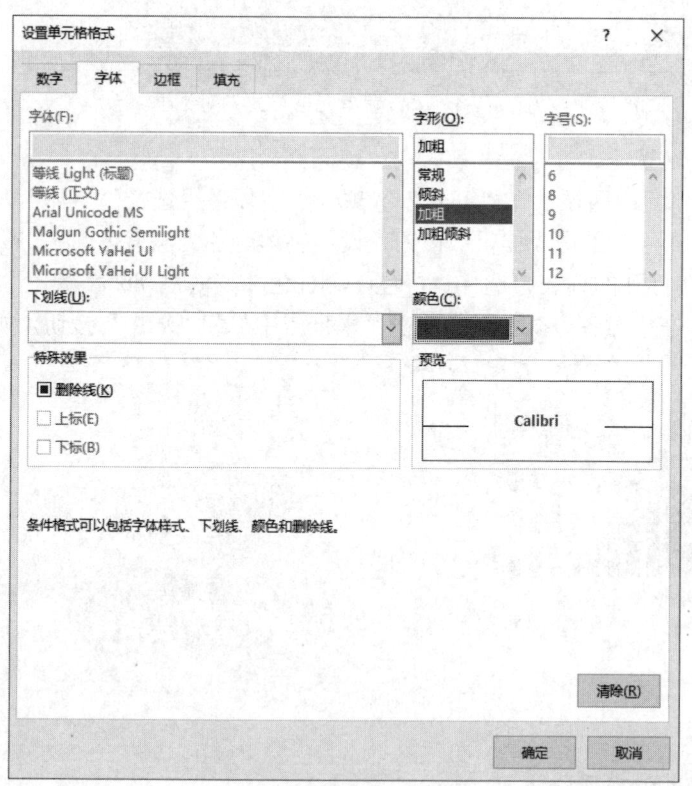

图 5-1-8 “字体”选项卡

（3）单击“确定”按钮，关闭对话框。此时选定区域中小于 60 的数值都以红色加粗显示。

8. 设置表格边框

（1）选中 A4:G33 单元格区域，在“开始”选项卡“字体”组单击“边框”下拉按钮 ⊞ ▾，打开“边框”菜单，选择“所有框线”选项田，设置选区所有内框线为细线，再次选择“边框”

菜单中的“粗外侧框线”选项，设置所选区域外边框为粗线。

（2）选中A4:G4单元格区域，单击“边框”下拉按钮，选择“边框”菜单中的“双底框线”选项，即设置表头下方为双底框线。

9. 自动调整列宽

在列标位置单击A列并拖选至G列，即选择A～G列，在“开始”选项卡“单元格”组单击“格式”按钮，在打开的下拉列表框选择“自动调整列宽”选项，即所选区域各列列宽为最合适列宽。

10. 保存文件

选择“文件”→“保存”命令（或单击快速访问工具栏上的“保存”按钮），保存文件。选择“文件”→“关闭”命令，或单击右上角“关闭窗口”按钮，关闭工作簿。

注意：若第一次保存，则系统打开“另存为”对话框，选择合适的保存位置，输入文件名，保存。

三、知识技能要点

1. 启动Excel 2019

方法一：选择“开始”→“Excel”命令，启动Excel 2019并建立一个新的工作簿。

方法二：双击一个已有的Excel 2019工作簿，也可启动Excel 2019并打开相应的工作簿。

方法三：双击桌面上Excel 2019快捷图标。

2. Excel 2019的工作界面

了解 Excel 界面

Excel工作界面的许多元素与其他Windows程序的窗口元素相似，如图5-1-3所示。Excel 2019工作界面中的各部分功能如下：

快速访问工具栏：用户可根据需要在此工具栏中添加常用命令。

标题栏：包括工作簿的名称、应用程序名称（如Excel 2019）、右上角的窗口控制按钮、左上角的窗口控制菜单。

“文件”选项卡：可以打开、保存、打印和管理Excel文件。Excel环境设置：选择“文件”→“选项”命令。

注意：不仅是Excel，其他Office程序都在此设置环境。

功能区选项卡：显示相应的功能按钮和命令。

功能区组：每个功能区选项卡都包含多个组，每个组都包含一组相关命令，组名在每组区域下方中间。

对话框启动按钮：在功能区组右下角，单击它可打开更多操作的对话框。

隐藏功能区：单击此图标可隐藏功能区，图标变为，再单击即展开功能区。

全选按钮：用于选择工作表中的所有单元格。

名称框：活动单元格地址或单元格区域名称。

编辑栏：编辑活动单元格的内容。

状态栏：位于程序窗口的下边缘，用于说明当前选定文本。

视图按钮：单击这些按钮可在“普通”“页面布局”或“分页预览”视图中显示当前工作表。

滚动条：包括水平滚动条、垂直滚动条及4个滚动箭头，用于控制显示工作表的不同区域。

工作表标签：工作表的名称，默认生成的工作表标签为 Sheet1、Sheet2、Sheet3，可根据需要修改工作表标签。

活动单元格：即当前选定的单元格，可以向其中输入数据。一次只能有一个活动单元格。

缩放 100%：单击缩放比例按钮可打开“显示比例”对话框，选择一个缩放比例，或左右拖动缩放滑块选择。

工具栏：针对某对象操作时才会出现在功能区。例如，如果插入或选择一个图表，将会看到“图表工具”工具栏，包含“设计”“布局”“格式”3 个选项卡。

注意：要选中该对象，才会出现相应选项卡。

3．工作簿

扩展名为.xlsx 的 Excel 文件即一个工作簿。工作簿包含若干个工作表，通过单击工作表标签可切换工作表。启动 Excel 2019 时将自动新建一个工作簿。默认情况下，一个工作簿包含一个工作表，可通过设置改变生成工作表数，最多可生成 255 个。

工作表由多个按行和列排列的单元格组成。由行和列交叉形成的网格即单元格，单元格由列号和行号组成的地址来标识，如 A3 表示 A 列、第三行。

了解工作表的大小：

（1）在主菜单选择“文件”→“选项”→“公式”命令，勾选“R1C1 引用样式”（将行号、列标以数字方式显示，便于观察大小）复选框。

（2）在一张空白工作表中选中任意单元格，按 Ctrl+→组合键显示最多列，按 Ctrl+↓组合键显示最多行（Excel 2019 的一个工作表有 1048576 行、16384 列）。

（3）再按 Ctrl+←组合键和 Ctrl+↑组合键将光标移回，将第一步 R1C1 设置取消，恢复原来行号、列标。

工作表与工作簿的区别：一个 Excel 文件是一个工作簿，一个工作簿默认含一个工作表，最多可包含 255 个工作表，通过单击工作表标签可切换到不同工作表。

4．选择 Excel 中的对象

选择 Excel 中的对象

选择单元格：单击该单元格或按方向键将插入点移至该单元格。

选择整行整列：单击行标题或列标题。

使用 Shift 键选择连续区域：先单击起始位置，按住 Shift 键，再单击截止位置。

使用 Ctrl 键选择不连续区域：先选择单元格区域，按住 Ctrl 键，再单击单元格或拖选单元格区域。

如果行或列包含数据，使用“Ctrl+Shift+箭头键”组合键可选择到行或列中最后一个已使用单元格之前的部分。

5．文本、数字、日期

文本可以是数字、汉字、空格和非数字字符的组合。可以将内容设置为文本，或输入时在这些内容前添加半角的单引号“'”。

数字项目包含数字 0～9 的一些组合，还可以包含一些特殊字符。如数值型数据位数长，在单元格不够宽时，会以一些“#####”表示，只需将单元格宽度调整到合适的宽度，数值就会正常显示，可双击列标号右边框、设置“自动调整列宽”、将鼠标拖动列标右边框等。

使用数字或文本与数字的组合表示日期，例如“2007-8-12”“8/12/2007”“2007 年 8 月 12 日”是输入同一日期的 3 种方法。“7/3”和“July 3”都表示当前年度的 7 月 3 日。按 Ctrl+;

组合键输入当前日期，按 Ctrl+Shift+;组合键输入当前时间。

6. 合并单元格

“合并后居中”将多行（或多列）的多个单元格合并为一个单元格，将内容居中显示。“跨列居中”可以实现同行多个单元格的居中显示，但列不会合并。

7. 同时在多个单元格中输入相同的数据

在多个单元格输入相同数据：按 Ctrl 键，选择不连续的单元格，然后输入内容，按 Ctrl+Enter 组合键结束操作，则这些单元格均显示刚输入的内容。

8. 条件格式

条件格式

Excel 2019 提供了丰富的条件格式：

“突出显示单元格规则”可以突出显示符合某种条件的单元格，如大于 60、小于 90 等。

“项目选择规则”是按一定的规则选取一些单元格。常见的规则有值最大的 10 项、值最大的 10%项、值最小的 10 项、值最小的 10%项、高于平均值等。

“数据条”用来显示某个单元格相对于其他单元格的值。

“色阶”显示数据分布和数据变化。

“图标集”根据用户确定的阈值对不同类别的数据显示图标。

9. 保存工作簿

Excel 2019 工作簿的保存方法与 Word 2019 文档保存方法类似，其默认的扩展名为.xlsx。保存工作簿的常用操作方法如下：

（1）选择“文件”选项卡中的“保存”命令。

（2）单击快速访问工具栏中的“保存”按钮。

（3）使用 Ctrl+S 组合键。

（4）选择“文件”→“另存为”命令，打开“另存为”对话框，如图 5-1-9 所示。

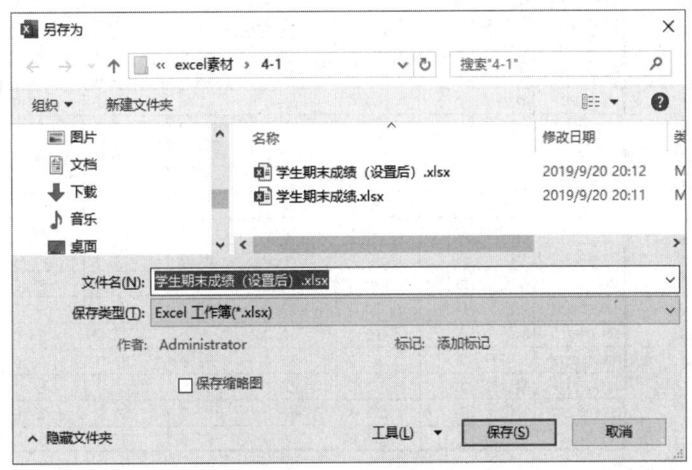

图 5-1-9 “另存为”对话框

注意：“保存类型”中包含了 Excel 早期版本支持的格式和最新格式。Excel 高版本程序向下兼容，可以打开低版本文件。若低版本程序打不开高版本文件，可以将高版本文件保存为低版本格式文件再打开，或者升级为高版本程序。

5.2 编辑“学生期末成绩”工作簿

主要学习内容：

- 行、列操作
- 使用自动填充功能
- 插入批注、冻结窗格
- 隐藏、取消隐藏行和列
- 管理工作表

一、操作要求

编辑前一节完成的“学生期末成绩.xlsx”工作簿，最终效果如图 5-2-1 所示。

计算机应用1班成绩表

第一学年下学期

学号	姓名	性别	密码学	人工智能	网络基础	高等数学	专业英语
2014020101	朱青芳	女	82.0	86.0	75.0	95.0	86.0
2014020102	于自强	男	85.0	92.0	86.0	90.0	90.0
2014020103	刘薇	女	65.0	75.0	58.0	65.0	75.0
2014020104	李丽华	女	78.0	86.0	82.0	75.0	79.0
2014020105	熊小新	男	64.0	56.0	63.0	55.0	70.0
2014020106	黄志新	男	85.0	88.0	85.0	85.0	83.0
2014020107	黄丽丽	女	68.0	65.0	72.0	76.0	68.0
2014020108	张军	男	76.0	73.0	75.0	75.0	70.0
2014020109	蒋佳	女	76.0	72.0	82.0	75.0	73.0
2014020110	何勇强	男	90.0	86.0	83.0	86.0	86.0
2014020111	宋泽宇	男	76.0	72.0	82.0	75.0	73.0
2014020112	林汪	男	76.0	86.0	75.0	95.0	86.0
2014020113	江树明	男	85.0	92.0	80.0	90.0	87.0
2014020114	胡小名	女	65.0	75.0	58.0	65.0	90.0
2014020115	吴存丽	女	80.0	86.0	82.0	75.0	79.0
2014020116	钟胜	男	64.0	56.0	76.0	55.0	70.0
2014020117	杨清月	女	85.0	90.0	85.0	85.0	83.0
2014020118	梁美玲	女	68.0	70.0	72.0	76.0	68.0
2014020119	石磊	男	90.0	78.0	83.0	86.0	86.0
2014020120	范勇智	男	90.0	80.0	75.0	86.0	75.0
2014020121	宋红芳	女	86.0	64.0	86.0	92.0	86.0
2014020122	张岭	男	90.0	85.0	56.0	75.0	56.0
2014020123	鲁莫	男	70.0	68.0	90.0	86.0	88.0
2014020124	刘桥	男	90.0	90.0	70.0	56.0	65.0
2014020125	赵越	男	98.0	86.0	89.0	85.0	95.0
2014020126	曾明平	男	95.0	85.0	86.0	67.0	90.0
2014020127	黎明明	女	78.0	65.0	75.0	62.0	65.0
2014020128	刘曙光	男	52.0	69.0	85.0	68.0	85.0
2014020129	王启迪	男	94.0	86.0	88.0	85.0	87.0

图 5-2-1 最终效果

（1）在列标题行（第 4 行）上面插入一个空白行，使列标题行成为第 5 行。设置行 2（即表格主标题行）行高 25，设置其余数据行（除第 2 行外）行高均为 20。

（2）在“姓名”列前增加两列，设置 A 列列宽为 6，B 列列标题为“学号”。输入第一个学生的学号“2014020101”，设置学号为文本型数据，其他学生学号依次增加 1。设置学号标题与其他列标题格式相同。

（3）取消表格主标题合并居中及副标题跨列居中。删除 B2 和 B3 单元格。设置表格主、副标题分别在 B2:I2、B3:I3 单元格区域跨列居中。

（4）将“高等数学”列与“密码学”列对调，并设置各成绩列列宽为 10。设置“学号”“姓名”“性别”列宽为“自动调整列宽”。

（5）为“江树明”单元格插入批注“班长”。将 1～5 行冻结。

（6）将 Sheet1 重命名为“第一学年下学期”，添加新工作表，将“第一学年下学期”工作表复制到新工作表。

（7）在“第一学年上学期”工作表中隐藏“性别”“高等数学”“人工智能”列，隐藏 10～14 行，然后取消隐藏行和列。

（8）保存文档。

二、操作过程

填充学号、格式刷

1. 打开文件

双击打开 5.1 节完成的“学生期末成绩.xlsx”文件。

注意：也可以用另一种方法打开文件：启动 Excel 2019，选择“文件”→“打开”命令，弹出“打开”对话框，在左侧窗格找到文件所在文件夹，在右侧窗格选择“学生期末成绩.xlsx”文件，单击“打开”按钮，如图 5-2-2 所示。

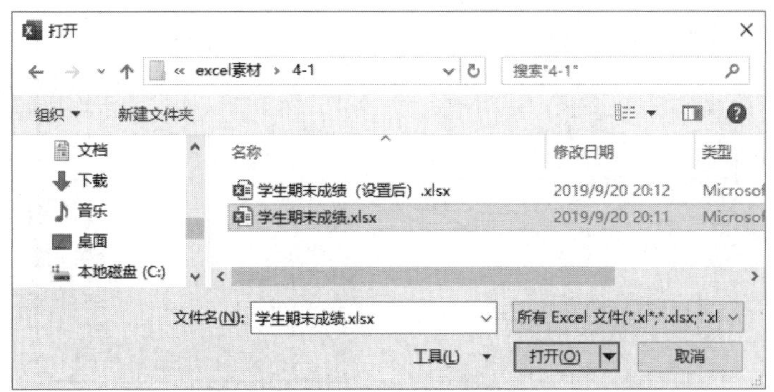

图 5-2-2 “打开”对话框

2. 插入行

右击行号 4（列标题行），在打开的快捷菜单中选择“插入”命令，即在列标题行前面插入一行。

注意：想插入几行，就选择几行，在选择区域上方插入。插入列也是如此，在选择区域左侧插入。

3. 设置行高

（1）右击行号 2，在打开的快捷菜单中选“行高”命令，打开“行高”对话框，输入行高 25，单击“确定”按钮。

（2）单击行号 1，按住 Ctrl 键，将鼠标指针移到行号 3，按下鼠标左键并拖动到最后一行数据，即选择除第 2 行外的其他数据。在行号位置右击，在打开的快捷菜单中选择“行高”

命令，在打开的对话框中输入行高 20，单击“确定”按钮。

注意：使用 Ctrl 键选择不连续区域，使用 Shift 键选择连续区域。

4. 增加列

（1）在列标位置选 A、B 列并右击，在弹出的快捷菜单中选择“插入”命令，即在所选区域左边添加两列。

（2）在列标位置选 A 列并右击，在打开的“列宽”对话框中设置列宽为 6。

5. 输入学号

（1）在 B5 单元格中输入“学号”。

（2）选中 B6 单元格，单击“开始”选项卡“数字”组的右下角启动按钮，打开“设置单元格格式”对话框，选择“数字”选项卡，在“分类”列表框中选择“文本”选项，如图 5-2-3 所示。

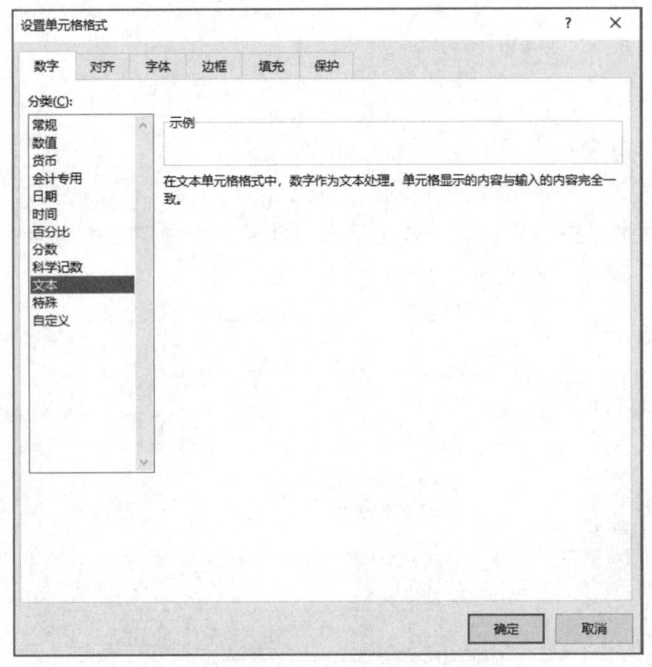

图 5-2-3 “数字”选项卡

（3）在 B6 单元格中输入“2014020101”，将鼠标指向 B6 单元格的右下角填充柄处，双击即可填充所有学生学号；或将鼠标指向 B6 单元格的右下角填充柄处，当鼠标指针变为黑十字时，按住鼠标左键向下垂直拖动，直到填充完所有学生学号，松开鼠标左键。

注意：填充柄是位于选定区域右下角的小黑方块。鼠标指向填充柄时，鼠标指针更改为黑十字。

6. 使用格式刷

单击“姓名”单元格，在“开始”选项卡“剪贴板”组单击“格式刷”按钮，鼠标指针出现刷子形状，单击“学号”单元格。

7. 重设标题居中显示

（1）选中 C2:I3 单元格区域，在“开始”选项卡“对齐方式”组单击“合并后居中”按钮，即取消 5.1 节设置的合并居中和跨列居中。

（2）选中 B2:B3 单元格并右击，在打开的快捷菜单中选择“删除”命令，打开“删除”对话框，选择“右侧单元格左移”选项，单击“确定”按钮。

（3）选中 B2:I2 单元格区域并右击，在打开的快捷菜单中选择“设置单元格格式”命令，打开“设置单元格格式”对话框，选择“对齐”选项卡，在“水平对齐”下拉列表框中选择“跨列居中”选项，如图 5-2-4 所示。单击“确定”按钮。用相同的方法设置 B3:I3 单元格区域为跨列居中。

列对调、冻结窗口

8. 列对调

（1）在列标位置单击“高等数学”列标 E，按 Ctrl+X 组合键剪切。

（2）右击“密码学”列标 H，在快捷菜单中选择“插入已剪切的单元格”命令，将“高等数学”列移到“密码学”列左边。

（3）右击“密码学”列标 H，在快捷菜单中选择“剪切”命令。

（4）右击列标 E，在快捷菜单中选择“插入已剪切的单元格”命令。将“密码学”列移至 E 列，实现了两列的对调。

9. 设置列宽

（1）在 E 列列标上单击并拖动到 I 列，选择 E:I 连续区域并右击，在弹出的快捷菜单中选择“列宽”命令，弹出“列宽”对话框，输入列宽为 10，单击“确定”按钮。

（2）在列标处选择“学号”“姓名”“性别”列，在“开始”选项卡“单元格”组单击“格式”按钮，在打开的菜单中选择“自动调整列宽”命令，如图 5-2-5 所示。

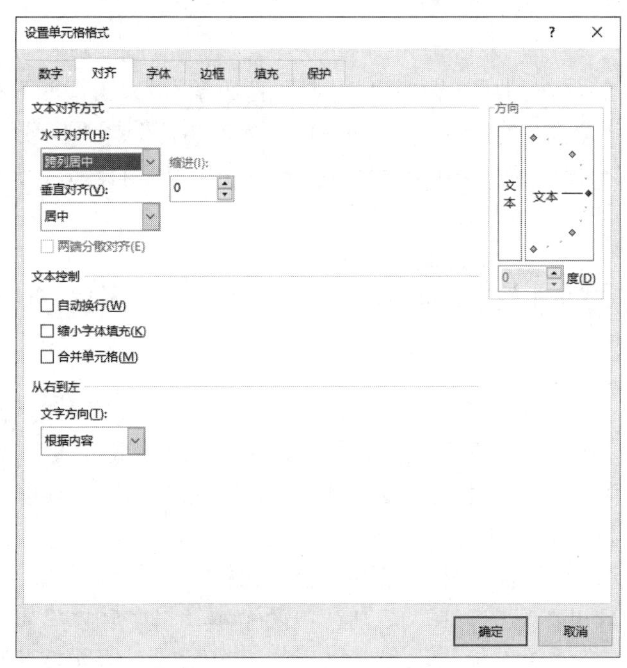

图 5-2-4　“对齐”选项卡

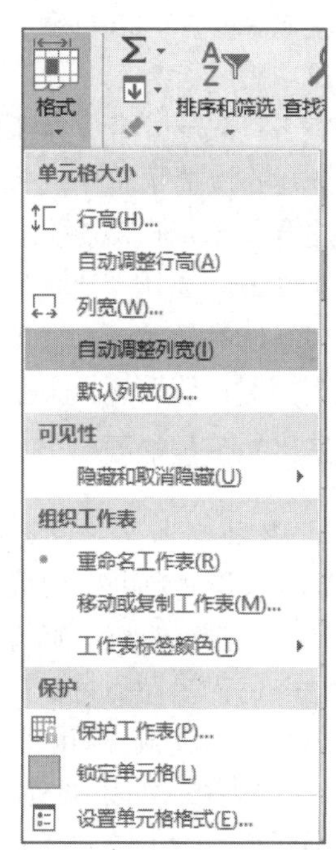

图 5-2-5　“格式”菜单

10. 插入批注、重设表格框线

（1）右击“江树明”单元格，在打开的快捷菜单中选择“插入批注”命令，输入“班长”，单击其他单元格，完成插入批注。

（2）选择 B5:I34 数据区域，在“开始”选项卡“字体”组单击“边框”右侧下拉按钮，打开“边框”菜单，选择“所有框线”命令，设置所有框线为细线。单击“边框”右侧下拉按钮，选择“粗外侧框线”命令，设置外边框为粗线。

11. 冻结窗格

单击行号 6，在“视图”选项卡“窗口”组单击“冻结窗格”下拉按钮，在打开的菜单中选择“冻结拆分窗格”命令，将 1～5 行冻结（冻结处有一条黑线）。拖动工作窗口右侧的垂直方向滚动滑块，则被冻结行保持原位置不动。

12. 工作表操作

（1）重命名 Sheet1 工作表。双击 Sheet1 表标签，Sheet1 表标签变黑后，输入“第一学年下学期”，按 Enter 键或单击任意单元格，完成工作表重命名。

（2）添加新工作表。单击工作表标签最右边的“新工作表”按钮，即可添加一个新工作表 Sheet2。

（3）将“第一学年下学期”工作表复制到新工作表。单击“第一学年下学期”工作表标签（选择为当前工作表），单击新工作表标签（切换到新工作表），右击，在快捷菜单中选择“复制”命令，单击 Sheet2 表标签（切换到 Sheet2 工作表），右击，在快捷菜单中选择“粘贴”命令。

注意：也可以使用另一种方法复制工作表，右击“第一学年下学期”工作表标签，在快捷菜单中选择“移动或复制工作表”命令，弹出“移动或复制工作表”对话框，选择需要复制到的工作簿和工作表位置，勾选“建立副本”复选框，单击“确定”按钮。

13. 隐藏行、列

单击“第一学年下学期”表标签，在列标处选择“性别”“密码学”“人工智能”列，右击，打开的快捷菜单中选择“隐藏”命令。在行号处选 10～14 行，右击，选择“隐藏”命令。

注意：取消隐藏操作，单击“全选”按钮，在列标处右击，选择“取消隐藏”命令，在行号处右击，选择“取消隐藏”命令。

14. 保存及关闭文件

选择“文件”→“保存”命令（或单击快速访问工具栏上的“保存”按钮），保存文件。

三、知识技能要点

1. 自动填充

自动填充

Excel 2019 中可自动填充等差序列、等比序列、日期和常见的一些连续数据序列，如第一季度、第二季度、第三季度、第四季度；星期一、星期二、星期三、……、星期日等。用户也可自定义序列。

操作方法是在一个单元格中输入起始值，然后在下一个单元格中输入一个值，建立一个模式。例如，如果要使用序列 2、4、6、8、10...，则在前两个单元格中输入 2 和 4，然后选择包含两个起始值的单元格，拖动填充柄，涵盖要填充的整个范围，即能按要求填充所需数字。

注意：要按升序填充，则从上到下或从左到右拖动；要按降序填充，则从下到上或从右到左拖动。

操作实例：在 A 列自动填充等比数列，起始单元格为 A1，起始值为 2，等比为 3，填充至 200。

操作方法：在 A1 单元格输入 2，在“开始”选项卡“编辑”组单击“填充”下拉按钮，在打开的菜单中选择“序列”命令，如图 5-2-6 所示。在打开的“序列”对话框中设置参数，如图 5-2-7 所示。单击“确定”按钮，填充结果如图 5-2-8 所示。

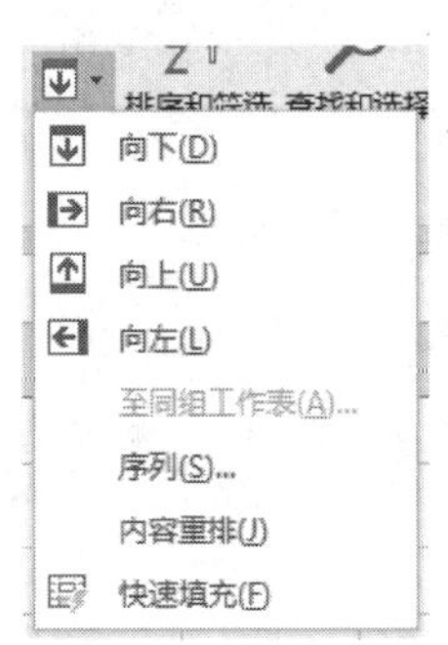

图 5-2-6 “填充”菜单

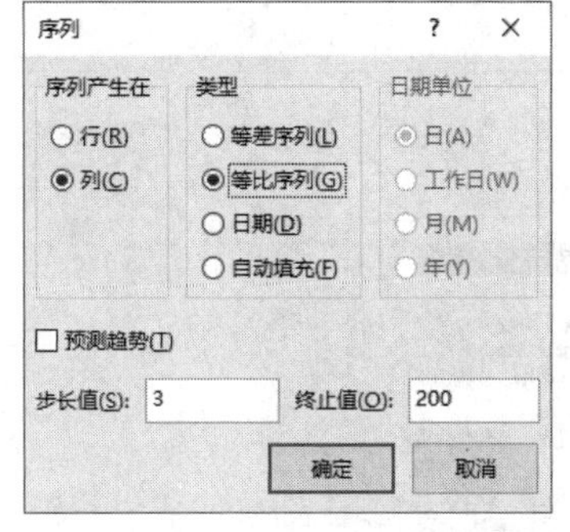

图 5-2-7 “序列”对话框

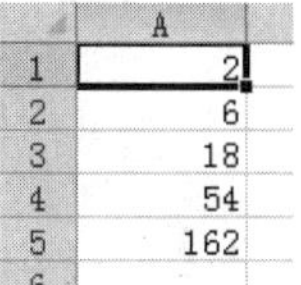

图 5-2-8 填充结果

操作实例：建立自定义序列“大一、大二、大三和大四”，然后在 B4:E4 单元格中输入该序列。

操作方法：

（1）选择“文件”选项卡，选择“选项”命令，打开“Excel 选项”对话框，如图 5-2-9 所示，选择“高级”选项，滚动垂直滚动条找到“创建用于排序和填充序列的列表”，单击其右边的“编辑自定义列表”按钮，打开“自定义序列”对话框。

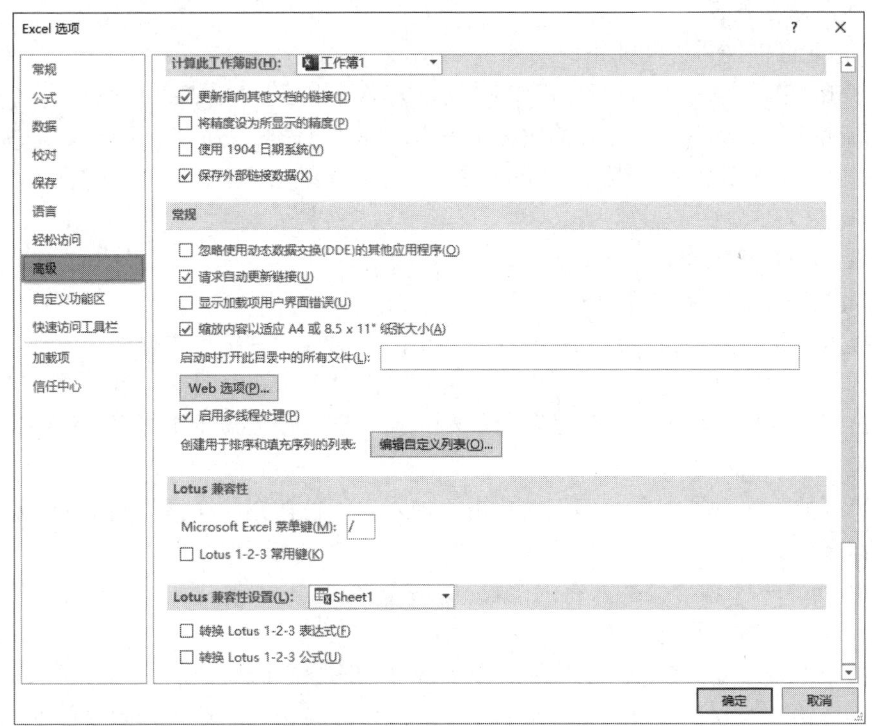

图 5-2-9 “Excel 选项”对话框

（2）选择“自定义序列”列表中的“新序列”选项，弹出“自定义序列”对话框。在“输入序列”文本框中输入“大一、大二、大三、大四”，每一项占一行，如图 5-2-10 所示。单击“添加”按钮，则自定义序列添加到“自定义序列”列表中。

（3）在 B4 中输入“大一”，将鼠标指针移至该单元格右下角的填充柄处，拖动鼠标到单元格 E4，则完成序列的输入。

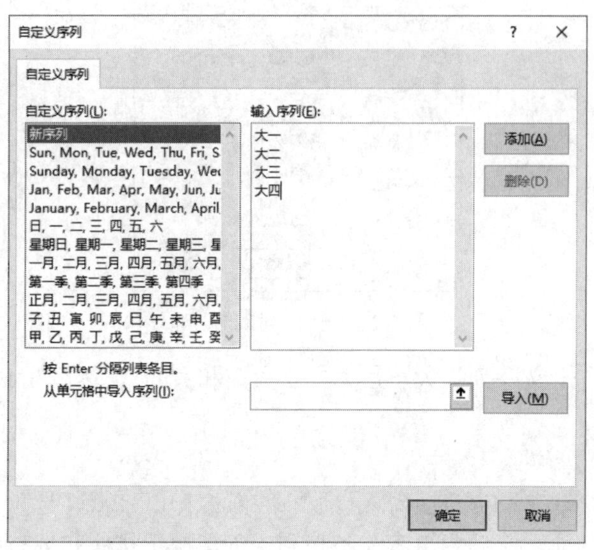

图 5-2-10　“自定义序列”对话框

2. 工作表的重命名

改变工作表名的两种方法如下：

（1）双击工作表标签，工作表标签加黑显示，输入新名字，然后按 Enter 键。

（2）右击工作表标签，在打开的快捷菜单中选择“重命名”命令，工作表标签加黑显示，输入新名字，然后按 Enter 键。

工作表的操作

3. 管理工作表

（1）添加与删除工作表。

1）添加工作表的常用方法如下：

- 在插入的位置上右击工作表标签，在弹出的快捷菜单中选择“插入”命令，在打开的“插入”对话框中选择“常用”选项卡，单击“工作表”图标，单击“确定”按钮。
- 单击工作表标签栏上的“新工作表”按钮⊕，即在最后一个工作表右边添加一个新工作表。
- 在“开始”选项卡“单元格”组单击“插入”下拉按钮，在打开的菜单中选择“插入工作表”命令。
- 使用 Shift+F11 组合键插入新工作表。

2）删除工作表的常用方法如下：

- 右击工作表标签，在弹出的快捷菜单中选择“删除”命令。
- 在“开始”选项卡“单元格”组单击“删除”下拉按钮，在打开的菜单中选择“删除工作表”命令。

（2）移动或复制工作表。以下方法可以在同一个工作簿中移动或复制工作表：

- 单击要移动的工作表标签，拖动至新位置即可。
- 单击要移动的工作表标签，按住 Ctrl 键并拖动至新位置。
- 右击要移动或复制的工作表标签，在快捷菜单中选择“移动或复制工作表”命令。
- 在“开始”选项卡“单元格”组单击“格式”下拉按钮，在打开的菜单中选择“移动或复制工作表”命令。

后面两种方法也可以在不同的工作簿中移动或复制工作表。

多个工作表的操作

4. 选择工作表

对工作表进行重命名、移动或复制等操作时，需选择工作表。

（1）选择一个工作表：只需单击工作表标签即可。

（2）选择多个连续的工作表：单击第一个工作表标签，按住 Shift 键后单击最后一个工作表标签。

（3）选择多个不连续的工作表：按住 Ctrl 键，单击要选择的各工作表标签。

（4）选择工作簿中的所有工作表：右击某个工作表的标签，然后选择快捷菜单中的“选定全部工作表”命令。

同时选择多个工作表，则系统认为这几个工作表组成工作组，可同时对它们进行编辑。如取消工作组，可以单击其他的工作表标签；也可以在被选的工作表标签上右击，选择快捷菜单中的“取消组合工作表”命令。

5. 同时在多个工作表中输入数据

当需要在多个工作表中输入相同数据时，按住 Ctrl 键，单击要输入相同数据的工作表标签，即选择多个工作表，建立组合工作表，然后在单元格中输入数据。

6. 改变工作表的默认个数

在 Excel 2019 中，新建工作表中默认的工作表数为 1 个。改变默认工作表数的操作步骤如下：选择“文件”选项卡，选择“选项”选项，在打开的“选项”对话框中选择“常规”选项，在“包含的工作表的默认视图”文本框内输入工作表数，单击“确定”按钮。

5.3　创建图表及打印设置

主要学习内容：

- 创建、编辑及删除图表
- 图表标题、坐标轴标题、图例位置、数据标签
- 页面设置
- 添加、删除分页符

一、操作要求

创建图表

打开“学生期末成绩”工作簿，完成以下操作：

（1）取消“第一学年下学期”工作表中的冻结窗格，取消行、列隐藏。

（2）建立朱青芳同学各科成绩的三维簇状柱形图。

1）选中 E5:I6 单元格区域，插入三维簇状柱形图。

2）设置图表布局为“布局 5”，图表样式为“图表样式 11”。

3）输入图表标题“朱青芳同学各科成绩”，设置字体为宋体，字号为 14 号。

4）添加横坐标轴标题“课程”、纵坐标轴标题“分数”，设置纵坐标标题为竖排标题。

5）调整图表到 A36:G52 区域。

（3）建立朱青芳同学各科成绩的三维饼图。

1）选中 C5:C6 和 E5:I6 单元格区域，插入三维饼图。

2）添加数据标签，设置数据标签为百分比显示。

3）设置图例位置在右侧。

4）将三维饼图移到一个新工作表中。

（4）完成下列打印设置，然后预览打印效果。

1）设置纸张方向为“横向”，大小为“A4”，上下页边距均为 1.3cm，左右页边距均为 1.5cm，工作表在水平、垂直方向上均居中对齐。

2）页眉内容为“第一学年上学期成绩表”，居中显示。页脚为“第 1 页，共？页”。

3）设置打印标题为 1～8 行。

4）在学号为“2014020114”的数据行上插入分页符。

二、操作过程

1. 取消冻结窗格及行、列隐藏

打开“学生期末成绩”工作簿，单击“第一学年下学期”工作表标签，在“视图”选项卡“窗口”组单击“冻结窗格”下拉按钮，在打开的菜单中选择“取消冻结窗格”命令。

取消隐藏操作：单击“全选”按钮 ◢，在列标处右击，选择“取消隐藏”命令，在行号处右击，选择“取消隐藏”命令。

2. 建立朱青芳同学各科成绩的柱形图

（1）插入图表。在 E5 单元格按下鼠标左键，拖动到 I6 单元格，即选中 E5:I6 单元格区域。在“插入”选项卡“图表”组单击“插入柱形图或条形图”下拉按钮，选“三维簇状柱形图”命令，如图 5-3-1 所示。

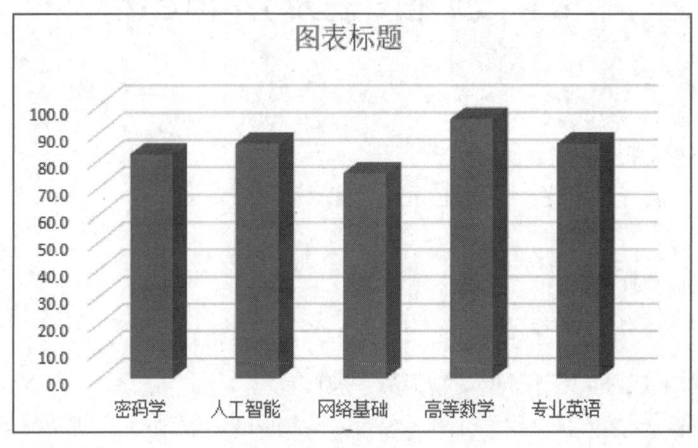

图 5-3-1　三维簇状柱形图

（2）设置图表布局、图表样式。选中图表，在“图表工具”工具栏选择“设计”选项卡，在“图表布局”组单击“快速布局”下拉按钮，选择“布局5”选项，在“图表样式”组中选择“图表样式11”选项，如图5-3-2所示。

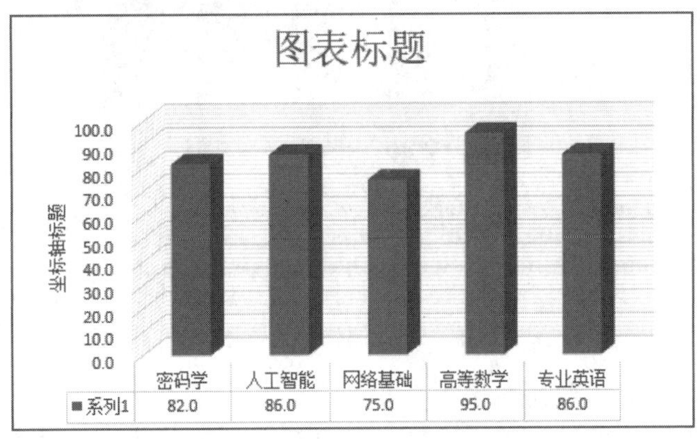

图5-3-2 设置图表布局、样式

（3）设置图标标题。在“图表标题”文本框中输入“朱青芳同学各科成绩”。选中图表标题文本，设置字体为宋体，字号为14号。

（4）添加横坐标轴标题和纵坐标轴标题。

1）选中图表，在“图表工具”工具栏选择“设计”选项卡，在“图表布局”组单击“添加图表元素”下拉按钮，选择“坐标轴标题”选项，选择“主要横坐标轴标题”选项，输入“课程”。

2）同第1）步操作，选择“主要纵坐标轴标题”选项，输入“分数”。

3）选中图表，在“图表工具”工具栏选“设计”选项卡，在“图表布局”组单击“添加图表元素”下拉按钮，选择“坐标轴标题”选项，选择“更多轴标题选项”选项，打开“设置坐标轴标题格式”对话框，单击“标题选项”下拉按钮，选择“垂直（值）轴标题”选项，选择“大小与属性”选项卡，在“文字方向”列表框中选择“竖排”选项。效果如图5-3-3所示。

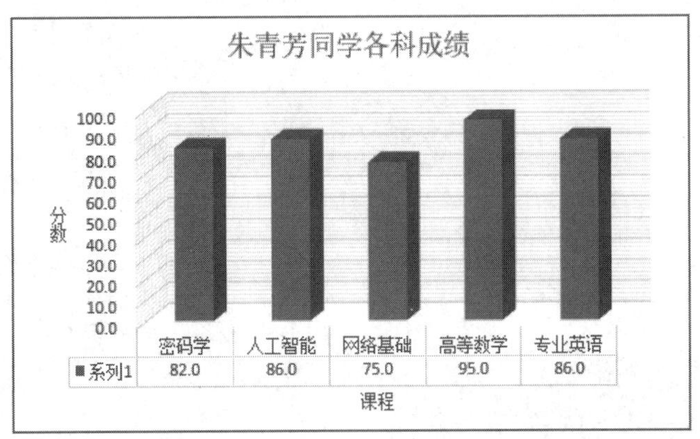

图5-3-3 设置图表标题、横纵坐标轴

（5）调整图表到A36:G52区域。在图表空白处按下鼠标左键，拖动至图表左上角A36位置，将鼠标移到图表右下角，当鼠标指针变为斜向双箭头时按下鼠标左键，拖动改变行、列位置至图表右下角G52位置，如图5-3-4所示。

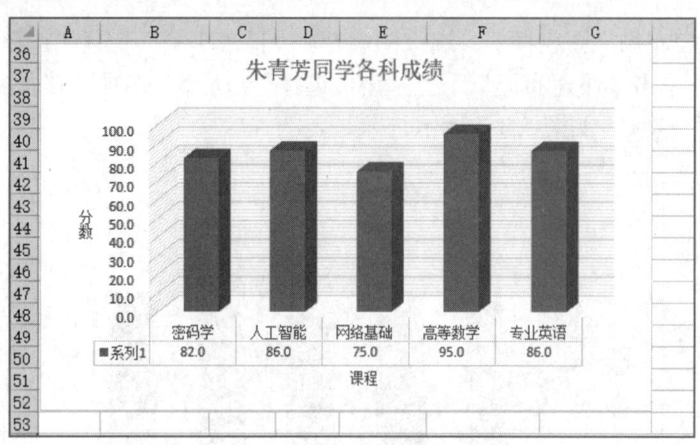

图 5-3-4 调整图表位置

3. 创建朱青芳成绩的三维饼图

（1）插入三维饼图。选择 C5:C6 数据区域和 E5:I6 数据区域，在“插入”选项卡“图表”组单击“插入饼图或圆环图”下拉按钮，选择“三维饼图”选项，如图 5-3-5 所示。

注意：选择不连续数据区域时，先选择第一个数据区域，然后按下 Ctrl 键，选择第二个数据区域。

（2）添加数据标签。选中三维饼图，在“图表工具”工具栏选择“设计”选项卡，在“图表布局”组单击“添加图表元素”下拉按钮，选择“数据标签”选项，选择“其他数据标签选项”选项，打开“设置数据标签格式”对话框，在“标签选项”处勾选“百分比”复选框，取消勾选其他复选框，如图 5-3-6 所示。此时饼图上显示各课程相应人数百分比，效果如图 5-3-7 所示。

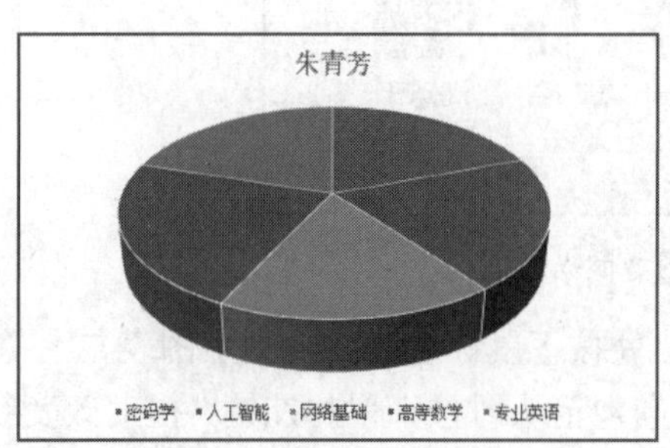

图 5-3-5 创建三维饼图

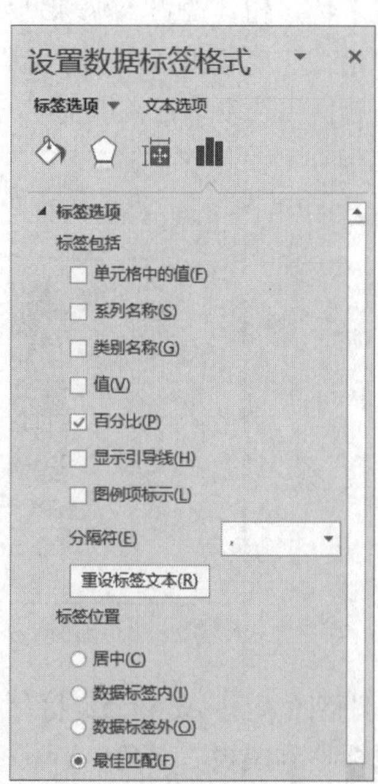

图 5-3-6 “设置数据标签格式”对话框

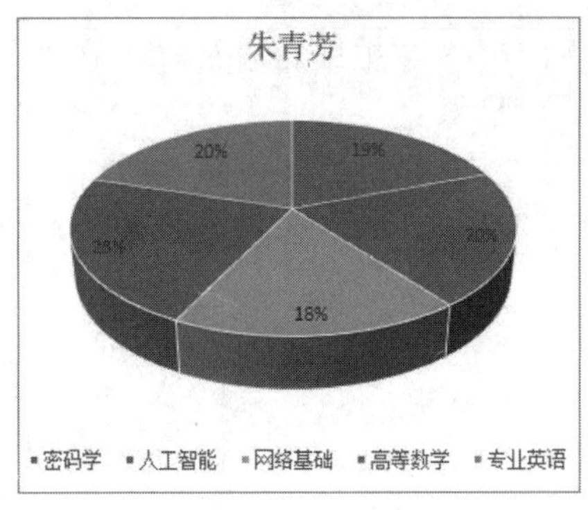

图 5-3-7　添加百分比显示

（3）设置图例位置。选中图表，在“图表工具”工具栏选择“设计”选项卡，在“图表布局”组单击“添加图表元素”下拉按钮，选择“图例”→“右侧”选项，效果如图 5-3-8 所示。

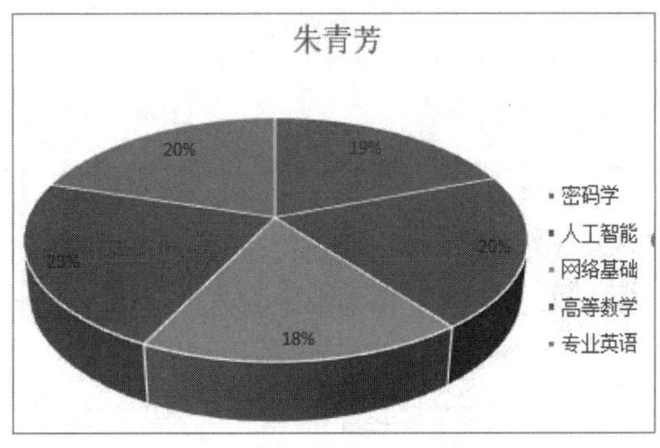

图 5-3-8　设置图例位置

（4）将饼图移到一个新工作表中。选中图表，在“图表工具”工具栏选择“设计”选项卡，在“位置”组选择“移动图表”选项，在打开的“移动图表”对话框中选择“新工作表”单选按钮，如图 5-3-9 所示，单击“确定”按钮，将三维饼图移至名为 Char1 的新工作表中。

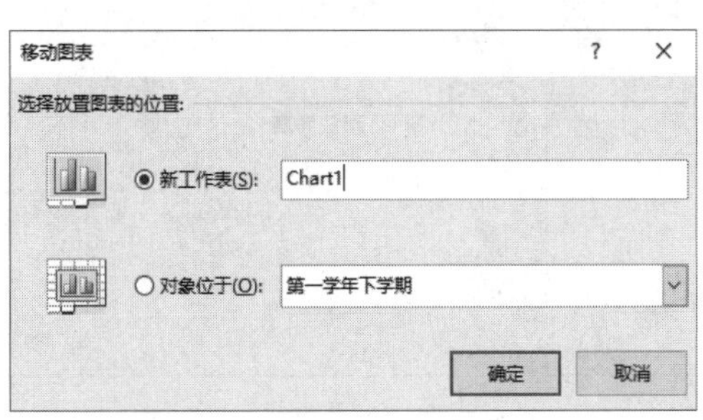

图 5-3-9　“移动图表”对话框

4. 打印设置

（1）设置纸张大小和方向。在“页面布局”选项卡“页面设置”组单击右下角对话框启动按钮，打开“页面设置”对话框，选择“页面”选项卡，在“方向”区域选择“横向”单选按钮，在“纸张大小”下拉列表框中选择 A4 选项，如图 5-3-10 所示。

（2）设置页边距、居中。在“页面设置”对话框中选择“页边距”选项卡，在“上”“下”

文本框中均输入 1.3，在“左”“右”文本框中均输入 1.5，在“居中方式”区域勾选择“水平”和“垂直”复选框，如图 5-3-11 所示。

图 5-3-10　“页面”选项卡

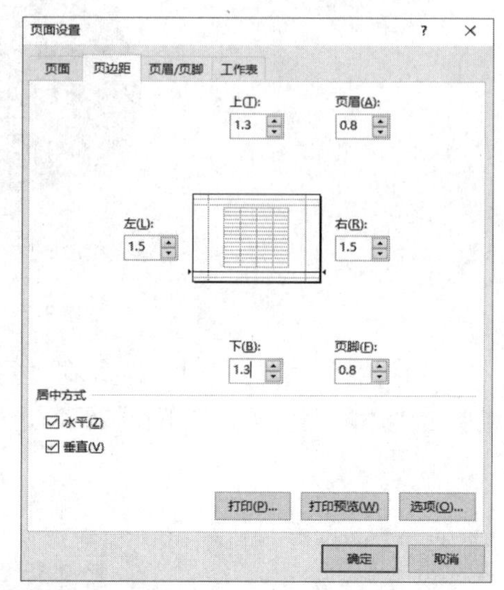
图 5-3-11　“页边距”选项卡

（3）页眉页脚。在“页面设置”对话框中选择“页眉/页脚”选项卡，单击“自定义页眉”按钮，弹出“页眉”对话框，在“中部”文本框中输入“计算机 1 班成绩表”，单击“确定”按钮，如图 5-3-12 所示。

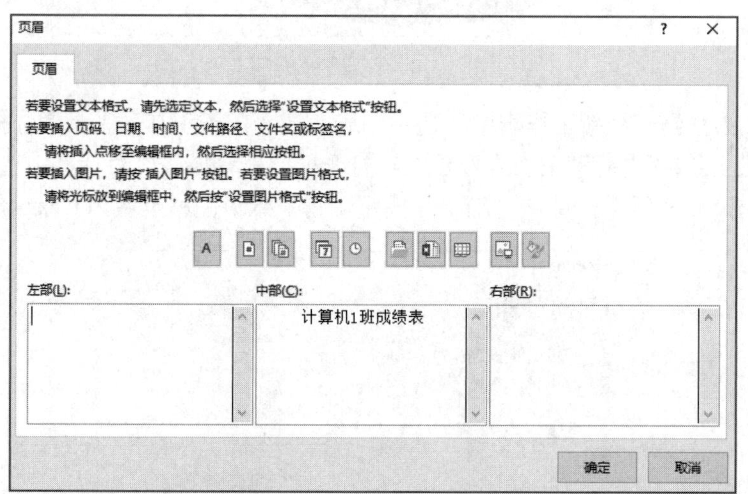
图 5-3-12　“页眉”对话框

在“页面设置”对话框中选择“页眉/页脚”选项卡，单击“页脚”下拉按钮，在下拉列表框中选择“第 1 页，共？页”选项，如图 5-3-13 所示。

（4）顶端标题行。在“页面设置”对话框中选择“工作表”选项卡，单击“顶端标题行”后的折叠按钮，缩小“页面设置”窗口。在工作表中按住鼠标左键拖动选择 1～5 行，单击折叠按钮，恢复“页面设置”窗口，在“顶端标题行”文本框中显示$1:$5，如图 5-3-14 所示，单击“确定”按钮，关闭“页面设置”对话框。

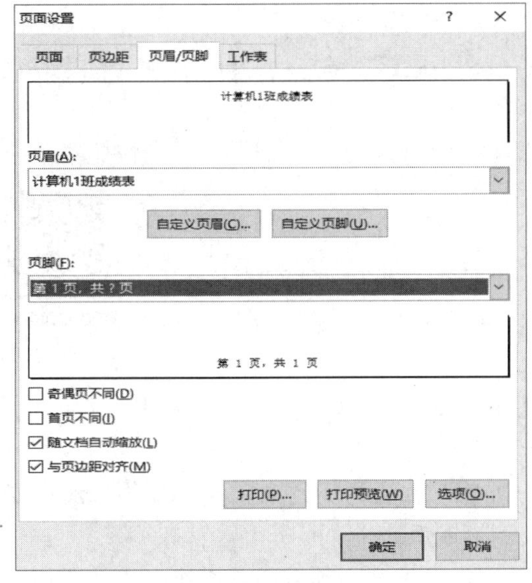

图 5-3-13 设置“页脚”

图 5-3-14 “工作表”选项卡

注意：折叠按钮的作用是缩小对话框，便于在工作表中选择操作。

（5）插入分页符。在行号处单击行号 11，在“页面布局”选项卡“页面设置”组单击“分隔符”下拉按钮，在打开的菜单中选择“插入分页符”命令，即在当前行上添加了分页符。

（6）打印预览有以下两种方法。

方法一：选择“文件”选项卡，选择“打印”命令，可以看到打印预览效果。

方法二：在“页面布局”选项卡“页面设置”组单击右下角对话框启动按钮，打开“页面设置”对话框，单击下方的“打印浏览”按钮。

注意：设置顶端标题行、插入分页符，使用打印浏览观察操作前后的对比效果。

三、知识技能要点

图表操作

1. 图表操作

（1）建立图表。选择需要创建图表的相关数据，选择“插入”选项卡，单击“图表”组中相应按钮，建立图表，图表利于直观地显示数据。当图表被选中时，出现“图表工具”工具栏，包括“设计”和“格式”两个选项卡。

“设计”选项卡中的命令可以设置图表中的数据系列和图表类型、调整图表的布局和元素放置的位置。

“格式”选项卡中的命令可以调整图表的外观、格式及文本在图表中的位置。

（2）修改图表。修改图表包括修改图表的标题、坐标轴、图表的类型、图例位置、图表的大小、填充颜色等。

修改图表的常用方法有以下 3 种。

方法一：右击图表区要修改的对象，在弹出的快捷菜单中选择合适的命令。

方法二：双击要修改的对象，弹出相应的对话框，进行修改。

方法三：在图表区域选择需修改的图表元素，然后在“图表工具”的“设计”“格式”两个选项卡中单击相应的按钮。

（3）移动、复制、删除图表。

图表的移动：选中图表，将鼠标移到空白位置后按下鼠标左键拖动，可实现整个图表移动。

图表的复制：选中图表，使用复制、粘贴命令。

图表的删除：选择图表后，按 Delete 键，即删除图表；或者右击图表，在快捷菜单中选择“清除”命令，也可删除图表。

设置打印标题

2. 设置打印标题

打印标题，即在每个打印页上重复特定的行或列，如果工作表跨越多页，则可以在每一页上打印行和列标题或标签（也称作打印标题）。操作步骤如下：

（1）选择要打印的工作表。

（2）在“页面布局”选项卡“页面设置”组中选择“打印标题”命令，打开“页面设置”对话框，显示“工作表”选项卡。

提示：如果当前正在编辑单元格，或在同一工作表上选择了图表，或者计算机没有安装打印机，则“打印标题”命令将以灰色显示，表示不可用。

（3）在“工作表”选项卡的“打印标题”下，执行下列一项或两项操作：在“顶端标题行”文本框中输入对包含列标签的行的引用；在“左端标题列”文本框中输入对包含行标签的列的引用。

例如，要在每个打印页的顶部打印工作表的前三行，则在“顶端标题行”文本框中输入$1:$3；要在每个打印页的左端打印工作表的前两列，则在“从左侧重复的列数”文本框中输入$A:$B，如图 5-3-15 所示。

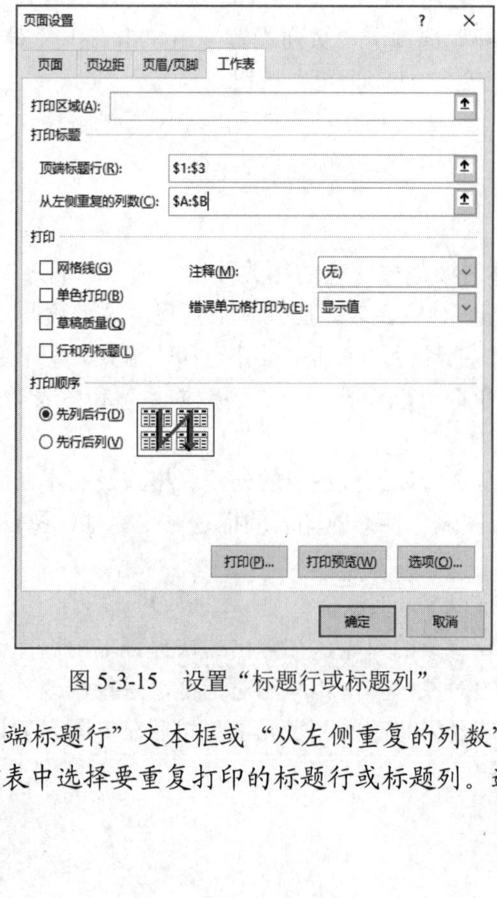

图 5-3-15　设置“标题行或标题列”

提示：可以单击“顶端标题行”文本框或“从左侧重复的列数”文本框右侧的折叠按钮，缩小对话框，然后在工作表中选择要重复打印的标题行或标题列。选择完标题行或标题列后，再次单击折叠按钮，恢复对话框。

分页符操作

3. 添加、删除或移动分页符

（1）插入分页符可以指定工作表在指定的行或列处分页打印。插入分页符的操作步骤如下：

1）若要插入水平分页符，则选择要在其上方插入分页符的那一行；若要插入垂直分页符，则选择要在其左侧插入分页符的那一列。

2）在“页面布局”选项卡“页面设置”组选择“分隔符”命令，在打开的菜单中选择“插入分页符”命令。

（2）取消分页符有以下 3 种方法：

1）在“分页预览”视图下将分页符拖出打印区域。

2）选中分页符所在行、列，在“页面布局”选项卡“页面设置”组选择“分隔符”命令，在打开的菜单中选择“删除分页符”命令。

3）若要删除所有的手动分页符，在“页面布局”选项卡“页面设置”组选择“分隔符”命令，在打开的菜单中选择“重置所有分页符”命令。

5.4　使用公式、函数

主要学习内容：

- 输入公式、函数
- 绝对地址、相对地址
- 常用函数 Sum、Average、Min、Max
- 函数 If、Rank、Countif、Sumif、Averageif
- If 函数嵌套

一、操作要求

打开 5.3 节完成的“学生期末成绩.xlsx”文件，单击“第一学年下学期”工作表标签，完成以下操作：

（1）在“专业英语”列后添加“总分”“平均分”“名次”列，计算每位学生的总分、平均分及名次，名次根据总分从大到小排名。

（2）在最后一位学生记录行下添加一行“最高分”和一行“最低分”，利用常用函数求出各科最高分和最低分，以及总分和平均分的最高分和最低分。

（3）班级中前 10 名学生总分单元格用浅红色填充，深红色文本显示。

（4）使用 If 函数判断，平均分大于 85 分显示“平均分优秀”，否则显示“努力”。

（5）在 If 函数中使用与、或逻辑，各科成绩均大于或等于 85 分显示“各科均优秀”，有一科大于或等于 85 分显示“至少一科优秀”。

（6）使用 If 函数嵌套判断密码学成绩情况，若密码学成绩大于或等于 90 分显示“密码学优秀”，若密码学成绩小于 90 分且大于或等于 75 分显示“密码学良好”，若密码学成绩小于 75 分且大于或等于 60 分显示“密码学及格”，上述条件都不满足则显示“密码学不及格”。

（7）使用 Countif 函数计算“密码学”大于 80 分的人数。

（8）使用 Sumif 函数计算女生的总分平均成绩。

（9）使用 Averageif 函数计算男生的总分平均成绩。

（10）重新设置表格框线，表格内框线为细线，表格外框线为粗线。设置表格自动调整列宽。

（11）重新设置主、副标题跨列居中。

完成以上设置后，“第一学年下学期”工作表的效果图如图 5-4-1 所示。

计算机应用1班成绩表

第一学年下学期

学号	姓名	性别	密码学	人工智能	网络基础	高等数学	专业英语	总分	平均分	名次	平均分大于85	各科均大于85	至少一科大于85	密码学情况
2014020101	朱青芳	女	82.0	86.0	75.0	95.0	86.0	424.0	84.8	8	努力		至少一科优秀	良好
2014020102	于自强	男	85.0	92.0	86.0	90.0	90.0	443.0	88.6	2	平均分优秀	各科均优秀	至少一科优秀	良好
2014020103	刘薇	女	65.0	75.0	58.0	65.0	75.0	338.0	67.6	27	努力			及格
2014020104	李丽华	女	78.0	86.0	82.0	75.0	79.0	400.0	80.0	16	努力		至少一科优秀	良好
2014020105	熊小新	男	64.0	56.0	63.0	55.0	70.0	308.0	61.6	29	努力			及格
2014020106	黄志新	男	85.0	88.0	85.0	85.0	83.0	426.0	85.2	7	平均分优秀		至少一科优秀	良好
2014020107	黄丽丽	女	68.0	65.0	72.0	76.0	68.0	349.0	69.8	25	努力			及格
2014020108	张军	男	76.0	73.0	75.0	75.0	70.0	369.0	73.8	20	努力			良好
2014020109	蒋佳	女	76.0	72.0	82.0	75.0	73.0	378.0	75.6	17	努力			良好
2014020110	何勇强	男	90.0	86.0	83.0	86.0	86.0	431.0	86.2	5	平均分优秀		至少一科优秀	优秀
2014020111	宋泽宇	男	76.0	72.0	82.0	75.0	73.0	378.0	75.6	17	努力			良好
2014020112	林汪	男	76.0	86.0	75.0	95.0	86.0	418.0	83.6	11	努力		至少一科优秀	良好
2014020113	江树明	男	85.0	92.0	80.0	90.0	87.0	434.0	86.8	4	平均分优秀		至少一科优秀	良好
2014020114	胡小名	女	65.0	75.0	58.0	65.0	90.0	353.0	70.6	24	努力		至少一科优秀	及格
2014020115	吴存丽	女	80.0	86.0	82.0	75.0	79.0	402.0	80.4	14	努力		至少一科优秀	良好
2014020116	钟胜	男	64.0	56.0	76.0	55.0	70.0	321.0	64.2	28	努力			及格
2014020117	杨清月	女	85.0	90.0	85.0	85.0	83.0	428.0	85.6	6	平均分优秀		至少一科优秀	良好
2014020118	梁美玲	女	68.0	70.0	72.0	76.0	68.0	354.0	70.8	23	努力			及格
2014020119	石磊	男	90.0	78.0	83.0	86.0	86.0	423.0	84.6	9	努力		至少一科优秀	优秀
2014020120	范勇智	男	90.0	80.0	75.0	86.0	75.0	406.0	81.2	13	努力		至少一科优秀	优秀
2014020121	宋红芳	女	86.0	64.0	86.0	92.0	86.0	414.0	82.8	12	努力		至少一科优秀	良好
2014020122	张岭	男	90.0	85.0	56.0	75.0	56.0	362.0	72.4	21	努力		至少一科优秀	优秀
2014020123	鲁莫	男	70.0	68.0	90.0	86.0	88.0	402.0	80.4	14	努力		至少一科优秀	及格
2014020124	刘桥	男	90.0	90.0	70.0	56.0	65.0	371.0	74.2	19	努力		至少一科优秀	优秀
2014020125	赵越	男	98.0	86.0	89.0	85.0	95.0	453.0	90.6	1	平均分优秀	各科均优秀	至少一科优秀	优秀
2014020126	曾明平	男	95.0	85.0	86.0	67.0	90.0	423.0	84.6	9	努力		至少一科优秀	优秀
2014020127	黎明明	女	78.0	65.0	75.0	62.0	65.0	345.0	69.0	26	努力			良好
2014020128	刘曙光	男	52.0	69.0	85.0	68.0	85.0	359.0	71.8	22	努力		至少一科优秀	不及格
2014020129	王启迪	男	94.0	86.0	88.0	85.0	87.0	440.0	88.0	3	平均分优秀	各科均优秀	至少一科优秀	优秀
最高分			98.0	92.0	90.0	95.0	95.0	453.0	90.6					
最低分			52.0	56.0	56.0	55.0	56.0	308.0	61.6					

密码学大于80分人数	14
女生人数	11
女生总分平均成绩	380.5
男生总分平均成绩	398.2

图 5-4-1　案例操作效果图

二、操作过程

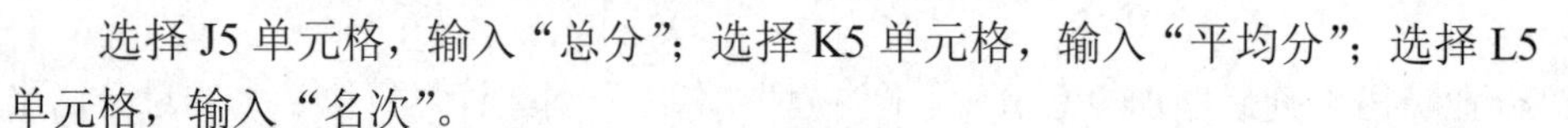

计算分数、名次

1. 添加“总分”“平均分”“名次”列标题

选择 J5 单元格，输入“总分”；选择 K5 单元格，输入“平均分”；选择 L5 单元格，输入“名次”。

2. 计算总分

方法一：利用“自动求和”按钮 Σ 求总分。

单击 E6 单元格，再按住 Shift 键单击 J34 单元格，即选择 E6:J34 单元格区域。

在“公式”选项卡“函数库”组单击“自动求和”按钮。

方法二：使用单元格引用。

（1）单击 J6 单元格，在“公式”选项卡“函数库”组单击“自动求和”按钮，看虚线圈选择的是否为求和区域，若正确，按 Enter 确认；若不正确，重新圈选。

（2）将鼠标指针移动到 J6 单元格右下角，出现黑十字填充柄，拖动填充至 J34 单元格。

方法三：手动输入公式。

（1）单击 J6 单元格，在单元格中输入“=E6+F6+G6+H6+I6”。

（2）将鼠标指针移动到 J6 单元格右下角，出现黑十字填充柄，拖动填充至 J34 单元格。

提示：在 E6 ~ I6 单元格中输入数据，可以手动输入，也可以使用单元格引用来输入。输入一些非常用公式、函数时，需要手动输入表达式，公式以等号开始，*表示乘，/表示除，括号内优先计算，不区分英文字母大小写。

3. 求“平均分”

方法一：使用常用函数。

（1）单击 K6 单元格，在“公式”选项卡“函数库”组单击“自动求和”下拉按钮，在打开的列表框中选择“平均值”选项。

（2）拖动鼠标选择 E6:I6 单元格区域，此时编辑栏中显示公式为=AVERAGE(E6:I6)，按 Enter 键，退出公式编辑状态。

（3）将鼠标指针移动到 K6 单元格右下角，出现黑十字填充柄，拖动填充至 K34 单元格，将平均值公式填充到 K6:K34 单元格区域，计算出每位学生的平均分。

方法二：插入函数。

（1）单击 K6 单元格，在“公式”选项卡“函数库”组单击“插入函数”按钮。

（2）弹出“函数参数”对话框，在“搜索函数”文本框中输入 average，按 Enter 键；或单击“转到”按钮，则在“选择函数”列表框中显示 AVERAGE 函数，单击“确定”按钮，如图 5-4-2 所示。

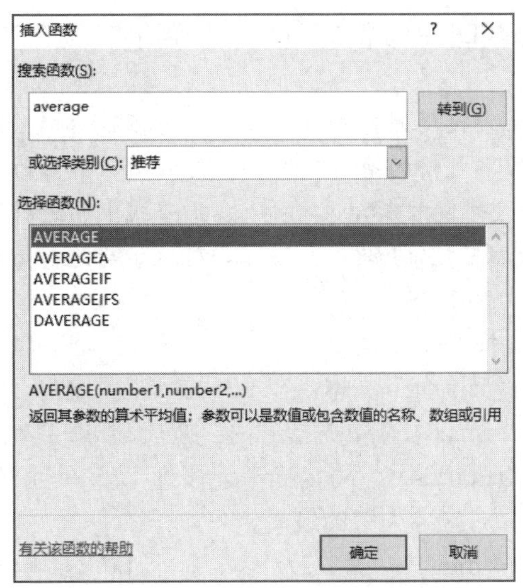

图 5-4-2　“插入函数”对话框

（3）弹出“函数参数”对话框，在 Number1 文本框中输入 E6:I6，单击“确定”按钮。

（4）将鼠标指针移动到 K6 单元格右下角，出现黑十字填充柄，拖动填充至 K34 单元格。

4. 计算学生“名次”

（1）单击 L6 单元格，单击编辑栏左侧的“插入函数”按钮，在“搜索函数”文本框中输入 rank，按 Enter 键，或单击“转到”按钮，则在下面“选择函数”列表框中显示 RANK 函数，单击“确定”按钮。

（2）弹出“函数参数”对话框，在 Number 文本框中输入 J6，表示要查找排名的数字。

（3）在 Ref 文本框中输入 J6:J34，表示要查找排名的区域。选中 J6:J34 单元格区域，按

F4 键，将相对地址 J6:J34 转换为绝对地址$J$6:$J$34。

（4）Order 文本框若为降序则可省略，若为升序则输入非零数，如图 5-4-3 所示。

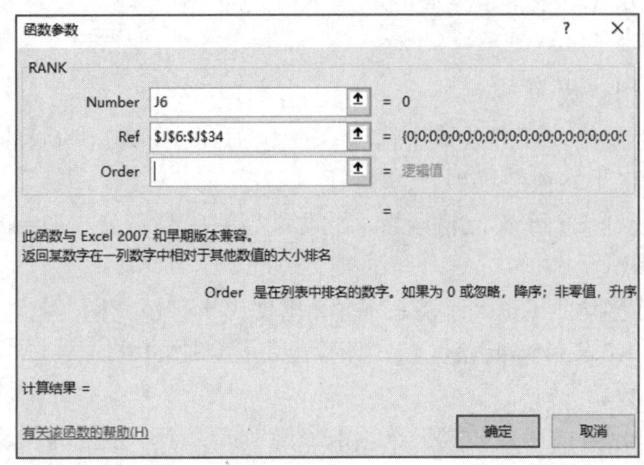

图 5-4-3 “函数参数”对话框

（5）单击“确定”按钮，退出对话框。此时在 L6 单元格中显示排名结果，在编辑栏显示公式=RANK(J6,$J$6:$J$34)。

（6）将鼠标指针移动到 L6 单元格右下角，出现黑十字填充柄，拖动填充至 L34 单元格，则计算出所有学生的排名。

注意：（1）单元格地址直接用列标和行号表示，为相对地址；列标和行号前都加$即表示绝对地址；也可以混合使用单元格的绝对引用和相对引用，如 B$5、$B5。填充公式时，目标单元格移动，公式中的相对地址随目标单元格移动，而公式中的绝对地址不随目标单元格移动。

（2）选中单元格区域后，按 F4 键，可实现相对地址与绝对地址之间的切换。

5. 计算出“最高分”“最低分”

选中三维簇状柱形图，按 Delete 键删除。

在 B35 单元格中输入“最高分”文本，在 B36 单元格中输入“最低分”文本。

在 E35 单元格中输入“=max()”，单击括号内，拖选 E6:E34 单元格区域，按 Enter 键，此时编辑栏显示公式“=MAX(E6:E34)”。将鼠标指针移到 E35 单元格右下角的填充柄处，水平拖动到 K35 单元格，则计算对应各列中的最高分。

在 E36 单元格中输入“=min()”，单击括号内，拖选 E6:E34 单元格区域，按 Enter 键，此时编辑栏显示公式“=MIN(E6:E34)”。将鼠标指针移动到 E36 单元格右下角的填充柄处，水平拖动到 K36 单元格，则计算对应各列中的最低分。

提示：输入 max、min 公式；也可在“公式”选项卡“函数库”组单击“自动求和”下拉按钮，选择 max、min 函数。

6. 将班级前 10 名学生的总分特别显示

（1）单击 J6 单元格，按住 Shift 键单击 J34 单元格，选择总分所在单元格区域 J6:J34。

（2）在“开始”选项卡“样式”组单击“条件格式”按钮，在打开的菜单中选择“最前/最后规则”→“前 10 项”命令，如图 5-4-4 所示，打开“前 10 项”对话框，如图 5-4-5 所示，单击“确定”按钮。

7．使用 If 函数判断，平均分大于 85 分显示“平均分优秀”，否则显示“努力”

（1）在 M5 单元格中输入“平均分大于 85 分”。单击 M6 单元格，单击编辑栏左侧的“插入函数”按钮，在“搜索函数”文本框中输入“if”，按 Enter 键；或单击“转到”按钮，则在“选择函数”列表框中显示“IF”函数，单击“确定”按钮。

使用 If、Countif 等函数

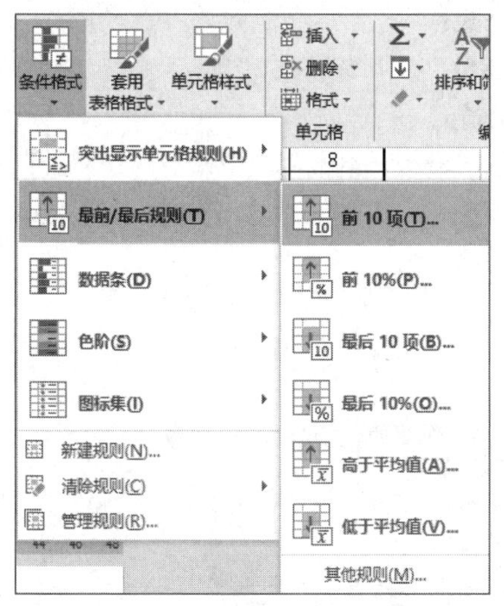

图 5-4-4　“条件格式”工具菜单

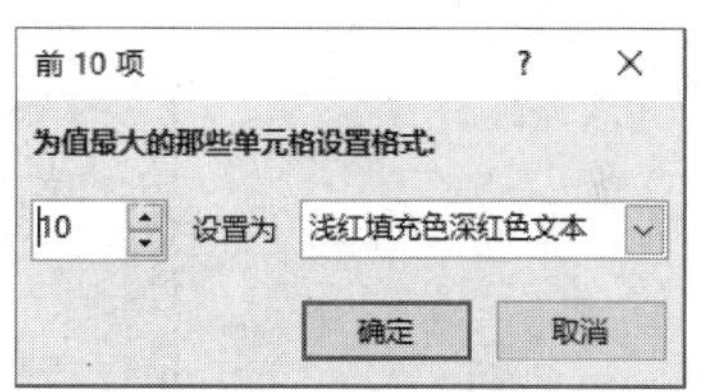

图 5-4-5　“前 10 项”对话框

（2）弹出“函数参数”对话框，在“Logical_test”文本框中输入“K6>85”，表示判断条件。在“Value_if_true”文本框中输入“平均分优秀”，表示条件成立时的返回值。在“Value_if_false”文本框中输入“努力”，表示条件不成立时的返回值，如图 5-4-6 所示。

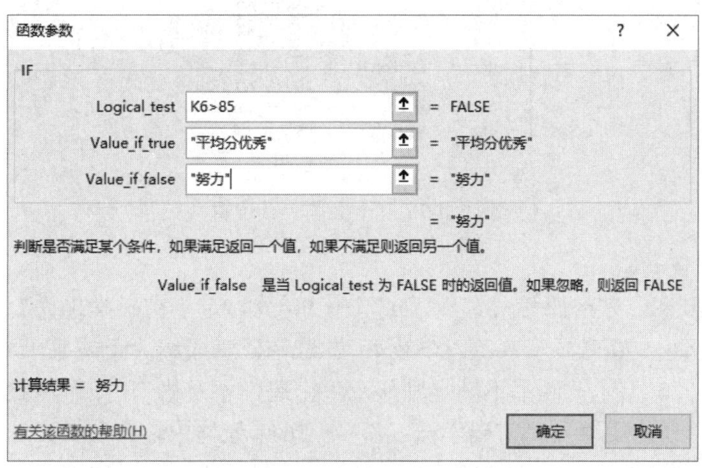

图 5-4-6　“函数参数”对话框

（3）单击“确定”按钮，退出对话框。此时在 M6 单元格显示判断结果，在编辑栏显示公式=IF(K6>85,"平均分优秀","努力")。

（4）将鼠标指针移动到 M6 单元格右下角，出现黑十字填充柄，拖动填充至 M34 单元格，则返回对所有学生进行判断的结果。

8. 在If函数中使用与、或逻辑

在N5单元格中输入“各科均大于或等于85分”，在O5单元格中输入“至少一科成绩大于或等于85分”。使用If函数判断，五科均大于或等于85分显示“各科均优秀”，有一科大于或等于85分显示“至少一科优秀”。与前面操作步骤一致，不同处在于：弹出“函数参数”对话框，在“Logical_test”文本框中输入时，使用与逻辑and()和或逻辑or()。

选中N6单元格，输入与逻辑，在编辑栏显示公式：

=IF(AND(E6>=85,F6>=85,G6>=85,H6>=85,I6>=85),"各科均优秀","")

选中O6单元格，输入或逻辑，在编辑栏显示公式：

=IF(OR(E6>=85,F6>=85,G6>=85,H6>=85,I6>=85),"至少一科优秀","")

其中双引号表示空字符串。选择N6:O6单元格区域，填充下面单元格到N34:O34，结果如图5-4-7所示。

M	N	O
平均分大于85	各科均大于85	至少一科大于85
努力		至少一科优秀
平均分优秀	各科均优秀	至少一科优秀
努力		
努力		至少一科优秀
努力		
平均分优秀		至少一科优秀
努力		
努力		
努力		
平均分优秀		至少一科优秀
努力		
努力		至少一科优秀
平均分优秀		至少一科优秀
努力		至少一科优秀
努力		至少一科优秀
努力		
平均分优秀		至少一科优秀
努力		
努力		至少一科优秀
努力		至少一科优秀
努力		至少一科优秀
努力		至少一科优秀
努力		至少一科优秀
努力		至少一科优秀
平均分优秀	各科均优秀	至少一科优秀
努力		至少一科优秀
努力		
努力		至少一科优秀
平均分优秀	各科均优秀	至少一科优秀

图5-4-7 If函数与、或逻辑

9. 使用If函数嵌套

使用If函数判断，若密码学成绩大于或等于90分显示“密码学优秀”，若密码学成绩大于或等于75分且小于90分显示“密码学良好”，若密码学成绩大于或等于60分且小于75分显示“密码学及格”，上述条件都不满足则显示“密码学不及格”。操作步骤如下：

（1）在P5单元格中输入“密码学情况”，在P6单元格中输入公式：

=IF(E6>=90,"优秀",IF(E6>=75,"良好", IF(E6>=60,"及格","不及格")))

（2）将P6单元格公式填充至P34单元格。

注意：公式中用到的各种符号都是英文半角符号，不区分英文大小写字母。使用If语句时左右括号是对称的。使用If函数时嵌套需要手工输入，不能使用“插入函数”对话框。

10. 使用Countif函数计算“密码学”成绩大于80分的人数

（1）在B38单元格输入“密码学大于80分人数”。

（2）单击D38单元格，单击编辑栏左侧的“插入函数”按钮，在“搜索函数”文本框中输入countif，按Enter键；或单击“转到”按钮，则在下面“选择函数”列表框中显示COUNTIF函数，单击“确定”按钮。

（3）弹出“函数参数”对话框，在Range文本框中输入E6:E34，表示要查找的范围。在Criteria文本框中输入“>80”，表示要查找的条件，如图5-4-8所示。

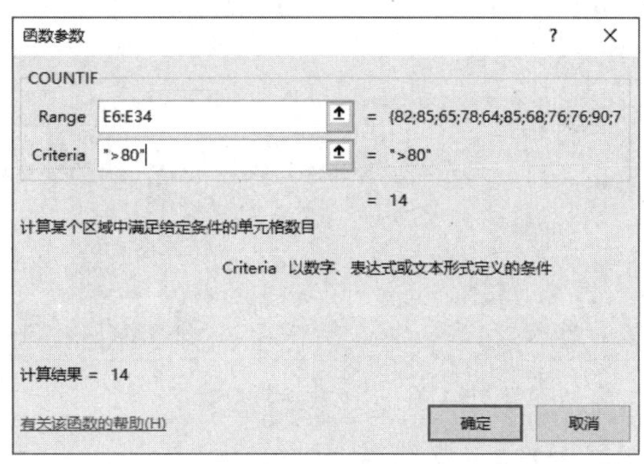

图5-4-8　“函数参数”对话框

（4）单击“确定”按钮，退出对话框。此时在D38单元格中显示查找结果，在编辑栏显示公式=COUNTIF(E6:E34,">80")。

11. 使用Sumif函数计算女生总分平均成绩

（1）在B39单元格输入“女生人数”，在B40单元格输入“女生总分平均成绩”。

（2）单击D39单元格。单击编辑栏左侧的“插入函数”按钮，在“搜索函数”文本框中输入countif，按Enter键；或单击“转到”按钮，则在下面“选择函数”列表框中显示COUNTIF函数，单击“确定”按钮。

（3）弹出“函数参数”对话框，在Range文本框中输入D6:D34，表示要查找的范围。在Criteria文本框中输入“女”，表示要查找的条件。

（4）单击“确定”按钮，退出对话框。此时在D39单元格中显示查找结果，在编辑栏显示公式=COUNTIF(D6:D33,"女")

（5）单击D40单元格。单击编辑栏左侧的“插入函数”按钮，在“搜索函数”文本框中输入sumif，按Enter键；或单击“转到”按钮，则在下面“选择函数”列表框中显示SUMIF函数，单击“确定”按钮。

（6）弹出“函数参数”对话框，在Range文本框中输入D6:D34，表示要查找的区域。在Criteria文本框中输入“女”，表示要查找的条件。在Sum_range文本框中输入“J6:J34”，表示要求和的区域，如图5-4-9所示。

（7）单击“确定”按钮，退出对话框。此时在D40单元格中显示查找结果，在编辑栏显示公式=SUMIF(D6:D34,"女",J6:J34)

（8）在编辑栏修改D40公式=SUMIF(D6:D34,"女",J6:J34)/D39。

12. 使用Averageif函数计算男生的总分平均成绩

（1）在B41单元格输入“男生总分平均成绩”。

（2）单击D41单元格。单击编辑栏左侧的“插入函数”按钮，在“搜索函数”文本框中输入averageif，按Enter键；或单击“转到”按钮，则在下面“选择函数”列表框中显示AVERAGEIF函数，单击“确定”按钮。

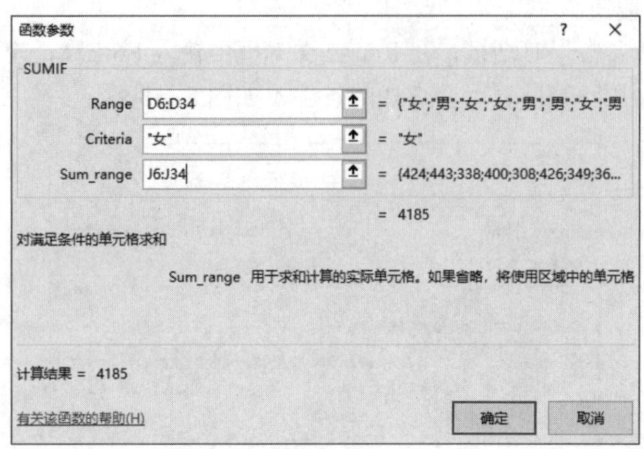

图 5-4-9 “函数参数”对话框

（3）弹出“函数参数”对话框，在 Range 文本框中输入 D6:D34，表示要查找的范围。在 Criteria 文本框中输入“男”，表示要查找的条件。在 Average_range 文本框中输入 J6:J34，表示要计算求和的区域，如图 5-4-10 所示。

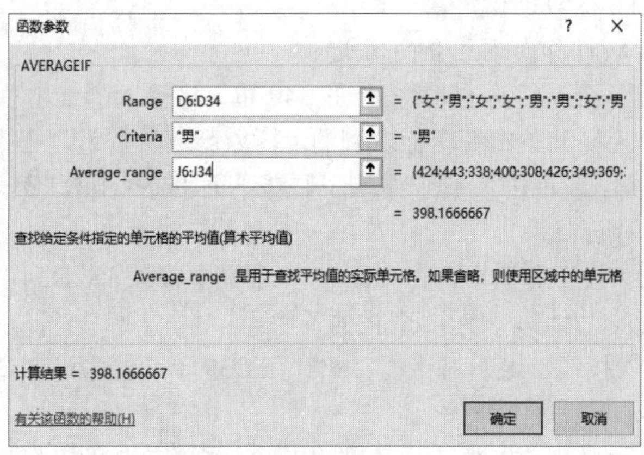

图 5-4-10 “函数参数”对话框

13. 重新设置表格

（1）设置边框线。选择 B5:L36 单元格区域，在“开始”选项卡“字体”组单击“边框”下拉按钮，打开“边框”菜单，选择“所有框线”命令，再单击“边框”下拉按钮，打开“边框”菜单，选择“粗外框线”命令。

（2）设置主副标题跨列居中。选择 B2:L2 单元格区域，右击，选择“设置单元格格式”命令，打开“设置单元格格式”对话框，选择“对齐”选项卡，选择“水平对齐”下拉列表框中的“跨列居中”选项，即设置主标题跨列居中。用相同的方法设置副标题 B3:L3 跨列居中。

14. 保存及关闭文件

单击快速访问工具栏上的“保存”按钮，保存文件。单击右上角“关闭窗口”按钮，关闭工作簿。

三、知识技能要点

1. 公式、函数

公式是对工作表中数值执行计算的等式，要以等号开始。公式可以包括函数、运算符、单元格引用和常量。

函数：函数是一些预定义的公式。使用函数时注意功能、代入参数、返回结果三要素。

运算符：运算符是一个标记或符号，指定表达式内执行的计算的类型，有算术运算符、比较运算符、逻辑运算符、引用运算符等。

单元格引用：单元格引用是通过在公式中包含单元格地址或名称的方式，来引用工作表单元格中的数据。

常量：常量是一个不是通过计算得出的值；它始终保持相同。例如，日期 1/2/2020、数字 20 以及文本“总收入”都是常量。

2. 相对引用和绝对引用

相对地址和绝对地址

公式对单元格的引用（即使用单元格地址的行号或列号）分为相对引用和绝对引用。直接用行号、列号的引用称为相对引用，如 G4；在行号或列号前均加上$符号的称为绝对引用，如$A$1。行号和列号均为相对引用的单元格地址称为相对地址；均为绝对引用的单元格地址称为绝对地址；行号或列号中只一个使用绝对引用的称为混合引用地址，如$A5、A$5。

当复制含公式的单元格时，随着复制位置的变化，相对引用会随之改变，而绝对引用不会随之改变。

使用 F4 键实现相对引用与绝对引用之间的转换，按 F4 键的次数将决定引用方式。

- 按一下：单元格引用行列都将变为绝对引用。
- 按两下：单元格引用的行将变为绝对引用。
- 按三下：单元格引用的列将变为绝对引用。
- 按四下：单元格引用行列都变为相对引用。

3. 常用函数

（1）求和函数 SUM()。

功能：返回所有参数的和。

语法：SUM(Number1,Number2,Number3,...,Number*n*)

参数：Number1,Number2,Number3,...,Number*n* 为 1～*n* 个需要求和的参数。

（2）求平均值函数 AVERAGE()。

功能：返回所有参数的平均值。

语法：AVERAGE(Number1,Number2,Number3,...,Number*n*)

参数：Number1,Number2,Number3,...,Number*n* 为 1～*n* 个需要求平均值的参数。

（3）求最大值函数 MAX()。

功能：返回所有参数的数值最大值。

语法：MAX(Number1,Number2,Number3,...,Number*n*)

参数：Number1,Number2,Number3,...,Number*n* 为 1～*n* 个需要求最大值的参数。

（4）求最小值函数 MIN()。

功能：返回所有参数的数值最小值。

语法：MIN(Number1,Number2,Number3,...,Number*n*)

参数：Number1,Number2,Number3,...,Number*n* 为 1～*n* 个需要求最小值的参数。

（5）判断函数 IF()。

功能：执行真假值判断，根据逻辑计算的真假值，返回不同结果。可以使用函数 IF 对数值和公式进行条件检测。

语法：IF(Logical-test,Value-if-true,Value-if-false)

参数：Logical-test 是计算结果为 True 或 False 的数值或表达式；当 Logical-test 为 True 时，IF 函数的返回值是 Value-if-true，Logical-test 为 False 时，IF 函数的返回值是 Value-if-false。如果 Value-if-true 和 Value-if-false 参数省略，则 Logical-test 的值为 IF 函数的返回值。

（6）排位函数 RANK()。

功能：返回一个数值在一列数值中相对于其他数值的大小排名。

语法：RANK (Number, Ref,Order)

参数：Number 为需要排位的数字；Ref 为要排位的数据序列，可以是数字列表或对数字列表的引用，Ref 中的非数值型参数将被忽略；Order 为一个数字，指明排位的方式。如果 Order 为 0（零）或省略，Excel 2019 对数字的排位是基于 Ref 按照降序排列。如果 Order 不为零，Excel 2019 对数字的排位是基于 Ref 按照升序排列。

（7）COUNT()。

功能：返回包含数字及包含参数列表中的数字的单元格数目。利用函数 COUNT 可以计算单元格区域或数字数组中数字字段的输入项数目。

语法：COUNT (value1,value2,...)

参数：value1, value2, ...为包含或引用各种类型数据的参数（1～30 个）。

说明：①函数 COUNT 在计数时，将把数字、日期或以文本代表的数字计算在内；但是错误值或其他无法转换成数字的文字将被忽略。②如果参数是一个数组或引用，那么只统计数组或引用中的数字，数组或引用中的空白单元格、逻辑值、文字或错误值都将被忽略。

（8）COUNTIF()。

功能：计算区域中满足给定条件的单元格数目。

Countif、Sumif 函数

语法：COUNTIF (Range,Criteria)

参数：Range 为需要计算其中满足条件的单元格数目的单元格区域；Criteria 为确定哪些单元格将被计算在内的条件，其形式可以为数字、表达式、单元格引用或文本。

=COUNTIF(C1:C7,80)：计算出单元格 C1～C7 中值为 80 的单元格数目。

=COUNTIF(C1:C7,">=80")：计算出单元格 C1～C7 中值大于或等于 80 的单元格数目。

=COUNTIF(D1:D7,D1)：计算出单元格 D1～D7 中值等于 D1 中值的单元格数目。

（9）SUMIF()。

功能：根据指定条件对若干单元格求和。

语法：SUMIF (Range,Criteria,Sum_range)

参数：Range 为用于条件判断的单元格区域；Criteria 为确定哪些单元格将被相加求和的条件，其形式可以为数字、表达式或文本，例如条件可以表示为 82、"82"、">200"或"apples"；Sum_range 是需要求和的实际单元格。

说明：只有在区域中相应的单元格符合条件的情况下，Sum_range 中的单元格才求和。如果忽略了 Sum_range，则对区域中的单元格求和。

（10）Text()。

Text、Vlookup 函数

功能：根据指定的数值格式将数字转换为文本。

语法：Text(Value,Format_text)

参数：Value 为数值、能返回数值的公式或对数值单元格的引用；Format_text 为文字形式的数字格式。

例如：单元格 D4 中有日期类型的数据 2020/9/1，则公式=Text(D4,"mm")的值为 09，其中 mm 表示月份以两位表示。

（11）VLOOKUP()。

功能：搜索表区域首列满足条件的元素，确定待检索单元格在区域中的行序号，再进一步返回选定单元格的值。默认情况下，表是以升序排序的。

语法：VLOOKUP(Lookup_value,Table_array,Col_index_num,Range_lookup)

参数：Lookup_value 为需要在数据表首列进行搜索的值，可以是数值、引用或字符串；Table_array 为要在其中搜索数据的文字、数字或逻辑值的表，可以是对表区域或区域名称的引用；Col_index_num 为应返回其中匹配值的 Table_array 中的列序号，表中首个值的列的序号为 1；Range_lookup 为逻辑值，若要在首列中查找大致匹配，则用 TRUE 或省略，若要查找精确匹配，则使用 FALSE。

4．自动求和按钮

在 Excel 2019 的“开始”选项卡的“编辑”组有一个“自动求和”按钮Σ，在“公式”选项卡中也有“自动求和”按钮，其功能为对列或行方向上相邻的单元格自动求和，其实际代表求和函数 SUM()。

单击Σ右侧的下拉按钮，在打开的下拉列表中可选择其他函数，如最大值、平均值、最小值等。

5.5　使用数据管理分析工具

主要学习内容：

- 数据排序
- 分类汇总
- 自动筛选
- 高级筛选

一、操作要求

打开 5.4 节完成的“学生期末成绩.xlsx”工作簿，完成以下操作：

（1）单击“第一学年下学期”工作表标签，删除 M～P 列，删除 35～41 行，删除三维簇状柱形图。

（2）将“第一学年下学期”工作表复制到 Sheet1、Sheet2、Sheet3、Sheet4，将 Sheet1～Sheet4 分别命名为“排序”“分类汇总”“自动筛选”“高级筛选”。

（3）在“排序”工作表中，以“总分”为主要关键字，“高等数学”为次要关键字，以降序方式对学生数据进行排序。

（4）在“分类汇总”工作表中，使用“分类汇总”，以“性别”为分类字段，分别求出工作表中男生和女生总人数，并将结果放置性别列。

（5）在“自动筛选”工作表中，使用“自动筛选”，挑选出“密码学”成绩大于 85 分且“高等数学”成绩大于或等于 90 分的学生数据。

（6）在“高级筛选”工作表中，使用“高级筛选”，挑选出各科成绩均大于或等于 85 分的学生记录，并将结果放置在 B38 开始的单元格区域，条件放在 P5 开始的单元格区域。再挑选出“高等数学”成绩大于 90 分或“人工智能”成绩大于或等于 90 分的学生记录，结果放置在 B45 开始的单元格区域，条件放在 P9 开始的单元格区域。

二、操作过程

数据排序、分类汇总

1. 删除工作表行

单击“第一学年下学期”工作表标签，选择 M～P 列，右击，选择“删除”命令，选择 35～41 行，右击，选择“删除”命令，删除三维簇状柱形图。

2. 复制工作表内容

（1）在“第一学年上学期”工作表中单击左上角“全选”按钮（行号、列标交叉处），选择整个工作表，按 Ctrl+C 组合键复制。

（2）单击工作表标签上的“新工作表”按钮，增加新表 Sheet1。单击 Sheet1 工作表标签，单击 A1 单元格，按 Ctrl+V 组合键粘贴。双击 Sheet1 工作表标签，命名为“排序”。再用相同的方法添加“分类汇总”“自动筛选”“高级筛选”工作表。

3. 数据排序

（1）单击“排序”工作表标签，单击数据区域任一单元格。

（2）在“开始”选项卡“编辑”组单击“排序和筛选”下拉按钮，选择“自定义排序”命令，如图 5-5-1 所示。

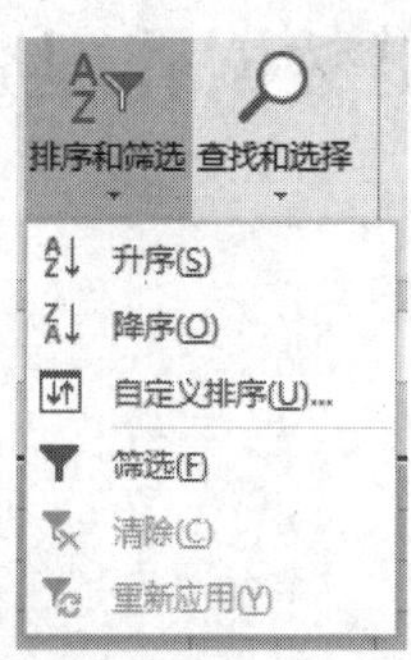

图 5-5-1 “排序和筛选”菜单

（3）打开“排序”对话框，单击“主要关键字”下拉按钮，在打开的下拉列表框中选择“总分”命令，选择“排序依据”为“单元格值”，“次序”为“降序”。

（4）单击“添加条件”按钮，点击“次要关键字”下拉按钮，在打开的下拉列表框中选择“高等数学”命令，选择“排序依据”为“单元格值”，“次序”为“降序”，如图 5-5-2 所示。

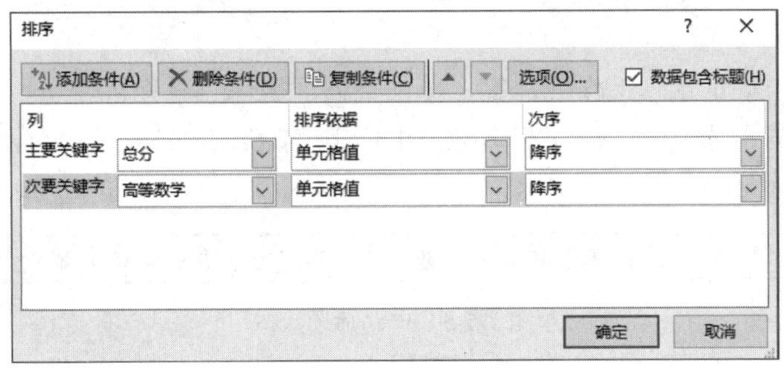

图 5-5-2 “排序”对话框

（5）单击“确定”按钮，完成数据排序。

4. 分类汇总

注意： 分类汇总一定要先排序（即先分类）再进行汇总计算，汇总计算可以是求和、计数、求平均值等。排序的关键字就是后面分类汇总计算的分类字段。

（1）单击“分类汇总”工作表标签，单击数据区域任一单元格。

（2）在“开始”选项卡“编辑”组单击“排序和筛选”下拉按钮，选择“自定义排序”命令。

（3）打开“排序”对话框，单击“主要关键字”下拉按钮，在打开的下拉列表框中选择“性别”命令，选择“次序”为“降序”。

（4）在“数据”选项卡“分级显示”组单击“分类汇总”按钮，弹出“分类汇总”对话框。

（5）设置“分类字段”为“性别”，“汇总方式”为“计数”，“选定汇总项”为“性别”，如图 5-5-3 所示。

（6）单击“确定”按钮，汇总结果如图 5-5-4 所示。

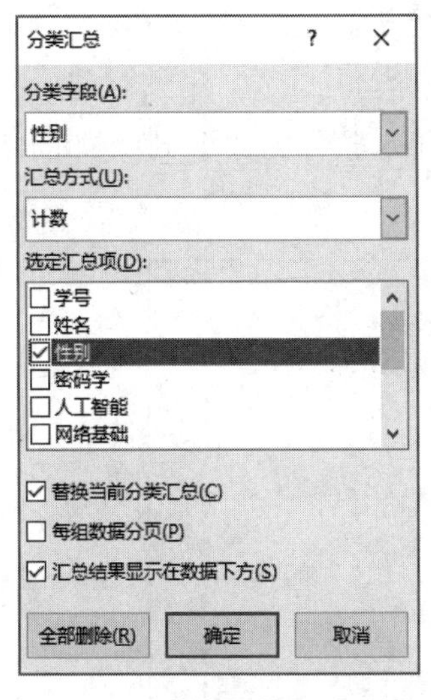

图 5-5-3 “分类汇总”对话框

计算机应用1班成绩表

第一学年下学期

学号	姓名	性别	密码学	人工智能	网络基础	高等数学	专业英语	总分	平均分	名次
2014020101	朱青芳	女	82.0	86.0	75.0	95.0	86.0	424.0	84.8	8
2014020103	刘薇	女	65.0	75.0	58.0	65.0	75.0	338.0	67.6	27
2014020104	李丽华	女	78.0	86.0	82.0	75.0	79.0	400.0	80.0	16
2014020107	黄丽丽	女	68.0	65.0	72.0	76.0	68.0	349.0	69.8	25
2014020109	蒋佳	女	76.0	72.0	82.0	75.0	73.0	378.0	75.6	17
2014020114	胡小名	女	65.0	75.0	58.0	65.0	90.0	353.0	70.6	24
2014020115	吴存丽	女	80.0	86.0	82.0	75.0	79.0	402.0	80.4	14
2014020117	杨青月	女	85.0	90.0	85.0	85.0	83.0	428.0	85.6	6
2014020118	梁美玲	女	68.0	70.0	72.0	76.0	68.0	354.0	70.8	23
2014020121	宋红芳	女	86.0	64.0	86.0	92.0	86.0	414.0	82.8	12
2014020127	黎明明	女	78.0	65.0	75.0	62.0	65.0	345.0	69.0	26
	女 计数	11								
2014020102	于自强	男	85.0	92.0	86.0	90.0	90.0	443.0	88.6	2
2014020105	熊小新	男	64.0	56.0	63.0	55.0	70.0	308.0	61.6	29
2014020106	黄志新	男	85.0	88.0	85.0	85.0	83.0	426.0	85.2	7
2014020108	张军	男	76.0	73.0	75.0	75.0	70.0	369.0	73.8	20
2014020110	何勇强	男	90.0	86.0	83.0	86.0	86.0	431.0	86.2	5
2014020111	宋泽宇	男	76.0	72.0	82.0	75.0	73.0	378.0	75.6	17
2014020112	林汪	男	76.0	86.0	75.0	95.0	86.0	418.0	83.6	11
2014020113	江树明	男	85.0	92.0	80.0	90.0	87.0	434.0	86.8	4
2014020116	钟胜	男	64.0	56.0	76.0	55.0	70.0	321.0	64.2	28
2014020119	石磊	男	90.0	78.0	83.0	86.0	86.0	423.0	84.6	9
2014020120	范勇智	男	90.0	80.0	75.0	86.0	75.0	406.0	81.2	13
2014020122	张岭	男	90.0	85.0	56.0	75.0	56.0	362.0	72.4	21
2014020123	鲁莫	男	70.0	68.0	90.0	86.0	88.0	402.0	80.4	14
2014020124	刘桥	男	90.0	90.0	70.0	56.0	65.0	371.0	74.2	19
2014020125	赵越	男	98.0	86.0	89.0	85.0	95.0	453.0	90.6	1
2014020126	曾明平	男	95.0	85.0	86.0	67.0	90.0	423.0	84.6	9
2014020128	刘曙光	男	52.0	69.0	85.0	68.0	85.0	359.0	71.8	22
2014020129	王启迪	男	94.0	86.0	88.0	85.0	87.0	440.0	88.0	3
	男 计数	18								
	总计数	29								

图 5-5-4 汇总结果

注意： 若不能分类汇总，则可能套用了某种表格格式。任选数据区域某个单元格，选择“表格工具”工具栏中的“设计”选项卡，在“工具”组选择“转换为区域”命令。当转换为区域后，就不会出现“表格工具”工具栏了。

5. 自动筛选

（1）单击“自动筛选”工作表标签，单击数据区域任一单元格。

（2）在“数据”选项卡“排序和筛选”组单击“筛选”按钮，各列标题右侧出现下拉按钮，如图 5-5-5 所示。

学号	姓名	密码学	人工智能	网络基础	高等数学	专业英语	总分	平均分	名次

图 5-5-5　自动筛选状态

（3）单击“密码学”列标题右侧的下拉按钮，选择“数字筛选”→“大于”命令，如图 5-5-6 所示。

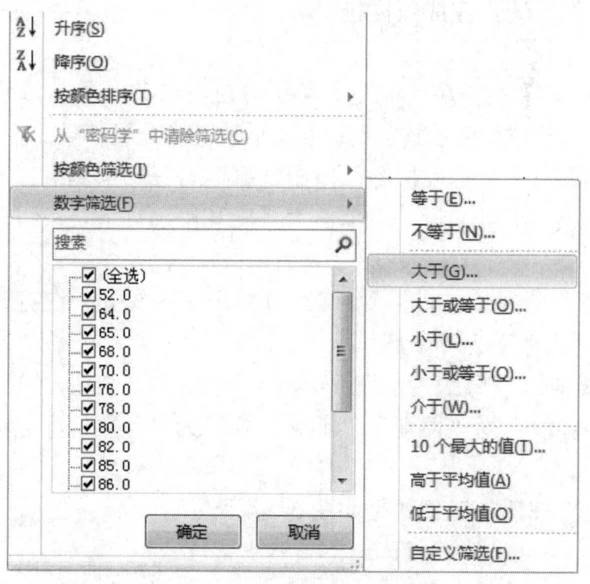

图 5-5-6　“数字筛选”菜单

（4）在打开的“自定义自动筛选方式”对话框中，输入筛选条件为大于 85，如图 5-5-7 所示，单击“确定”按钮。

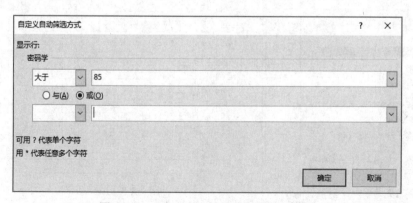

图 5-5-7　“自定义自动筛选方式”对话框

（5）以与上述相同的操作筛选出“高等数学”成绩大于或等于 90 的学生数据，如图 5-5-8 所示。

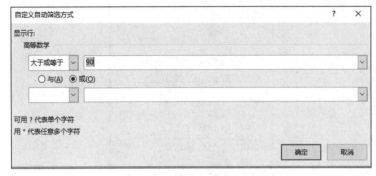

图 5-5-8 “高等数学”筛选条件

（6）自动筛选结果如图 5-5-9 所示。

计算机应用1班成绩表

第一学年下学期

学号	姓名	密码学	人工智能	网络基础	高等数学	专业英语	总分	平均分	名次
2014020121	宋红芳	86.0	64.0	86.0	92.0	86.0	414.0	82.8	12

图 5-5-9 自动筛选结果

注意：①再次单击“数据”选项卡“排序和筛选”组的“筛选”按钮，则取消自动筛选；②若表标题为合并居中，会影响自动筛选，应改为跨列居中。

6. 高级筛选（与逻辑）

在“高级筛选”工作表中，使用“高级筛选”功能挑选出各科成绩均大于或等于 85 分的学生记录，并将结果放在 B43 开始的单元格区域，条件放在 P5 开始的单元格区域。

（1）单击“高级筛选”工作表标签。

（2）设置高级筛选条件。选择列标题 E5:I5，按 Ctrl+C 组合键进行复制操作。单击 P5 单元格，按 Ctrl+V 组合键进行粘贴操作。在 P6:T6 单元格区域输入筛选条件，各科成绩均大于或等于 85 分，如图 5-5-10 所示。

	O	P	Q	R	S	T	U	V
5		密码学	人工智能	网络基础	高等数学	专业英语		
6		>=85	>=85	>=85	>=85	>=85		
7								

图 5-5-10 高级筛选条件

（3）单击数据区域任一单元格，在“数据”选项卡“排序和筛选”组单击“高级”按钮，打开“高级筛选”对话框，如图 5-5-11 所示。

（4）在“高级筛选”对话框中，观察“列表区域”所选区域是否为要筛选的数据区域，若不正确，则重新选择。

（5）在“方式”区域选择“将筛选结果复制到其他位置”单选按钮，在“条件区域”下拉列表框中选择 P5:T6 单元格区域，在“复制到”下拉列表框中选择 B38 单元格。高级筛选（与逻辑）结果如图 5-5-12 所示。

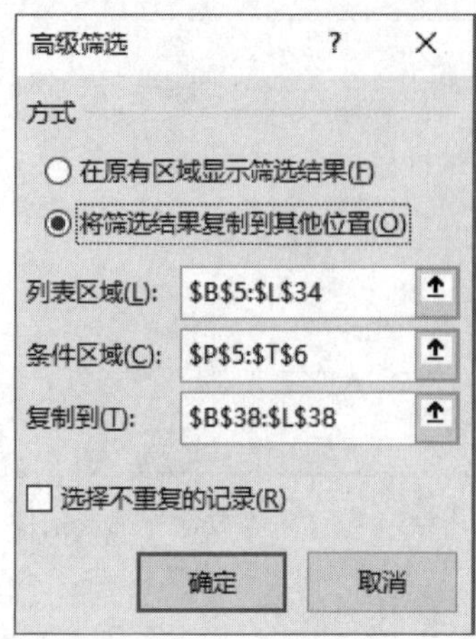

图 5-5-11 “高级筛选”对话框

	学号	姓名	性别	密码学	人工智能	网络基础	高等数学	专业英语	总分	平均分	名次
37											
38	学号	姓名	性别	密码学	人工智能	网络基础	高等数学	专业英语	总分	平均分	名次
39	2014020102	于自强	男	85.0	92.0	86.0	90.0	90.0	443.0	88.6	2
40	2014020125	赵越	男	98.0	86.0	89.0	85.0	95.0	453.0	90.6	1
41	2014020129	王启迪	男	94.0	86.0	88.0	85.0	87.0	440.0	88.0	3
42											

图 5-5-12 高级筛选（与逻辑）结果

7. 高级筛选（或逻辑）

在“高级筛选”工作表中，使用“高级筛选”功能挑选出“高等数学”成绩大于 90 分或“人工智能”成绩大于或等于 90 分的学生记录，结果放在 B45 开始的单元格区域，条件放在 P9 开始的单元格区域。

（1）单击“高级筛选”工作表标签。

（2）设置高级筛选条件。选择列标题 E5:I5，按 Ctrl+C 组合键进行复制操作。单击 P9 单元格，按 Ctrl+V 组合键进行粘贴操作。在 P10:T11 单元格区域输入筛选条件，“高等数学”大于 90 分，“人工智能”大于或等于 90 分，如图 5-5-13 所示。

	P	Q	R	S	T	U
9	密码学	人工智能	网络基础	高等数学	专业英语	
10				>90		
11		>=90				

图 5-5-13 高级筛选条件

注意：两个条件要放在不同行。同行是与逻辑，不同行是或逻辑。

（3）单击数据区域任一单元格，在“数据”选项卡“排序和筛选”组单击“高级”按钮，打开“高级筛选”对话框，如图 5-5-14 所示。

（4）在“高级筛选”对话框中，观察“列表区域”所选区域是否为要筛选的数据区域，若不正确，则重新选择。

（5）在“方式”区域选择“将筛选结果复制到其他位置”单选按钮，在“条件区域”下拉列表框中选择 P9:T11 单元格区域，在“复制到”下拉列表框中选择 B45 单元格。高级筛选（或逻辑）结果如图 5-5-15 所示。

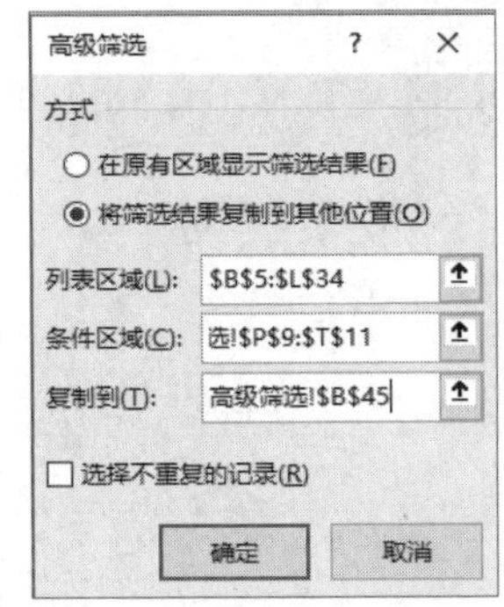

图 5-5-14 “高级筛选”对话框

	B	C	D	E	F	G	H	I	J	K	L
45	学号	姓名	性别	密码学	人工智能	网络基础	高等数学	专业英语	总分	平均分	名次
46	2014020101	朱青芳	女	82.0	86.0	75.0	95.0	86.0	424.0	84.8	8
47	2014020102	于自强	男	85.0	92.0	86.0	90.0	90.0	443.0	88.6	2
48	2014020112	林汪	男	76.0	86.0	75.0	95.0	86.0	418.0	83.6	11
49	2014020113	江树明	男	85.0	92.0	80.0	90.0	87.0	434.0	86.8	4
50	2014020117	杨清月	女	85.0	90.0	85.0	85.0	83.0	428.0	85.6	6
51	2014020121	宋红芳	女	86.0	64.0	86.0	92.0	86.0	414.0	82.8	12
52	2014020124	刘桥	男	90.0	90.0	70.0	56.0	65.0	371.0	74.2	19
53											

图 5-5-15 高级筛选（或逻辑）结果

注意：①高级筛选时若几个条件同时成立，这些条件是与逻辑关系，则条件输入在条件标题下方的同一行。如果几个条件只需满足其中一条，这些条件是或逻辑关系，则条件输入在不同行。②区分何时用自动筛选、何时用高级筛选。高级筛选有条件区，结果也可以筛选到数据区之外的区域；自动筛选实现各字段间的与逻辑，高级筛选实现各字段间的或逻辑和与关系。

三、知识技能要点

1. 数据排序

可以对一列或多列中的数据按文本、数字、日期、时间按升序或降序进行排序，还可以按自定义序列、格式（如颜色、图标集等）进行排序。Excel 2019默认按列排序，也可以按行排序。

排序可以依据数据中某一列（或行）或多列（或行）值进行排序，最多可以依据64列（或行）进行排序，即可有64个关键字。首先是“主要关键字”排序，当“主要关键字”相同时，依据第一个“次要关键字”排序，若第一个“次要关键字”值相同，则依据第二个“次要关键字”排序，依此类推。排序有利于管理和查找数据。

按照一列数据排序，操作步骤如下：

（1）选择单元格区域中的一列数据，或者确保活动单元格位于该列数据中。

（2）在“数据”选项卡“排序和筛选”组（图5-5-16）中，执行下列操作之一：

- 按升序排序，单击“升序”按钮A↓Z。
- 按降序排序，单击“降序”按钮Z↓A。

按照多列数据排序，操作步骤如下：

（1）选择两列或更多列数据的单元格区域，或者活动单元格在包含两列或更多列的表中。

（2）在“数据”选项卡“排序和筛选”组中单击“排序”按钮。打开“排序”对话框，如图5-5-17所示。

图 5-5-16 “排序和筛选”组

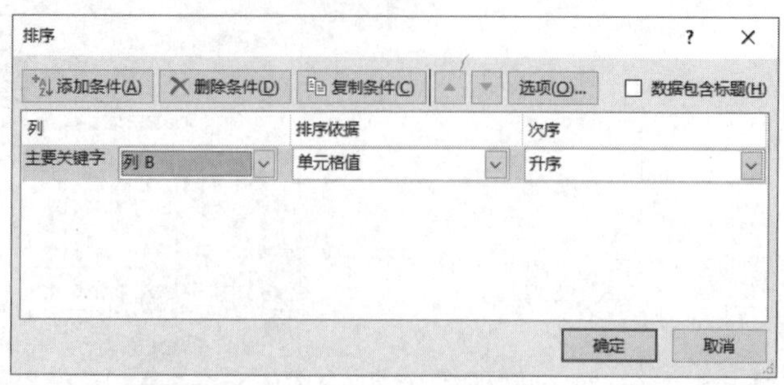

图 5-5-17 “排序”对话框

（3）在“列”下的“排序依据”框中选择要排序的第一列。

（4）在“排序依据”下选择排序类型。执行下列操作之一：

- 若要按文本、数字或日期和时间进行排序，选择“数值”选项。
- 若要按格式进行排序，选择“单元格颜色”“字体颜色”或“单元格图标”选项。

（5）在“次序”下选择排序方式。执行下列操作之一：

- 对于文本值、数值、日期或时间值，选择“升序”或“降序”。
- 若要基于自定义列表进行排序，选择“自定义列表”选项。

（6）若要添加作为排序依据的另一列，单击“添加条件”按钮，然后重复步骤（3）至步骤（5）。

（7）单击“复制条件”按钮，系统会将当前的条件再复制一份作为排序依据列。

（8）要删除已添加的排序依据的列，则单击选择该条目，然后单击“删除条件”按钮。

注意：必须在列表中至少保留一个条目。

（9）若要更改列的排序顺序，则选择一个条目，然后单击“向上”或“向下”箭头更改顺序。

2. 分类汇总

分类汇总

分类汇总是对工作表中的数据按照某列内容进行分类，对每类数据的某列数据进行汇总计算，汇总计算可以是求和、计数、求平均值等。例如，在学生成绩表中，按性别进行分类，然后求出男、女学生各多少人，求出某门课程男、女学生的平均分。

注意：在分类汇总前，一定要按分类字段对数据进行排序，升序和降序均可。

分类汇总后的数据会分级显示，单击行编号旁边的分级显示符号 1 2 3，可以只显示分类汇总和总计的汇总；单击+和-符号，可以显示或隐藏各个分类汇总的明细数据行。

3. 自动筛选

自动筛选

Excel 2019 的筛选功能包括自动筛选和高级筛选。筛选就是根据用户设置的条件，在工作表中选出符合条件的数据。

自动筛选适用于简单条件的数据，将在原数据区显示符合条件的数据行，不符合条件的数据行将被隐藏。

自动筛选的工作表一般要包含描述列内容的列标题。执行“自动筛选”命令后，数据区的列标题右边会出现自动筛选箭头。单击自动筛选箭头，打开“筛选”列表，可以从中选择系统提供的筛选条件，也可以创建自定义筛选。可以按数字值或文本值筛选，或按单元格颜色筛选设置了背景色或文本颜色的单元格。

自动筛选时，可在多个自动筛选下拉按钮中选择条件，这些条件为“与”关系，即只有满足所有这些条件的数据行才显示出来。

提示：再次单击“筛选”按钮，即取消自动筛选，显示全部数据。

4. 高级筛选

高级筛选

高级筛选适用于复杂条件。要执行高级筛选的数据区域必须有列标题，也要有条件区，即放置筛选条件的单元格区域。筛选出来的数据可显示在原数据区，也可复制到其他单元格区域。

条件区和数据区间至少有一行（或一列）以上的空白行（或空白列）。条件区的字段名要显示在同一行不同单元格中，字段要满足的条件输入在相应字段名的下方，如条件是“与”关系，则输在同一行，如是“或”关系，则输入在不同行。

例如，筛选条件为“高等数学”和“专业英语”成绩均大于80分，条件区的输入如图5-5-18所示；筛选条件为“高等数学”成绩大于80分或“专业英语”成绩大于80分，条件区的输入如图5-5-19所示。

高等数学	专业英语
>80	>80

图5-5-18　“与”关系的筛选条件

高等数学	专业英语
>80	
	>80

图5-5-19　“或”关系的筛选条件

高级筛选操作步骤如下：

（1）建立筛选条件区。字段名最好从数据区中直接复制过来，不要自己输入。

（2）将插入点定位在数据区的任一单元格。

（3）在“数据”选项卡“排序和筛选”组中单击“高级”按钮，显示“高级筛选”对话框。如图5-5-20所示。

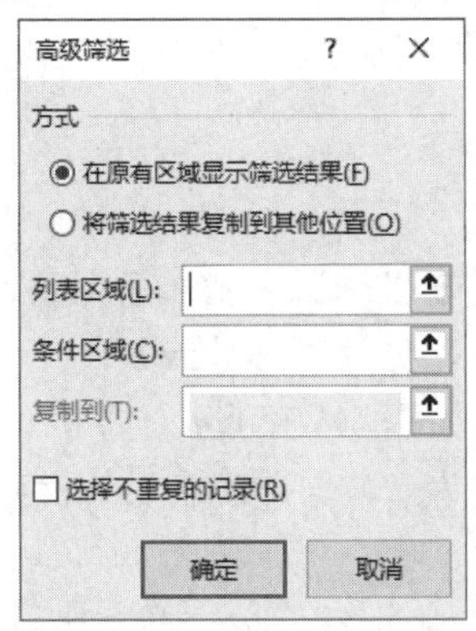

图5-5-20　“高级筛选”对话框

（4）执行下面操作之一：

- 若要通过隐藏不符合条件的数据行来筛选区域，则选择“在原有区域显示筛选结果”单选按钮。
- 若要通过将符合条件的数据行复制到工作表的其他位置来筛选区域，则选择“将筛选结果复制到其他位置”单选按钮，本例选择“将筛选结果复制到其他位置”单选按钮。

（5）“列表区域”即供筛选的数据区，系统已读取正确，不必再设置，如不正确，在工作表上拖动选择数据区，或直接输入列表区域的引用地址。

（6）“条件区域”即设置筛选条件区域。单击此编辑框，可直接输入条件区域的引用地址，也可在工作区拖动鼠标选择条件区。

（7）“复制到”是设置结果所放置的位置。将插入点定位在此框中，然后直接在工作表中单击放置结果的左上角单元格，即获取该单元格的地址。

（8）单击“确定”按钮，完成高级筛选操作。

5.6　使用数据透视表、合并计算

主要学习内容：

- 数据透视表
- 合并计算

一、操作要求

打开“选课情况.xlsx”工作簿，完成以下操作：

（1）将“选课”工作表复制到Sheet1、Sheet2，将Sheet1、Sheet2命名为“数据透视表”、“合并计算”。

（2）在“数据透视表”工作表中，以H4单元格为起始单元建立数据透视表，“报表筛选”为“学期”，“行标签”为“班级”，“列标签”为“课程名称”，“数值”为“选课人数”求和。

（3）使用创建的数据透视表进行分析，得到相关信息：第二学期各班级各课程选课情况、各学期各班级选课情况、各学期各课程选课情况并建立图表、各学期与第二学期比较情况并建立图表。

（4）在“合并计算”工作表中，利用“合并计算”统计出每门“计算机类公选课”的选修人数，放置在从G4开始的单元格区域。

二、操作过程

建立数据透视表

1. 复制工作表

打开“选课情况”工作簿，右击“选课”工作表标签，在打开的快捷菜单中选择“移动或复制工作表”命令，打开“移动或复制工作表”对话框，选择“（移至最后）”选项，勾选“建立副本”复选框，如图5-6-1所示。单击“确定”按钮，即出现新工作表“选课2”，双击工作表标签，将其命名为“数据透视表”。用相同的方法建立“合并计算”工作表。

2. 建立数据透视表

（1）单击“数据透视表”工作表标签，单击数据区域任一单元格。

（2）在“插入”选项卡“表格”组单击“数据透视表”按钮，打开“创建数据透视表”对话框，如图5-6-2所示。

（3）在“表/区域”下拉列表框中自动搜索创建数据透视表区域，观察是否符合要求，若有误，拖动鼠标重新选择。

（4）在“选择放置数据透视表的位置”区域，选择“现有工作表”单选按钮。在“位置”编辑框中输入透视表左上角起始位置H4。

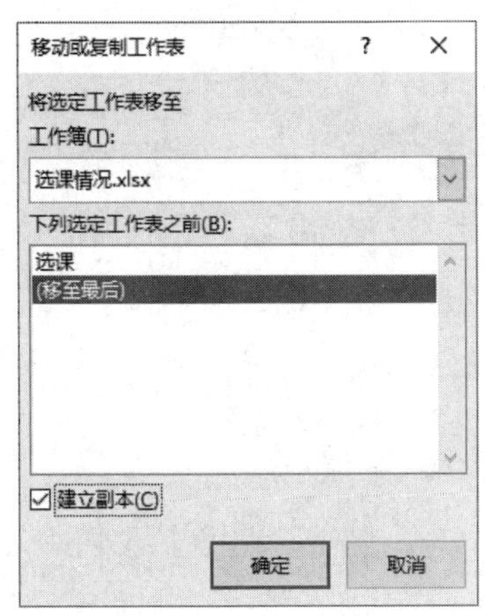

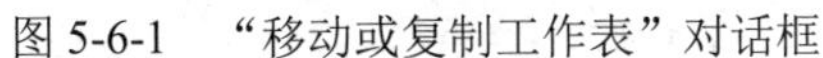
图 5-6-1　“移动或复制工作表”对话框

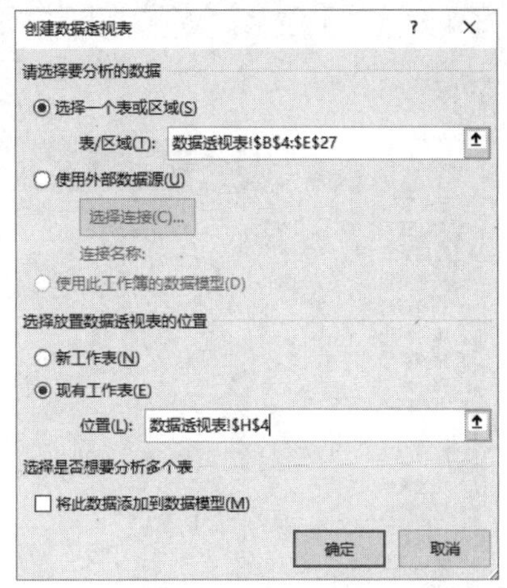

图 5-6-2　“创建数据透视表”对话框

（5）单击“确定”按钮，打开“数据透视表字段”对话框，如图 5-6-3 所示。

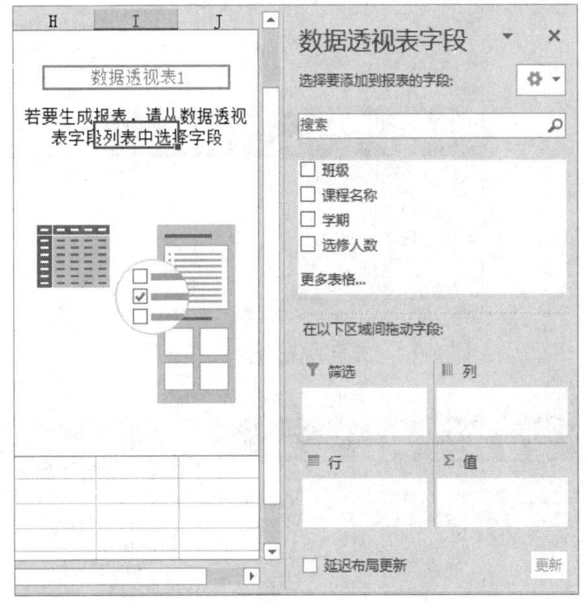

图 5-6-3　“数据透视表字段”对话框

（6）将“学期”字段拖动至“筛选”位置，将“课程名称”字段拖动至“列”位置，将“班级”字段拖动至“行”位置，将“选修人数”字段拖动至“值”位置，完成数据透视表的搭建，如图 5-6-4 所示。

3. 使用数据透视表进行分析

（1）单击数据透视表筛选字段“学期”下拉按钮，选择“第二学期”选项，单击“确定”按钮，显示第二学期各班级选课情况，如图 5-6-5 所示。

（2）单击数据透视表区域，在“数据透视表字段”对话框中，将“列”位置的“课程名称”字段拖动到上方空白处，将“学期”字段拖动至“列”位置，显示各学期各班级选课人数，如图 5-6-6 所示。

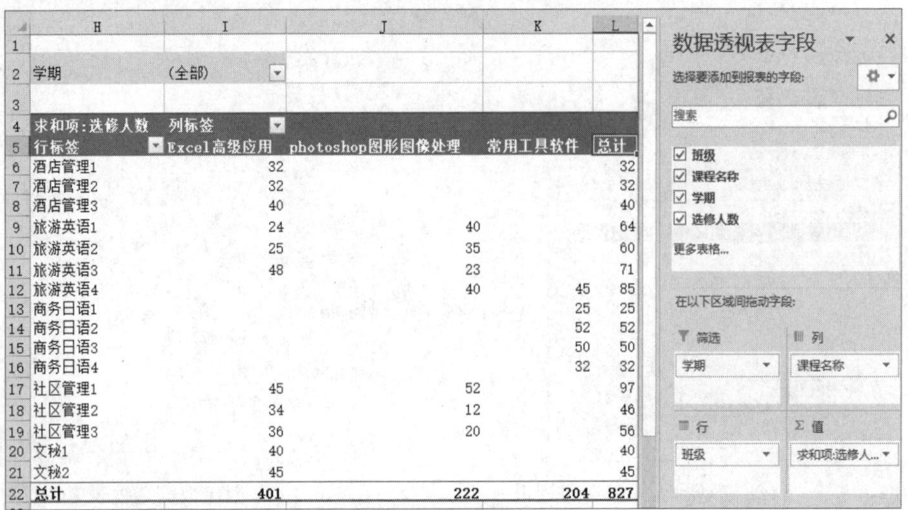

学期	(全部)			
求和项:选修人数	列标签			
行标签	Excel高级应用	photoshop图形图像处理	常用工具软件	总计
酒店管理1	32			32
酒店管理2	32			32
酒店管理3	40			40
旅游英语1	24	40		64
旅游英语2	25	35		60
旅游英语3	48	23		71
旅游英语4		40	45	85
商务日语1			25	25
商务日语2			52	52
商务日语3			50	50
商务日语4			32	32
社区管理1	45	52		97
社区管理2	34	12		46
社区管理3	36	20		56
文秘1	40			40
文秘2	45			45
总计	401	222	204	827

图 5-6-4　数据透视表

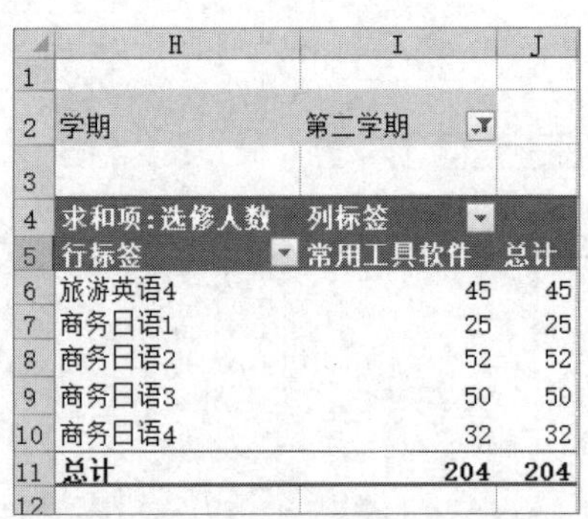

学期	第二学期	
求和项:选修人数	列标签	
行标签	常用工具软件	总计
旅游英语4	45	45
商务日语1	25	25
商务日语2	52	52
商务日语3	50	50
商务日语4	32	32
总计	204	204

图 5-6-5　第二学期各班级选课情况

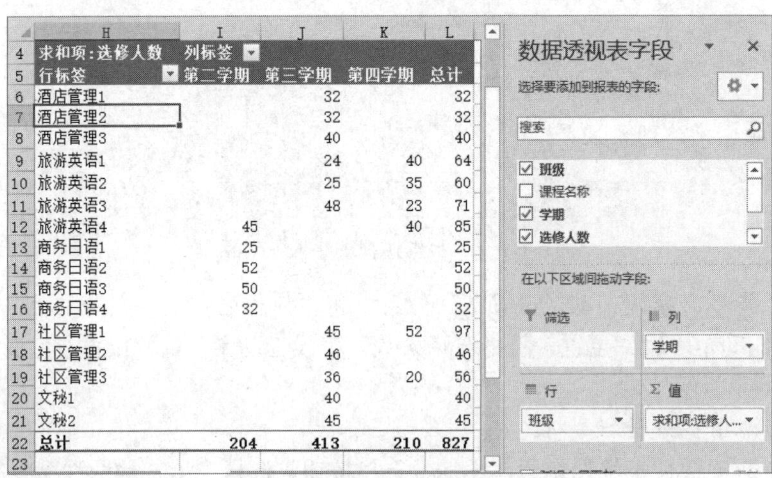

求和项:选修人数	列标签			
行标签	第二学期	第三学期	第四学期	总计
酒店管理1		32		32
酒店管理2		32		32
酒店管理3		40		40
旅游英语1		24	40	64
旅游英语2		25	35	60
旅游英语3		48	23	71
旅游英语4	45		40	85
商务日语1	25			25
商务日语2	52			52
商务日语3	50			50
商务日语4	32			32
社区管理1		45	52	97
社区管理2		46		46
社区管理3		36	20	56
文秘1		40		40
文秘2		45		45
总计	204	413	210	827

图 5-6-6　各学期各班级选课人数

（3）单击数据透视表区域，在“数据透视表字段”对话框中，将“行”位置的“班级”字段拖动到上方空白处，将“课程名称”字段拖动至“行”位置，显示各学期各课程选课人数，如图 5-6-7 所示。

求和项:选修人数	列标签			
行标签	第二学期	第三学期	第四学期	总计
Excel高级应用		401		401
photoshop图形图像处理		12	210	222
常用工具软件	204			204
总计	204	413	210	827

图5-6-7　各学期各课程选课人数

（4）单击数据透视表区域，在“数据透视表工具”选择“分析”选项，在“工具”组选择“数据透视图”选项，选择“柱形图”→“簇状柱形图”选项，单击“确定”按钮。以图形显示各学期各课程选课情况，如图5-6-8所示。

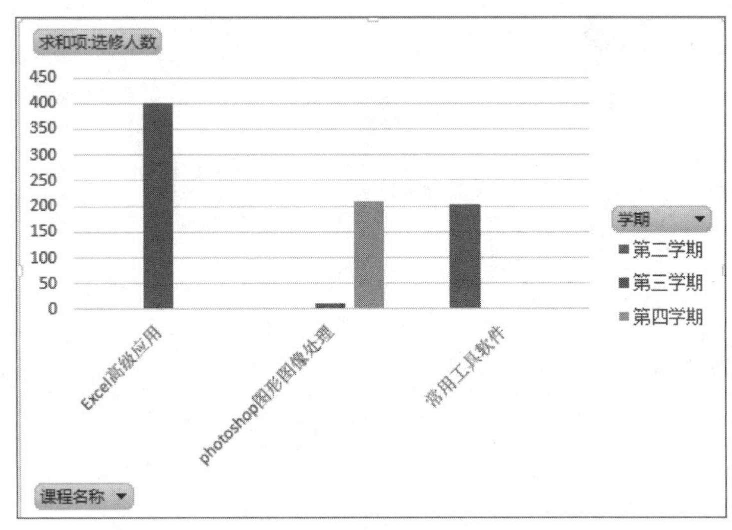

图5-6-8　各学期各课程选课情况

（5）删除前面创建的透视图。单击数据透视表中“值”数据区域任一单元格，右击，在弹出的快捷菜单中选择“值字段设置”命令，打开“值字段设置”对话框。选择“值显示方式”选项卡，在“值显示方式”下拉列表框中选择“差异”选项，在“基本字段”选择“学期”，在“基本项”选择“第二学期”，单击“确定”按钮，则透视表显示以第二学期为基准，其他学期与之比较的情况，如图5-6-9所示。

（6）单击数据透视表区域，在“数据透视表工具”选择“分析”选项，在“工具”组选择“数据透视图”选项，选择“柱形图”→“簇状柱形图”选项，单击“确定”按钮。以图形显示以第二学期为基准，各学期与第二学期相比的增减变化情况，如图5-6-10所示。

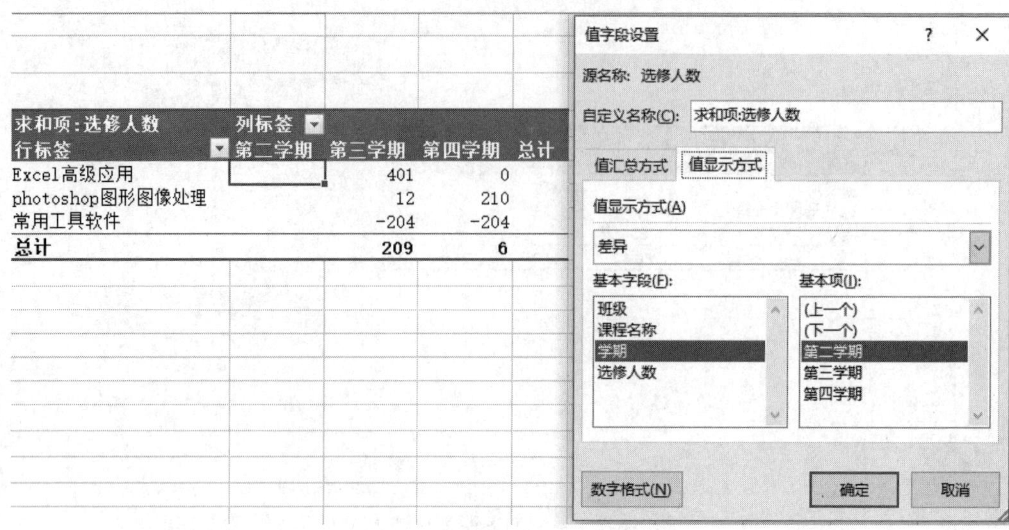

图 5-6-9 “值字段设置”对话框

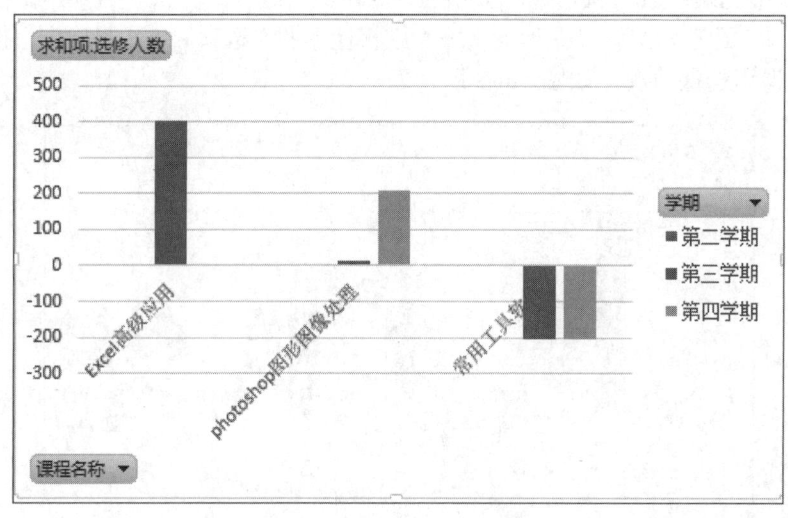

图 5-6-10 选课增减变化情况

4. 合并计算

（1）单击“合并计算”工作表标签。在 H2 单元格输入“计算机公选课统计表”，H2:J2 单元格合并居中。在 H3 单元格输入“课程名称”，在 J3 单元格输入“选修人数”。对输入内容设置合适的格式。单击 D 列标，右击，在打开的快捷菜单中选择“隐藏”命令。

（2）单击 H4 单元格，在“数据”选项卡“数据工具”组单击“合并计算”按钮，打开“合并计算”对话框，如图 5-6-11 所示。

（3）在“函数”下拉列表框中选择“求和”选项。

（4）单击“引用位置”文本框，选择要合并计算的数据区域 C5:E27，所选数据区域地址出现在“引用位置”框内。单击“添加”按钮，将数据区域引用添加到“所有引用位置”列表框中。

（5）勾选“最左列”复选框。

（6）单击“确定”按钮。合并计算结果如图 5-6-12 所示。

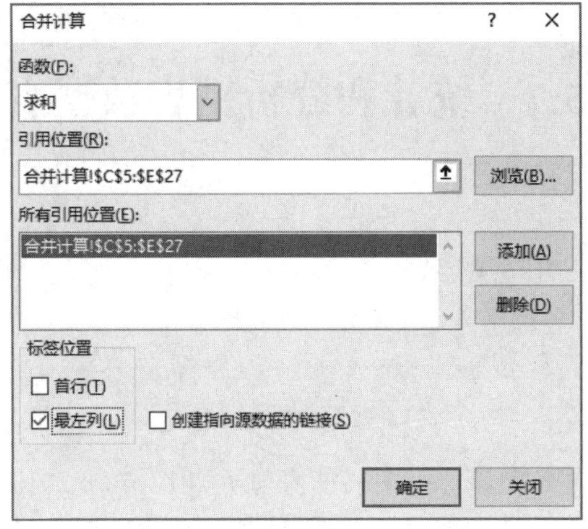

图 5-6-11　“合并计算”对话框

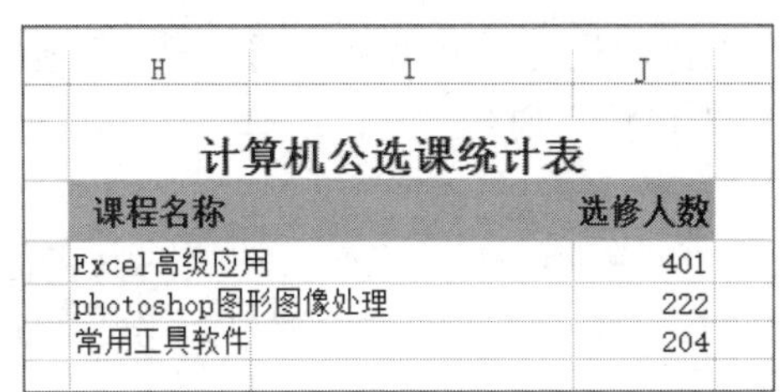

计算机公选课统计表	
课程名称	选修人数
Excel高级应用	401
photoshop图形图像处理	222
常用工具软件	204

图 5-6-12　合并计算结果

注意：在设置“标签位置”时，若数据纵向排列，勾选“最左列”复选框；若数据横向排列，勾选“首行”复选框。

三、知识技能要点

1. 数据透视表

数据透视表是 Excel 2019 中的一种交互式报表，通过对同一个数据透视表进行不同的布局，可以得到不同角度的数据分析汇总表。通过创建一系列数据透视图可以进行数据走势、占比、对比等各种图表分析，完成图文并茂的多角度数据分析。

在 Excel 2019 使用公式与数据透视表的区别：公式要计算，占用系统资源；而数据透视表只是数据的不同角度搭建组合，不需要计算，不占用系统资源。

在实际应用中，通常一个企业有最基础的业务数据，而不同部门需要的业务信息不同，使用数据透视表，就可以根据各部门的需要搭建相应业务信息的报表或图表，还可以完成各种数据走势、占比、对比分析。

2. 合并计算

合并计算是指可以通过合并计算的方法来汇总一个或多个源区域中的数据。合并计算可以是求和、求平均值、求最大值等操作。Excel 2019 提供了以下两种合并计算的方法。

- 按位置进行合并计算：多个源区域中的数据按照相同的顺序排列，且使用相同的行标签和列标签。
- 按分类进行合并计算：多个源区域中的数据以不同的方式排列，但使用相同的行标签和列标签。

合并计算

5.7　统计和分析销售数据表

主要学习内容：

- VLOOKUP()和 SUMIFS()函数
- 数据透视表
- 名称管理器

统计和分析销售数据表

一、操作要求

“销售数据表.xlsx”是一家计算机图书销售公司 2018 年和 2019 年的销售数据，小王担任市场部助理，主要的工作职责是为部门经理提供销售信息的分析和汇总。请你根据销售数据报表，帮助小王完成下面要求的统计和分析工作：

（1）对“订单明细表”工作表进行格式调整，通过套用表格格式方法将所有的销售记录调整为一致的外观格式，并将“单价”列和“小计”列包含的单元格数字格式调整为“会计专用”（货币符号为人民币）。

（2）根据图书编号，在“订单明细表”工作表的“图书名称”列中，使用 VLOOKUP 函数完成图书名称的自动填充。“图书名称”和“图书编号”的对应关系在“编号对照”工作表中。

（3）根据图书编号，在“订单明细表”工作表的“单价”列中，使用 VLOOKUP 函数完成图书单价的自动填充。“单价”和“图书编号”的对应关系在“编号对照”工作表中。

（4）在“订单明细表”工作表的“小计”列中，计算每笔订单的销售额。

（5）根据“订单明细表”工作表中的销售数据，统计所有订单的总销售金额，并将其填写在“统计报告”工作表的 B3 单元格中。

（6）根据“订单明细表”工作表中的销售数据，统计《MSOffice 高级应用》图书在 2018 年 的总销售额，并将其填写在“统计报告”工作表的 B4 单元格中。

（7）根据“订单明细表”工作表中的销售数据，统计新华书店在 2019 年第 3 季度的总销售额，并将其填写在“统计报告”工作表的 B5 单元格中。

（8）根据“2019 年销售情况表”工作表中的销售数据创建数据透视表，列标签为书店名称，行标签为月份，求和项为图书销售量，数据透视表起始位置为该表的 H2 单元格。

（9）保存文件。

二、操作过程

1. 设置表格外观

（1）双击“销售数据表.xlsx”文件，启动 Excel 2019 并打开该文件。

（2）在“订单明细表”工作表中，在“开始”选项卡“样式”组单击“套用表格格式”按钮，在弹出的下拉列表中选择一种表样式（本例选择“蓝色，表样式浅色 9”），弹出“套用表格式”对话框，将“表数据的来源”更改为“=$A$2:$H$636”，并勾选“表包含标题”复选框，如图 5-7-1 所示。单击“确定”按钮，即完成套用表格样式。

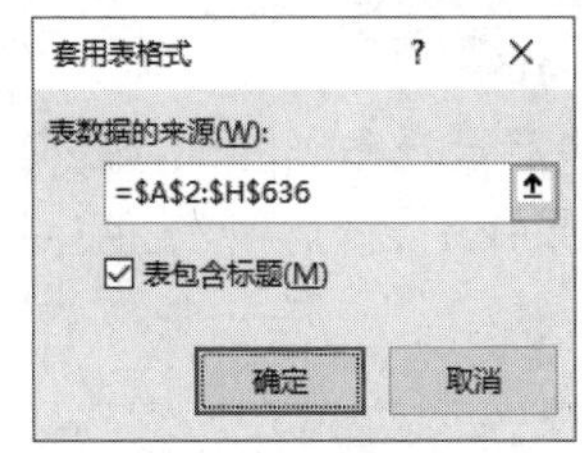

图 5-7-1 “套用表格式”对话框

（3）按住 Ctrl 键，同时选中“单价”列和“小计”列并右击，在弹出的下拉列表中选择“设置单元格格式”命令，弹出“设置单元格格式”对话框，在“数字”选项卡下的“分类”列表框中选择“会计专用”选项，然后在“货币符号（国家/地区）”下拉列表框中选择“CNY”选项，如图 5-7-2 所示，单击“确定”按钮。

图 5-7-2 “设置单元格格式”对话框

2. 应用 VLOOKUP 函数

（1）选择 E3 单元格，单击编辑栏的“插入函数”按钮 *fx*，弹出“插入函数”对话框，在“选择函数”列表框中找到 VLOOKUP 函数，单击“确定”按钮，弹出“函数函数”对话框，如图 5-7-3 所示。

（2）将光标定位在第 1 个参数框中，单击 D3 单元格；将光标移至第 2 个参数框中，切换至“编号对照”工作表，选择 A2:C19 单元格区域；将光标移至第 3 个参数框中，输入“2”；将光标移至第 4 个参数框中，输入“FALSE”或者“0”，此时函数各参数如图 5-7-3 所示，单击“确定”按钮。

（3）本步骤也可直接在“订单明细表”工作表的 E3 单元格中输入公式“=VLOOKUP(D3,编号对照!$A$2:$C$19,2,FALSE)”，按 Enter 键。

“=VLOOKUP(D3,编号对照!$A$2:$C$19,2, FALSE)”的含义如下：

参数 1——查找目标：“D3”，将在参数 2 指定区域的第 1 列中查找与 D3 相同的单元格。

参数 2——查找范围：“编号对照!$A$2:$C$19”表示“编号对照”工作表中的 A2:C19 单元格区域。查找目标一定要在该区域的第 1 列。

参数 3——返回值的列数：“2”表示参数 2 中工作表的第 2 列。如果在参数 2 中找到与参数 1 相同的单元格，则返回第 2 列的内容。

参数 4——精确或模糊查找：决定查找精确匹配值还是近似匹配值。如果第 4 个参数值为 0 或 FALSE，则表示精确查找；如果找不到精确匹配值，则返回错误值#N/A；如果值为 1 或 TRUE，或者省略时，则表示模糊查找。

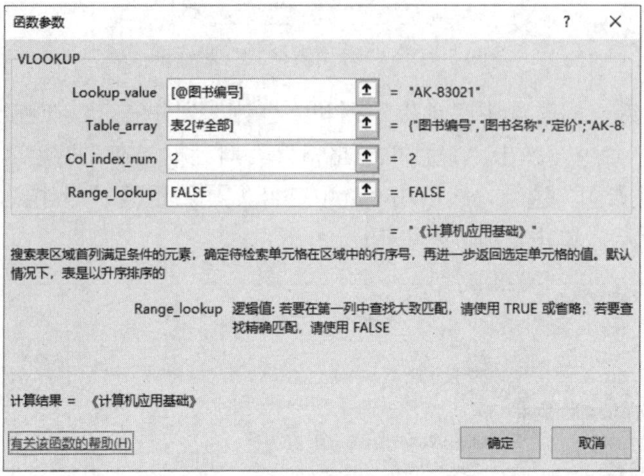

图 5-7-3　“函数参数”对话框

3. 应用 VLOOKUP 函数

直接在“订单明细表”工作表的 F3 单元格中输入公式“=VLOOKUP(D3,编号对照!$A$2:$C$19,3,FALSE)”，按 Enter 键。

4. 计算小计列

将光标定位在 H3 单元格，输入“=”，单击 F3 单元格，再输入“*”（乘号）。单击 G3 单元格，也可直接输入公式“=[@单价]*[@销量（本）]”，按 Enter 键，完成小计的自动填充。

5. 使用 SUM 函数

（1）在“统计报告”工作表中的 B3 单元格中输入“=SUM(订单明细表!H3:H636)”，按 Enter 键，完成销售额的自动填充。

（2）单击 B4 单元格右侧的“自动更正选项”按钮，选择“撤销计算列”命令。

6. 计算《MS Office 高级应用》在 2018 年的总销售额

（1）在“统计报告”工作表中选择 B4 单元格，在“公式”选项卡“函数库”组单击“插入函数”按钮，弹出“插入函数”对话框，在“选择函数”列表框中找到 SUMIFS 函数，单击“确定”按钮，弹出“函数参数”对话框。

（2）将光标定位在第 1 个参数框中，然后选择“订单明细表”中的 H3:H636 单元格区域；第 2 个参数框选择“订单明细表”中的 E3:E636 单元格区域；在第 3 个参数框中输入“《MS Office 高级应用》”；第 4 个参数框选择“订单明细表”中的 B3:B636 单元格区域；在第 5 个参数框中输入“>=2018-1-1”；第 6 个参数框选择“订单明细表”中的 B3:B636 单元格区域；在第 7 个参数框中输入“<=2018-12-31”；单击“确定”按钮。

7. 新华书店在 2019 年第 3 季度的总销售额

在“统计报告”工作表的 B5 单元格中输入公式“=SUMIFS(表 3[小计],表 3[书店名称],"

新华书店",表 3[日期],">=2019-7-1",表 3[日期],"<=2019-9-30")"，按 Enter 键。

说明：这里表 3 即表示“订单明细表”的 A3:H636 单元格区域，可按 Ctrl+F3 组合键打开“名称管理器”对话框，如图 5-7-4 所示。在此对话框中可以修改、查看各工作表的名称。

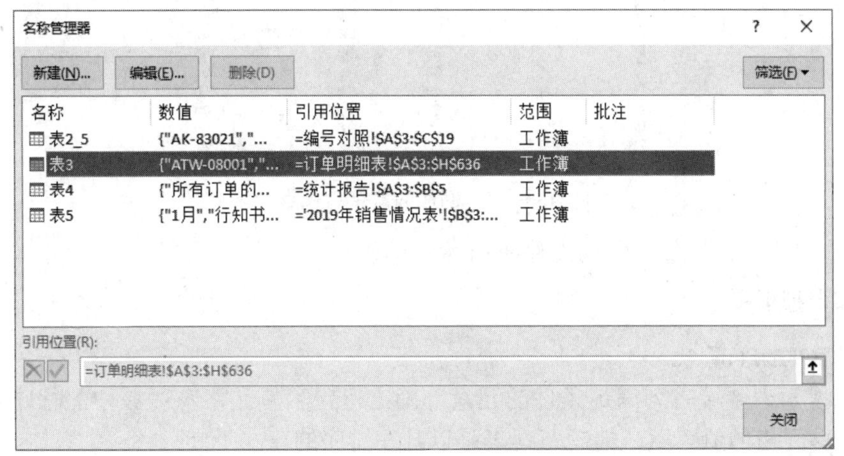

图 5-7-4　“名称管理器”对话框

8. 使用数据透视表分析数据

切换至“2019 年销售情况表”工作表，单击 H2 单元格。

在“插入”选项卡中单击“数据透视表”按钮，打开“创建数据透视表”对话框，然后在表中选择 B2:D38 单元格区域，在“表/区域”文本框中显示单元格区域地址，如图 5-7-5 所示，单击“确定”按钮。

在 Excel 2019 窗口右侧显示“数据透视表字段列表”窗格，把“选择要添加到报表的字段”列表中的“月份”“书店名称”“销售（本）”字段分别拖至“行标签”“列标签”“Σ 数值”框中，如图 5-7-6 所示，即创建数据透视表，如图 5-7-7 所示。

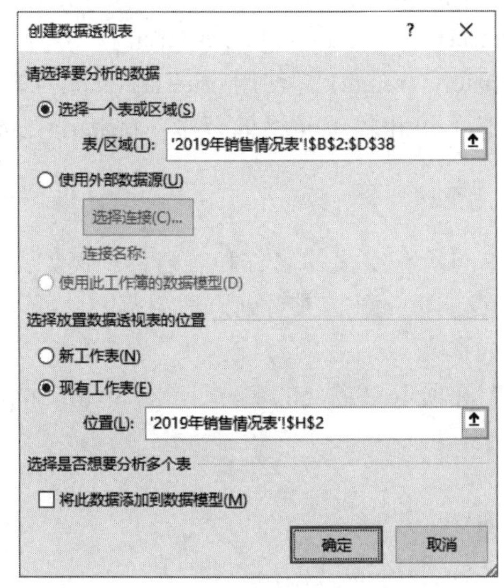

图 5-7-5　“创建数据透视表”对话框

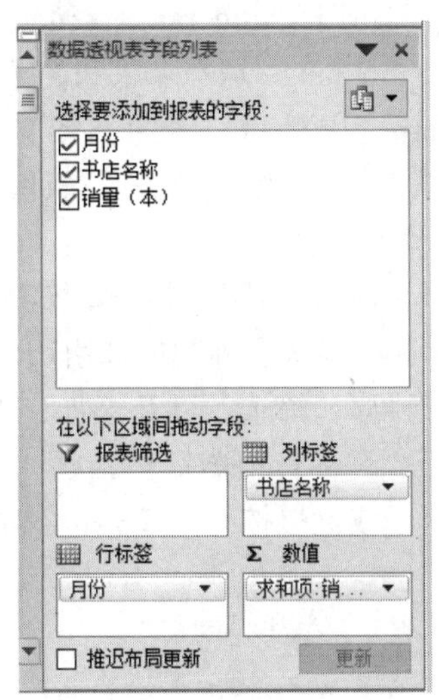

图 5-7-6　“数据透视表字段列表”窗格

求和项:销量（本）	列标签			
行标签	行知书店	厚积书店	新华书店	总计
10月	553	98	189	840
11月	289	203	192	684
12月	196	384	245	825
1月	452	204	157	813
2月	320	136	79	535
3月	326	99	335	760
4月	210	281	250	741
5月	291	149	523	963
6月	335	331	99	765
7月	498	419	293	1210
8月	326	298	376	1000
9月	317	216	367	900
总计	4113	2818	3105	10036

图 5-7-7　创建的数据透视表

9. 单击“保存”按钮，完成文件的保存

三、知识技能要点

1. VLOOKUP()函数

功能：搜索表区域首列满足条件的元素，确定待检索单元格在区域中的行序号，再进一步返回选定单元格的值。默认情况下，表是以升序排序的。

说明：VLOOKUP 是一个查找函数，给定一个查找目标，它就能从指定的查找区域中查找并返回想要查找的值。

语法：VLOOKUP(lookup_value,table_array,col_index_num,range_lookup)

参数：lookup_value 是需要在数据表首列进行搜索的值，可以是数值、引用或字符串；table_array 是要在其中搜索数据的文字、数字或逻辑值的表，可以是对表区域或区域名称的引用；col_index_num 是应返回其中匹配值的 table_array 中的列序号，表中首个值的列的序号为 1；range_lookup 是逻辑值，若要在首列中查找大致匹配，则用 TRUE 或省略，若要查找精确匹配，则使用 FALSE。

2. SUMIFS()函数

功能：对指定单元格区域中符合多组条件的单元格求和。

语法：SUMIFS(sum_range, criteria_range1, criteria1, [criteria_range2, criteria2], ...)

参数：sum_range 是实际求和的单元格区域；criteria_range1 是使用 criteria1 条件的单元格区域；criteria1 是数值、表达式或文本条件，定义了求和的单元格的范围；[criteria_range2, criteria2], ...是附加的区域及关联条件。

3. 名称管理器

使用“名称管理器”对话框可以处理工作簿中的所有定义的名称和表名称。例如，查找有错误的名称，确认名称的值和引用，查看或编辑说明性批注，或者确定适用范围。可以对名称列表进行排序和筛选，以及添加、更改或删除名称。

要打开“名称管理器”对话框，可在“公式”选项卡“定义的名称”组中单击“名称管理器”按钮，或直接按 Ctrl+F3 组合键。

练习题

1. 打开素材“工资表.xlsx”工作簿，按以下要求完成设置，效果如图 E5-1 所示。

（1）表标题文本字体为黑体，字号为 18 号，加粗，在 A1:J1 单元格区域跨列居中。

（2）在 A 列前添加一个空白列，列宽为 5；B:K 列列宽均“自动调整列宽”。

（3）表中数据均为宋体、12 号；列标题单元格区域填充颜色为“橄榄色，强调文字颜色 3，淡色 50%”，字体颜色为“白色”。列标题及姓名列和职称列数据水平方向、垂直方向均居中。

（4）4～13 行行高为 18，表格线均为细线。

某部门人员工资表

姓名	职称	基本工资	全勤奖金	绩效奖金	交通津贴	应发工资	所得税	养老保险	实发工资
李洪	初级工	1500	300	200	600				
王明利	中级工	2100	300	100	700				
张小波	高级工	3500	300	300	800				
赵越	初级工	1800	300	150	600				
刘华芳	中级工	2500	100	500	700				
孙利	中级工	3000	300	300	600				
曾明锐	初级工	2500	300	500	800				
王明刚	高级工	3800	200	500	600				
黄爱中	中级工	2200	300	300	700				

图 E5-1　设置格式后的工资表

2．对“工资表.xlsx”进行如下编辑，效果如图 E5-2 所示。

（1）增加“性别”列，其中“赵越”“刘华芳”“孙利”性别为“女”，其他均为“男”；增加“序号”列，序号如图 E5-2 所示，序号列列标题格式与其他列标题一致，表格线均为细线。

（2）将“交通津贴”列与“全勤奖金”列对调。

某部门人员工资表

序号	姓名	性别	职称	基本工资	交通津贴	绩效奖金	全勤奖金	应发工资	所得税	养老保险	实发工资
A001	李洪	男	初级工	1500	600	200	300				
A002	王明利	男	中级工	2100	700	100	300				
A003	张小波	男	高级工	3500	800	300	300				
A004	赵越	女	初级工	1800	600	150	300				
A005	刘华芳	女	中级工	2500	700	500	100				
A006	孙利	女	中级工	3000	600	300	300				
A007	曾明锐	男	初级工	2500	800	500	300				
A008	王明刚	男	高级工	3800	600	500	200				
A009	黄爱中	男	中级工	2200	700	300	300				

图 E5-2　编辑后的工资表

3．对以上建立的工资表进行如下操作：

（1）计算出每个员工的应发工资、所得税、养老保险和实发工资。应发工资＝基本工资+交通津贴+绩效奖金+全勤奖金，所得税=(应发工资−1600)×10%，养老保险=应发工资×15%，实发工资=应发工资−所得税−养老保险。

（2）将 Sheet1 工作表改名为“工资表”，将 Sheet2 改名为“工资排序表”，将 Sheet3 改名为“汇总表”。

（3）在“工资表”表数据的最下方添加“合计”行，合计行显示表中员工工资中各项的合计，如基本工资合计值、全勤奖金值等。

（4）将“工资表”表中的内容复制到“工资表排序”和“汇总表”中各一份。

（5）将工资表中所有数值型数据以“货币”格式显示，数据前显示人民币符号，小数点后保留两位。

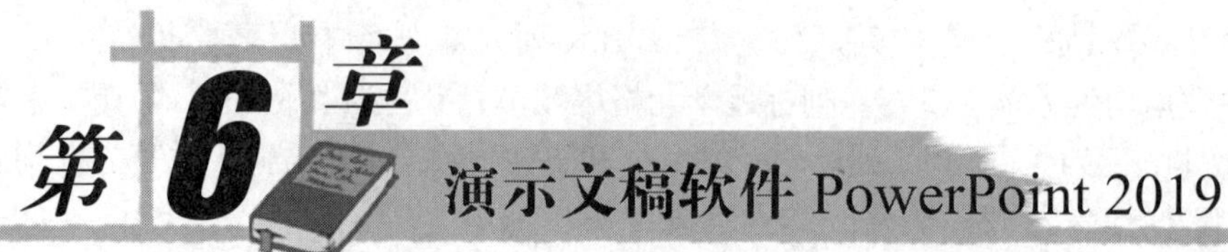

第6章 演示文稿软件 PowerPoint 2019

PowerPoint 2019 是 Office 2019 的重要组件之一，主要用于制作和放映演示文稿。使用 PowerPoint 2019 能够制作出集文字、图形、图像、艺术字、动画、声音、视频等多媒体元素于一体的演示文稿，借助软件的特殊效果可以使放映的演示文稿图文并茂、色彩丰富、生动形象、赏心悦目，更容易传达信息，被广泛运用于学术交流、广告宣传、产品演示、教师授课等方面。PowerPoint 2019 新增了平滑切换、缩放定位、3D 模型、插入图标等功能。

6.1 制作“期盼的大学生活”演示文稿

主要学习内容：

制作演示文稿

- 启动 PowerPoint 2019
- PowerPoint 2019 界面环境认识和设置
- 新建、保存、关闭、打开演示文稿
- 幻灯片的有关操作
- 幻灯片中编辑文本

一、操作要求

本节通过制作演示文稿“期盼的大学生活.pptx”，使读者掌握 PowerPoint 2019 的基本操作，包括新建演示文稿、幻灯片操作、选取版式、添加文本、保存演示文稿等。完成后的效果如图 6-1-1 所示。

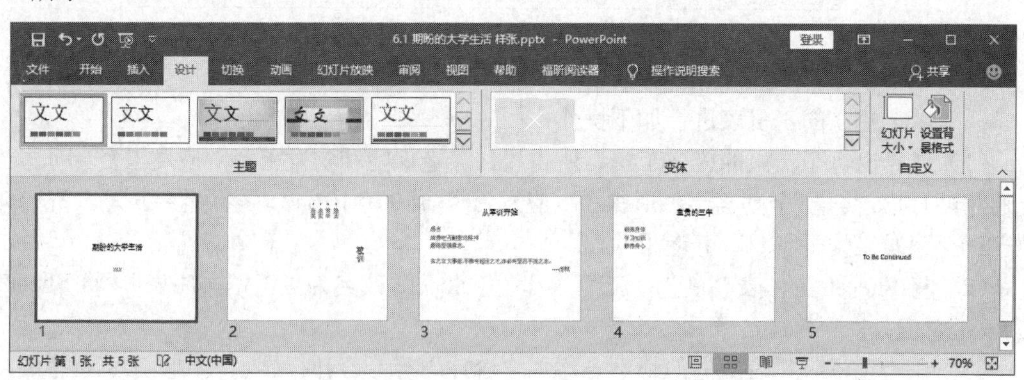

图 6-1-1 “期盼的大学生活”效果

（1）启动 PowerPoint 2019。

（2）制作“期盼的大学生活”首页。第一张幻灯片的版式为“标题幻灯片”，按图 6-1-1 添加文本。

（3）添加第二张幻灯片，版式为“竖排标题与文本”；添加第三、第四张幻灯片，版式为“标题与内容”；添加第五张幻灯片，版式为“仅标题”，此时演示文稿共有 5 张幻灯片。如图 6-1-1 所示。

（4）为幻灯片添加相应文本。

（5）保存和关闭演示文稿，演示文稿名为“期盼的大学生活.pptx”。

二、操作过程

1. 启动 PowerPoint 2019

单击“开始”按钮，在弹出的程序列表中找到“PowerPoint”并单击，启动 PowerPoint 2019 软件，显示开始界面，如图 6-1-2 所示。选择“空白演示文稿”选项，即创建一个新的空白演示文稿，如图 6-1-3 所示。

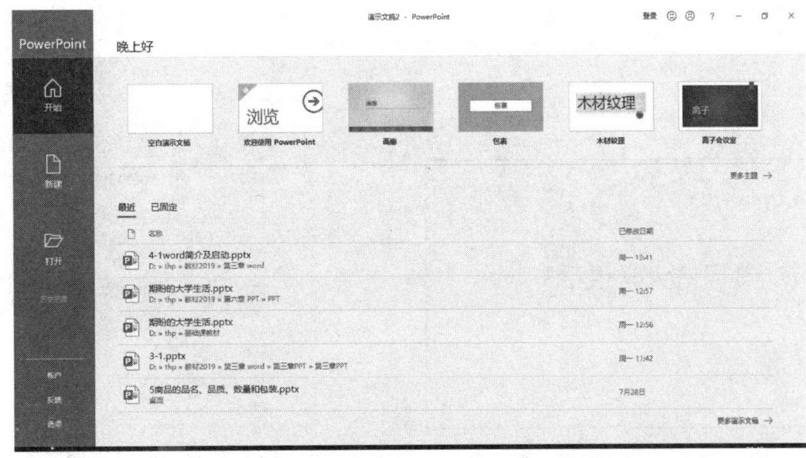

图 6-1-2　PowerPoint 2019 开始界面

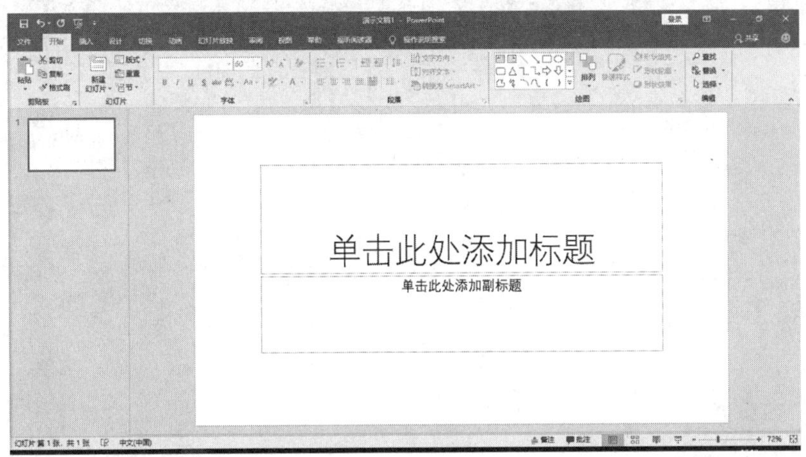

图 6-1-3　创建一个新的空白演示文稿

2. 制作首页

单击标题幻灯片的标题占位符，输入标题文本“期盼的大学生活”，单击副标题占位符，输入自己的名字，完成第一张标题幻灯片的制作，如图 6-1-4 所示。

3. 制作第二张幻灯片

（1）在“开始”选项卡“幻灯片”组单击“新建幻灯片”按钮下方的文字“新建幻灯片”，在展开的幻灯片版式列表中选择“竖排标题与文本”选项，如图 6-1-5 所示。此时第一张幻灯片下方添加了一张新幻灯片，如图 6-1-6 所示。

图 6-1-4 第一张幻灯片

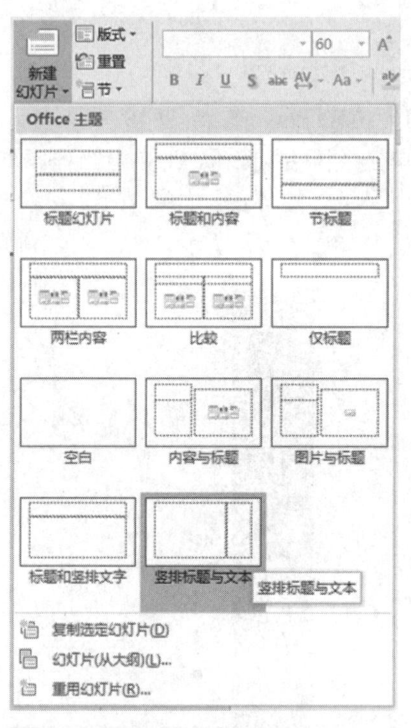

图 6-1-5 选择“竖排标题与文本”版式

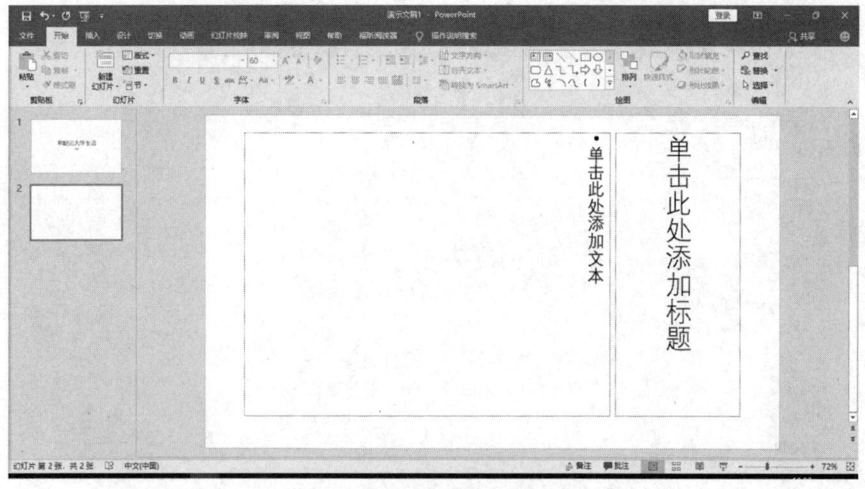

图 6-1-6 新添加的幻灯片

（2）在标题占位符上单击，然后输入文本“校训”。再在文本占位符上单击，输入“励志、笃学、求实、尚美”，完成后的效果如图 6-1-7 所示。

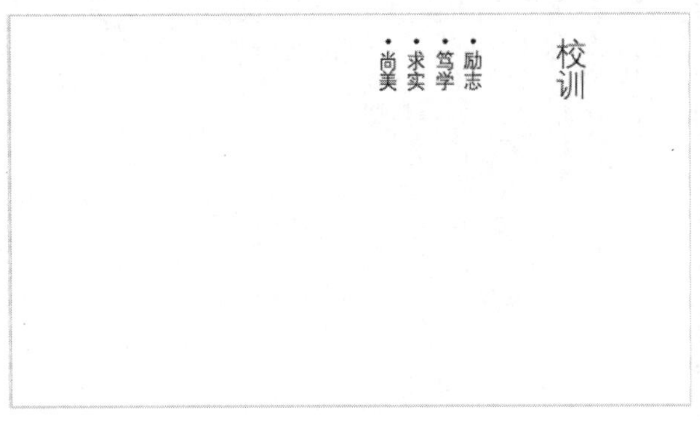

图 6-1-7 第二张幻灯片效果

4. 制作第三张幻灯片

（1）在“开始”选项卡“幻灯片”组单击“新建幻灯片”按钮，在当前幻灯片后面自动插入一张幻灯片，版式与之前插入的一张相同，在幻灯片窗格中右击刚插入的幻灯片，在快捷菜单中选择“版式”命令，在展开的幻灯片版式列表中选择“标题与内容”选项，如图 6-1-8 所示。

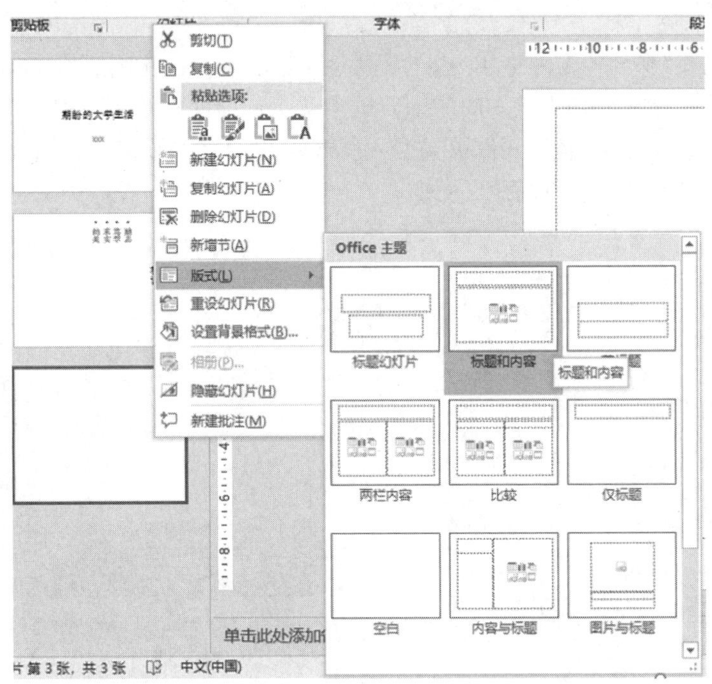

图 6-1-8 选择“标题与内容”选项

（2）添加文字。在第三张幻灯片的标题占位符上输入文本“从军训开始”，在文本占位符中输入对应文本。

5. 制作其他幻灯片

按照上述方法制作余下幻灯片。全部完成后的效果如图 6-1-1 所示。

6. 保存和关闭演示文稿

（1）保存演示文稿。单击“快速访问工具栏”中的“保存”按钮，显示“另存为”界面（首次保存文件时，显示“另存为”界面），如图 6-1-9 所示。

图 6-1-9　“另存为”界面

在该界面选择“浏览”选项，弹出“另存为”对话框，在左侧窗格中选择保存演示文稿的文件夹范围（如某个磁盘），在中间的列表框中双击选择保存演示文稿的文件夹，在“文件名”文本框中输入演示文稿名称，保存类型为“PowerPoint 演示文件（*.pptx）”，如图 6-1-10 所示，单击“保存”按钮即可保存演示文稿。

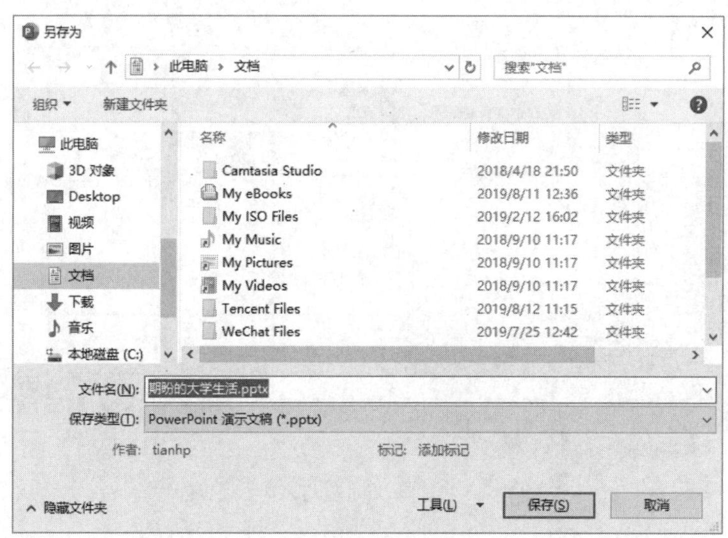

图 6-1-10　“另存为”对话框

（2）关闭演示文稿。在“文件”选项卡界面中选择“关闭”选项。

三、知识技能要点

启动演示文稿软件

1. *启动* PowerPoint 2019

方法一：单击“开始”按钮，在程序列表找到“PowerPoint”并单击（不想寻找时也可在单击“开始”按钮后，输入软件名称 Power…，在匹配出来的软件列表中单击 PowerPoint 即可启动该程序），启动 PowerPoint 2019。

方法二：双击一个已有的 PowerPoint 演示文稿文件，即可启动 PowerPoint 2019 并打开相应的演示文稿。

方法三：双击桌面上的 PowerPoint 快捷图标。

方法四：单击任务栏中的 PowerPoint 快捷图标。

2. PowerPoint 2019 工作界面

PowerPoint 2019 窗口如图 6-1-11 所示。许多元素与其他 Windows 程序的窗口元素相似。表 6-1-1 简要列出了 PowerPoint 2019 窗口组成及其功能。

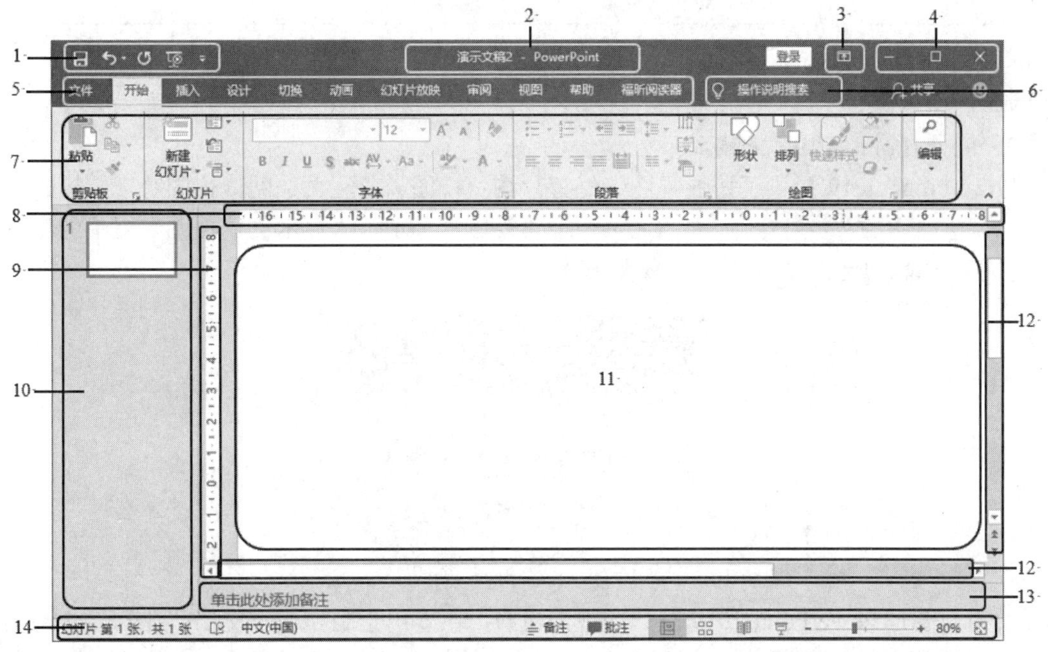

图 6-1-11　PowerPoint 窗口

表 6-1-1　PowerPoint 2019 窗口组成及其功能

序号	名称	功能
1	快速访问工具栏	该工具栏中集成了多个常用的按钮，默认状态下包括“保存”“撤销”“恢复”按钮。单击“自定义快速访问工具栏”按钮▾，用户可以重新设置最常用的命令，如新建、打开等
2	标题栏	位于窗口的正上方，用于显示当前应用程序名称和当前文档的名称
3	功能区显示选项按钮	设置功能区、选项卡及命令的显示与隐藏，包括“自动隐藏功能区”“显示选项卡”“显示选项卡和命令”三个命令
4	窗口控制按钮	设置窗口的最大化、最小化，关闭窗口
5	选项卡	单击功能区选项卡即可显示各功能区的常用功能按钮
6	搜索框	在文本框中输入要搜索的内容或 PowerPoint 命令，然后按 Enter 键，会显示出相应的 PowerPoint 帮助文本或执行相应的命令
7	功能区组	包括大部分功能按钮，并分组显示，方便用户使用

续表

序号	名称	功能
8	水平标尺	用来设置或查看段落缩进、制表位、页面上下边界、栏宽等信息
9	垂直标尺	可以查看或调节文档上下页边距、行高等信息
10	幻灯片窗格	显示了幻灯片的缩略图，单击某张幻灯片的缩览图可选择该幻灯片，此时即可在右侧的幻灯片编辑区编辑该幻灯片内容
11	编辑区	编辑幻灯片
12	滚动条	用于移动文档视图的滑块，可以将文档横向、纵向移动，快速显示屏幕内容
13	备注栏	添加和编辑备注
14	状态栏	位于窗口的下边缘，用于显示当前文档的状态信息、备注和批注的显隐状态、视图及显示比例等

3. PowerPoint 2019 视图模式

PowerPoint 2019 提供了普通视图、幻灯片浏览视图、备注页、阅读视图等视图模式，通过单击状态栏中的按钮或“视图”选项卡“演示文稿视图”组中的相应按钮，如图 6-1-12 所示，切换不同的视图模式。

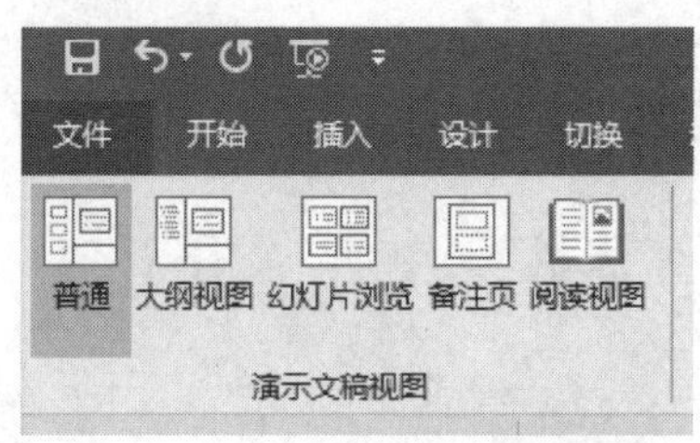

图 6-1-12　“演示文稿视图”组

普通视图是 PowerPoint 2019 默认的视图模式，主要用于制作演示文稿；在幻灯片浏览视图中，幻灯片以缩略图的形式显示，方便用户浏览所有幻灯片的整体效果；备注页视图以上下结构显示幻灯片和备注页面，主要用于编写备注内容；阅读视图是以窗口的形式查看演示文稿的放映效果。

4. 新建演示文稿

新建演示文稿

（1）创建空白演示文稿。

方法一：在已经打开的 PowerPoint 2019 窗口中，选择“文件”选项卡，显示开始界面，如图 6-1-2 所示。选择左侧“新建”选项，显示“新建”窗口，如图 6-1-13 所示。选择“空白演示文稿”选项，创建图 6-1-3 所示的空白文稿。

方法二：启动 PowerPoint 2019 后，显示开始界面，如图 6-1-2 所示。选择“空白演示文稿”选项，即创建一个新的空白演示文稿，如图 6-1-3 所示。该演示文稿包含一张待编辑的标题幻灯片，可直接输入演示文稿内容。

（2）利用主题创建演示文稿。主题是幻灯片背景、版式和字体等格式的集合。当用户为演示文稿应用了某个主题之后，演示文稿中默认的幻灯片背景，以及插入的所有新的（或原有的保持默认设置的）图形、表格、图表、艺术字、文字等均会自动与该主题匹配，使用该主题的格式，从而使演示文稿中的幻灯片具有一致而专业的外观。

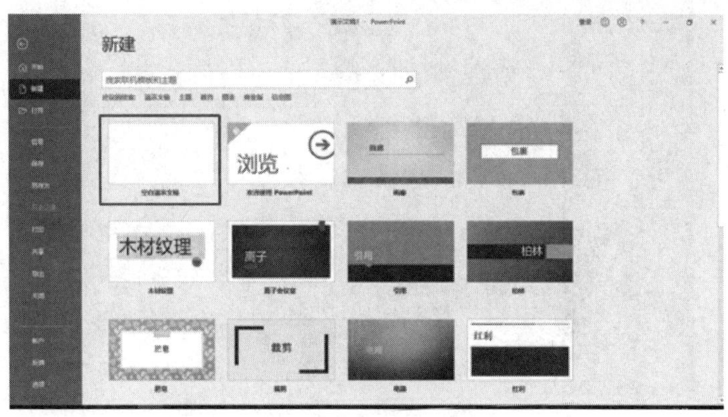

图 6-1-13　“新建”窗口

要利用系统内置主题创建演示文稿，在图 6-1-13 所示“新建”窗口中选择任一主题，弹出图 6-1-14 所示主题浏览界面，在该界面可以浏览各主题、选择不同的变体、浏览主题的各版式，选中主题后选择“创建”选项，完成利用主题创建演示文稿的操作，效果如图 6-1-15 所示。

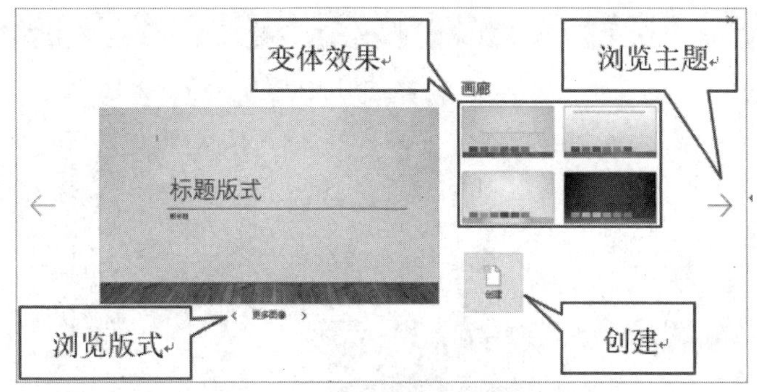

图 6-1-14　主题浏览界面

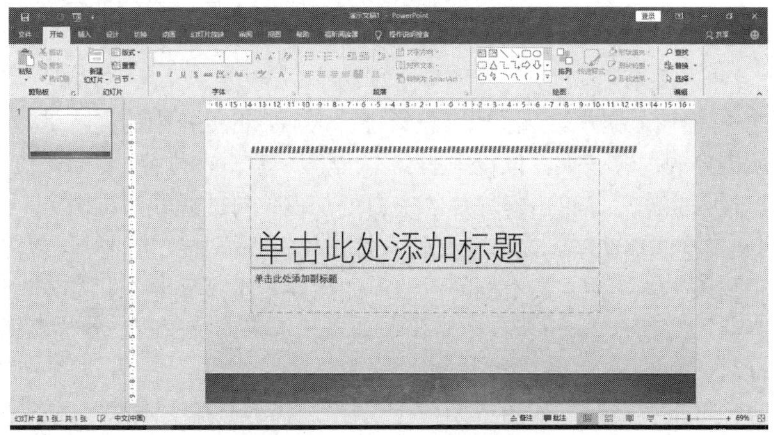

图 6-1-15　创建演示文稿效果

（3）利用网上资源创建演示文稿。PowerPoint 2019 内置的模板和主题是有限的，如果希望从网上下载更多、更精美的演示文稿资源，可在图 6-1-13 所示的“新建”窗口的搜索框中输入相应内容以查找网上资源。如搜索“大海”，效果如图 6-1-16 所示。

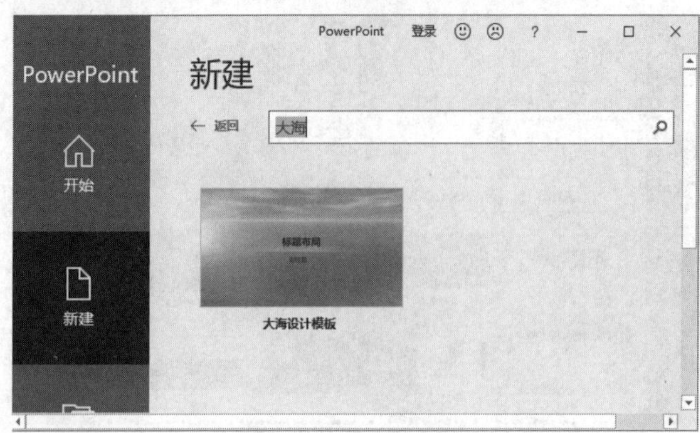

图 6-1-16　搜索效果

选中并单击搜索到的主题或模板，弹出该主题或模板的信息窗口，单击“创建”按钮，软件自动从网上下载相关内容并打开，完成利用网上资源创建演示文稿的操作，如图 6-1-17 所示。

图 6-1-17　利用网上资源创建演示文稿

5. 向幻灯片输入文本

（1）在占位符中输入文本。当添加一张幻灯片之后，占位符中的文本是一些提示性内容，用户可用实际所需要的内容替换占位符中的文本。方法：单击占位符，将插入点置于占位符内，直接输入文本。输入完毕后，单击幻灯片的空白处，占位符的虚线边框消失，结束文本输入。

（2）使用文本框添加文本。当需要在幻灯片占位符外添加文本时，可以先插入文本框，然后在文本框中输入文本。插入文本框的方法：如图 6-1-18 所示，在“插入”选项卡“文本”组中单击“文本框”上方的 按钮，然后在要插入文本框的位置按住鼠标左键并拖动，即可绘制一个文本框。

单击“文本框”下拉按钮，如图 6-1-19 所示，选择“竖排文本框”选项，则可绘制一个竖排文本框，在其中输入的文本将竖排放置。

单击“文本框”上方的图标或选择文本框列表中的工具后，如果在需要插入文本框的位置单击，可插入一个单行文本框。在单行文本框中输入文本时，文本框可随输入的文本自动向右扩展。如果要换行，可按 Enter 键开始一个新的段落。

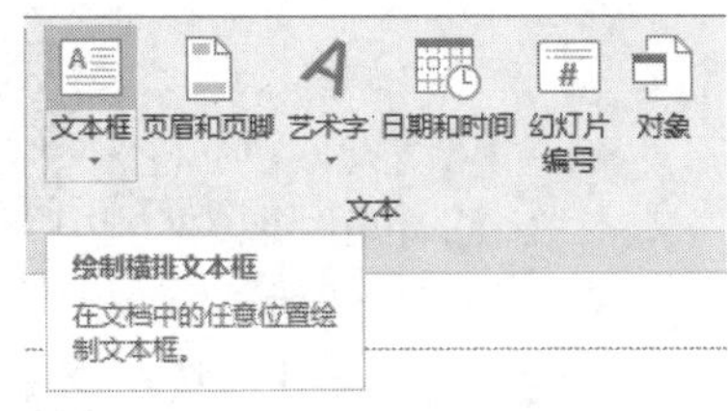

图 6-1-18　“文本”组

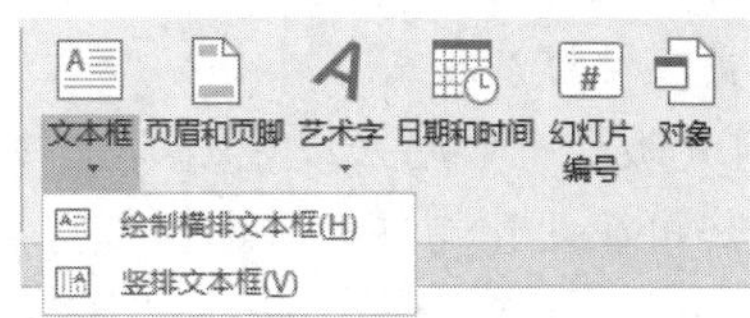

图 6-1-19　“文本框”列表

选择文本框工具后，如果利用拖动方式绘制文本框，则绘制的是换行文本框。在换行文本框中输入文本时，当文本到达文本框的右边缘时将自动换行，此时若要开始新的段落，可按 Enter 键。

在 PowerPoint 2019 中绘制的文本框默认是没有边框的。要为文本框设置边框，可先选中文本框，此时上方会多出“绘图工具/格式”选项卡，使用其中的工具，可对文本框的格式进行设置；或选中文本框，当鼠标指向文本框边缘时右击，在弹出的快捷菜单中选择“设置形状格式”命令，此时窗口的右侧会出现“设置形状格式”窗格，如图 6-1-20 所示，可以在窗格中选择选项进行设置。

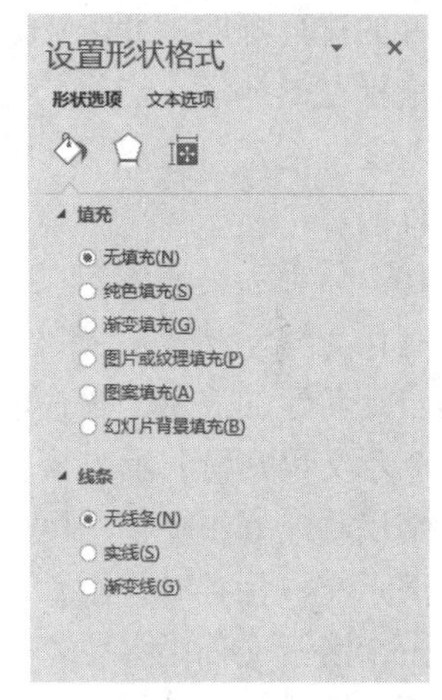

图 6-1-20　“设置形状格式”窗格

6. 添加幻灯片

要在演示文稿的某张幻灯片的后面添加一张新幻灯片，可首先在左侧“幻灯片”窗格中单击选中该幻灯片，然后按 Enter 键、按 Ctrl+M 组合键或单击工具图标添加一张新幻灯片。

要添加指定版式的幻灯片，在“开始”选项卡“幻灯片”组单击“新建幻灯片”按钮（文字部分），在展开的幻灯片版式列表中选择新建幻灯片的版式，如图 6-1-5 所示。

7. 选择、复制和删除幻灯片

幻灯片基本操作

（1）选择幻灯片。选择单张幻灯片，直接在“幻灯片”窗格中单击该幻灯片即可；选择连续多张幻灯片，可按住 Shift 键单击前后两张幻灯片；选择不连续的多张幻灯片，可按住 Ctrl 键依次单击要选择的幻灯片。

（2）复制幻灯片。在“幻灯片”窗格中选择要复制的幻灯片，右击所选幻灯片，在弹出的快捷菜单中选择“复制”命令，或使用 Ctrl+C 组合键复制，然后在“幻灯片”窗格中要插入复制的幻灯片的位置右击，从弹出的快捷菜单中选择一种粘贴选项，如“使用目标主题”选项（表示复制过来的幻灯片格式与目标位置的格式一致），即可将复制的幻灯片插入该位置。也可以在要插入复制的幻灯片的位置单击，在两张幻灯片间会出现一条闪动的线，然后使用 Ctrl+V 组合键完成复制。

还可以在选定幻灯片后，在“开始”选项卡“剪贴板”组中单击“复制”按钮和“粘贴”按钮复制幻灯片。

（3）删除幻灯片。在“幻灯片”窗格中选择要删除的幻灯片，然后按 Delete 键；或右击要删除的幻灯片，在弹出的快捷菜单中选择“删除幻灯片”命令。删除幻灯片后，系统将自动调整幻灯片的编号。

幻灯片版式

8. 更改幻灯片版式

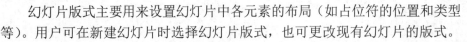

幻灯片版式主要用来设置幻灯片中各元素的布局（如占位符的位置和类型等）。用户可在新建幻灯片时选择幻灯片版式，也可更改现有幻灯片的版式。选择需要更改版式幻灯片，单击“开始”选项卡“幻灯片”组中的“版式”按钮 版式▾；或右击选中的幻灯片，在弹出的快捷菜单中选择“版式”命令，都会弹出图 6-1-8 所示的版式列表，在展开的列表中重新为当前幻灯片选择版式。

9. 改变幻灯片的排列顺序

演示文稿制作好后，将按照幻灯片在“幻灯片”窗格中的排列顺序进行播放。若要调整幻灯片的排列顺序，可在“幻灯片”窗格或幻灯片浏览视图中选择要调整顺序的幻灯片，然后按住鼠标左键拖动，当目的位置出现一条线时松开鼠标左键即可。

改变一组幻灯片排列顺序的操作与改变单张幻灯片位置的操作相同，只要一次选择多张幻灯片即可。

10. 保存和关闭演示文稿

制作完演示文稿后应该将其存储到磁盘上，以便今后使用。启动 PowerPoint 2019 后，系统为自动新建的演示文稿命名为“演示文稿 1”，在不退出 PowerPoint 2019 的情况下继续创建新的演示文稿，新演示文稿依次命名为“演示文稿 2”“演示文稿 3”等。为了便于记忆，保存演示文稿时最好不要使用默认的文件名，可以取一个能体现演示文稿内容的文件名。

演示文稿保存时，默认的文件扩展名为.pptx。一个演示文稿文件就是一个 PowerPoint 文件。一个演示文稿由多张幻灯片构成，幻灯片是演示文稿的基本工作单元。

保存演示文稿的操作方法如下：

单击“快速访问工具栏”中的“保存”按钮。

如果是第一次保存演示文稿，则会打开“另存为”界面，如图 6-1-9 所示，单击“浏览”按钮，在弹出的“另存为”对话框中按需要保存文件。如果是对已保存过的演示文稿执行保存操作，则不会再打开“另存为”对话框。若希望将文档另存一份，可在“文件”选项卡中选择“另存为”选项，按上面的描述进行操作。

要关闭演示文稿，可在“文件”选项卡中选择“关闭”选项；若希望退出 PowerPoint 2019 程序，可直接单击窗口右上角的“关闭”按钮。

6.2 编辑和修饰“期盼的大学生活”演示文稿

主要学习内容：

- 应用和更改演示文稿主题
- 格式化文本、设置项目符号
- 添加页眉和页脚
- 应用幻灯片母版
- 调整背景颜色和填充效果

对演示文稿的进一步编辑和修饰

一、操作要求

对“期盼的大学生活.pptx”演示文稿做进一步的编辑和修饰，使演示文稿更加美观，包括字体、字号、颜色的设置，行间距的调整，项目符号的设置，页眉页脚的添加等。完成后的效果如图 6-2-1 所示。

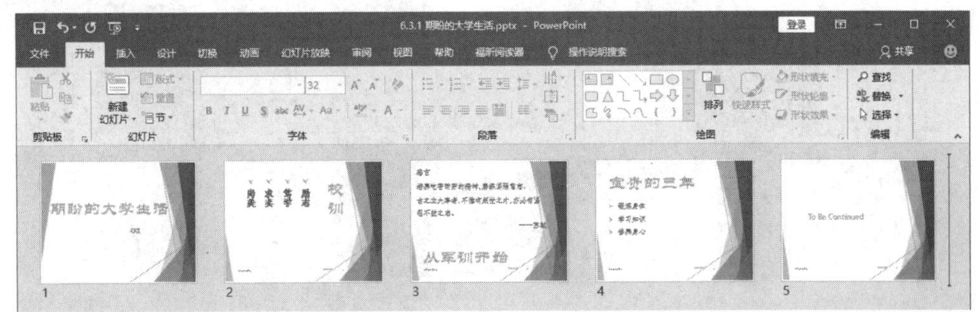

图 6-2-1 编辑后的“期盼的大学生活”效果图

（1）将演示文稿应用“平面”主题。

（2）设置文本格式。将标题幻灯片主标题文字设置为华文隶书、80 磅，将副标题文字设置为楷体、32 磅。第二张幻灯片标题文字设为华文隶书、80 磅，正文文本字体为仿宋、蓝色、加粗、44 磅，适当调整位置。其他幻灯片标题文字设置为华文隶书、80 磅，正文文本设置为仿宋、蓝色、32 磅。

（3）设置行距。将第四张幻灯片文本的行距设置为 1.5 倍，段前间距为 6 磅。

（4）设置项目符号。为第二、第四张幻灯片中的文本设置项目符号，符号设置为➢。

（5）添加页眉和页脚。为每张幻灯片添加当前日期和以“期盼的大学生活”为内容的页脚，同时添加幻灯片编号。

（6）母版的应用。应用幻灯片母版，将日期、页脚文字及编号的颜色设置为红色。

二、操作过程

1. 应用或更改主题

双击“期盼的大学生活.pptx”演示文稿，打开该演示文稿。

在“设计”选项卡“主题”组单击“其他”按钮，在展开的列表中选择“平面”选项，如图 6-2-2 所示，此时每张幻灯片各对象均自动应用所选的主题格式。

2. 设置文本格式

单击主标题占位符（或选定“期盼的大学生活”文字），然后在“开始”选项卡“字体”组中选择字体为华文隶书、80 磅。选中副标题文本框，然后设置副标题文字为楷体、32 磅。适当调整主标题和副标题占位符的位置，效果如图 6-2-3 所示。

设置第二张幻灯片的标题文本字号为 80 磅，正文文字格式为仿宋、加粗、44 磅、蓝色。适当调整位置；设置第三、第四张幻灯片正文文字格式为仿宋、32 磅、蓝色。

3. 设置行间距

选择第二张幻灯片，选中正文文字（或单击文本占位符），单击“开始”选项卡“段落”组右下方的对话框启动按钮，如图 6-2-4 所示，弹出“段落”对话框，如图 6-2-5 所示。在对话框中选择 1.5 倍行距和段前间距 6 磅。用相同的方法设置第三张幻灯片的段落格式。

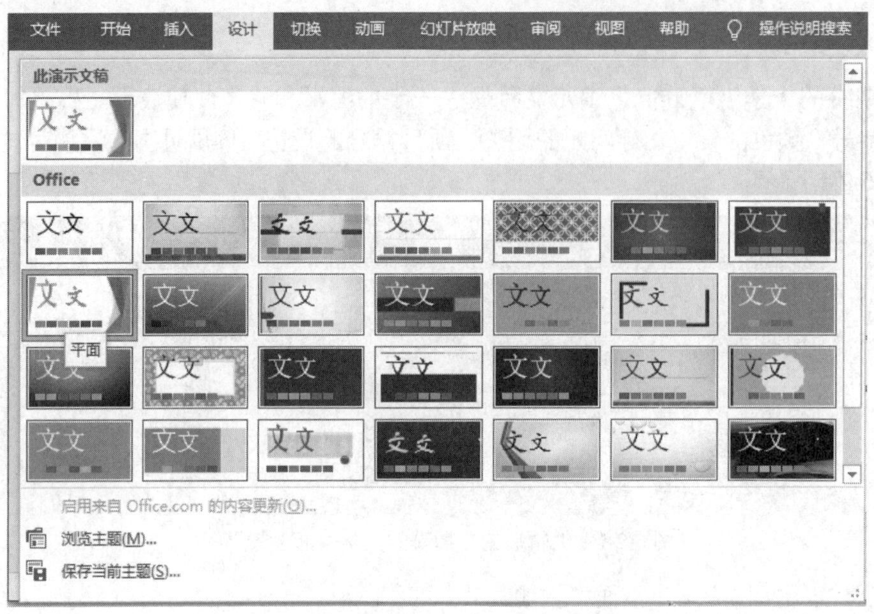

图 6-2-2　“演示文稿主题”列表

图 6-2-3　设置标题幻灯片格式

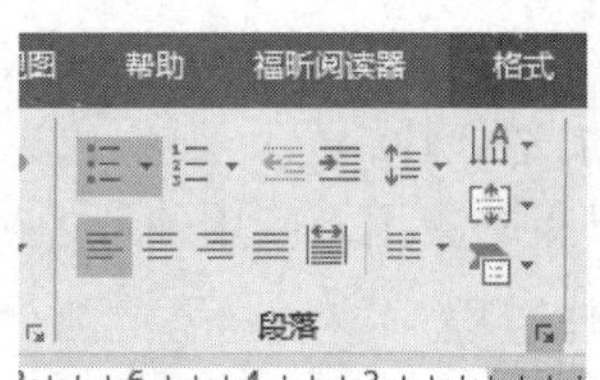

图 6-2-4　“段落”组

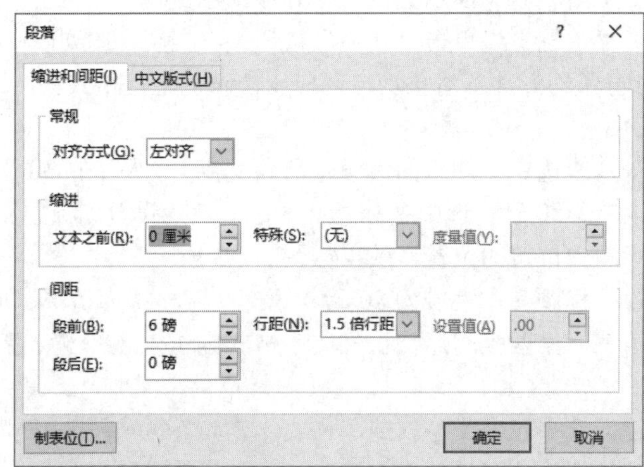

图 6-2-5　“段落”对话框

4. 设置项目符号

选择第二张幻灯片，选中要添加项目符号的四个段落（或单击文本占位符），在“开始”选项卡“段落”组单击“项目符号”右侧的下拉按钮，在展开的列表中选择“项目符号和编号”选项，在打开的“项目符号和编号”对话框中选择项目符号的大小和颜色，如图 6-2-6 所示。单击“确定”按钮，完成项目符号的设置。

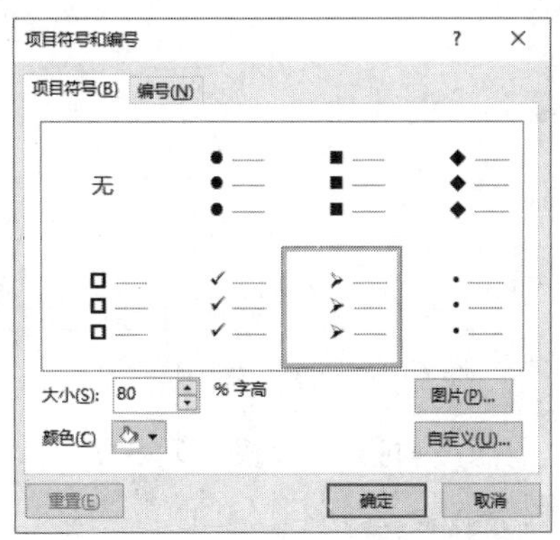

图 6-2-6　“设置项目符号”对话框

用相同的方法编辑第四张幻灯片。

5. 添加页眉和页脚

在“插入”选项卡“文本”组单击“页眉和页脚”按钮，打开“页眉和页脚”对话框，如图 6-2-7 所示。选择“幻灯片”选项卡，勾选“日期和时间”“幻灯片编号”“页脚”“标题幻灯片中不显示”复选框，并选择“自动更新”单选按钮，在“页脚”文本框中输入“期盼的大学生活”，单击“全部应用”按钮。此时在除标题幻灯片以外的所有幻灯片的底部均出现以上所选内容。

图 6-2-7　“页眉和页脚”对话框

6. 使用母版设置幻灯片页眉和页脚格式

（1）在“视图”选项卡“母版视图”组单击“幻灯片母版”按钮，进入幻灯片母版视图，如图 6-2-8 所示。

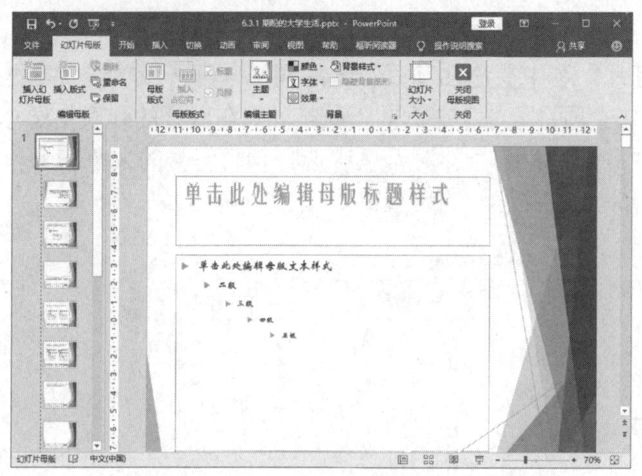

图 6-2-8　幻灯片母版视图

（2）单击左侧窗格中的“平面 幻灯片母版”（第一张），然后单击“日期时间”文本框，单击“开始”选项卡“字体”组中的A按钮将颜色改变为红色。用相同的方法为“页脚”和“编号”改变颜色，效果如图 6-2-9 所示。

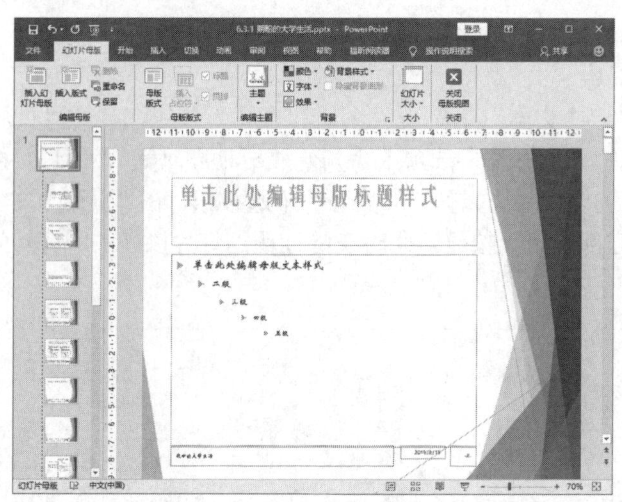

图 6-2-9　“平面-幻灯片母版”

（3）单击“关闭母版视图”按钮，回到演示文稿普通视图界面，按 Ctrl+S 组合键保存演示文稿，在编辑演示文稿的过程中要养成经常保存文件的习惯。

三、知识技能要点

1. 设置文本的字符格式

（1）使用字符格式按钮设置。选择要设置字符格式的文本或文本所在文本框（占位符），然后单击“开始”选项卡“字体”组中的相应按钮进行设置即可。

（2）使用“字体”对话框设置。选择要设置字符格式的文本或文本所在文本框（占位符），然后单击“开始”选项卡“字体”组的对话框启动按钮，打开“字体”对话框，在其中进行相应设置即可（方法与 Word 中的方法类似）。

2. 设置文本的段落格式

（1）设置段落的对齐方式。在 PowerPoint 2019 中，段落的对齐是指段落相对于文本框或占位符边缘的对齐方式。

水平对齐：包括左对齐、右对齐、居中对齐、两端对齐和分散对齐。选择段落后，单击“开始”选项卡“段落”组中的相应水平对齐按钮，如图 6-2-10 所示，可设置段落的水平对齐方式。

垂直对齐：包括顶端对齐、中部对齐、底端对齐。选择段落后，在“开始”选项卡“段落”组单击“对齐文本”按钮，在展开的列表中选择一种对齐方式即可，如图 6-2-11 所示。

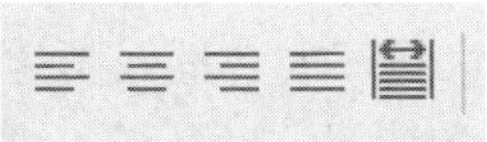

图 6-2-10　水平对齐按钮

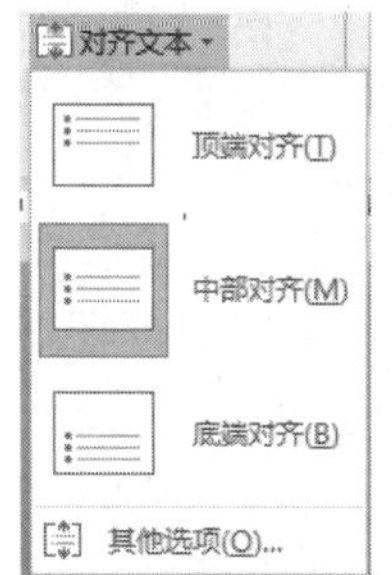

图 6-2-11　“对齐文本”列表

（2）设置段落的缩进、间距和行距。常利用“段落”对话框设置段落的缩进、间距和行距，操作方法如下：选择段落或段落所在文本框，在“开始”选项卡“段落”组单击对话框启动按钮，打开“段落”对话框，如图 6-2-5 所示。在其中进行设置，然后单击“确定”按钮。

“缩进”组的“文本之前”：设置段落所有行的左缩进效果。

“特殊”格式：在该下拉列表框中包括“首行缩进”“悬挂缩进”“无”3 个选项。“首行缩进”表示将段落首行缩进指定的距离；“悬挂缩进”表示将段落首行外的行缩进指定的距离；“无”表示取消首行或悬挂缩进。

间距：设置段落与前一个段落（段前）或后一个段落（段后）的距离。

行距：设置段落中各行之间的距离。

3. 使用项目符号与编号

项目符号和编号是放在文本前的点或其他符号，起强调作用，使文本的层次结构更清晰，使得幻灯片更加有条理性，易于阅读。

（1）项目符号。如果在正文文本框中输入文本信息，输入一条文本后按 Enter 键，PowerPoint 2019 将自动在下一行前放置一个项目符号，即在幻灯片的正文文本框中每条文字信息前面通常带有项目符号。PowerPoint 2019 允许重新指定项目符号，也可以取消项目符号。项目符号的添加与删除与 Word 2019 中的操作方法相同。

（2）编号。用户还可为幻灯片中的段落添加系统内置的编号，使用方法与 Word 2019 中的方法相同。

4. 母版的使用

使用母版

在制作演示文稿时，通常需要为每张幻灯片设置一些相同的内容或格式，以使演示文稿主题统一。例如，要在“期盼的大学生活”演示文稿的每张幻灯片中加入学校的 Logo，且为每张幻灯片标题占位符和文本占位符中的文本都设置相同的格式。如果在每张幻灯片中重复设置这些内容，无疑会浪费时间，此时可利用幻灯片母版对这些重复出现的内容进行设置。

PowerPoint 2019 母版包括幻灯片母版、讲义母版和备注母版三种类型。

（1）应用幻灯片母版。幻灯片母版是一种特殊的幻灯片，利用它可以统一设置演示文稿中的所有幻灯片，或指定幻灯片的内容格式（如占位符中文本的格式），以及需要统一在这些幻灯片中显示的内容，包括图片、图形、文本、幻灯片背景等。具体操作方法如下：

1）在“视图”选项卡“母版视图”组单击“幻灯片母版”按钮，进入幻灯片母版视图。此时将显示“幻灯片母版”选项卡，如图 6-2-9 所示。

默认情况下，幻灯片母版视图左侧窗格中的第一个母版（比其他母版稍大）称为“幻灯片母版”，在其中进行的设置将应用于当前演示文稿中的所有幻灯片；其下方为该母版的版式母版（子母版），如“标题幻灯片”“标题和内容”（将鼠标指针移至母版上方，将显示母版名称，以及其应用于演示文稿的哪些幻灯片）等。在某个版式母版中进行的设置将应用于使用了相应版式的幻灯片。用户可根据需要选择相应的母版进行设置。

2）进入幻灯片母版视图后，可在幻灯片左侧窗格中单击选择要设置的版式母版，然后在右侧窗格使用“开始”“插入”等选项卡设置占位符的文本格式，或者插入图片、绘制图形并设置格式，还可利用“幻灯片母版”选项卡设置母版的主题和背景，以及插入占位符等，所进行的设置将应用于相应的幻灯片。

（2）查看和编辑幻灯片母版。建立幻灯片母版后，可以对其进行查看和编辑，操作方法如下：

1）在 PowerPoint 2019 窗口中，打开要更改属性设置的演示文稿。

2）在“视图”选项卡“母版视图”组单击“幻灯片母版”按钮，进入幻灯片母版视图。

3）通过编辑占位符，可以重新设置文本的字体、字号、字形、颜色、对齐方式等。

4）通过“幻灯片母版”选项卡的各组功能按钮，可对幻灯片母版进行各种编辑操作。例如在“编辑母版”组单击“插入幻灯片母版”按钮，将在当前幻灯片母版之后插入一个幻灯片母版，以及附属于它的各版式母版。

5）单击“关闭母板视图”按钮，退出幻灯片母版视图。

（3）应用讲义母版和备注母版。在“视图”选项卡“母版视图”组单击“讲义母版”或“备注母版”按钮，可进入讲义母版视图或备注母版视图。这两个视图主要用来统一设置演示文稿的讲义和备注的页眉、页脚、页码、背景、页面方向等，这些设置大多与打印幻灯片讲义和备注页有关，我们将在后面具体学习打印幻灯片讲义和备注的方法。

5. 页眉和页脚的设置

在“插入”选项卡“文本”组单击“页眉和页脚”按钮，打开“页眉和页脚”对话框，如图 6-2-7 所示，勾选“页脚”复选框，并输入页脚内容，然后单击“全部应用”按钮，完成页眉和页脚设置。还可以通过幻灯片母版视图来改变“日期区”“页脚区”“数字区”在幻灯片中的位置及文字格式。

6. 更改演示文稿主题

在 PowerPoint 2019 中，可以根据主题新建演示文稿，也可以在创建演示文稿后再更改其主题，还可以自定义主题的颜色和字体。

应用和更改主题

更改演示文稿主题的操作方法：在“设计”选项卡“主题”组单击“其他”按钮，在展开的列表中单击某个主题的缩览图，例如单击“平面”，如图 6-2-2 所示，此时各幻灯片背景、文本、填充、线条、阴影等都将自动应用所选的主题格式。

7. 主题及变体

选择某个主题后，“主题”组旁边的“变体”组中会出现四种配色方案，如图 6-2-12 所示，可按需要选用。

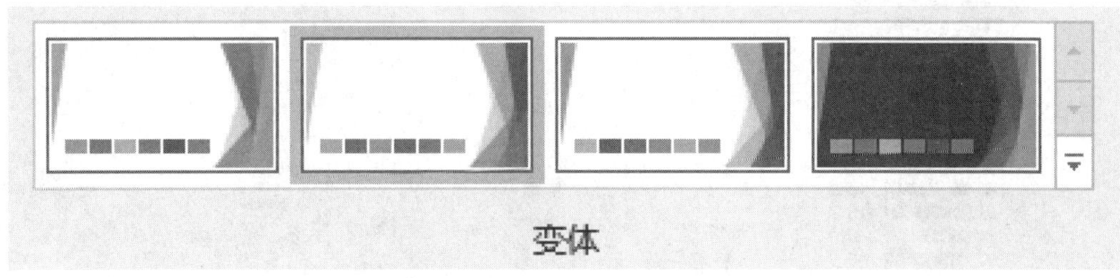

图 6-2-12　“变体”组

（1）主题颜色。PowerPoint 2019 的主题颜色是幻灯片背景颜色、图形填充颜色、图形边框颜色、文字颜色、强调文字颜色、超链接颜色、已访问过的超链接颜色等的组合。在“设计”选项卡“变体”组单击“其他”按钮，在下拉列表中选择“颜色”选项，如图 6-2-13 所示，展开“颜色”列表，如图 6-2-14 所示。在列表中单击某颜色组合，即可将其应用于演示文稿中的所有幻灯片。

图 6-2-13　选择“颜色”选项

（2）主题字体、效果、背景样式。用类似的方法，在“设计”选项卡“变体”组单击“其他”按钮，在下拉列表中分别选择“字体”“效果”“背景样式”选项，如图 6-2-13 所示，分别展开对应列表，如图 6-2-15 至 6-2-17 所示，选择相应选项，可设置幻灯片主题的字体、效果、背景样式。

8. 设置幻灯片背景

默认情况下，演示文稿中的幻灯片背景使用主题规定的背景，用户也可以重新为幻灯片设置纯色、渐变色、图案、纹理、图片等。

设置幻灯片背景

要设置幻灯片背景，在“设计”选项卡“自定义”组单击“设置背景格式”按钮，如图 6-2-18 所示，在窗口右侧打开“设置背景格式”窗格，如图 6-2-19 所示。

图 6-2-14 “颜色”列表

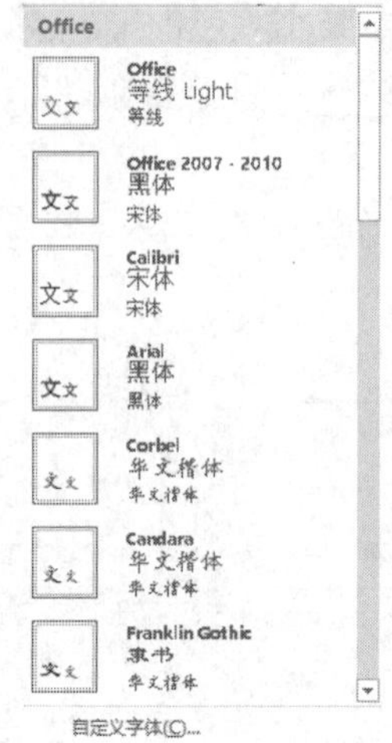

图 6-2-15 “文字”列表

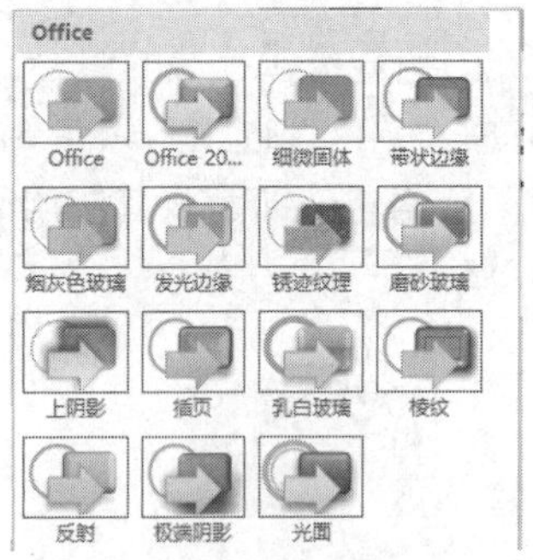

图 6-2-16 “效果”列表

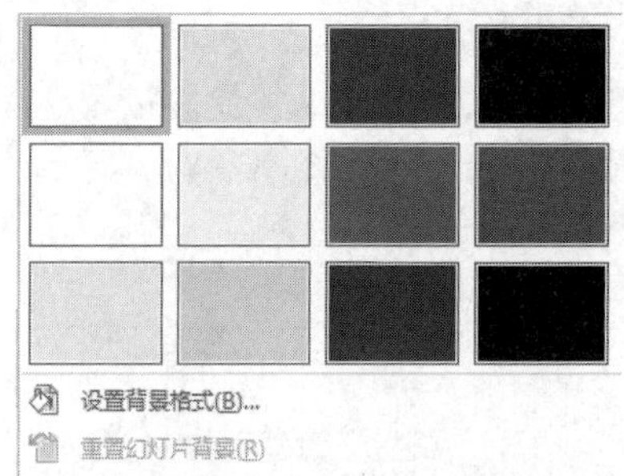

图 6-2-17 “背景模式”列表

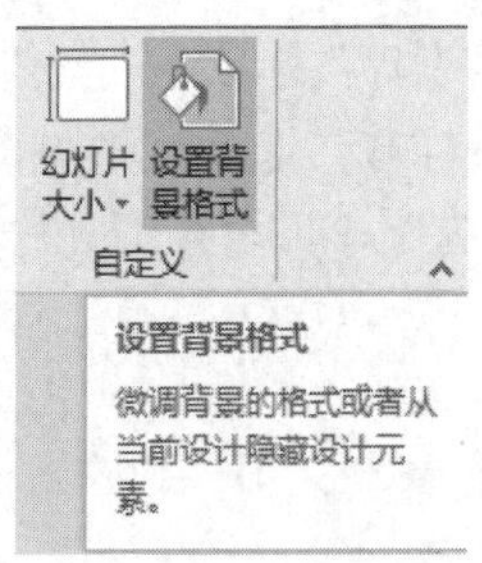

图 6-2-18 “设置背景格式”按钮

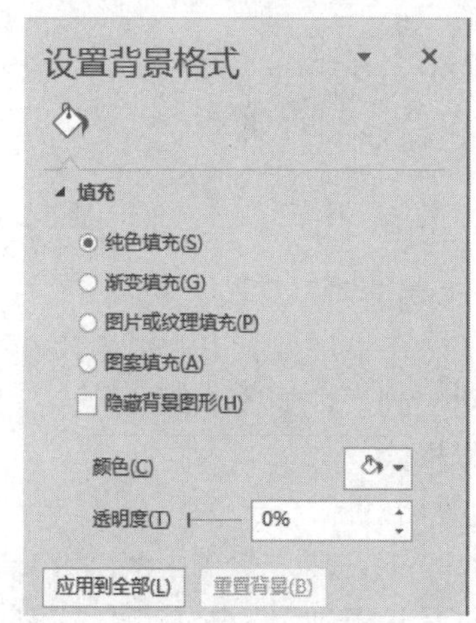

图 6-2-19 “设置背景格式”窗格

设置纯色填充：选择“纯色填充”单选按钮，单击“颜色”右边的 图标，从弹出的颜色列表中选择所需颜色，如图 6-2-20 所示，设置的颜色将自动应用于当前幻灯片。若要将该颜色应用于所有幻灯片，可单击“应用到全部”按钮。

设置渐变填充：选择“渐变填充”单选按钮，单击“预设颜色”右边的图标，从弹出的列表中选择系统预设的渐变色，例如“浅色渐变-个性色 1”，如图 6-2-21 所示，设置的渐变色将自动应用于当前幻灯片。设置预设渐变后还可以设置其类型、方向、角度位置等。

设置图片或纹理、图案填充的操作方法与上述方法类似。

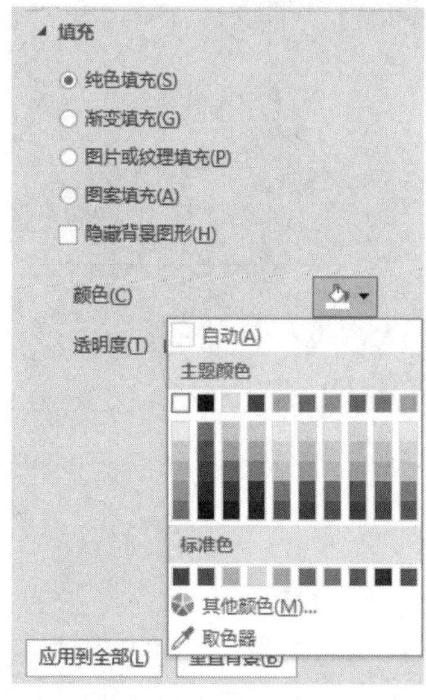

图 6-2-20　设置纯色填充

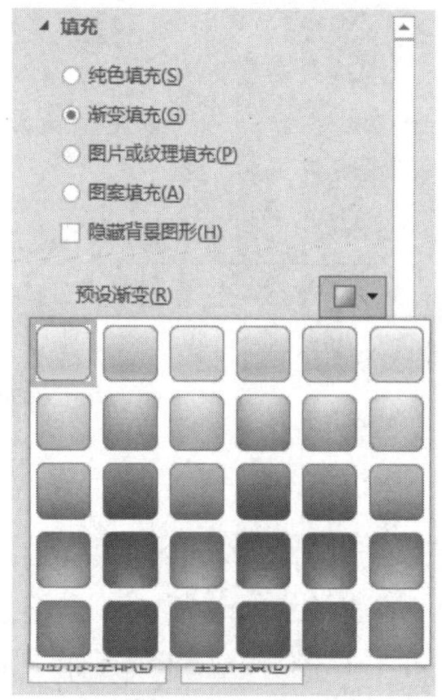

图 6-2-21　设置渐变填充

6.3　为“期盼的大学生活”演示文稿添加多媒体效果

添加演示文稿的多媒体效果

主要学习内容：

- 插入图片、表格、声音、视频和艺术字
- 创建图表

一、操作要求

在“期盼的大学生活.pptx”演示文稿中加入图片、艺术字，添加表格、图表幻灯片，使演示文稿图文并茂、内容更加丰富、版面更加悦目，效果如图 6-3-1 所示。

（1）插入学校的校徽。通过幻灯片母版为幻灯片插入校徽（标题幻灯片除外）。

（2）编辑“校训”幻灯片。更改为“图片与标题”版式，插入校训图片。

（3）将第四张幻灯片版式改为“两栏内容”，在右边插入视频“青春的意义”，设置视频样式为“监示器，灰色”，使用裁剪视频功能，设置播放时不播放两端的游戏广告。

（4）制作“毕业时的状态”幻灯片。插入一张“标题和内容”版式的新幻灯片，在幻灯片中制作“状态表”表格。

（5）制作“状态雷达图”图表幻灯片。插入一张“标题与内容”版式的新幻灯片，在幻灯片中制作“雷达图”图表。

（6）添加艺术字。在最后一张幻灯片中添加艺术字“To Be Continued”。

（7）添加背景音乐。在第一张幻灯片中添加音频（音频文件自定），并设置音频“循环播放，直到“停止”和“跨幻灯片播放”。

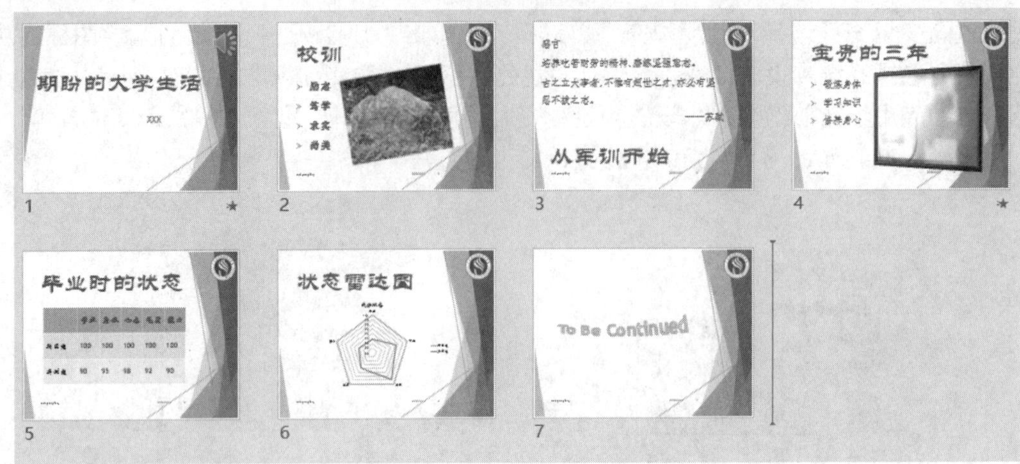

图 6-3-1 “期盼的大学生活”演示文稿效果

二、操作过程

1. 通过幻灯片母版插入校徽图片

打开“期盼的大学生活.pptx”演示文稿，并使其处于普通视图模式。

（1）在“视图”选项卡“母版视图”组单击“幻灯片母版”按钮，进入幻灯片母版视图，在左侧窗格中选择“平面 幻灯片母版”（最大那张）选项，单击“插入”选项卡“图像”组中的“图片”按钮，打开“插入图片”对话框，找到要插入的图片文件，单击“插入”按钮，即可将所选的图片插入到当前幻灯片的中心位置，如图 6-3-2 所示。

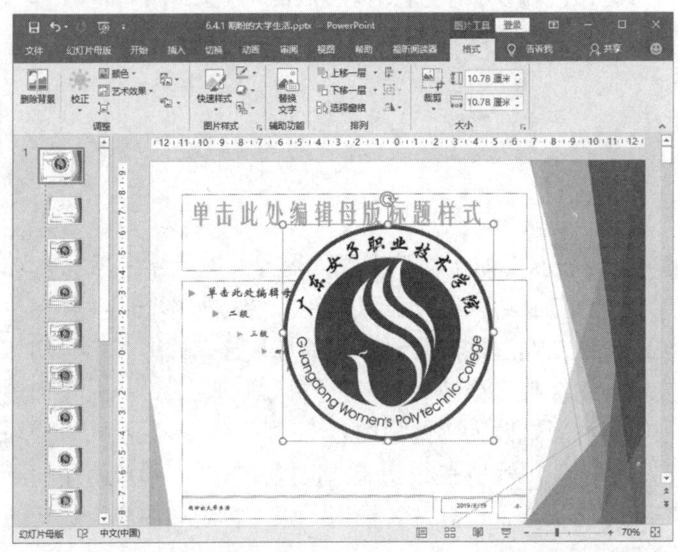

图 6-3-2 插入图片

（2）简单编辑插入的图片。

1）改变图片大小。选中插入的图片，在图片周围出现 8 个控点，如图 6-3-2 所示。将鼠标指针移到右下角的控点上，其会变成带双箭头的指针，按住鼠标左键往图片内拖动，将图片缩小（往外拉则放大）。

2）移动图片。将鼠标移到图片中任一处，此时鼠标指针变为带双前头的十字形指针，按住鼠标左键不放并拖动鼠标，将图片移动到幻灯片右上角位置。关闭母版视图。

2. 编辑“校训”幻灯片

（1）选中第二张幻灯片，将版式更改为“两栏内容”，如图 6-3-3 所示。

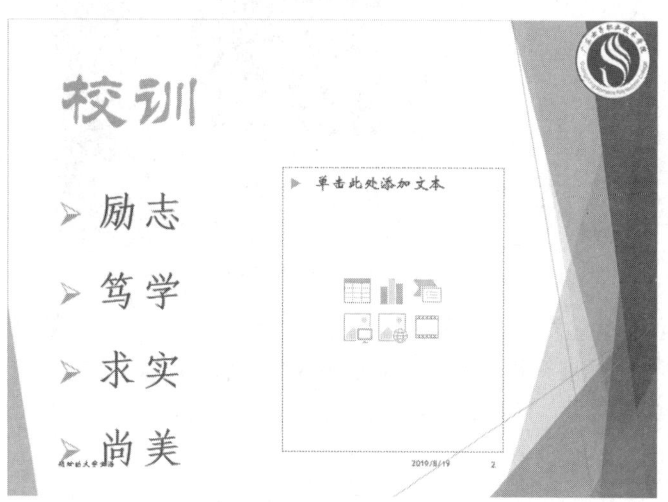

图 6-3-3　更改幻灯片版式

（2）单击文本占位符中的“插入图片”按钮，打开“插入图片”对话框，选择“校训”图片，单击“插入”按钮，将图片插入幻灯片中。

（3）适当调整文本和图片，完成后的效果如图 6-3-4 所示。

图 6-3-4　完成后的效果

3. 插入视频

（1）将第四张幻灯片的版式改为“两栏内容”。

（2）单击文本占位符中的“插入视频文件”按钮，弹出“插入视频文件”对话框，找到视频文件“青春的意义”，单击“确定”按钮，便在幻灯片中插入了视频，如图 6-3-5 所示。

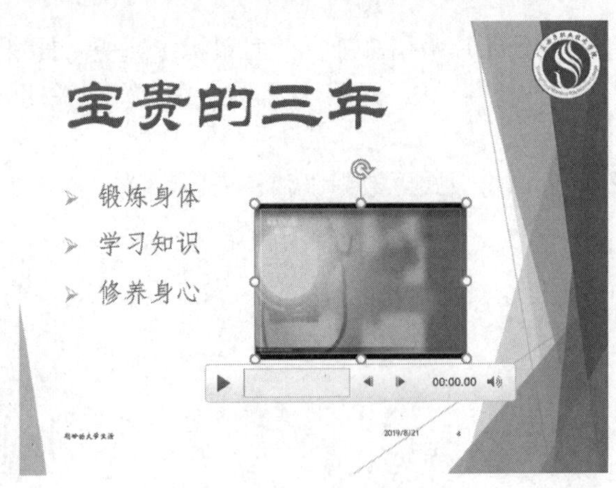

图 6-3-5　插入视频文件

（3）选中插入的视频对象，拖动控点调整至合适大小。在“格式”选项卡“视频样式”组单击“其他”按钮▾，展开样式列表，如图 6-3-6 所示。选择“强烈”中的“监视器，灰色”样式，效果如图 6-3-7 所示。使用“播放”选项卡中的各功能按钮可对播放过程和效果进行设置和控制。

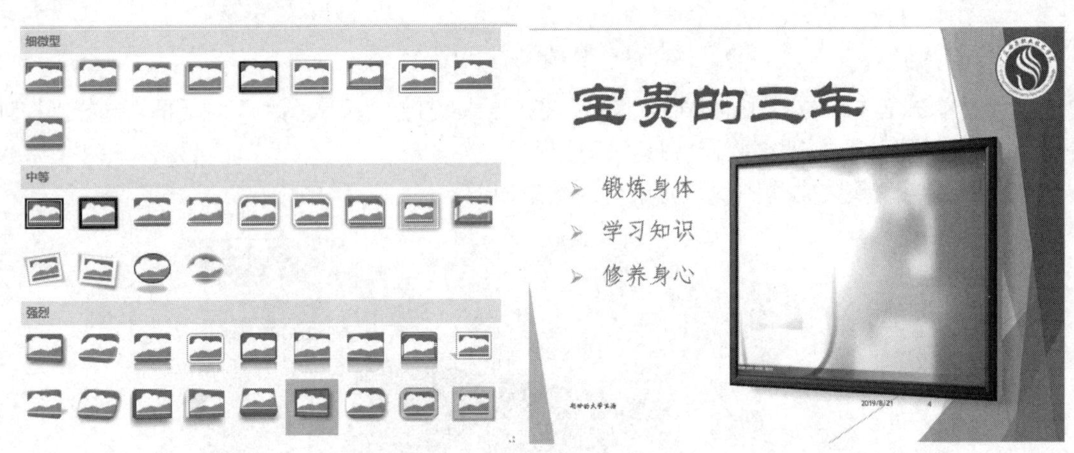

图 6-3-6　样式列表　　　　图 6-3-7　设置视频格式效果

4. 制作“毕业时的状态”表格幻灯片

（1）在第四张幻灯片后面添加一张“标题与内容”版式的幻灯片。

（2）单击文本占位符中的“插入表格”按钮，弹出“插入表格”对话框，如图 6-3-8 所示，输入列数和行数，单击“确定”按钮，在幻灯片中插入一个 3 行 6 列的表格。单击“插入”选项卡“表格”组的“表格”按钮，用类似的操作可以插入一个表格。

（3）在表格中输入内容，并对表格进行格式化（方法与 Word 2019 中的表格编辑方法相同），在标题占位符中输入“毕业时的状态”，如图 6-3-9 所示。

5. 制作“状态雷达图”图表幻灯片

（1）选中第五张幻灯片，添加一张“标题与内容”版式的幻灯片。

（2）单击文本占位符中的“插入图表”按钮。打开“插入图表”对话框，如图 6-3-10 所示。选择“雷达图”选项，单击“确定”按钮，效果如图 6-3-11 所示。

插入表格　?　×

列数(C): 6

行数(R): 3

确定　取消

图 6-3-8　“插入表格”对话框

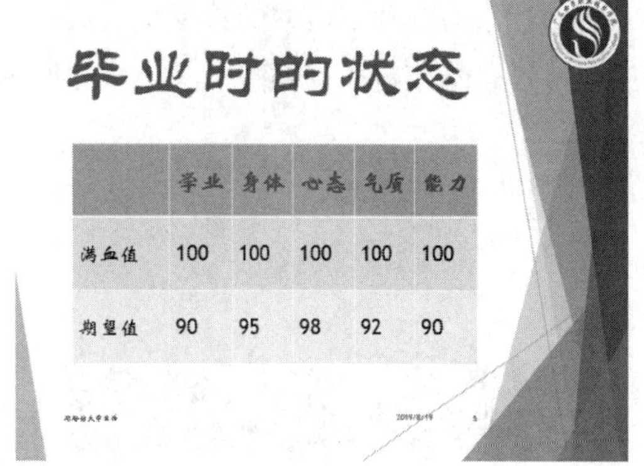

	学业	身体	心态	气质	能力
满血值	100	100	100	100	100
期望值	90	95	98	92	90

图 6-3-9　插入表格的效果

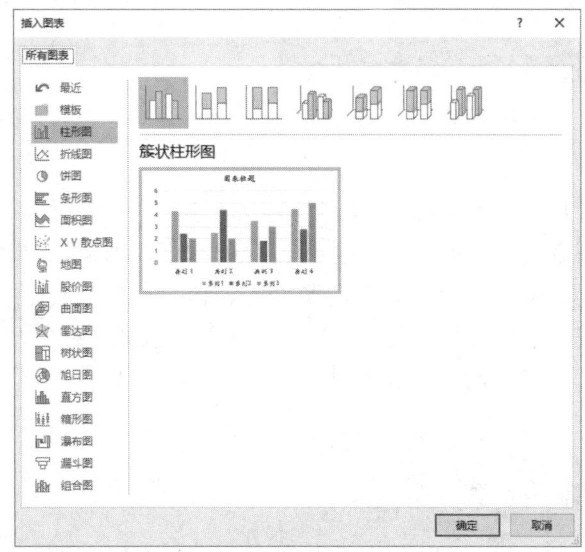

图 6-3-10　“插入图表”对话框

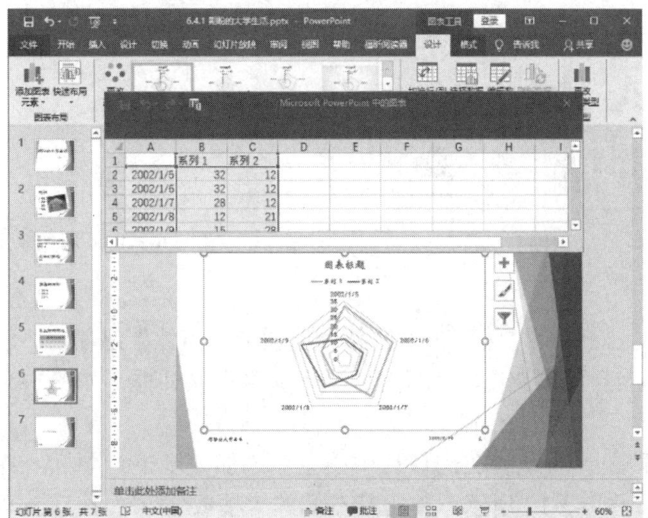

图 6-3-11　插入图表效果

将前一张幻灯片表格中的数据输入数据表，如图 6-3-12 所示。插入的雷达图根据数据内容自动变化。添加幻灯片标题内容，适当调整图表大小，效果如图 6-3-13 所示。

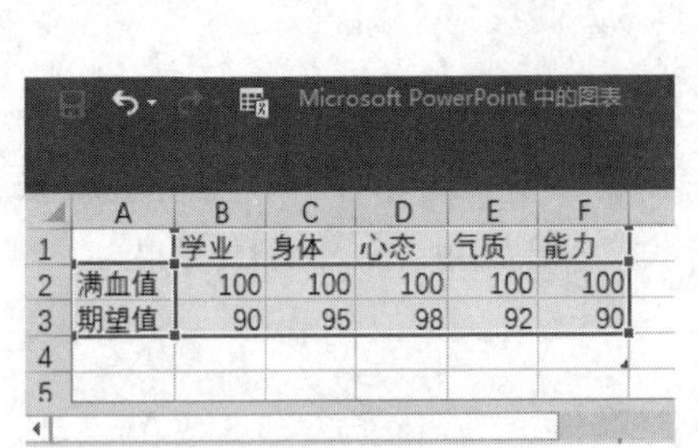

图 6-3-12　输入图表数据

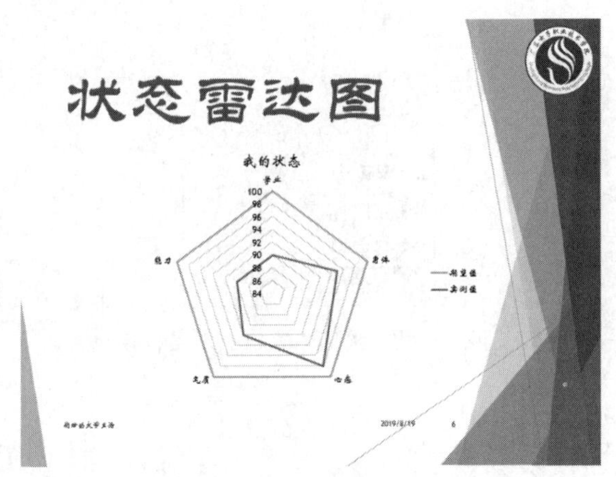

图 6-3-13　雷达图效果

6. 添加艺术字

选择最后一张幻灯片，在“插入”选项卡“文本”组单击“艺术字”按钮，在打开的“艺术字”列表中选择“图案填充：青绿，主题色 1，50%；清晰阴影：青绿，主题色 1”艺术字样式，如图 6-3-14 所示。输入内容，单击艺术字文本框，单击“格式”选项卡“艺术字样式”组中的“文本效果”按钮，在展开的列表中单击“转换”按钮，在展开的列表中选择“曲线：上”选项，适当调整艺术字位置，效果如图 6-3-15 所示。

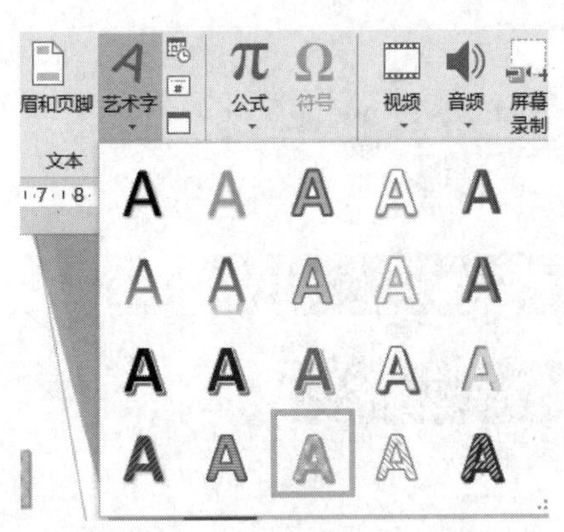

图 6-3-14　“艺术字”列表

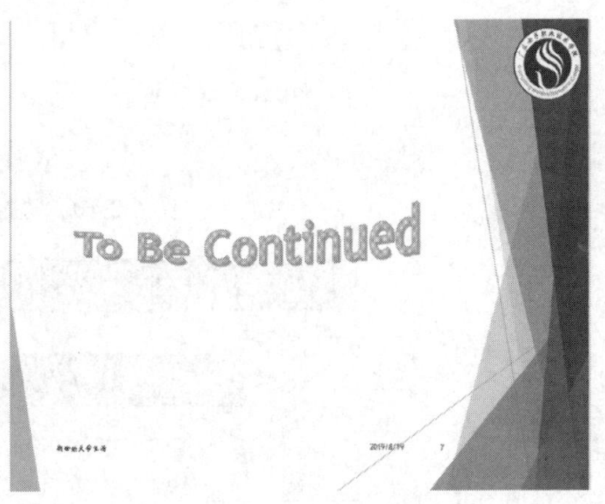

图 6-3-15　添加艺术字效果

7. 添加背景音乐

（1）选择第一张幻灯片，然后在“插入”选项卡“媒体”组单击“音频”按钮，在展开的列表中选择“PC 上的音频”选项，打开“插入音频”对话框，如图 6-3-16 所示，选择要插入的声音文件。

单击“插入”按钮，系统将在幻灯片中心位置添加一个声音图标，并在声音图标下方显示音频播放控件，如图 6-3-17 所示。单击其左侧的“播放/暂停”按钮▶可播放声音，将鼠标指针移到“静音/取消静音”按钮🔊上，可调整播放音量的大小。

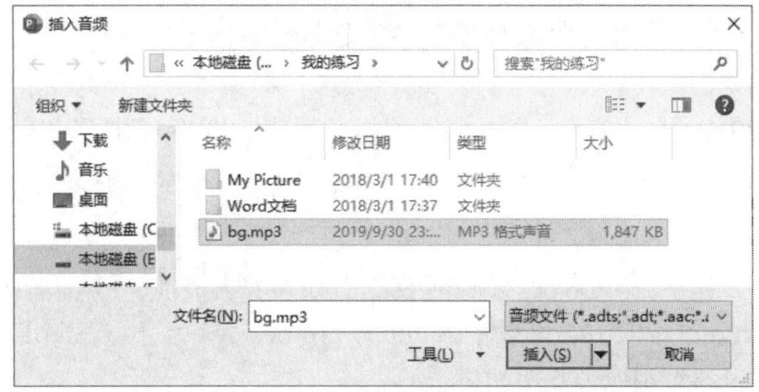

图 6-3-16　“插入音频”对话框

图 6-3-17　插入音频效果

（2）在“音频工具—播放”选项卡“音频选项”组勾选“跨幻灯片播放”复选框和“循环播放，直到停止”复选框，如图 6-3-18 所示。如果在放映演示文稿时，不想显示喇叭音频图标，可勾选“放映时隐藏”复选框。

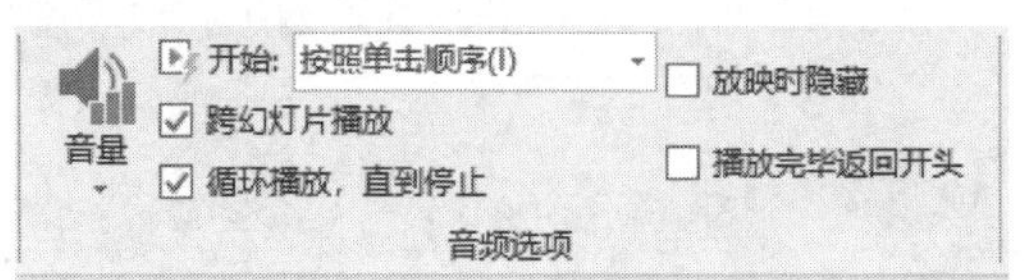

图 6-3-18　“音频选项”组

8. 保存文件，然后按 F5 键放映演示文稿，观看效果

三、知识技能要点

1. 图像和插图

使用“插入”选项卡“图像”组和“插图”组中的工具，可以插入图片、形状、图标、3D 模型、SmartArt、图表和屏幕截图等可视化内容。这些对象的插入与编辑方法与 Word 2019 中的方法相同。

插入表格和图表

2. 插入图表和编辑图表

在“插入”选项卡“插图”组单击“图表”按钮 ，或单击幻灯片文本占位符中的“插入图表”按钮 ，打开“插入图表”对话框，如图 6-3-10 所示。选择要用的图表类型，单击“确定”按钮后根据默认数据插入图表，同时弹出 Excel 数据编辑窗口，用有

效数据替换默认的数据，插入的图表会根据数据自动变化。图表的格式设置与 Excel 2019 中设置图表的方法类似。

在 PowerPoint 2019 中，图片、艺术字、表格、图表、图形和屏幕截图等图形图像的插入、添加和编辑方法与 Word 2019 中的方法类似，在这里不再赘述，请参看第 4 章相关章节。

3. 插入音频

插入音频

在幻灯片中插入音频，作为演示文稿的背景音乐或演示解说等，使幻灯片更加生动。在 PowerPoint 2019 中可以插入.mp3、.midi、.wav、.au、.aiff 等格式的声音文件。插入音频的操作方法如下：

（1）插入 PC 上的音频。在“插入”选项卡“媒体”组单击“音频”按钮，在展开的列表中选择“PC 上的音频”选项，详细操作见本节案例第 7 步。

（2）插入现场录音：在“插入”选项卡“媒体”组单击“音频”按钮，在展开的列表中选择“录制音频”选项，弹出“录制声音”对话框，如图 6-3-19 所示。在“名称”文本框中输入音频的名称，单击●按钮开始录制。单击“确定”按钮完成录制，同时将录下的音频文件插入幻灯片中。

4. 声音的播放设置

（1）音频编辑。单击“音频工具 播放”选项卡“编辑”组中的“剪裁音频”按钮，弹出“剪裁音频”对话框，如图 6-3-20 所示。使用控制按钮可控制音频的播放。移动绿色的“开始滑块”和红色的“结束滑块”，或直接在“开始时间”和“结束时间”文本框中填入时间值，剪裁出一段连续的音频。通过调整“播放”选项卡“编辑”组中的“渐强”和“渐弱”的时间值，可以使声音进入和退出时平滑，如图 6-3-21 所示。

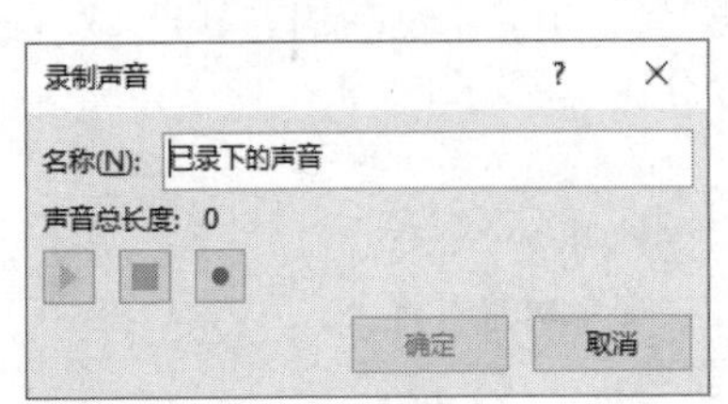

图 6-3-19 “录制声音”对话框

图 6-3-20 “剪裁音频”对话框

（2）设置音频选项。在“音频工具—播放”选项卡，使用“音频选项”组中的工具可设置音频播放的开始时间、音量、跨片播放、循环等，如图 6-3-18 所示。

5. 插入视频

插入视频

（1）将光标定位在要插入视频的幻灯片中。

（2）在“插入”选项卡“媒体”组单击“视频”按钮，在展开的列表中选择“PC 上的视频”选项，如图 6-3-22 所示，打开“插入视频文件”对话框，选择要插入的视频文件，单击“插入”按钮，幻灯片中添加相应视频，并在下方显示视频播放控件，如图 6-3-23 所示。单击其左侧的“播放/暂停”按钮▶可预览视频；单击按钮可调节视频进度；将鼠标指针移到“静音/取消静音”按钮上，可调整播放音量的大小。

（3）插入联机视频：在“插入”选项卡“媒体”组单击“视频”按钮，在展开的列表中选择“联机视频”选项，弹出“在线视频”对话框，如图 6-3-24 所示，在“输入在线视频的

URL”文本框中输入有效的 URL，会下载相应视频并插入幻灯片中。该操作对网络设置和网速都有一定要求，一般情况下建议先将需要的视频文件下载到本机。

图 6-3-21　“编辑”组　　图 6-3-22　插入视频

图 6-3-23　视频播放控件

（4）插入屏幕录制：在“插入”选项卡“媒体”组单击“屏幕录制”按钮，返回操作当前 PowerPoint 之前的界面，且不可操作。当前 PowerPoint 窗口自动最小化，屏幕上方的中间出现视频录制的控制窗格，如图 6-3-25 所示。鼠标在控制窗格区域正常可用，在其他区域呈现实心十字形状，只能进行选择区域的操作。

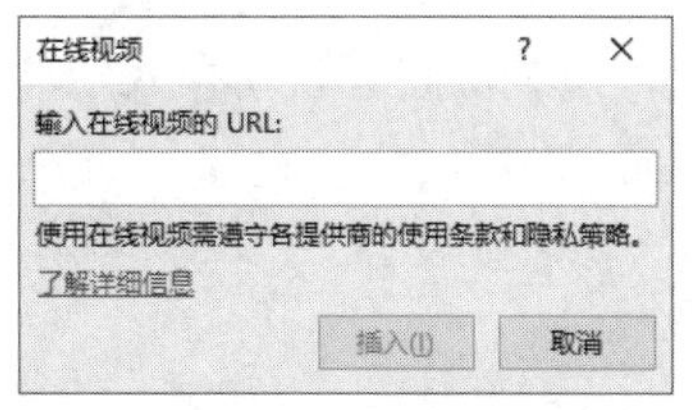

图 6-3-24　“在线视频”对话框

图 6-3-25　视频录制的控制窗格

在控制窗格以外的区域按下鼠标左键，并拖动鼠标，选择需要录制的区域，被选择的区域边界出现红色虚线框，同时区域内变得清晰，上面控制窗格中的“录制”按钮变成红色可用，如图 6-3-26 所示。

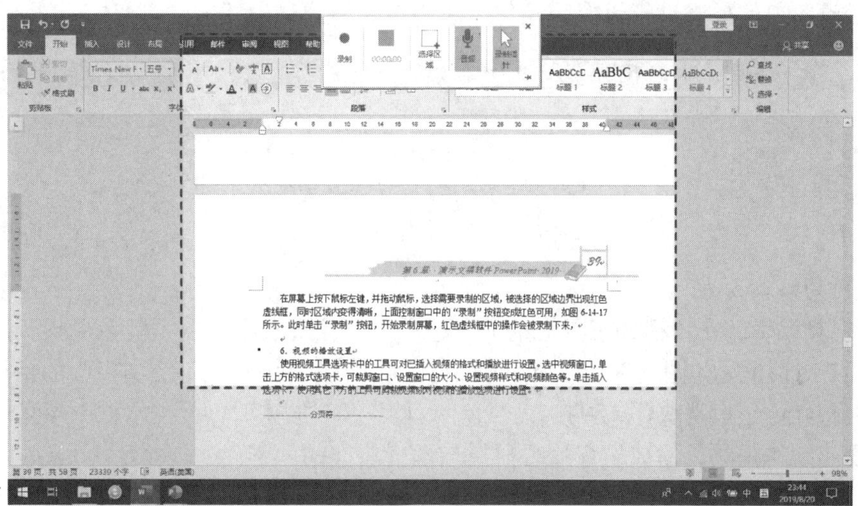

图 6-3-26　选择录制区域

此时单击“录制”按钮，出现倒计时界面，倒计时结束，屏幕录制的控制窗格自动向上隐藏，开始录制屏幕，红色虚线框中的操作会被录制下来，如图 6-3-27 示。

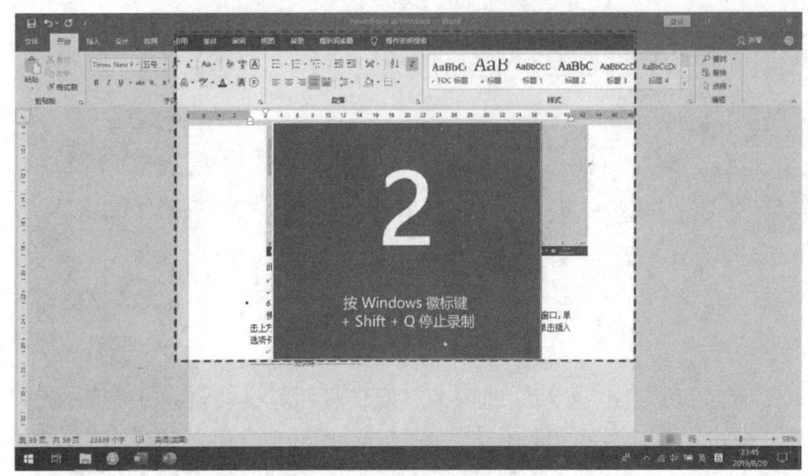

图 6-3-27　开始屏幕录制

将鼠标移到屏幕的上边缘，隐藏的控制窗格会自动出现，单击“暂停”或“停止”按钮可暂停或停止屏幕录制，如图 6-3-28 所示。录制结束后，录制的视频自动插入幻灯片中。

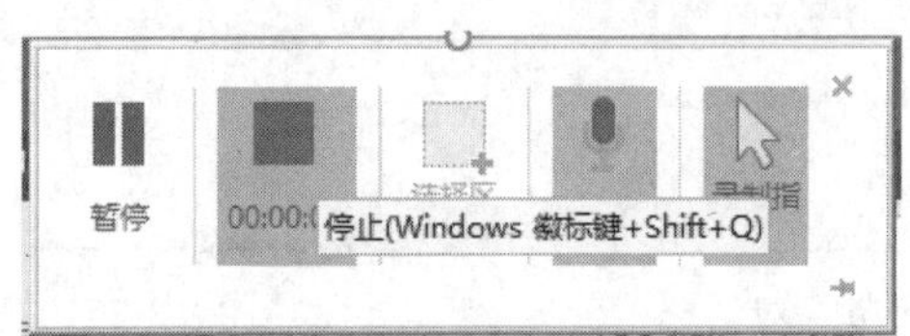

图 6-3-28　停止屏幕录制

6. 视频的格式设置

选中插入的视频窗口，在“视频工具—格式”选项卡（图 6-3-29）中，可使用其他的工具对视频的播放窗口的外观进行设置，操作方法与图片格式的设置方法类似。

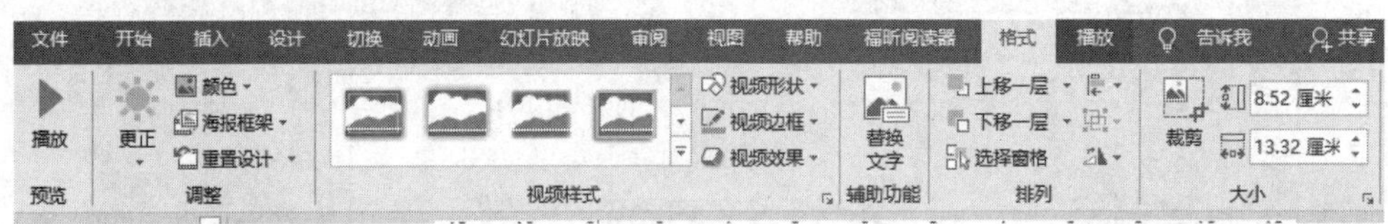

图 6-3-29　“视频工具—格式”选项卡

7. 视频的播放设置

（1）视频编辑。在“视频工具—播放”选项卡“编辑”组单击“剪裁视频”按钮，弹出“剪裁视频”对话框，如图 6-3-30 所示。使用控制按钮可控制视频的播放，拖动绿色开始滑块和红色结束滑块，或直接在“开始时间”和“结束时间”文本框中填入时间值，可剪裁出一段连续的视频。播放幻灯片时只播放两滑块间的内容。

（2）设置视频选项。在“视频工具—播放”选项卡，使用“视频选项”组中的工具可设置视频播放的开始时间、音量、全屏播放、循环等，如图 6-3-31 所示。

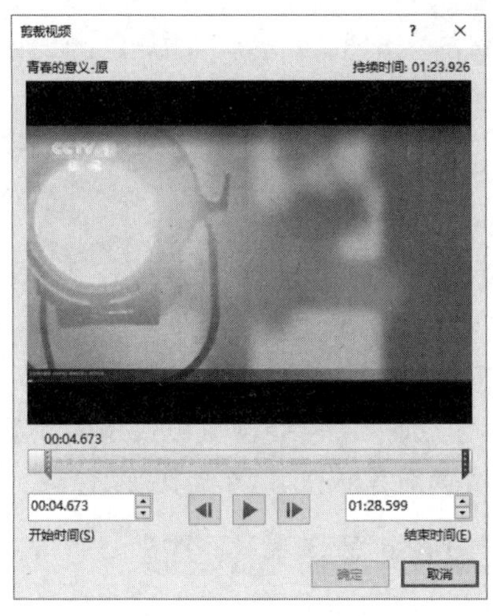

图 6-3-30 “剪裁视频”对话框

图 6-3-31 设置视频选项

6.4 设置演示文稿的放映效果

设置演示文稿的放映效果

主要学习内容：

- 动画效果
- 幻灯片切换的效果
- 超链接
- 动作按钮

一、操作要求

本节将学习如何设置幻灯片在播放时出现的动画效果、幻灯片切换效果，以及在幻灯片播放时使用的动作按钮、超链接等。打开素材文件“庄子与《庄子》.pptx”，按以下要求操作。

（1）为幻灯片设置动画效果。设置演示文稿的标题幻灯片中主标题“淡化”进入动画效果、上一动画之后开始、持续时间 2 秒、延迟 1.5 秒。设置副标题“自底部擦除”进入动画效果、上一动画之后开始、持续时间 0.5 秒、延迟 0.5 秒。

（2）为“目录”幻灯片中各行文本添加超链接，放映幻灯片时单击文本能跳转到相应内容的幻灯片上，将“庄子故事”链接到第五张即可。

（3）为幻灯片设置切换效果。为标题幻灯片添加“涟漪”切换效果，为其他幻灯片设置“随机”切换效果。

（4）为第三张幻灯片的图片添加多个动画效果：“淡化”进入效果、上一动画之后开始、持续时间 0.5 秒、延迟 0.5 秒。并为这张图片同时添加动画效果：“放大/缩小”的强调效果、上一动画之后开始、持续 1 秒、延迟 1 秒。添加动作路径“直线”、与上一动画同时、持续 1 秒、延迟 1 秒。

（5）为演示文稿的第 3～7 张幻灯片添加“返回”“前一项”“后一项”“结束”按钮。放映幻灯片时各按钮分别对应返回到目录页、退回前一张、放映下一张、结束放映功能。调整设置按钮的外观整齐一致。

（6）使用本节学习的操作技能为演示文稿“期盼的大学生活.pptx”添加动画、目录、超链接、切换效果和动作按钮。

二、操作过程

1. 为幻灯片设置动画效果

（1）双击“庄子与《庄子》.pptx”演示文稿，启动 PowerPoint 2019 并打开“庄子与《庄子》.pptx”演示文稿。选择第一张幻灯片，选中幻灯片中的主标题“《庄子》”。

（2）在“动画”选项卡“动画”组单击“其他”按钮，如图 6-4-1 所示，展开“动画”列表，如图 6-4-2 所示。在“进入”分类下选择“淡化”选项，自动预览该效果。预览结束后选框的左上方出现一个数字，如图 6-4-3 所示，即为所选对象添加该动画效果。

图 6-4-1　单击“其他”按钮

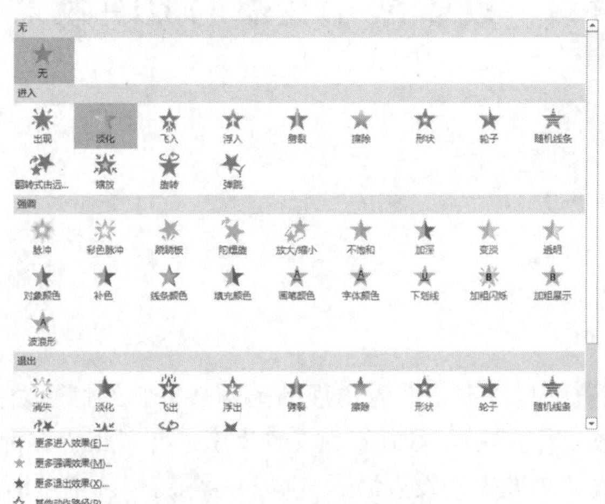

图 6-4-2　“动画”列表

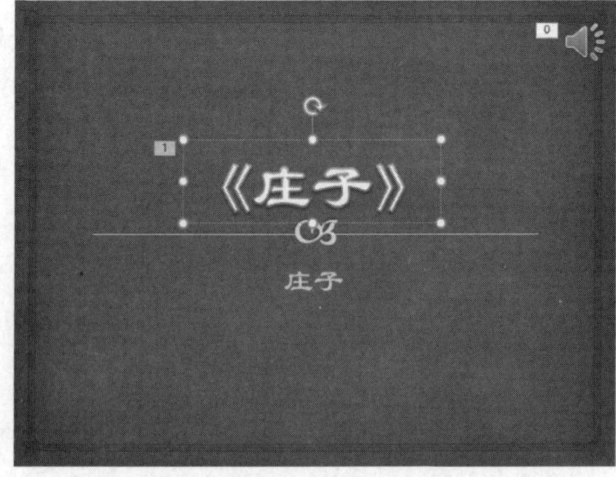

图 6-4-3　为所选对象添加“淡化”动画效果

（3）设置该动画的计时效果。在“动画”选项卡“计时”组中单击“开始”右边的文字“单击时”，在展开的列表中选择“上一动画之后”选项，在下面的两个文本框中分别设置持续时间 2 秒、延迟 1.5 秒，如图 6-4-4 所示。用类似的方法添加副标题的动画效果。

图 6-4-4　设置动画的计时效果

2. 插入超链接

（1）选中第二张幻灯片，选中文字“庄子其人”，在“插入”选项卡“链接”组单击“链接”按钮，弹出“插入超链接”对话框，如图 6-4-5 所示。

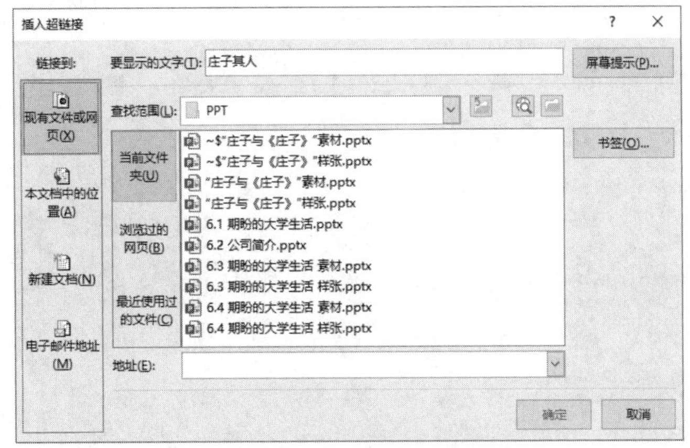

图 6-4-5　“插入超链接”对话框

（2）在左边“链接到:”区域选择“本文档中的位置”选项，在“请选择文档中的位置:”列表框中选择“3.庄子其人”选项，如图 6-4-6 所示，单击“确定”按钮。返回第二张幻灯片，选定的文字改变颜色，自动添加了下划线，如图 6-4-7 所示。即将选定文字链接到第三张幻灯片，在播放幻灯片过程中单击该文字区域，会跳转到第三张幻灯片继续播放。

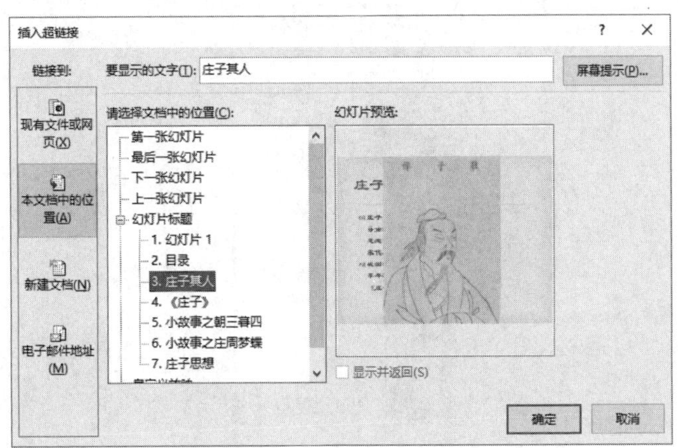

图 6-4-6　选择“3.庄子其人”选项

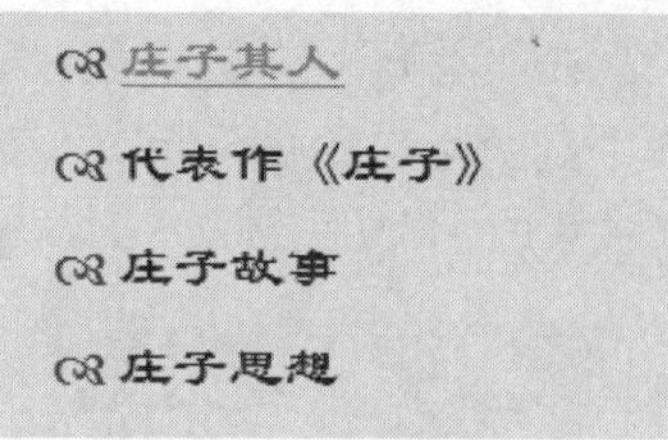

图 6-4-7　设置超链接后的效果

（3）用相同的方法为其他文本行建立超链接。当放映幻灯片时，单击该幻灯片的文本行，就会切换到其所链接的幻灯片上继续播放。

3. 为幻灯片设置切换效果

（1）选中要设置切换效果的幻灯片，在“切换”选项卡“切换到此幻灯片”组单击“其他”按钮，在展开的列表中选择“华丽”→“涟漪”选项，如图 6-4-8 所示。

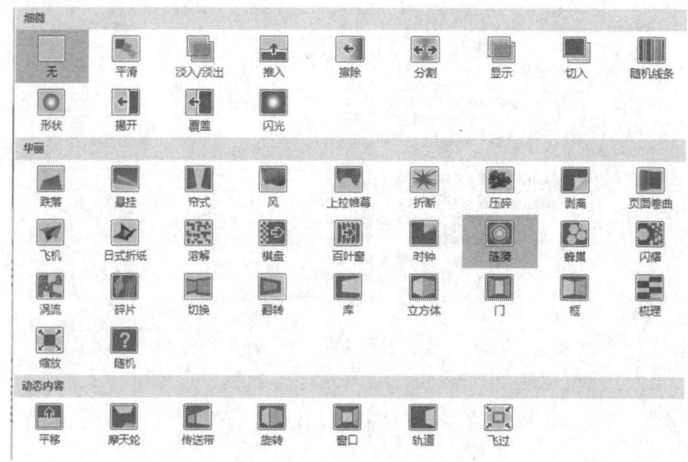

图 6-4-8　选择“涟漪”选项

（2）在“切换”选项卡“切换到此幻灯片”组单击“效果选项”按钮，从弹出的列表中选择“居中”选项，如图 6-4-9 所示。屏幕闪现预览效果后完成设置。

图 6-4-9　设置效果选项

（3）如果要为全部幻灯片设置相同的切换效果，只需单击“计时”组中的“应用到全部”按钮 应用到全部 即可，也可用类似操作方法设置其他幻灯片的切换方式。

4. 为图片添加多个动画效果

为图片添加 3 个动画效果，分别是进入效果“淡化”、强调效果“放大/缩小”、动作路径“直线，目的是大图展示后缩小显示在指定位置。

（1）单击第三张幻灯片，选中其中的图片，按照操作过程“1. 为幻灯片设置动画效果”所述方法为图片添加动画效果：“淡化”进入效果、上一动画之后开始、持续时间 0.5 秒、延迟 0.5 秒。

（2）选中该图片，在“动画”选项卡“高级动画”组单击“添加动画”按钮，展开“动画”列表，如图 6-4-10 所示。

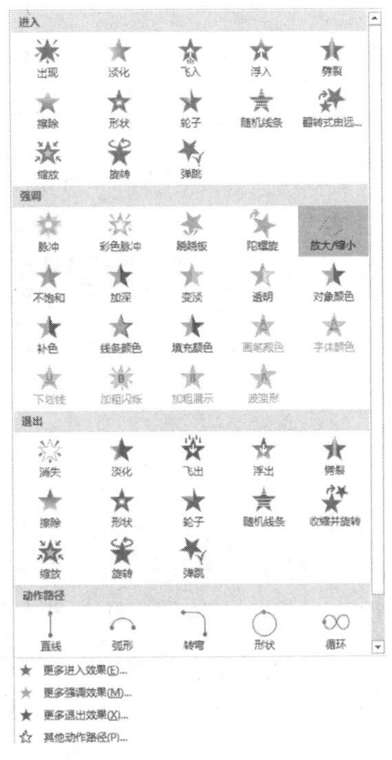

图 6-4-10 “动画”列表

（3）在列表中选择“强调”→“放大/缩小”选项，列表隐藏，自动播放预览效果，可看到“动画”选项卡“动画”组的动画列表中“放大/缩小”效果被选中，如图 6-4-11 所示。单击旁边的“效果选项”，弹出“效果”列表，选择“方向”→“两者”选项，选择“份量”→“较小”选项，如图 6-4-12 所示。

图 6-4-11 添加“放大/缩小”动画效果

图 6-4-12　“放大缩小”效果选项

在“动画”选项卡“计时”组中设置：上一动画之后开始、持续时间 1 秒、延迟 1 秒。添加第二个动画后，选中图片，此时“动画”组如图 6-4-13 所示，表示该对象被设置了多个动画。

图 6-4-13　“动画”组

（4）用类似方法为这张图片添加“直线”动画效果。在“动画”选项卡“高级动画”组单击“添加动画”按钮，展开列表，选择“直线”选项，播放预览效果后图片上出现一条线段，绿色端点在图片的中心，代表图片移动的起点位置，红色端点是终点，代表图片移动后的中心位置，如图 6-4-14 所示。选中红色端点，按住鼠标左键并拖动红色端点到图片的目标位置，即设置了图片从起点到终点的直线移动的动画。在“计时”组设置“与上一动画同时、持续 1 秒、延迟 1 秒”，效果如图 6-4-15 所示。

图 6-4-14　添加动作路径

图 6-4-15　调整动作路径效果

（5）对同一对象设置了多个动画效果后，要对其中的某个动画效果进行编辑或设置，可在“动画”选项卡“高级动画”组单击“动画窗格”按钮，如图 6-4-16 所示。在窗口右侧打开“动画窗格”窗格，在窗格中选择指定对象的指定动画，添加、编辑或更改动画设置，如图 6-4-17 所示。

图 6-4-16　“高级动画”组

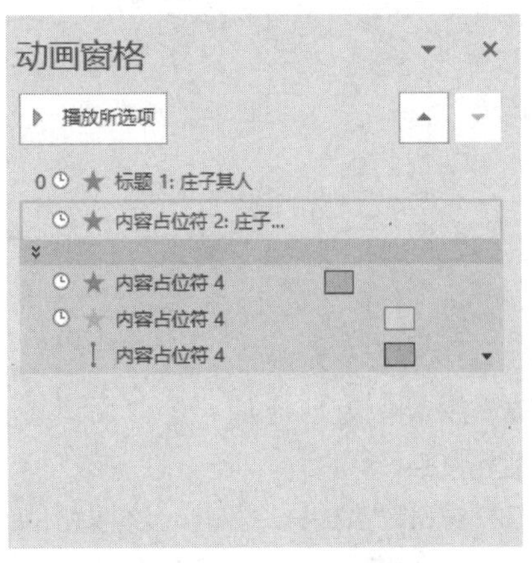

图 6-4-17　“动画窗格”窗格

5. 添加动作按钮

（1）选择第三张幻灯片，在“插入”选项卡“插图”组单击“形状”按钮，在打开的列表下方“动作按钮”类别中单击“动作按钮：转到开头”按钮，如图 6-4-18 所示。此时鼠标指针呈实心十字，在幻灯片的合适位置按住鼠标左键并拖动，绘制出动作按钮，松开鼠标左键，将自动打开图 6-4-19 所示的“操作设置”对话框，可看到“超链接到”单选按钮被选择，并默认链接到第一张灯片，单击其右侧的下拉按钮，在下拉列表框中选择“幻灯片…”选项，在弹出的“超链接到幻灯片”对话框中选择“2.目录”选项，如图 6-4-20 所示，单击“确定”按钮，完成添加动作按钮“返回”的操作。

图 6-4-18　动作按钮

图 6-4-19　“操作设置”对话框

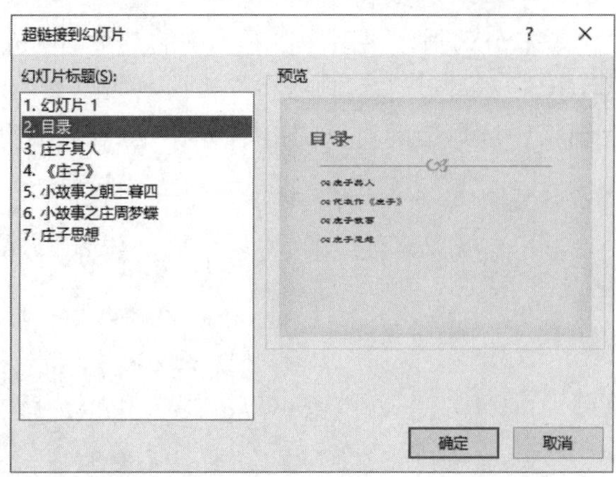

图 6-4-20　“超链接到幻灯片”对话框

（2）用类似方法添加一个“后退或前一项”按钮◁和一个“前进或下一项”按钮▷，并设置超链接。

（3）添加“结束”按钮。该按钮的功能是结束幻灯片的播放。系统动作按钮中没有该按钮。可以选择“动作按钮”列表中的“空白”□选项，在幻灯片的合适位置按住鼠标左键并拖动，绘制出动作按钮。当弹出“操作设置”对话框时，在“超链接到”下拉列表框中选择“结束放映”选项，如图 6-4-21 所示，单击“确定”按钮。退出“操作设置”对话框后，右击该按钮，在弹出的快捷菜单中选择“编辑文字”选项，输入 End。

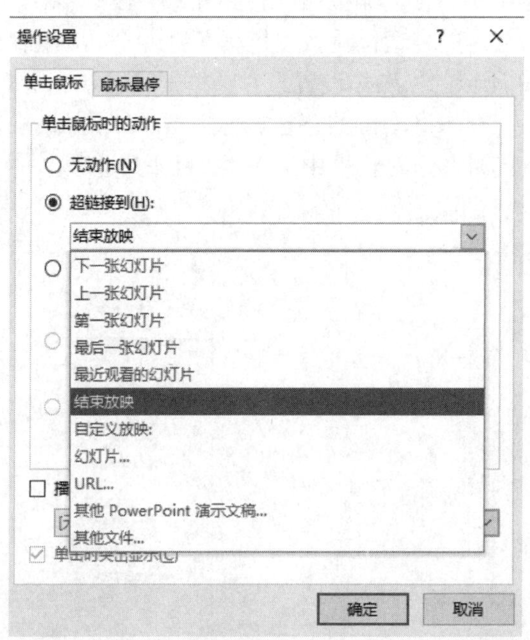

图 6-4-21　“操作设置”对话框

（4）同时选中 4 个动作按钮，在“设置形状格式”对话框中设置纯色填充：“橙色，个性色 2，淡色 40%”。设置三维格式效果：“顶部棱台，宽度 9 磅，高度 6 磅”，如图 6-4-22 所示。完成后将其复制到第 4～7 张幻灯片中，效果如图 6-4-23 所示。

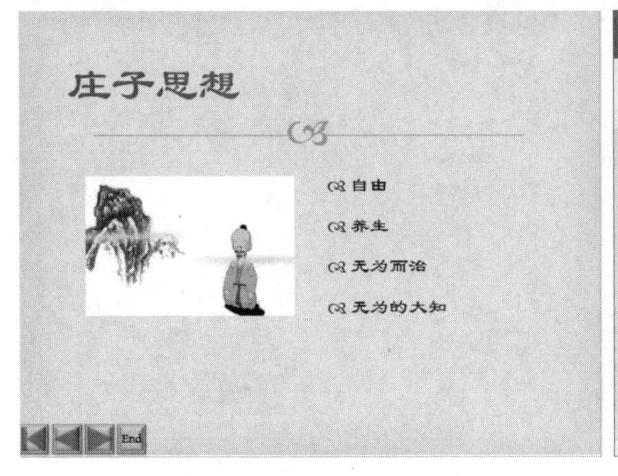

图 6-4-22　设置动作按钮格式

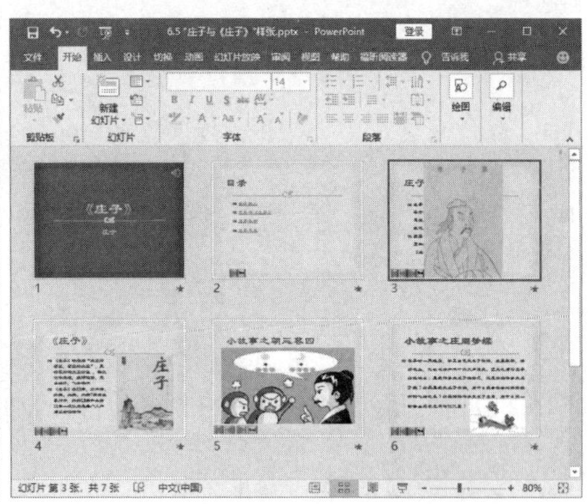

图 6-4-23　复制动作按钮到其他幻灯片的效果

三、知识技能要点

添加并设置动画

1. 设置动画效果

所谓幻灯片的动画效果，是指在播放一张幻灯片时，幻灯片中对象（文本、图片、声音和图像等）的动态显示效果。

PowerPoint 2019 中的动画主要有进入、强调、退出、动作路径等类型，用户可利用“动画”选项卡来添加和设置这些动画效果。

“进入”动画：PowerPoint 2019 中应用最多的动画类型，是指放映某张幻灯片时，幻灯片中的文本、图像、图形等对象进入放映画面时的动画效果。

“强调”动画：在放映幻灯片时，为已显示在幻灯片中的对象设置的动画效果，目的是强调幻灯片中的某些重要对象。

“退出”动画：在幻灯片放映过程中，为了使指定对象离开幻灯片而设置的动画效果。它是进入动画的逆过程。

“动作路径”动画：不同于上述三种动画效果，它可以使幻灯片中的对象沿着系统自带或用户自己绘制的路径进行运动。

除动作路径动画外，在 PowerPoint 2019 中添加和设置不同类型动画的操作基本相同。

添加并设置多个动画

2. 使用动画窗格管理动画

可利用动画窗格管理已添加的动画效果，如选择、删除动画效果，调整动画效果的播放顺序，以及对动画效果进行更多设置等。

（1）打开动画窗格。在“动画”选项卡“高级动画”组单击“动画窗格”按钮，在 PowerPoint 2019 窗口右侧打开“动画窗格”，可看到为当前幻灯片添加的所有动画效果。把鼠标指针移至某个动画效果上方，将显示动画的开始播放方式、动画效果类型和添加动画的对象，如图 6-4-17 所示。

（2）通过“效果选项”设置动画效果。若希望对动画效果进行更多设置，可在“动画窗格”中单击要设置的效果，再单击右侧的下拉按钮，从弹出的列表中选择“效果选项”选项，如图 6-4-24 所示，打开相应的对话框，如图 6-4-25 所示，用户进行设置后单击“确定”按钮即可。不同动画效果的设置项不同。

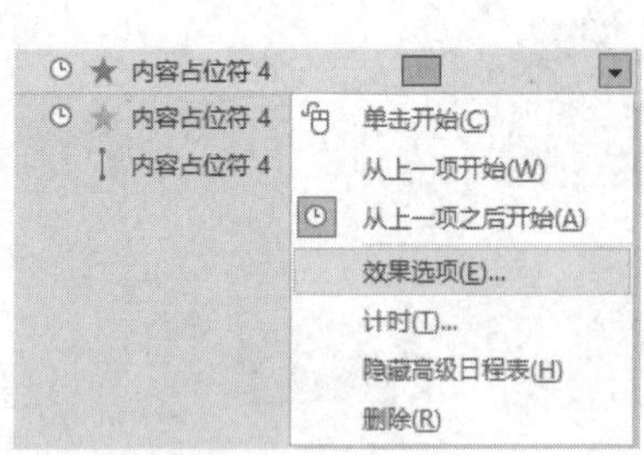

图 6-4-24　效果选项

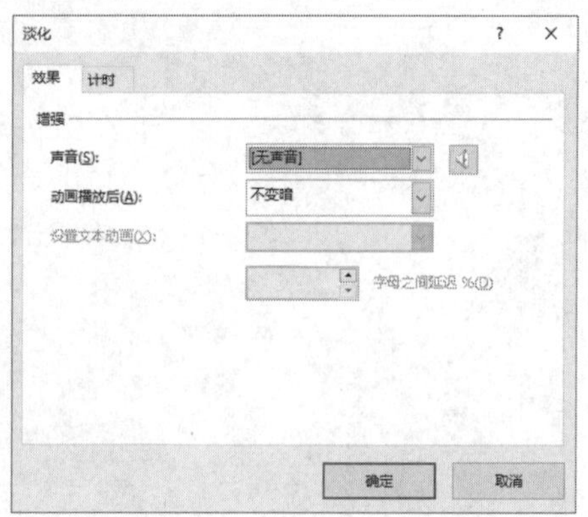

图 6-4-25　“淡化”对话框

（3）调整同一张幻灯片中动画的播放顺序。各幻灯片中的动画效果都是按照添加时的顺序播放的，可根据需要调整动画的播放顺序。方法是在“动画窗格”中单击要调整顺序的动画效果，然后单击▲▼按钮即可。也可以通过选择“计时”组中的“向前移动”或“向后移动”命令来完成。

（4）删除动画效果。如果要删除已添加的动画效果，可以在“动画窗格”中单击要删除的效果，再单击右侧的下拉按钮，从弹出的列表中选择“删除”选项，即可删除选择的动画效果。也可以在选中该效果后，在“动画”选项卡“动画”组的动画列表中选择“无”选项。

设置幻灯片切换效果

3. 设置幻灯片切换效果

幻灯片的切换效果是指放映幻灯片时从一张幻灯片过渡到下一张幻灯片时的动画效果。默认情况下，各幻灯片之间的切换是没有任何效果的。根据需要，可为幻灯片添加具有动感的切换效果以丰富其放映过程，还可以控制每张幻灯片切换的速度、添加切换声音等。

要为幻灯片设置切换效果，可在选择幻灯片后，在“切换”选项卡“切换到此幻灯片”组中选择一种系统内置的动画效果并设置相应属性（具体操作方法在前面已讲解过）。

利用“切换”选项卡“计时”组中的选项可为幻灯片的切换设置声音、效果的持续时间和换片方式等，如图 6-4-26 所示。

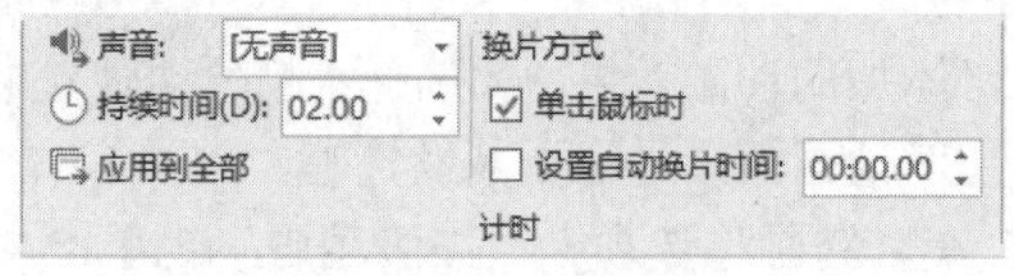

图 6-4-26　“计时”组

设置完成后，单击“应用到全部”按钮，则将设置的效果应用于全部幻灯片，否则所设效果将只应用于当前幻灯片，需要继续对其他幻灯片的切换效果进行设置。

操作过程“4. 为图片添加多个动画效果”中，为图片添加了 3 个动画效果完成既定功能。PowerPoint 2019 中有了更新，使用“平滑”切换效果可实现相同功能。操作如下：选择第三张幻灯片中的图片，删除“放大/缩小”和“直线”动画效果。复制第三张幻灯片，在其下方粘贴成为第四张幻灯片，删除这张幻灯片中所有对象的动画，将图片缩小调整到合适的目标位置，同时选中第三、第四张幻灯片，在“切换”选项卡“切换到此幻灯片”组的列表中选择“平滑”选项即可，如图 6-4-27 所示。

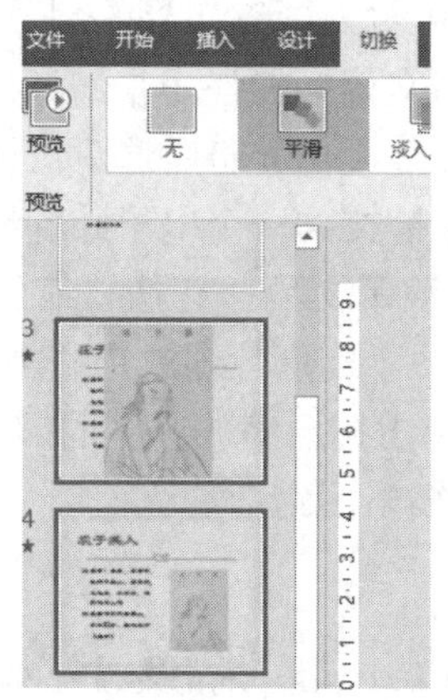

图 6-4-27　选择“平滑”切换效果

4. 创建交互式演示文稿

交互式演示文稿是指在放映幻灯片时，单击幻灯片的某个对象便能跳转到指定的幻灯片，或打开某个文件或网页。在 PowerPoint 2019 中，我们可通过创建超链接或制作动作按钮来实现演示文稿的交互。

可以为幻灯片中的任何对象创建超链接，“单击鼠标”或“鼠标移过”都可以激活超链接。

设置超链接

如果文本添加了超链接或动作，则文本上会自动添加下划线，并且其颜色变为配色方案中指定的颜色。从超链接跳转到其他位置后，其颜色会改变，因此，可以通过颜色来分辨访问过的超链接。

先选择对象，然后可使用下面方法之一为其添加超链接或动作：

方法一：在“插入”选项卡“链接”组单击“超链接”按钮或“动作”按钮。

添加动作按钮

方法二：右击对象，在弹出的快捷菜单中选择“超链接”命令，如图 6-4-28 所示。

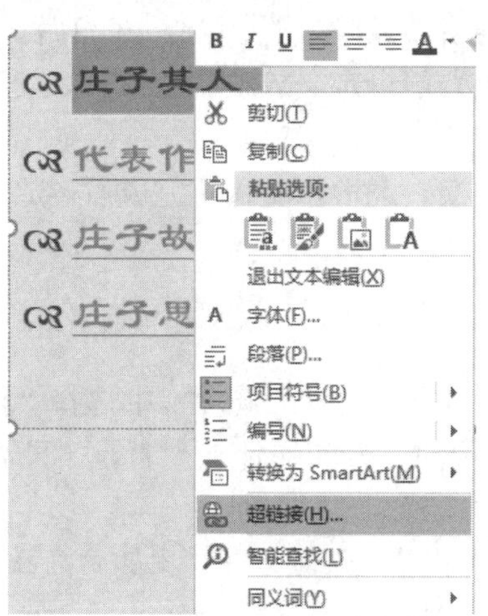

图 6-4-28　选择“超链接”命令

在“插入超链接”对话框中，“链接到”列表中各选项的意义如下：

“现有文件或网页”：将所选对象链接到网页或储存在计算机中的某个文件。如果要链接到网页，可直接在“地址”文本框中输入要链接到的网页地址，如图 6-4-5 所示。

“本文档中的位置”：当前演示文稿中的任一张幻灯片。

“新建文档”：新建一个演示文稿文档并将所选对象链接到该文档。

“电子邮件地址”：将所选对象链接到一个电子邮件地址。

“缩放定位”也可实现交互式演示文稿，有摘要缩放定位、节缩放定位和幻灯片缩放定位 3 类。插入缩放定位会产生缩略图，幻灯片缩放定位类似于“动作”，播放过程中幻灯片缩放缩略图会跳转到指定的位置。而单击摘要缩放产生的缩略图也是跳转到指定位置，不同的是放映完指定节后会自动返回到摘要缩略图幻灯片。

6.5 放映演示文稿

主要学习内容：

- 放映演示文稿的方法
- 设置放映时间
- 设置自定义放映

放映演示文稿

一、操作要求

（1）打开“庄子与《庄子》.pptx”演示文稿，完成下面操作要求。

（2）从第五张幻灯片开始放映演示文稿，浏览“庄子故事”。

（3）设置放映类型为“观众自行浏览”，从头放映幻灯片，缩小演示文稿放映窗口，检查文件中是否存在编辑或设置问题，并记录。

（4）设置幻灯片的换片方式为自动换片，时间为 2 秒，从头开始放映幻灯片，观看自动换片的效果。

（5）设置放映类型为“演讲者放映”，从头放映幻灯片，使用“指针选项”功能。

（6）添加名为“庄子故事”的自定义放映，包括第一、第二和第六 3 张幻灯片；放映该自定义放映。

（7）使用“排练计时”预演一遍演示文稿，完成后再放映演示文稿以观看效果。

二、操作过程

1. 打开演示文稿

启动 PowerPoint 2019，然后在“文件”选项卡中选择“打开”选项，显示“打开”窗口（图 6-5-1），其右侧是最近使用的文件和文件夹列表，如果需要的文件在列表中，直接单击打开。

否则选择“打开”下面的“浏览”选项，在弹出的“打开”对话框中查找并打开文件“庄子与《庄子》.pptx”，如图 6-5-2 所示。

图 6-5-1　“打开”窗口

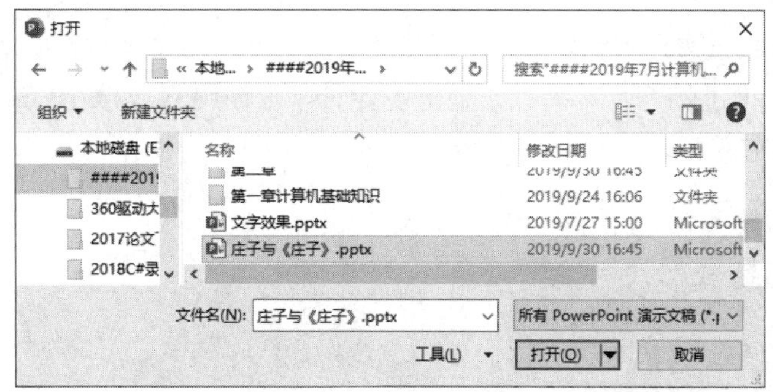

图 6-5-2　“打开”对话框

2. 放映演示文稿

在幻灯片窗格中单击选中第五张幻灯片，在“幻灯片放映”选项卡“开始放映幻灯片”组单击“从当前幻灯片开始”按钮，或单击状态栏中的“幻灯片放映”按钮，可从第五张幻灯片开始放映当前打开的演示文稿。默认设置下 PowerPoint 2019 将全屏放映。

3. 观众自行浏览

在“幻灯片放映”选项卡“设置”组单击“设置幻灯片放映”按钮，弹出“设置放映方式”对话框，按图 6-5-3 所示设置，单击“确定”按钮。

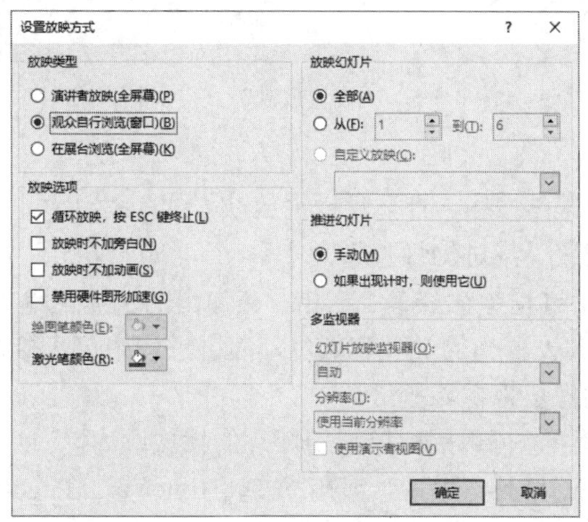

图 6-5-3　“设置放映方式”对话框

在“幻灯片放映”选项卡“开始放映幻灯片”组单击“从头开始”按钮，或按F5键，从头放映幻灯片，此时可调整PowerPoint 2019窗口大小和位置，放映过程可检查文稿的动画和切换设置。

4. 自动换片

在“切换”选项卡“计时”组，按图6-5-4所示设置，并单击“应用到全部”按钮。

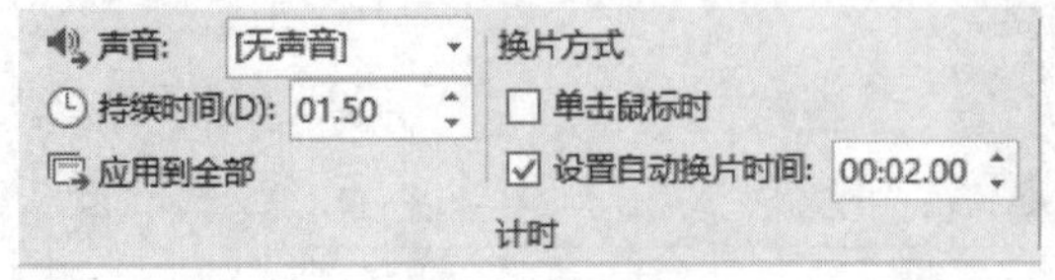

图6-5-4 “计时”组

在“幻灯片放映”选项卡“设置”组单击“设置幻灯片放映”按钮，弹出“设置放映方式”对话框，设置“推进幻灯片”为“如果出现计时，则使用它”，如图6-5-5所示，单击“确定”按钮。按F5键放映演示文稿，观看效果。

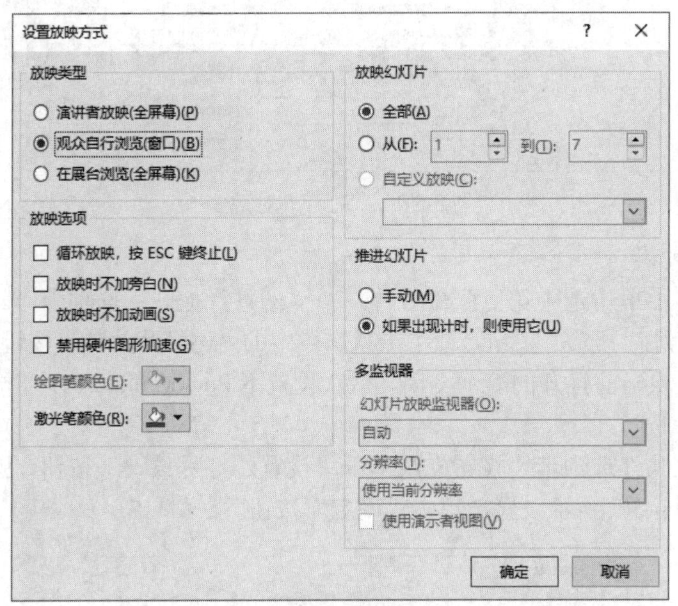

图6-5-5 “设置放映方式”对话框

5. 演讲者放映

单击“设置幻灯片放映”按钮，打开“设置放映方式”对话框，设置“放映类型”为“演讲者放映（全屏幕）”，设置“推进幻灯片”为“手动”，如图6-5-5所示，单击“确定”按钮，按F5键放映幻灯片。放映过程中在屏幕上右击，在弹出的快捷菜单中选择“指针选项”命令，如图6-5-6所示，可选择和设置笔的类型和颜色，演讲过程中可直接在屏幕上绘画和书写，也可使用“指针选项”中的橡皮擦擦除墨迹。

在演示文稿放映过程中，可用鼠标控制幻灯片的播放顺序。

下一个动画或下一张幻灯片：单击，或用N键、Enter键、PageDown键、向右方向键→、向下方向键↓或Backspace键切换到下一张幻灯片。

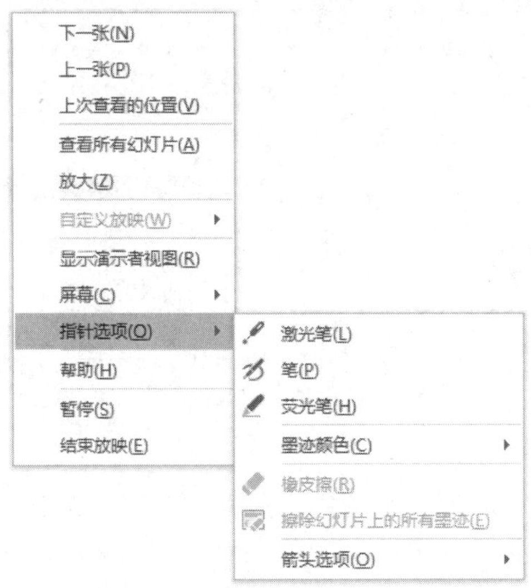

图 6-5-6　选择“指针选项”命令

播放上一个动画或返回到上一张幻灯片：P 键、PageUp 键、向左方向键←、向上方向键↑。也可以右击屏幕，执行相应命令。

6. 创建自定义放映

在“幻灯片放映”选项卡“开始放映幻灯片”组单击“自定义幻灯片放映”按钮，选择“自定义放映”选项，如图 6-5-7 所示，弹出“自定义放映”对话框，如图 6-5-8 所示。

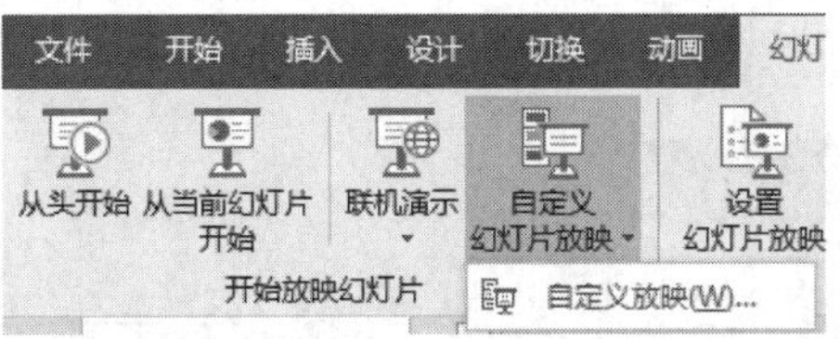

图 6-5-7　选择“自定义放映”选项

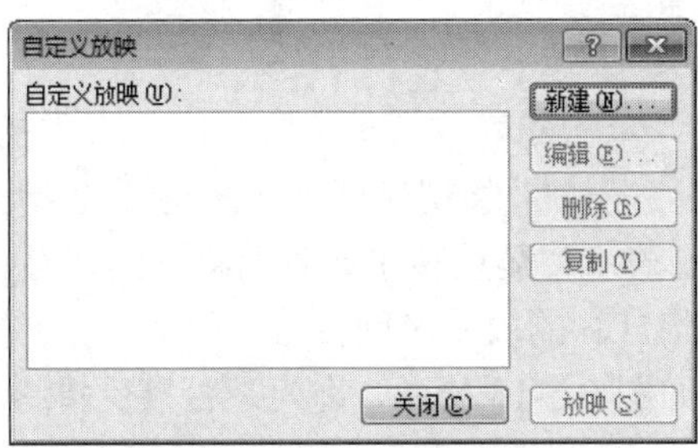

图 6-5-8　“自定义放映”对话框 1

在“自定义放映”对话框中单击“新建”按钮，弹出“定义自定义放映”对话框。在“幻灯片放映名称”文本框中输入“庄子故事”，在“在演示文稿中的幻灯片”列表框中选择“1.幻灯片 1”“2.一、目录”“6.小故事之庄周梦蝶”3 张幻灯片，然后单击“添加”按钮，将选定的幻灯片添加到右边列表框中，如图 6-5-9 所示，单击“确定”按钮。返回“自定义放映”对话框，如图 6-5-10 所示，单击“放映”按钮，即放映自定义放映“庄子故事”。

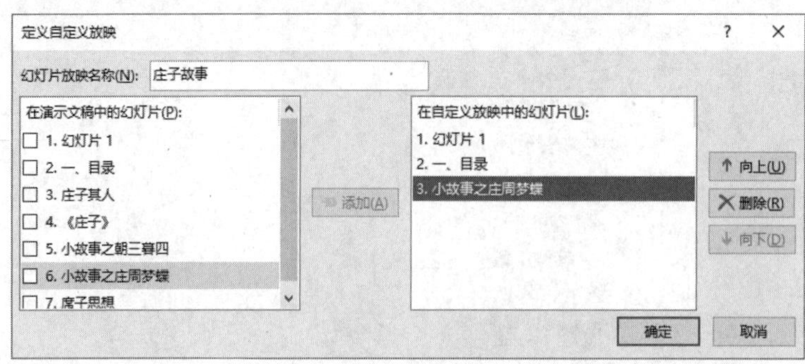

图 6-5-9 “定义自定义放映”对话框

图 6-5-10 “自定义放映”对话框 2

7. 排练计时

（1）在“幻灯片放映”选项卡“设置”组单击“排练计时”按钮，如图 6-5-11 所示。此时从第一张幻灯片开始进入全屏放映状态，并在屏幕左上角显示“录制”工具栏，如图 6-5-12 所示。此时演讲者可以对自己要讲述的内容进行排练，以确定当前幻灯片的放映时间。

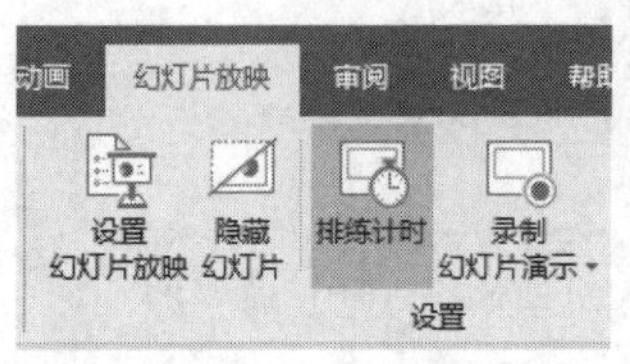

图 6-5-11 “排练计时”按钮

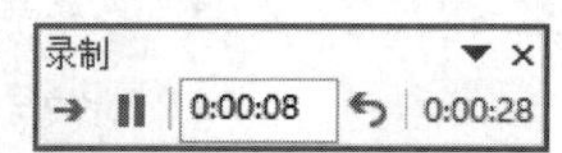

图 6-5-12 “录制”工具栏

（2）放映时间确定之后，单击幻灯片任意位置，或单击“录制”工具栏中的“下一项”按钮，切换到下一张幻灯片或下一项。如切换至下一张幻灯片，可以看到“录制”工具栏中间的时间重新开始计时，而右侧演示文稿放映累计时间将继续计时。

（3）当演示文稿中所有幻灯片的放映时间排练完毕后（若希望在中途结束排练，可按 Esc 键），弹出一个提示对话框，如图 6-5-13 所示，询问是否接受排练计时的结果。如果单击“是”按钮，可将排练结果保存起来，以后播放演示文稿时，每项的自动切换时间就使用排练计时记录的时间；如果想放弃刚才的排练结果，可以单击“否”按钮。

图 6-5-13 提示对话框

注意：排练计时操作完成后，可切换到“幻灯片浏览”视图，在每张幻灯片的右下角可看到幻灯片播放时间。

8. 保存文件

三、知识技能要点

1. 放映幻灯片

PowerPoint 2019 提供了多种放映功能，使我们能在放映时运用各种技巧加强幻灯片的放映效果。

播放幻灯片

利用“幻灯片放映”选项卡“开始放映幻灯片”组中的相关按钮，可放映当前打开的演示文稿。

单击“从头开始”按钮或按 F5 键，可从第一张幻灯片开始放映演示文稿。

单击“从当前幻灯片开始”按钮或单击状态栏视图切换按钮中的按钮，可从当前幻灯片开始放映演示文稿。

单击“自定义幻灯片放映”按钮，在弹出的列表中选择“自定义放映”命令，可将演示文稿中的指定幻灯片组成一个放映集进行放映。

在放映演示文稿的过程中，可以通过鼠标和键盘来控制整个放映过程，如单击切换幻灯片和播放动画（根据先前对演示文稿的设置进行），也可以通过放映前的设置，使其自动放映，按 Esc 键结束放映。

2. 幻灯片放映方式的设置

设置幻灯片放映方式

（1）手动控制放映。手动放映方式是系统默认的放映方式，一般不需要特别设置。由放映者自己控制演示文稿的放映进程。在手动放映的过程中，放映者使用鼠标或键盘控制幻灯片的播放。

在“切换”选项卡“计时”组中勾选“换片方式”区域中的“单击鼠标时”复选框。

（2）自动放映。要实现自动放映，关键在于设置幻灯片切换的时间间隔。当幻灯片在屏幕上的显示时间达到设定的时间间隔时，将自动切换到下一张幻灯片。

操作方法如下：

在“切换”选项卡“计时”组中勾选“设置自动换片时间”复选框并输入换片时间 00:10，即每隔 10 秒放映一张幻灯片，取消勾选“单击鼠标时”复选框，最后单击“应用到全部”按钮，如图 6-5-14 所示。

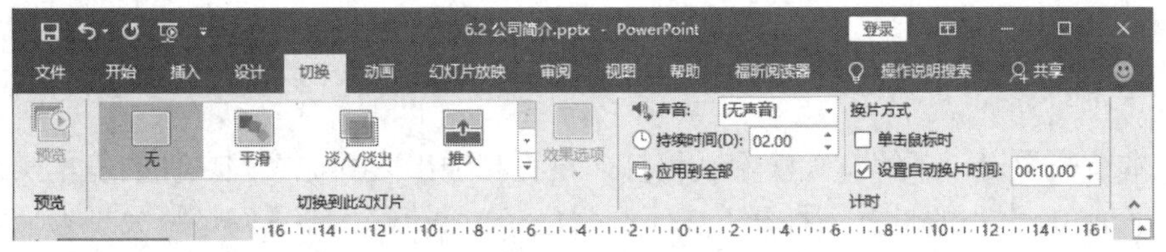

图 6-5-14　设置自动放映幻灯片

注意：单击“应用到全部”按钮，则所有幻灯片的换片时间间隔将相同；否则，设置的仅是选定幻灯片切换到下一张幻灯片的时间。

（3）排练计时。为了使演讲者的讲述与幻灯片的切换保持同步，除了将幻灯片切换方式设置为“单击鼠标时”外，还可以使用 PowerPoint 2019 提供的“排练计时”功能，预先排练好每张幻灯片的播放时间。

在“幻灯片放映”选项卡“设置”组，单击“排练计时”按钮，即开始“排练计时”，具体操作方法参见本节案例。

（4）自定义放映。幻灯片的放映顺序一般是从第一张幻灯片或当前幻灯片（单击 按钮）开始放映，一直到最后一张幻灯片。有些时候我们并不需要播放全部幻灯片，就可以采用自定义放映。自定义放映是指用户可以选择演示文稿中部分幻灯片进行放映，也可以重新调整放映的顺序。

在“幻灯片放映”选项卡“开始放映幻灯片”组单击“自定义幻灯片放映”按钮进行设置。

（5）使用“设置放映方式”对话框进行设置。可以通过“设置放映方式”对话框进行各种放映方式的设置，如可以设置由演讲者控制放映，也可以设置由观众自行浏览，或让演示文稿自动播放。此外，对于每种放映方式，可以控制是否循环播放、指定播放哪些幻灯片、设置幻灯片的换片方式等。

在“幻灯片放映”选项卡“设置”组单击“设置幻灯片放映”按钮，打开“设置放映方式”对话框，如图 6-5-3 所示，可对其中的各项进行设置。

“放映类型”设置区：设置幻灯片的放映方式。“演讲者放映（全屏幕）”是最常用的一种放映方式，该方式下演讲者对放映过程有完整的控制权，能灵活地进行放映控制，是以全屏幕方式放映；“观众自行浏览（窗口）”是以窗口形式放映幻灯片，显示任务栏、菜单栏和工具栏；“在展台浏览（全屏幕）”是演示文稿自动放映，不需要演讲者操作，是全屏幕放映。

“放映选项”设置区：其中勾选“循环放映，按 Esc 键停止”复选框，表示在放映幻灯片时循环播放，即最后一张幻灯片放映结束后，会自动返回到第一张幻灯片继续放映。要结束放映，可按 Esc 键。

“放映幻灯片”设置区：设置播放演示文稿中的哪些幻灯片。

6.6　演示文稿的输出

主要学习内容：

- 页面设置
- 打印演示文稿
- 演示文稿打包

演示文稿的输出

一、操作要求

通过本节的学习，了解有关演示文稿打印设置和输出为其他类型文件的基本操作方法。

（1）幻灯片大小的设置。打开“庄子与《庄子》.pptx”，设置幻灯片大小为“宽屏（16:9)”，方向为“横向”。

（2）打印演示文稿。打印“庄子与《庄子》.pptx”。打印机选用 Microsoft Print to PDF，“整页二张幻灯片，颜色：灰度”。

（3）打包演示文稿。将“公司简介.pptx”演示文稿打包成 CD。

（4）打包生成名为“庄子与《庄子》.mp4”的文件。

二、操作过程

1．幻灯片大小

打开“庄子与《庄子》.pptx”演示文稿，在“设计”选项卡“自定义”组单击“幻灯片大小”按钮，如图 6-6-1 所示，在下拉列表中选择“自定义”选项，弹出“幻灯片大小”对话框，设置“幻灯片大小”为“全屏显示（16:9）”，幻灯片方向为“横向”，如图 6-6-2 所示。

图 6-6-1　单击“幻灯片大小”按钮

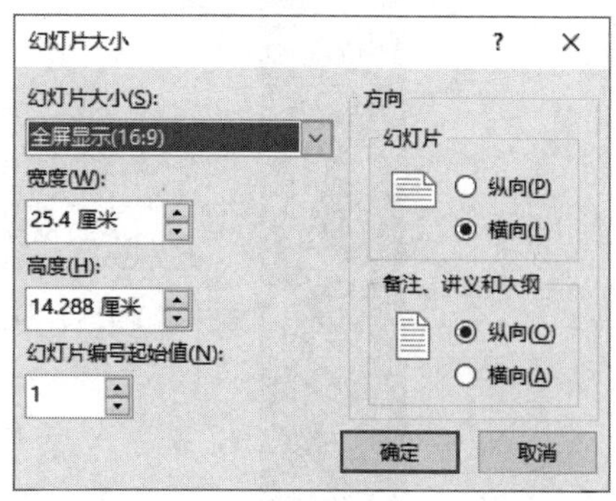

图 6-6-2　“幻灯片大小”对话框

2．打印演示文稿

单击“文件”选项卡，在展开的界面中单击左侧的“打印”选项，进入“打印”界面，如图 6-6-3 所示。

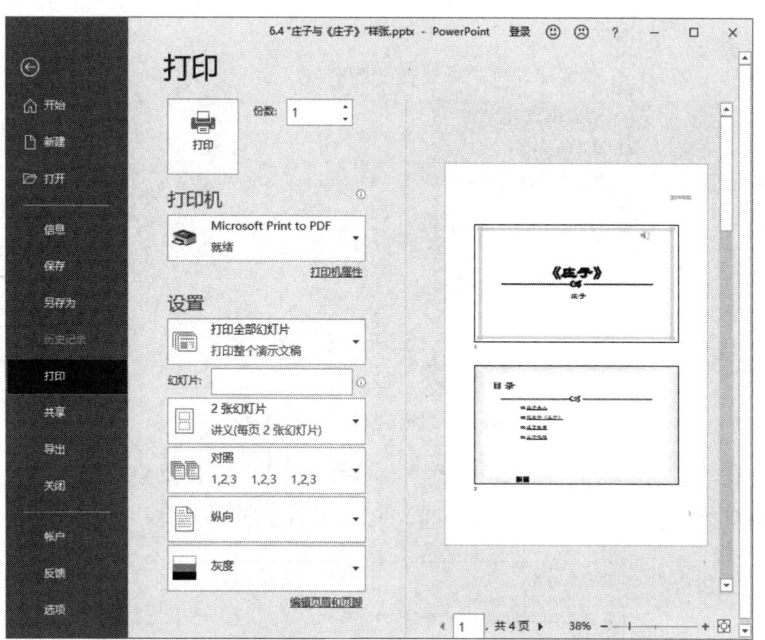

图 6-6-3　“打印”界面

在“打印机”下拉列表中选择 Microsoft Print to PDF 选项。“设置”区域的选项按图 6-6-3 所示设置。该界面右侧可预览打印效果，单击“打印”按钮，弹出“将打印输出另存为”对话框，同保存文件对话框类似，设置后单击“保存”按钮即可将当前内容打印输出为一份 PDF 文档。

若在连接打印机的前提下，在“打印机”下拉列表中选择连接的打印机，设置后单击下方的“打印”按钮，则由打印机直接打印出纸质文档。

3．打包演示文稿

（1）单击“文件”选项卡，在展开的界面中选择“导出”选项，如图 6-6-4 所示。在右边的“导出”界面依次选择“将演示文稿打包成 CD”“打包成 CD”选项。

图 6-6-4　“导出”界面 1

（2）弹出“打包成 CD”对话框，如图 6-6-5 所示，在“将 CD 命名为”文本框中输入“庄子”。

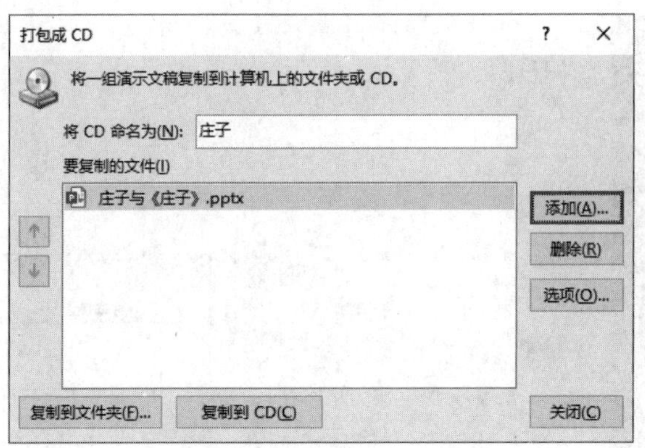

图 6-6-5　“打包成 CD”对话框

（3）单击该对话框左下角的“复制到文件夹”按钮，打开“复制到文件夹”对话框，单击“浏览”按钮，设置打包文件的保存位置，如图 6-6-6 所示。

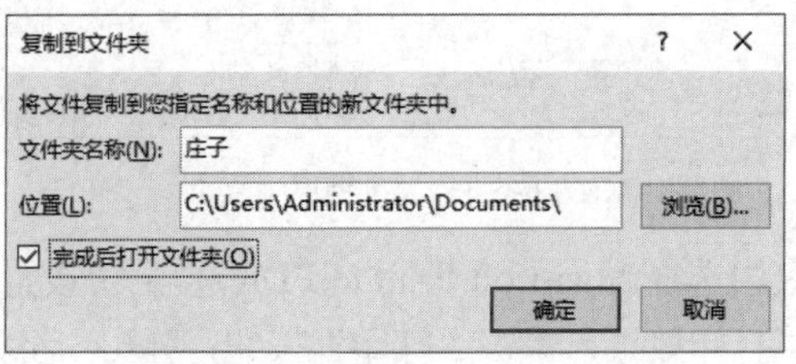

图 6-6-6　“复制到文件夹”对话框

（4）单击“确定”按钮，在弹出的询问是否打包链接文件提示框中，单击“是”按钮，系统开始打包演示文搞，并显示打包进度。

（5）系统打包完毕后，即将演示文稿打包到指定的文件夹“公司简介”中，并自动打开该文件夹，显示其中的内容。

注意：若要将演示文稿在另一台没有安装 PowerPoint 程序的计算机中播放，则需要下载 PowerPoint viwer 播放器才能正常播放。

4. 打包生成视频

选择“文件”选项卡，在展开的界面中选择“导出”选项，如图 6-6-4 所示，在右边的“导出”界面选择“创建视频”选项，并设置“放映每张幻灯片的秒数”为 3 秒，如图 6-6-7 所示，单击“创建视频”按钮。打开“另存为”对话框，选择合适的存储视频文件的位置，文件名采用默认的即可，如图 6-6-8 所示，单击“保存”按钮。

图 6-6-7　“导出”界面 2

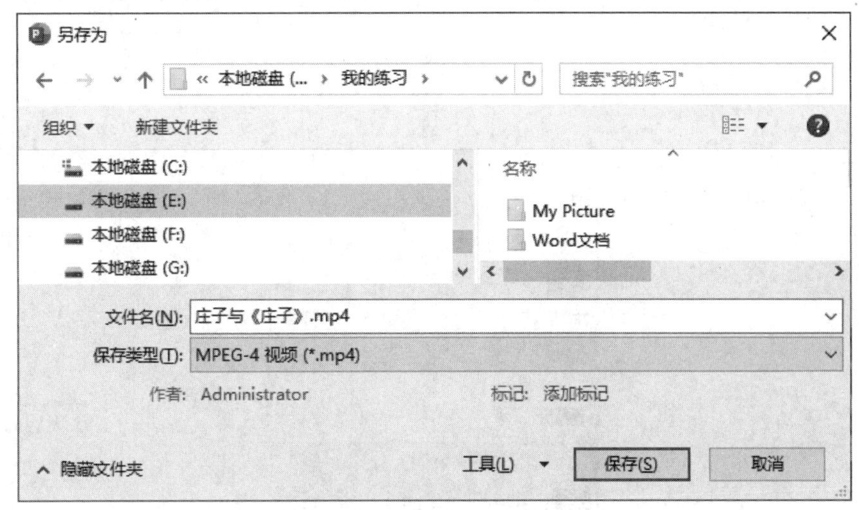

图 6-6-8　“另存为”对话框

系统开始生成视频文件，在 PowerPoint 2019 的状态栏上会显示正在制作视频的提示及进度条，如图 6-6-9 所示。制作完成后，提示消失。

图 6-6-9　状态栏上的提示

三、知识技能要点

打印演示文稿

1. 打印演示文稿

在演示文稿制作完毕后，不但可以在计算机上放映幻灯片，还可以将需要的幻灯片打印出来。打印演示文稿除了可以打印幻灯片页面外，还可以打印讲义、备注页面、大纲视图。其操作方法如下：

选择“文件”选项卡，在展开的界面中选择左侧的“打印”选项，进入“打印”界面，如图 6-6-3 所示。在“设置”区域单击每个选项右侧的下拉按钮，在展开的列表中可设置打印范围、打印内容、打印版式、打印颜色、打印方向等，如图 6-6-10 至图 6-6-12 所示。设置完成后在上面的打印机列表中选择打印设备，输入份数，单击“打印”按钮。如果打印机列表中选择的是已经连机的物理设备，则可打印出纸质文件，否则输出其他类似的电子文档。

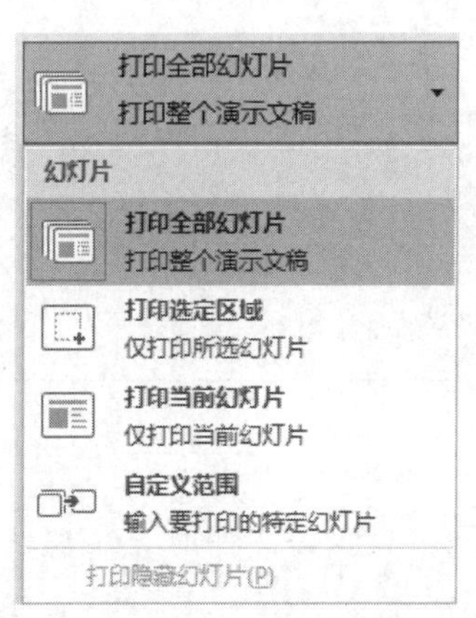

图 6-6-10　设置打印范围

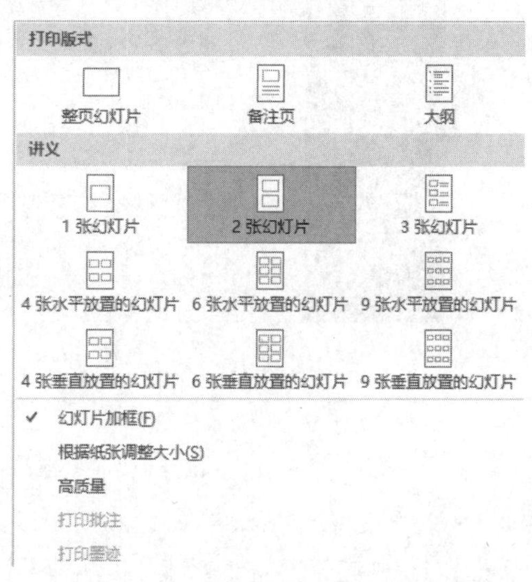

图 6-6-11　设置打印版式

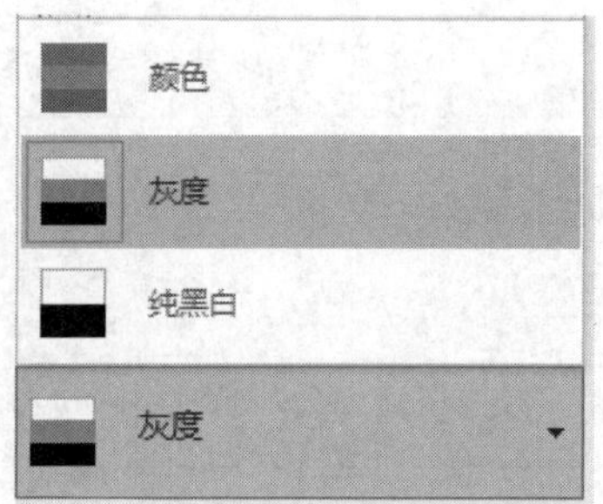

图 6-6-12　设置打印颜色

整页幻灯片：每页纸打印一张幻灯片。

备注页：打印与“打印范围”中所选的幻灯片编号相对应的演讲者备注。

大纲视图：打印演示文稿的大纲，即将大纲视图的内容打印出来。

讲义：为演示文稿中的幻灯片打印书面讲义。通常一页 A4 纸打印 3 张或 4 张幻灯片比较合适；为了增强讲义的打印效果，最好勾选“打印”对话框底部的“幻灯片加框”复选框，这样能为打印出的幻灯片加上一个黑色的边框。

2. 输出演示文稿

（1）选择“文件”选项卡，在展开的界面中选择“导出”选项，此时的“导出”界面如图 6-6-4 所示。可以将演示文稿创建为 PDF 文件或视频，还可以将演示文稿打包到 CD 或本地磁盘以方便在其他计算机中播放等。

（2）选择“文件”选项卡，在展开的界面中选择“另存为”选项，打开“另存为”对话框，可以使用另存为的方法将当前内容保存为其他格式的文件。

练习题

1. 创建演示文稿，设置格式，如图 E6-1 所示。

练习 1

（1）应用“水滴”主题新建演示文稿。

（2）添加标题“信息技术研讨会”，标题居中，隶书、60 磅、深蓝色、加粗；添加副标题文字“博商有限公司”，颜色为蓝色。

（3）设置背景格式为纯色填充：浅蓝色，应用到全部。

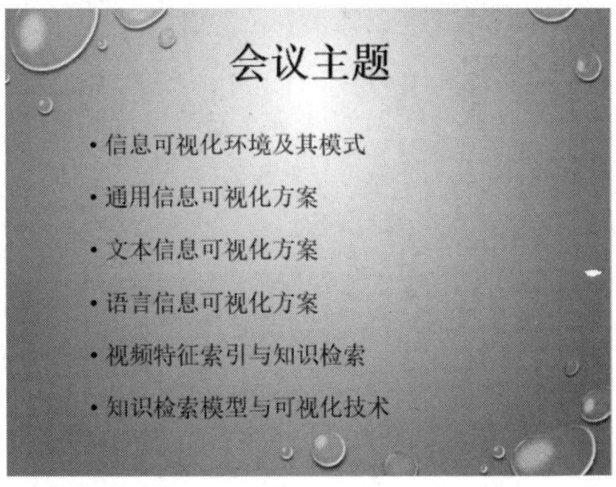

图 E6-1 练习题 1 样张

（4）添加“标题和内容”版式幻灯片，按图 E6-1 所示输入内容，设置标题文字为隶书、48 磅、加粗，文本字体为华文楷体、28 磅、黑色，设置文本为 1.5 倍行距，项目符号为 ➢ 。

（5）保存演示文稿，文件名为 E601. pptx。

2. 插图并编辑。打开文件 E601. pptx，完成下列操作。

练习 2

插入一张“仅标题”版式的幻灯片，插入 SmartArt 图（基本蛇形流程），如图 E6-2 所示。设置颜色为“彩色范围-个性色 2 至 3”；样式为“鸟瞰场景”。输入文字，设置合适的文字格式。以文件名 E602.pptx 保存

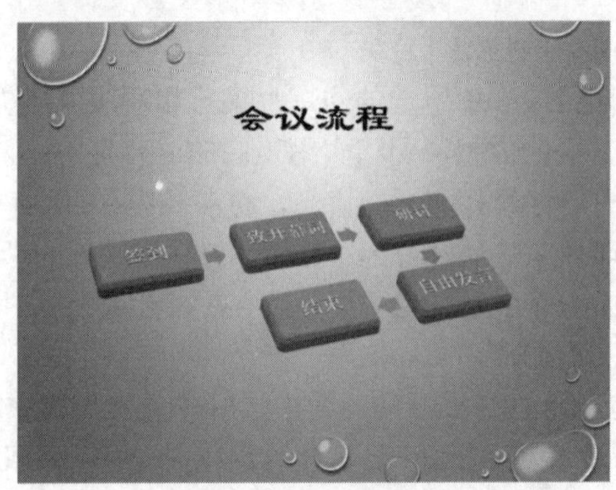

图 E6-2　练习题 2 样张

3．设置动画和切换效果。打开 E602. pptx 演示文稿，完成下列操作。

练习 3

（1）为第一张幻灯片的主标题文字设置“自底部”的“飞入”效果；为副标题设置“上浮”的“浮入”效果，“在上一动画之后开始，延时 0.5 秒”。

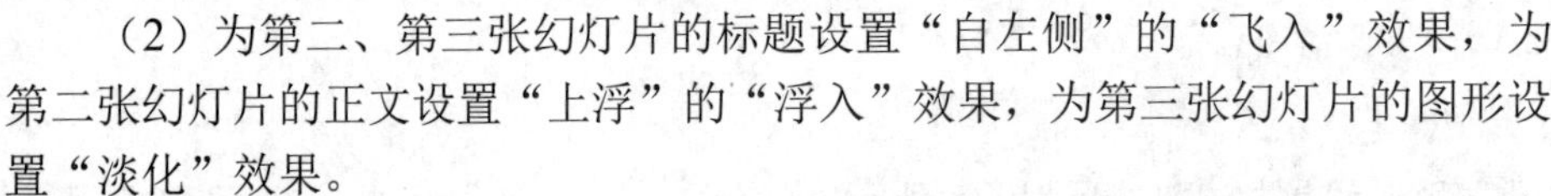

（2）为第二、第三张幻灯片的标题设置“自左侧”的“飞入”效果，为第二张幻灯片的正文设置“上浮”的“浮入”效果，为第三张幻灯片的图形设置“淡化”效果。

（3）为第一张幻灯片设置“涟漪”的切换效果，其他幻灯片设置“随机”的切换效果。

（4）从头放映幻灯片。

（5）以 E603. pptx 为名保存演示文稿。

7 计算机热点技术简介

7.1 二维码

7.1.1 二维码的概念

二维码（2-dimensional bar code）是用两个维度（水平方向和垂直方向）读取数据的编码，又称二维条码，是在一维条码的基础上扩展出的一种具有可读性的条码。条形码只利用一个维度（水平方向）表示信息，在另一个维度（垂直方向）没有意义，二维码比条形码的数据存储容量高。设备扫描二维条码，通过识别条码的长度和宽度中记载的二进制数据，可获取其中所包含的信息。

7.1.2 二维码的分类

从形成方式上，二维码主要分为以下两类：

（1）矩阵式二维码：在一个矩阵空间中通过黑色和白色的方块进行信息的表示，白色的方块表示 0，黑色的方块表示 1，相应的组合表示了一系列的信息，常见的编码标准有 QR（Quick Response）码、汉信码，相应的示例如图 7-1-1 和图 7-1-2 所示。

图 7-1-1　QR 码示例

图 7-1-2　汉信码示例

QR 码由日本研发，是使用最广泛的二维码，很多应用都是用 QR 码进行编码和译码的，如支付宝、微信等。

汉信码由中国自主研发，已在政府相关领域得到初步的使用。

（2）堆叠式二维码：是将多个条形码堆积在一起进行编码，常见的编码标准有 PDF417 等。PDF417 由美国研发，在美国使用广泛。PDF417 码示例如图 7-1-3 所示。

01234567

图 7-1-3　PDF417 码示例

7.1.3 二维码的应用

比较广泛的应用如下：

（1）身份识别。如一些名片的制作、一些会议签到等。网易也推出了二维码名片，方便记录、快速识别。

（2）防伪溯源。用户扫二维码可获取产品的基本信息，如生产地、消费地等。目前还可在物流领域运用二维码进行物流跟踪。

（3）电子票务。电影票、景点门票采用二维码定制，可省去客户排队、买票、验票时间，无纸化，绿色环保。

（4）电子商务。包括二维码提货、二维码优惠券、扫码购物等。

（5）手机支付。扫描商品二维码，通过银行或第三方支付提供的手机端通道完成支付。

（6）账号登录。扫描二维码进行各个网站或软件的登录，如扫码登录 QQ、微信等。

（7）广告推送。扫描二维码，直接浏览商家推送的视频、音频广告等。

（8）网站跳转。扫描二维码跳转到手机网站、微博等。

7.2 人工智能

7.2.1 人工智能的概念

人工智能（Artificial Intelligence，AI）是计算机科学的一个分支，是研究、开发用于模拟、延伸和扩展人的智能的理论、方法、技术及应用系统的一门新的技术科学，企图了解智能的实质，并生产出一种能以人类智能相似的方式做出反应的智能机器。人工智能可以对人的意识、思维的信息过程进行模拟。人工智能不是人的智能，但能像人那样思考，也可能超过人的智能。

20 世纪 70 年代以来，人工智能被称为世界三大尖端技术（空间技术、能源技术、人工智能）之一；人工智能也被认为是 21 世纪三大尖端技术（基因工程、纳米科学、人工智能）之一。

人工智能领域的研究包括语言识别、机器人、自然语言处理、图像识别、专家系统等。人工智能从诞生以来，其理论和技术日益成熟，应用领域也不断扩大。

7.2.2 人工智能基本技术

1. 搜索技术

搜索技术（search technique）是用搜索方法寻求问题解答的技术，常表现为系统设计或为达到特定目的而寻找恰当或最优方案的各种系统化的方法。搜索技术就是对寻找目标进行引导和控制的技术，是人工智能最早形成的基本技术之一。

2. 知识表示技术

知识表示与知识库是人工智能的核心技术。

知识表示（knowledge representation）是指把知识客体中的知识因子与知识关联起来，便

于人们识别和理解知识。知识表示是知识组织的前提和基础，任何知识组织方法都是建立在知识表示的基础上的。

3．抽象和归纳技术

抽象用于区分重要与非重要的特征，借助抽象可将处理问题中的重要特征和变式与大量非重要特征和变式区分开来，使对知识的处理变得更有效、更灵活。

归纳技术是指机器自动提取概念、抽取知识、寻找规律的技术。由于归纳技术与知识获取及机器学习密切相关，因此也是人工智能的重要基本技术。

4．推理技术

推理就是按照某种策略从已有事实和知识推出结论的过程。人类的智能活动有多种思维方式，人工智能是对人类智能的模拟，也相应有多种推理方式。

5．联想技术

联想技术也是人工智能的最基本的技术之一。联想是最基本、最基础的思维活动，几乎与所有的 AI 技术息息相关。联想的前提是联想记忆或联想存储。

7.2.3　人工智能的应用

人工智能应用（applications of artificial intelligence）的范围很广，如机器视觉、指纹识别、人脸识别、视网膜识别、虹膜识别、掌纹识别、专家系统、自动规划、智能搜索、定理证明、博弈、自动程序设计、智能控制、机器人学、语言和图像理解、遗传编程等。

7.3　5G

7.3.1　5G 的概念

第五代移动通信技术（5G）是最新一代蜂窝移动通信技术，与早期的 2G（GSM）、3G（UMTS、LTE）和 4G（LTE-A、WiMax）移动网络一样是数字蜂窝网络，英语全称为 5th generation mobile networks、5th generation wireless systems 或 5th-Generation，简称 5G 或 5G 技术。5G 的性能目标是高数据速率、减少延迟、节省能源、降低成本、提高系统容量和大规模设备连接。

7.3.2　5G 关键技术

1．超密集异构网络

在未来的 5G 网络中，5G 需要做到每平方千米支持 100 万个设备，这个网络必须非常密集，需要大量的小基站来支撑。在同一个网络中，不同的终端有不同的速率、功耗，也会使用不同的频率，对服务质量（Quality of Service，QoS）的要求也不同。在这种情况下，很容易造成网络相互之间的干扰。减小小区半径、增加低功率节点数量是保证未来 5G 网络支持 1000 倍流量增长的核心技术之一。因此，超密集异构网络成为未来 5G 网络提高数据流量的关键技术。

2. 网络的自组织

自组织的网络就是网络部署阶段的自配置和自规划，网络维护阶段的自愈合和自优化。自配置即新增网络节点的配置可实现即插即用，成本低、安装简易。自规划即动态进行网络规划并执行，同时满足系统的容量扩展、业务监测或优化结果等方面的需求。自愈合指系统能自动检测问题、定位问题和排除故障，可在很大程度上减少维护成本并避免对网络质量和用户体验的影响。在未来的5G网络中，由于网络无线接入技术、网络节点覆盖能力各不相同，且关系错综复杂，因此5G将面临网络的部署、运营及维护的挑战，网络的自组织将成为5G网络必不可少的一项关键技术。

3. 网络切片

网络切片就是把运营商的物理网络切分成多个虚拟网络，每个网络适应不同的服务需求，通过时延、带宽、安全性、可靠性来划分不同的网络，以适应不同的场景。

4. 内容分发网络

内容分发网络（Content Distribution Network，CDN）是在传统网络中添加新的层次，即智能虚拟网络。CDN系统综合考虑各节点连接状态、负载情况及用户距离等信息，通过将相关内容分发至靠近用户的CDN代理服务器上，实现用户就近获取所需信息，使得网络拥塞状况得以缓解，降低响应时间，提高响应速度。

5. 设备到设备通信D2D

D2D（Device-to-Device communication）是一种基于蜂窝系统的近距离数据直接传输技术。D2D会话的数据直接在终端之间进行传输，不需要通过基站转发，而相关的控制信令（如会话的建立、维持、无线资源分配以及计费、鉴权、识别、移动性管理等）仍由蜂窝网络负责。

6. M2M通信

M2M（Machine to Machine，M2M）是物联网最常见的应用形式。M2M的定义主要有广义和狭义两种。广义的M2M主要是指机器对机器、人与机器间以及移动网络和机器之间的通信，涵盖了所有实现人、机器、系统之间通信的技术；狭义的M2M仅指机器与机器之间的通信。

7.3.3 5G应用领域

5G是因物联网（IoT）设备数量的增加以及数据量的增加而开发出来的新时代产物，它影响的不只是科技业，而且市面所看到的大部分行业都会受到它的影响。5G应用领域包括制造业、能源与公用事业、农业、零售业、金融服务、媒体与娱乐事业、健康照护产业、运输业、教育业等。

7.4 云计算

7.4.1 云计算概述

云计算（cloud computing）概述是一种分布式计算。“云”实际上就是一个网络。狭义上

讲，云计算就是一种提供资源的网络，使用者可以随时获取“云”上的资源，按需求量使用，按量付费。广义上讲，云计算是与信息技术、软件、互联网相关的一种服务，这种计算资源共享池叫作“云”。云计算把许多计算资源集合起来，通过软件实现自动化管理，只需要很少的人参与，就能让资源被快速提供。

7.4.2　云计算的特点

1. 虚拟化技术

虚拟化技术包括应用虚拟和资源虚拟两种。虚拟化突破了空间和时间的界限，是云计算最显著的特点。众所周知，物理平台与应用部署的环境在空间上是没有任何联系的，正是通过虚拟平台对相应终端完成数据备份、迁移和扩展等操作。

2. 动态可扩展

云计算具有高效的运算能力，能够使计算速度迅速提高，最终实现动态扩展虚拟化的层次以对应用进行扩展。

3. 可靠性高

单点服务器出现故障时，云计算可以通过虚拟化技术恢复分布在不同物理服务器上的应用或利用动态扩展功能部署新的服务器进行计算，所以服务器故障不会影响计算与应用的正常运行。

4. 性价比高

云计算将资源放在虚拟资源池中统一管理在一定程度上优化了物理资源，用户可以选择相对廉价的计算机组成云，云计算性能不逊于大型主机，这样用户不需要租用昂贵、存储空间大的主机，不仅可减少费用，而且可享用更好的云服务。

5. 按需部署

云计算平台能够根据用户的需求快速配备计算能力及资源。

6. 可扩展性

用户可以利用应用软件的快速部署条件来更简单快捷地扩展自身所需的已有业务及新业务。

7.4.3　云计算的应用

较简单的云计算技术已经普遍应用于如今的互联网服务中，最常见的是网络搜索引擎和网络邮箱。常见的还有存储云、医疗云、金融云、教育云等。

存储云：又称云存储，是近年来在云计算技术上发展起来的一个新的存储技术。

医疗云：是指在云计算、移动技术、多媒体、4G通信、大数据、物联网等新技术的基础上，结合医疗技术，使用“云计算”来创建医疗健康服务云平台，实现医疗资源的共享和医疗范围的扩大。

金融云：是指利用云计算的模型，将信息、金融、服务等功能分散到庞大分支机构构成的互联网“云”中，旨在为银行、保险、基金等金融机构提供互联网处理和运行服务。

教育云：可以将所需要的任何教育硬件资源虚拟化，然后将其上传至互联网，向教育机构、学生、教师提供一个方便快捷的平台，如现在流行的慕课（MOOC）就是教育云的一种应用。

7.5 物联网

7.5.1 物联网概述

物联网（Internet Of Things，IOT）即“万物相连的互联网”，是通过射频识别、红外感应器、全球定位系统、激光扫描器等信息传感设备，按约定的协议，把任何物品与互联网连接，进行信息交换和通信，以实现对物品的智能化识别、定位、跟踪、监控和管理的一种网络。

物联网是在互联网基础上的延伸和扩展的网络，将各种信息传感设备与互联网结合起来而形成的一个巨大网络，实现在任何时间、任何地点，人、机、物的互联互通。物联网是新一代信息技术的重要组成部分，IT 行业又称其为泛互联，意指物物相连、万物万联。物联网有两层含义：一是物联网的核心和基础仍然是互联网，是在互联网基础上的延伸和扩展的网络；二是其用户端延伸和扩展到了任何物品与物品之间，进行信息交换和通信。

7.5.2 物联网的关键技术

1. 射频识别技术

射频识别技术（Radio Frequency Identification，RFID）是一种简单的无线系统，由一个询问器（或阅读器）和很多个应答器（或标签）组成。标签由耦合元件及芯片组成，每个标签具有唯一扩展词条的电子编码，附着在物体上标识目标对象，它通过天线将射频信息传递给阅读器，阅读器就是读取信息的设备。通过 RFID 技术，人们可以随时掌握物品的准确位置及其周边环境，即使物品具有可跟踪性。

2. 传感网

微机电系统（Micro - Electro - Mechanical Systems，MEMS）是由微传感器、微执行器、信号处理和控制电路、通信接口、电源等部件组成的一体化的微型器件系统。其目标是把信息的获取、处理和执行集成在一起，组成具有多功能的微型系统，集成于大尺寸系统中，从而大幅度地提高系统的自动化、智能化和可靠性水平。

3. M2M 系统框架

M2M（Machine-to-Machine/Man）是一种以机器终端智能交互为核心的、网络化的应用与服务。它可使对象实现智能化的控制。M2M 技术涉及 5 个重要的技术部分：机器、M2M 硬件、通信网络、中间件、应用。基于云计算平台和智能网络，M2M 可以依据传感器网络获取的数据进行决策，改变对象的行为，进行控制和反馈。如家中老人戴上嵌入智能传感器的手表，在外地的子女可以随时通过手机检查父母的血压、心跳是否稳定等。

4. 云计算

云计算旨在通过网络把多个成本相对较低的计算实体整合成一个具有强大计算能力的完美系统，并借助先进的商业模式让终端用户得到这些强大计算能力的服务。物联网感知层获取大量数据信息，在经过网络层传输以后，放到一个标准平台上，再利用高性能的云计算对其进行处理，赋予这些数据智能，最终转换成对终端用户有用的信息。

7.5.3　物联网的应用

物联网的应用领域涉及方方面面，在工业、农业、环境、交通、物流、安保等基础设施领域的应用，如智能交通、智能家电等，有效地推动了智能化发展，使得有限的资源被更加合理地使用、分配，从而提高了行业效率、效益。

国防军事领域方面，物联网技术的应用还处在研究探索阶段，但物联网应用带来的影响不可小觑，大到卫星、导弹、飞机、潜艇等装备系统，小到单兵作战装备，物联网技术的嵌入有效提升了军事智能化、信息化、精准化水平，极大提升了军事战斗力，是未来军事变革的关键技术之一。

附录　常用 ASCII 码表

十进制码	缩写/字符	含义	十进制码	缩写/字符	含义	十进制码	缩写/字符	含义	十进制码	缩写/字符	含义
0	NUL	空字符	32	space	空格	64	@		96	`	
1	SOH	标题开始	33	!		65	A		97	a	
2	STX	正文开始	34	"		66	B		98	b	
3	ETX	正文结束	35	#		67	C		99	c	
4	EOT	传输结束	36	$		68	D		100	d	
5	ENQ	请求	37	%		69	E		101	e	
6	ACK	收到通知	38	&		70	F		102	f	
7	BEL	响铃	39	'		71	G		103	g	
8	BS	退格	40	(		72	H		104	h	
9	HT	水平制表符	41	)		73	I		105	i	
10	LF	换行键	42	*		74	J		106	j	
11	VT	垂直制表符	43	+		75	K		107	k	
12	FF	换页键	44	,		76	L		108	l	
13	CR	回车键	45	-		77	M		109	m	
14	SO	不用切换	46	.		78	N		110	n	
15	SI	启用切换	47	/		79	O		111	o	
16	DLE	数据链路转义	48	0		80	P		112	p	
17	DC1	设备控制 1	49	1		81	Q		113	q	
18	DC2	设备控制 2	50	2		82	R		114	r	
19	DC3	设备控制 3	51	3		83	S		115	s	
20	DC4	设备控制 4	52	4		84	T		116	t	
21	NAK	拒绝接收	53	5		85	U		117	u	
22	SYN	同步空闲	54	6		86	V		118	v	
23	ETB	传输块结束	55	7		87	W		119	w	
24	CAN	取消	56	8		88	X		120	x	
25	EM	介质中断	57	9		89	Y		121	y	
26	SUB	替补	58	:		90	Z		122	z	
27	ESC	溢出	59	;		91	[		123	{	
28	FS	文件分割符	60	<		92	\		124	|	
29	GS	分组符	61	=		93	]		125	}	
30	RS	记录分离符	62	>		94	^		126	~	
31	US	单元分隔符	63	?		95	_		127	DEL	删除

参考文献

[1] 欢迎使用 Office 帮助培训[EB/OL].[2020-01-19]. https://support.office.com.

[2] 黄药师的弟弟．二维码原理详解[EB/OL].[2019-08-02]. https://blog.csdn.net/a22222259/article/details/98173091.

[3] 刘强，崔莉，陈海明．物联网关键技术与应用[J]．计算机科学，2010，37（6）：1-10

[4] 陈全，邓倩妮．云计算及其关键技术[J]．计算机应用，2009，29（9）：2562-2567.

[5] 朱洪波，杨龙祥，朱琦．物联网技术进展与应用[J]．南京邮电大学学报（自然科学版），2011，31（01）：1-9.

[6] 王保云．物联网技术研究综述[J]．电子测量与仪器学报，2009，23（12）：1-7.

[7] 李文军．计算机云计算及其实现技术分析[J]．军民两用技术与产品，2018，(22)：57-58.

[8] 王雄．云计算的历史和优势[J]．计算机与网络，2019，45（2）：44.

[9] 王德铭．计算机网络云计算技术应用[J]．电脑知识与技术，2019，15（12）：274-275.

[10] 黄文斌．新时期计算机网络云计算技术研究[J]．电脑知识与技术，2019，15（3）：41-42.

[11] 许子明，田杨锋．云计算的发展历史及其应用[J]．信息记录材料，2018，19（8）：66-67.